# 土木工程施工

## （第二版）

主编　闵小莹

主审　姜早龙

参编　罗　刚　杨亚频

大连理工大学出版社

Dalian University of Technology Press

**图书在版编目(CIP)数据**

土木工程施工 / 闵小莹主编. -- 2 版. -- 大连：
大连理工大学出版社，2021.3
ISBN 978-7-5685-2717-0

Ⅰ.①土… Ⅱ.①闵… Ⅲ.①土木工程－工程施工－
高等学校－教材 Ⅳ.①TU7

中国版本图书馆 CIP 数据核字(2020)第 187728 号

大连理工大学出版社出版
地址:大连市软件园路 80 号　邮政编码:116023
发行:0411-84708842　邮购:0411-84708943　传真:0411-84701466
E-mail:dutp@dutp.cn　URL:http://dutp.dlut.edu.cn
大连永盛印业有限公司印刷　　　大连理工大学出版社发行

幅面尺寸:185mm×260mm　　印张:24.5　　字数:563 千字
2007 年 11 月第 1 版　　　　　　2021 年 3 月第 2 版
2021 年 3 月第 1 次印刷

责任编辑:裘美倩　　　　　　　　责任校对:初　蕾
封面设计:杨春明

ISBN 978-7-5685-2717-0　　　　　定　价:59.80 元

本书如有印装质量问题,请与我社发行部联系更换。

# 前　言

　　全书分 11 章,内容包括土方工程、桩基础工程、砌筑工程、钢筋混凝土工程、预应力混凝土工程、结构安装工程、路桥工程、施工组织概论、流水施工原理、网络计划技术、单位工程施工组织设计,书中每章均有本章概要、本章小结,并附有习题或思考题。

　　本书主要是参照现行建筑、道路、桥梁施工规范、规程和标准,以及相关的设计规范、技术规范等编写而成的。本书力求反映当前国内外已经成熟并且先进的施工技术和施工组织方法,主要阐述它们的基本知识,重点分析它们的基本原理,既满足了土木工程施工课程的基本理论要求,又保证了该课程涉及面广、实践性强的特点。本书主要作为土木工程专业及其他与土木工程相关专业的本科生、专科生的教材或教学参考书。当然,我们在内容的取舍上也考虑到其他教育形式的学生的学习需要,同时本书也可供施工技术人员学习和参考。

　　本书由湖南大学姜早龙主审,闵小莹主编,罗刚、杨亚频参加编写,本书主要作者均为从事土木工程施工教学与科研的一线教师,他们将多年的教学经验和专业知识融入该书的写作中。此外本书在编写的过程中还参考了相关的书籍和资料,主要资料已列入本书主要参考文献,在此谨向各位作者表示衷心的感谢!在本书的编写过程中我校 06 级研究生李伯勋、03 级本科生徐三喜为本书的组稿和绘图做了大量的工作,在此表示衷心的感谢!

　　受作者水平所限,加之编写时间仓促,本书必然存在疏漏和不足之处,诚挚地希望读者多提宝贵意见。

编　者

2021 年 2 月

# 目 录

# 第1章 土方工程

## 本章概要

1. 土的工程性质及其工程意义；
2. 场地平整的基本方式、土方量计算的方法和精度；
3. 土方调配原理及表上作业法；
4. 深基坑的非重力式及重力式支护方式；
5. 井点降水的类型、轻型井点管的设计计算及施工；
6. 土方机械的类型、施工方式，土方机械的现代化。

## 1.1 概　述

### 1.1.1　土方工程及其施工特点

土方工程一般是指：①场地平整；②基坑（槽）及管沟开挖；③地下工程大型土方开挖；④土方填筑与压实。

土方工程多为露天作业，施工受当地气候条件影响大，且土的种类繁多，成分复杂，工程地质及水文地质变化多，对施工影响较大。土方工程施工的特点：①面广量大、劳动繁重；②施工条件复杂；③施工时间长。

### 1.1.2　土的工程分类

土的分类方法很多，根据土的开挖难易程度，将土分为松软土、普通土、坚土等八大类，见表1-1。

**表 1-1** 土的工程分类

| 土的分类 | 土的级别 | 土的名称 | 密度/(kg·m⁻³) | 开挖方法及工具 |
|---|---|---|---|---|
| 一类土(松软土) | I | 砂土;粉土;冲积砂土层;疏松的种植土;淤泥(泥炭) | 600~1 500 | 用锹、锄头挖掘,少许用脚蹬 |
| 二类土(普通土) | II | 粉质黏土;潮湿的黄土;夹有碎石、卵石的砂;粉土混卵(碎)石;种植土;填土 | 1 100~1 600 | 用锹、锄头挖掘,少许用镐翻松 |
| 三类土(坚土) | III | 软及中等密实黏土;重粉质黏土;砾石土;干黄土及含碎石的黄土;压实的填土 | 1 750~1 900 | 主要用镐,少许用锹、锄头挖掘,部分用撬棍 |
| 四类土(砂砾坚土) | IV | 坚实密实的黏性土或黄土;含碎石、卵石的中等密实的黏性土或黄土;粗卵石;天然级配砂石;软泥灰岩 | 1 900 | 整个先用镐、撬棍,后用锹挖掘,部分用楔子及大锤 |
| 五类土(软石) | V~VI | 硬质黏土;中密的页岩、泥灰岩、白垩土;胶结不紧的砾岩;软石灰岩及贝壳石灰岩 | 1 100~2 700 | 用镐或撬棍、大锤挖掘,部分使用爆破方法 |
| 六类土(次坚石) | VII~IX | 泥岩;砂岩;砾岩;坚实的页岩、泥灰岩;密实的石灰岩;风化花岗岩、片麻岩及正长岩 | 2 200~2 900 | 用爆破方法开挖,部分用风镐 |
| 七类土(坚石) | X~XIII | 大理岩;辉绿岩;玢岩;粗、中粒花岗岩;坚实的白云岩、砂岩、砾岩、片麻岩、石灰岩;微风化安山岩、玄武岩 | 2 500~3 100 | 用爆破方法开挖 |
| 八类土(特坚石) | XIV~XVI | 安山岩;玄武岩;花岗片麻岩;坚实的细粒花岗岩、闪长岩、石英岩、辉长岩、辉绿岩、玢岩、角闪岩 | 2 700~3 300 | 用爆破方法开挖 |

## 1.1.3 土的工程性质

### 1.1.3.1 土的可松性

自然状态下的土,经开挖后,其体积因松散而增加,以后虽经回填压实,仍不能恢复成原来的体积,这种性质称为土的可松性。土的可松性大小用可松性系数表示,分为最初可松性系数和最终可松性系数(表 1-2 和表 1-3)。

**表 1-2** 土的最初可松性系数和最终可松性系数

| 土的可松性系数 | 公式 | 符号说明 | 一般情况 |
|---|---|---|---|
| 最初可松性系数 | $K_s = \dfrac{V_2}{V_1}$ | $V_1$——土在自然状态下的体积<br>$V_2$——土经开挖成松散状态下的体积 | 因为 $V_2 > V_3$ |
| 最终可松性系数 | $K'_s = \dfrac{V_3}{V_1}$ | $V_3$——土经回填压实后的体积 | 所以 $K_s > K'_s$ |

**表 1-3** 土的可松性系数参考值

| 土的类别 | $K_s$ | $K'_s$ | 土的类别 | $K_s$ | $K'_s$ |
|---|---|---|---|---|---|
| 一类土(植物性土、泥炭除外) | 1.08~1.17 | 1.01~1.03 | 四类土(泥灰岩、蛋白石除外) | 1.26~1.32 | 1.06~1.09 |
| 一类土(植物性土、泥炭) | 1.20~1.30 | 1.03~1.04 | 四类土(泥灰岩、蛋白石) | 1.33~1.37 | 1.11~1.15 |
| 二类土 | 1.14~1.28 | 1.02~1.05 | 五~七类土 | 1.30~1.45 | 1.10~1.20 |
| 三类土 | 1.24~1.30 | 1.04~1.07 | 八类土 | 1.40~1.50 | 1.20~1.30 |

可松性系数的工程意义：在土方平整中设计标高的调整、土方设备的选择、回填土方量的计算中需要用到土的可松性系数。

#### 1.1.3.2　土的含水量

土的含水量是指土中水的质量与土的固体颗粒之间的质量比，以百分数表示。

$$w = \frac{G_1 - G_2}{G_2} \times 100\%$$  (1-1)

式中　$G_1$——含水状态土的质量；

　　　$G_2$——烘干后土的质量（土经 105 ℃烘干后的质量）。

土的含水量表示土的干湿程度，土的含水量在 5% 以内，称为干土；土的含水量在 5%～30%，称为潮湿土；土的含水量大于 30%，称为湿土。

含水量的工程意义：在坡度系数的选择、回填土的压实、人工降水设备的选择以及土方施工设备的选择中要用到土的含水量。

#### 1.1.3.3　土的渗透性

土的渗透性是指土体被水透过的性质，水流通过土中孔隙的难易程度。土的渗透性用**渗透性系数** $K$ 表示。

土的渗透性系数实验室测定方法：法国学者达西根据实验发现水在土中渗流速度 $v$ 与水力坡度成正比，即

$$v = K \cdot i$$  (1-2)

式中　$i$——水力坡度，又称水力梯度；

　　　$K$——土的渗透性系数，m/d、cm/s。

如图 1-1 所示砂土的渗透实验，经过长为 $L$ 的渗流路程，$A$、$B$ 两点的水位差为 $h$，它与渗流路程之比，称为水力坡度，即

$$i = \frac{h}{L} = \frac{H_1 - H_2}{L}$$  (1-3)

式中　$H_1$——高水位，m；

　　　$H_2$——低水位，m；

　　　$L$——土的渗流长度，m。

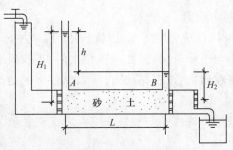

图 1-1　砂土的渗透实验

则单位时间内流过砂土的水量

$$Q = v \cdot A$$  (1-4)

式中　$A$——土样横截面面积，m²；

$v$——水在土中的渗流速度,m/s。

将式(1-2)和式(1-3)代入式(1-4)得

$$Q = v \cdot A = K \cdot i \cdot A = K \cdot \frac{H_1 - H_2}{L} \cdot A \qquad (1-5)$$

$$K = \frac{QL}{(H_1 - H_2)A} \qquad (1-6)$$

式中,$Q$、$L$、$A$、$H_1$、$H_2$均已知,从而可求出$K$(实际值通过实验得到)。

渗透性系数的工程意义:在涌水量的计算中,降、排水设备的选择中要用到土的渗透性系数。

## 1.2 土方开挖

### 1.2.1 土方边坡形式

土方边坡的稳定,主要是由于土体内土颗粒间存在摩阻力和黏结力,从而使土体具有一定的抗剪强度,当下滑力超过土体的抗剪强度时,就会产生滑坡,如图1-2所示。

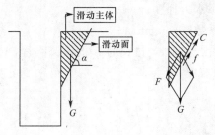

图 1-2 土体滑坡示意图

当 $F > f + C$ 时,土体就会产生滑坡。

式中　$f$——摩阻力;

　　　$C$——黏结力,又叫内聚力;

　　　$F$——下滑力,由土体自重分解而来,边坡愈陡,下滑力 $F$ 愈大。

土体抗剪强度的大小与土质有关,黏性土颗粒之间,不仅具有摩阻力,而且具有黏结力。砂性土颗粒之间只有摩阻力,没有黏结力,所以黏性土的边坡可陡些,砂性土的边坡则应平缓些。

土方边坡的坡度以其挖方深度 $h$ 与边坡底宽 $b$ 之比来表示。

$$边坡坡度 = \frac{h}{b} = \frac{1}{b/h} = 1 : m \qquad (1-7)$$

$m = b/h$ 称为坡度系数,$m$ 的意义是挖深为 1 m 时坡底宽度是 $m$,坡度为 45°时 $m = 1$。这样做的目的主要是为了使用方便,例如 $h : b = 1 : 1$、$2 : 2$、$3 : 3$、$4 : 4$ 的坡度系数均为 1。

土方边坡大小应根据土质、开挖深度、开挖方法、施工工期、地下水位、坡顶荷载及气候条件等因素确定。边坡可做成直线、折线或阶梯形(表 1-4)。在坡体整体稳定的情况下,如地质条件良好,土(岩)质较均匀,高度在 3 m 以内的临时性挖方边坡坡度宜符合表1-5 的规定。

表 1-4　　　　　　　　边坡形式及特点

| 边坡形式 | 图例 | 特点 |
|---|---|---|
| 直线形 | 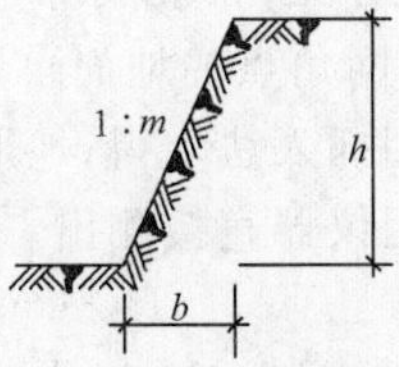 | 常用形式 |
| 折线形 | 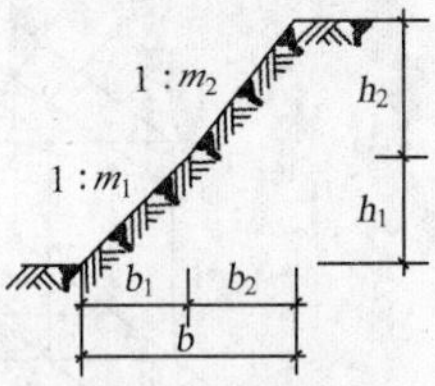 | 用于不同土质的土层 |
| 阶梯形 | 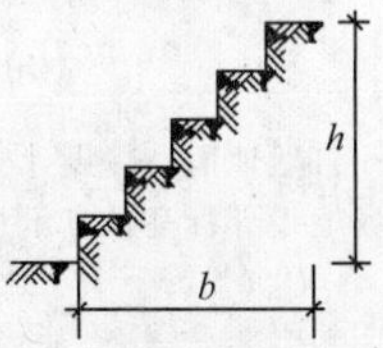 | 稳定性好 |

表 1-5　　　　　　　　临时性挖方边坡坡度值

| 土的类别 | | 边坡坡度值(1：$m$) |
|---|---|---|
| 砂土(不包括细砂、粉砂) | | 1：1.25～1：1.50 |
| 一般黏性土 | 坚硬 | 1：0.75～1：1.00 |
| | 硬塑 | 1：1.00～1：1.25 |
| 碎石类土 | 充填坚硬、硬塑黏性土 | 1：0.50～1：1.00 |
| | 充填砂土 | 1：1.00～1：1.50 |

注:1)设计有要求时,应符合设计标准;

2)如采用降水或其他加固措施,可不受本表限制,但应计算复核。

## 1.2.2　土方工程量计算

### 1.2.2.1　场地平整土方量计算

根据建筑设计要求,将拟建的建筑物场地范围内,高低不平的地形整为平地,即为场地平整。

1.场地平整的基本原则

场地内总土方量在场地平整前后保持不变,即场地内挖填平衡,场地内总挖方工程量等于总填方工程量:总挖方＝总填方。

2.计算方法及步骤

(1)计算方格网各角点施工高度

①挖填平衡原理

A.初步确定场地设计标高

利用场地内平整前总土方量($V_{前}$)＝平整后总土方量($V_{后}$)的原则,初步计算场地设计标高。

根据要求的精度,视地形的起伏情况,首先将带等高线的场地地形图划分边长为10～40 m的方格网,然后求出各方格网角点的地面自然标高 $H_{ij}$(图1-3)。地形平坦时,可根据地形图相对两等高线的标高,用插入法求得;地形不平坦时,用插入法有较大误差,可在地面上用木桩打好方格网,然后用仪器直接测出。

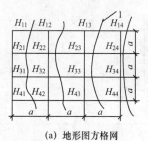 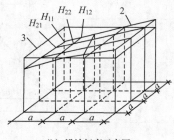

(a) 地形图方格网　　　　　(b) 设计标高示意图

1—等高线;2—自然地面;3—设计标高平面

图1-3 场地设计标高计算示意图

根据挖填平衡的原则:

平整前土方量

$$V_{前}=V_1+V_2+V_3+V_4+V_5+V_6+V_7+V_8+V_9$$

$$=a^2 \cdot \frac{H_{11}+H_{12}+H_{21}+H_{22}}{4}+a^2 \cdot \frac{H_{12}+H_{13}+H_{22}+H_{23}}{4}+$$

$$a^2 \cdot \frac{H_{13}+H_{14}+H_{23}+H_{24}}{4}+a^2 \cdot \frac{H_{21}+H_{22}+H_{31}+H_{32}}{4}+$$

$$a^2 \cdot \frac{H_{31}+H_{32}+H_{41}+H_{42}}{4}+a^2 \cdot \frac{H_{32}+H_{33}+H_{42}+H_{43}}{4}+$$

$$a^2 \cdot \frac{H_{33}+H_{34}+H_{43}+H_{44}}{4}$$

$$=\frac{a^2}{4}[(H_{11}+H_{14}+H_{41}+H_{44})+2(H_{12}+H_{13}+H_{21}+H_{31}+$$

$$H_{24}+H_{34}+H_{42}+H_{43})+4(H_{22}+H_{23}+H_{32}+H_{33})]$$

$$=\frac{1}{4}a^2[\sum H_1+2\sum H_2+3\sum H_3+4\sum H_4] \tag{1-8}$$

式中　$H_1$——个方格仅有的角点标高;

　　　$H_2$——两个方格共有的角点标高;

　　　$H_3$——三个方格共有的角点标高;

　　　$H_4$——四个方格共有的角点标高。

平整后土方量

$$V_后 = H_0 a^2 n \tag{1-9}$$

式中　$H_0$——所计算的场地设计标高；

$n$——方格数。

$$V_前 = V_后$$

$$\frac{1}{4} a^2 \left[ \sum H_1 + 2 \sum H_2 + 3 \sum H_3 + 4 \sum H_4 \right] = H_0 n a^2$$

$$H_0 = \frac{\sum H_1 + 2 \sum H_2 + 3 \sum H_3 + 4 \sum H_4}{4n} \tag{1-10}$$

B.场地各角点设计标高的调整

按上述公式计算的场地设计标高 $H_0$ 为一理论值，还需要考虑以下因素进行调整。

a.土的可松性影响

由于土具有可松性，按理论计算的 $H_0$ 施工，填土会有剩余，为此要适当提高设计标高。

如图 1-4 所示，设 $\Delta h$ 为土的可松性引起的设计标高增加值，则设计标高调整后的总挖方体积应为

$$V_w' = V_w - F_w \cdot \Delta h$$

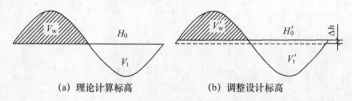

(a) 理论计算标高　　　　(b) 调整设计标高

图 1-4　设计标高调整计算简图

总填方体积应为

$$V_t' = V_w' \cdot K_s' = (V_w - F_w \cdot \Delta h) K_s'$$

由于设计标高 $H_0$ 的提高而需要增加的填方体积为

$$\Delta h F_t = V_t' - V_t = (V_w - F_w \Delta h) K_s' - V_t$$

因为

$$V_t = V_w$$

所以

$$\Delta h F_t = (V_w - F_w \Delta h) K_s' - V_w$$

$$\Delta h = \frac{V_w (K_s' - 1)}{F_t + F_w K_s'} \tag{1-11}$$

考虑土的可松性后，场地设计标高应调整为

$$H_0' = H_0 + \Delta h$$

式中　$V_w$、$V_T$——按场地初步设计标高（$H_0$）计算得出的总挖方、总填方体积；

$V_w'$、$V_t'$——实际控、填方量；

$F_w$、$F_t$——按场地初步设计标高（$H_0$）计算得出的挖方区、填方区总面积；

$K_s'$——土的最终可松性系数。

b.借土或弃土的影响

**在场地内修筑路堤等需要土方**,此时,若按 $H_0$ 施工,则会出现用土不足,需降低设计标高;或者在场地内若有大型基坑开挖,则有多余土方,为了防止余土外运,需提高设计标高,该降低值或提高值为

$$\frac{Q}{n \cdot a^2} \tag{1-12}$$

$Q$ 为不足土方量或多余土方量。考虑借土或弃土的影响后,场地设计标高应调整为

$$H_0'' = H_0' \pm \frac{Q}{na^2} \tag{1-13}$$

$Q$ 为按场地初步设计标高($H_0$)平整后不足或多余的土方量。借土取"—",弃土取"十"。

c.考虑泄水坡度对设计标高的影响

按上述调整后的设计标高进行场地平整,整个场地表面将处于同一个水平面,但实际上由于排水要求,场地表面均有一定的泄水坡度,因此还要根据场地泄水坡度要求,计算出场地内实际施工的设计标高。

平整场地坡度,一般标明在图纸上,如设计无要求,一般取不小于 2‰ 的坡度,根据设计图纸或现场情况,泄水坡度分单向泄水和双向泄水(表 1-6)。

表 1-6          单向泄水与双向泄水

| 泄水坡度 | 场地内任一点设计标高 | $H_{11}$ 点设计标高 |
|---|---|---|
| <br>单向泄水 | $H_{ij}' = H_0'' \pm Li$<br><br>$H_{ij}'$ ——场地内任一点的设计标高<br>$L$ ——该点至 $H_0''$—$H_0''$ 中心线的距离<br>$i$ ——场地泄水坡度 | $H_{11}' = H_0'' + 1.5ai$ |
| <br>双向泄水 | $H_{ij}' = H_0'' \pm L_x i_x \pm L_y i_y$<br><br>$L_x, L_y$ ——该点于 $x$-$x$,$y$-$y$ 方向距场地中心线的距离(m)<br><br>$i_x, i_y$ ——该点于 $x$-$x$,$y$-$y$ 方向的泄水坡度 | $H_{11}' = H_0'' + 1.5ai_x + ai_y$ |

C.场地各角点施工高度

$$h_n = H_{ij}' - H_{ij} \tag{1-14}$$

式中    $h_n$ ——该角点的挖填高度,"十"值表示填方,"—"值表示挖方;

       $H_{ij}'$ ——该角点设计标高;

       $H_{ij}$ ——该角点自然地面标高,也就是地形图上,各方格角点实际标高,一般按地形图用插入法求。

②最佳设计平面法

A.划分方格网,依据等高线图用插入法求得各角点的实际标高。

B.假定最佳设计平面由 $c$、$i_x$、$i_y$ 决定（图1-5）。

方格网某角点的理论标高为

$$H_i' = z_i' = c + x_i i_x + y_i i_y \qquad (1\text{-}15)$$

方格网某角点的实际标高为

$$H_i = z_i$$

C.方格网某角点的施工高度为

$$h_i = H_i' - H_i = c + x_i i_x + y_i i_y - z_i \quad (1\text{-}16)$$

D.从土方量的计算可知,如果要**总的施工土方量(包括挖和填)最小**,就要令各角点施工高度之和为最小,但如果将各施工高度直接相加,由于各施工高度有正有负,各施工高度求和一定近似为零,不符合我们的要求,故将各施工高度平方后再求和,并令其为最小:

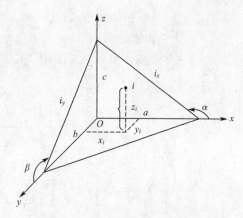

$c$—原点标高;$i_x = \tan\alpha = -c/a$;$i_y = \tan\beta = -c/b$

图 1-5　一个平面的空间位置

$$\sigma = \sum P_i h_i^2 = P_1(c + x_1 i_x + y_1 i_y - z_1)^2 - P_2(c + x_2 i_x + y_2 i_y - z_2)^2 + \cdots + P_n(c + x_n i_x + y_n i_y - z_n)^2$$

$$(1\text{-}17)$$

以函数 $\sigma$ 对 $c$、$i_x$、$i_y$ 分别求偏导,并分别令它们为零,求得 $c$、$i_x$、$i_y$,这是在保证总的**土方量最小和挖填平衡的条件下求出的设计平面,故称为最佳设计平面**,将它们代入式(1-15)求出方格网各角点的理论高度,再将它们代入式(1-16)求得方格网所有角点的施工高度。

**最佳设计平面法引自《数学方法》中的误差理论,由于理论研究的需要,符号的使用与挖填平衡不完全一致。**

最佳设计平面法是要求顺地面坡势平整场地,即无论是挖是填,总的土方量最小,也就是在最经济的前提条件下平整场地,实际工程中很少采用,主要用于理论研究。

(2)计算零点标出零线

①已知各方格角点的施工高度

施工高度,就是每一个方格角点的挖填高度 $h_n$。

②计算零点位置并标出零线

当同一方格的四个角点的施工高度全为"+"或全为"－"时,说明该方格内的土方则全部为填方或全部为挖方;如果一个方格中一部分角点的施工高度为"+",而另一部分为"－"时,说明此方格中的土方一部分为填方,而另一部分为挖方,这时必定存在不挖不填的点,这样的点叫零点,把一个方格中的所有零点都连接起来,形成零线,即挖方与填方的分界线。

计算零点的位置,是根据方格角点的施工高度用几何法求出,如图1-6所示,$D$ 点为挖方,$C$ 点为填方,则

$$\triangle AOD \backsim \triangle BOC$$

$$\frac{x}{h_1} = \frac{a-x}{h_2}$$

$$x = \frac{a h_1}{h_1 + h_2}$$

$$(1\text{-}18)$$

式中 $h_1$、$h_2$——相邻两角点挖方、填方施工高度（以绝对值代入），m；

    $a$——方格边长，m；

    $x$——零点距角点 $A$ 的距离，m。

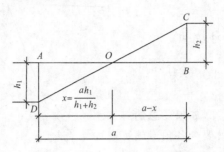

图 1-6 计算零点的位置示意图

（3）土方量计算

①四棱柱法

按照原划分的方格网方格计算土方量（表 1-7）。

表 1-7　　　　　　　　　　　　　四棱柱法土方量计算

| 方格形式 | 土方量计算公式 |
|---|---|
| 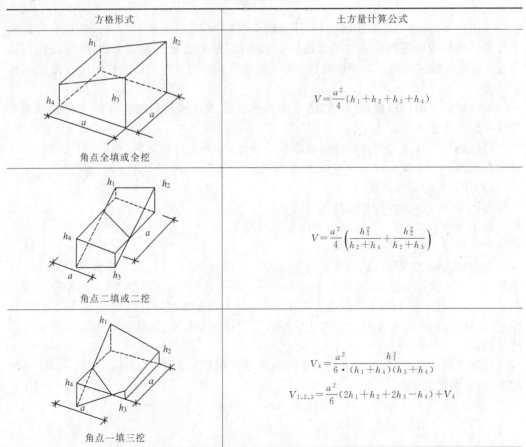 角点全填或全挖 | $$V=\dfrac{a^2}{4}(h_1+h_2+h_3+h_4)$$ |
| 角点二填或二挖 | $$V=\dfrac{a^2}{4}\left(\dfrac{h_1^2}{h_2+h_4}+\dfrac{h_2^2}{h_2+h_3}\right)$$ |
| 角点一填三挖 | $$V_4=\dfrac{a^2}{6}\cdot\dfrac{h_4^3}{(h_1+h_4)(h_3+h_4)}$$ $$V_{1,2,3}=\dfrac{a^2}{6}(2h_1+h_2+2h_3-h_4)+V_4$$ |

注：1）$h_1$、$h_2$、$h_3$、$h_4$——方格四个角点挖或填的施工高度（以绝对值代入），m；

    2）$a$——方格边长，m。

②三棱柱法

计算时先把方格网顺地形等高线将各个方格划分成三角形(图1-7)。每个三角形的三个角点的填挖施工高度用 $h_1$、$h_2$、$h_3$ 表示,再对每个三角形进行土方量计算(表1-8)。

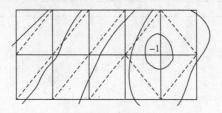

图 1-7　按地形将方格划分成三角形

表 1-8　　　　　　　　　　　　　　三棱柱法土方量计算

| 三角格形式 | 土方量计算公式 |
|---|---|
| 三个角点全部为挖或填时 | $V = \dfrac{a^2}{6}(h_1 + h_2 + h_3)$ |
| 三个角点有挖有填 | $V_{锥} = \dfrac{a^2}{6} \cdot \dfrac{h_3^3}{(h_1+h_3)(h_2+h_3)}$<br><br>$V_{楔} = \dfrac{a^2}{6}\left[\dfrac{h_3^3}{(h_1+h_3)(h_2+h_3)} - h_3 + h_2 + h_1\right]$ |

注:1)$h_1$、$h_2$、$h_3$——三角形各角点的施工高度(取绝对值),m;

2)$a$——方格边长,m。

四棱柱法与三棱柱法的计算精度比较:

四方棱柱体的计算公式是根据平均中断面的近似公式推导而得的,当方格网中地形不平时,误差较大,但计算简单,易于手工计算。

三角棱柱体的计算公式是根据立体几何体积计算公式推导出来的,**三角棱柱体精确度较四方棱柱体的计算精度高,但计算繁杂。三角形的斜线注意要顺着等高线方向进行划分,且必须顺等高线方向划分,如果垂直等高线划分,其计算精度比四方棱柱体的计算精度还要低。**

③断面法

在地形起伏变化较大的地区,或挖填深度较大,断面又不规则的地区,采用断面法比较方便。

方法:沿场地取若干个相互平行的断面(可利用地形图定出或实地测量定出),将所取的每个断面(包括边坡断面)划分为若干个三角形和梯形,如图1-8所示,则面积

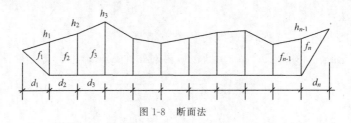

图 1-8　断面法

$$F_i = f_1 + f_2 + f_3 + \cdots + f_{n-1}$$

如果 $d_1 = d_2 = d_3 = \cdots = d_n = d$，则

$$F_i = (h_1 + h_2 + h_3 + \cdots + h_{n-1})d \tag{1-19}$$

断面面积求出后，即可计算土方体积，设各断面面积分别为 $F_1, F_2, \cdots, F_m$，相邻两断面间的距离依次为 $L_1, L_2, L_3, \cdots, L_m$，则所求土方体积为

$$V = \frac{L_1}{2}(F_1 + F_2) + \frac{L_2}{2}(F_2 + F_3) + \cdots + \frac{L_{m-1}}{2}(F_{m-1} + F_m)$$

**注意**：$L_1, L_2, L_3, \cdots, L_m$ 的大小与地形有关，地形平坦可取大一些；地形起伏较大可取小一些。

断面法虽然精度稍低，但由于计算速度快，常用于地面起伏不大、土方工程量较大的实际工程。

#### 1.2.2.2　场地边坡土方量计算

图 1-9 是场地边坡的平面示意图，从图中可以看出，边坡的土方量可以划分为两种近似的几何体进行计算，一种为三角棱锥体（如图中的①②③）；另一种为三角棱柱体（如图中的④）。

1.三角棱锥体边坡体积

图 1-9 中①的体积为

$$V_1 = \frac{1}{3} F_1 l_1 \tag{1-20}$$

式中　$l_1$——边坡①的长度；

　　　$F_1$——边坡①的断面面积。

$$F_1 = \frac{1}{2} m h_2 h_2 = \frac{1}{2} m h_2^2 \tag{1-21}$$

式中　$h_2$——角点的挖土高度；

　　　$m$——边坡的坡度系数。

2.三角棱柱体边坡体积

图 1-9 中④的体积为

$$V_4 = \frac{F_3 + F_5}{2} \cdot l_4 \tag{1-22}$$

当两端横断面面积相差很大时

$$V_4 = \frac{l_4}{6}(F_3 + 4F_0 + F_5) \tag{1-23}$$

式中　$l_4$——边坡④的长度（m）；

$F_3$、$F_5$、$F_0$——边坡④的两端及中部横断面面积。

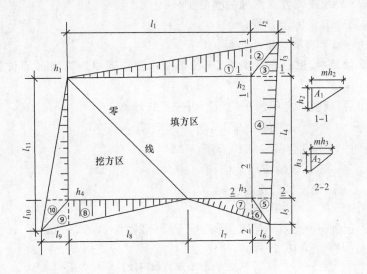

图 1-9　场地边坡平面示意图

### 1.2.3　土方调配

#### 1.2.3.1　土方调配原理

大面积的场地平整是一项工程量较大的工作,如何经济、准确地将挖方区的土方运输到填方区,这就需要对土方进行调配。

1.划分调配区

**划分调配区是进行土方调配的首要条件,不需要进行土方调配,则不必划分调配区。**划分调配区必须遵循下列基本原则:

(1)调配区的划分应该与房屋和构筑物的平面位置协调,并考虑它们的开工顺序、分期施工顺序。

(2)调配区的大小应该满足土方施工主导机械的技术要求。

(3)调配区的范围应该和土方工程量计算的方格网协调,一般有若干个方格组成一个调配区。

(4)就近取土或弃土,一个取土区或一个弃土区都可作为一个独立的调配区。

2.计算调配区之间的运距

调配区之间的运距:推土机、铲运机按平均运距;装载机配自卸汽车按实际运距。

平均运距即挖方区土方重心至填方区土方重心的距离。因此,求平均运距,需先求出每个调配区的重心。

取场地或方格网中的纵横两边为坐标轴,分别求出各区土方的重心位置,即

$$x_0 = \frac{\sum V \cdot x}{\sum V}; \quad y_0 = \frac{\sum V \cdot y}{\sum V} \tag{1-24}$$

式中　$x_0$、$y_0$——挖或填方调配区的重心坐标；

　　　$V$——每个方格的土方量；

　　　$x$、$y$——每个方格的重心坐标。

但在实际计算中,重心非常难求,一般都用作图法近似地求出形心位置以代替重心位置。

重心求出后,调配区之间的平均运距可按下式计算：

$$L = \sqrt{(x_{0t} - x_{0w})^2 + (y_{0t} - y_{0w})^2} \tag{1-25}$$

式中　$L$——挖、填方区之间的平均运距；

　　　$x_{0t}$、$y_{0t}$——填方区的重心坐标；

　　　$x_{0w}$、$y_{0w}$——挖方区的重心坐标。

3.建立目标函数

见表 1-9,已知 $m$ 个挖方区 $W_i$ 所需挖方量分别为 $a_1, a_2, \cdots, a_i, \cdots, a_m$, $n$ 个填方区 $T_j$ 所需填方量分别为 $b_1, b_2, \cdots, b_j, \cdots, b_n$。

表 1-9　　　　　　　　　　　　土方调配(解方程组法)

| | $T_1$ | $T_2$ | $\cdots$ | $T_j$ | $\cdots$ | $T_n$ | 挖方量/m³ |
|---|---|---|---|---|---|---|---|
| $W_1$ | $X_{11}$　$C_{11}$ | $X_{12}$　$C_{12}$ | | $X_{1j}$　$C_{1j}$ | | $X_{1n}$　$C_{1n}$ | $a_1$ |
| $W_2$ | $X_{21}$　$C_{21}$ | $X_{22}$　$C_{22}$ | | | | | $a_2$ |
| $\cdots$ | | | | | | | $\cdots$ |
| $W_i$ | $X_{i1}$　$C_{i1}$ | $X_{i2}$　$C_{i2}$ | | | | | $a_i$ |
| $\cdots$ | | | | | | | $\cdots$ |
| $W_m$ | $X_{m1}$　$C_{m1}$ | $X_{m2}$　$C_{m2}$ | | | | $X_{mn}$　$C_{mn}$ | $a_m$ |
| 填方量/m³ | $b_1$ | $b_2$ | $\cdots$ | $b_j$ | $\cdots$ | $b_n$ | $\sum a_i = \sum b_j$ |

确立目标函数

$$Z = \sum \sum X_{ij} C_{ij}$$

式中　$X_{ij}$——某一个挖方区给某一个填方区的土方量,m³；

　　　$C_{ij}$——某一个挖方区到某一个填方区之间的运距或土方量运输单价,元/m³。

该目标函数的约束条件：

$$\begin{cases} \sum_{j=1}^{n} X_{ij} = a_i & (i = 1, 2, \cdots, m) \\ \sum_{i=1}^{m} X_{ij} = b_j & (j = 1, 2, \cdots, n) \\ X_{ij} \geqslant 0 \end{cases}$$

4.方程求解

解方程组,求得各 $X_{ij}$,使目标函数 $Z$ 最小(也就是总的土方量最低,实质上是土的总挖填费用最低)。因此土方调配的目的就是在费用最低的条件下完成场地内土方的开挖运输。

#### 1.2.3.2　土方调配表上作业法

如果采用解方程组求目标函数最小的方法,一般会出现未知数大于方程数的情况,这样解方程求 $X_{ij}$ 非常麻烦,填挖方区越多,解方程越麻烦。因此我们采用运筹学的方法进行土方调配,该方法称为"表上作业法"。

**表上作业法计算速度快,但精度有限,它所找到的最优方案可能有几个,这些最优方案的目标函数不一定最小,但接近最小值,在保证计算速度的情况下,这已经足够了,同时多种方案的出现对我们是有利的。**

下面结合例题来说明用表上作业法求土方调配最优方案的步骤与方法。

图 1-10 所示为一矩形场地,图中小方格的数字为各调配区的土方量,箭杆上的数字为各调配区之间的运距(或单价),试求最优土方调配方案。

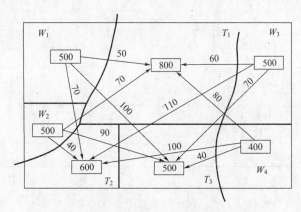

图 1-10　各调配区的土方量和运距(或单价)

将图 1-10 中的土方量及运距(或单价)填入表 1-10 中。

表 1-10　　　　　　　　　　　　　　　土方调配(表上作业法)

| | $T_1$ | | $T_2$ | | $T_3$ | | 挖方量/m³ |
|---|---|---|---|---|---|---|---|
| $W_1$ | $X_{11}$ | 50 | $X_{12}$ | 70 | $X_{13}$ | 100 | 500 |
| $W_2$ | $X_{21}$ | 70 | $X_{22}$ | 40 | $X_{23}$ | 90 | 500 |
| $W_3$ | $X_{31}$ | 60 | $X_{32}$ | 110 | $X_{33}$ | 70 | 500 |
| $W_4$ | $X_{41}$ | 80 | $X_{42}$ | 100 | $X_{43}$ | 40 | 400 |
| 填方量/m³ | 800 | | 600 | | 500 | | 1 900 |

第一步:编制初始调配方案

**编制初始调配方案采用"最小元素法"原则:即优先对运距或运费最小的调配区最大限度地供应土方量。**

即先在表 1-10 中找运距(或单价)$C_{ij}$ 最小的数值格,如 $C_{22}=C_{43}=40$,任取其中一个,如取 $C_{43}$,则先确定 $X_{43}$ 的值,使其尽可能大,即 $X_{43}=\max\{400$ 挖方区现有的量,500 填方区需要量$\}=400$。由于 $W_4$ 挖方区的土方全部调到 $T_3$ 填方区,所以 $X_{41}$ 和 $X_{42}$ 都等于零。此时,将 400 填入 $X_{43}$ 格内,同时将 $X_{41}$、$X_{42}$ 格内画上一个"×"号。

然后在没有填上数字和"×"号的方格内再选一个运距最小的方格,即 $C_{22}=40$,便可确定 $X_{22}=500$,同时使 $X_{21}=X_{23}=0$。此时,又将 500 填入 $X_{22}$ 格内,并在 $X_{21}$、$X_{23}$ 格内画上"×"号。

重复上述步骤,依次确定其余 $X_{ij}$ 的数值,最后得出表 1-11 的初始调配方案。

表 1-11　　　　　　　　　　　初始调配方案

| | $T_1$ | | $T_2$ | | $T_3$ | | 挖方量/m³ |
|---|---|---|---|---|---|---|---|
| $W_1$ | 500 | 50 | × | 70 | × | 100 | 500 |
| $W_2$ | × | 70 | 500 | 40 | | 90 | 500 |
| $W_3$ | 300 | 60 | 100 | 110 | 100 | 70 | 500 |
| $W_4$ | × | 80 | × | 100 | 400 | 40 | 400 |
| 填方量/m³ | 800 | | 600 | | 500 | | 1 900 |

初始调配方案的目标函数:

$$Z_0=500\times50+500\times40+300\times60+100\times110+100\times70+400\times40=97\,000(\text{m}^3\cdot\text{m})$$

由于利用"最小元素法"编制初始方案,也就优先考虑了就近调配的原则,所以求得总运输量(或总价)是较小的。但这并不能保证其总运输量(或总价)最小,因此还需要进行判别,看它是否为最优方案。

第二步:最优方案的判别

现就"假想运距或假想价格系数"求检验数予以介绍。

首先将初始方案中所有方格的运距(或价格)$C_{ij}$ 填入表 1-12 中形成 $C_{ij}$ 表。

然后将初始方案中有调配数方格的 $C_{ij}$ 列入表 1-13 中,其他方格的假想运距(或单价)按**对角相加相等原则**求出,例如利用已知的 110、40、70(已有调配数的运距),求第四个方格的数 $C'_{42}$,计算遵循 $110+40=70+C'_{42}$,得到 $C'_{42}=80$ 填到该方格里,同理依次求出其他方格的 $C'_{ij}$,例如 30、-10、100、0、60(表格中的黑体字),最后建立假想运距或假想价格系数 $C'_{ij}$ 表。

令检验数

$$\lambda_{ij}=C_{ij}-C'_{ij} \tag{1-26}$$

如果 $\begin{cases}\lambda_{ij}\geqslant 0;\text{方案为最优方案(一般可能会有几个最优方案)},Z\text{ 接近 }Z_{\min}\\ \lambda_{ij}<0;\text{方案非最优}\end{cases}$

表 1-12　　　　　　　　　　　　　　　　$C_{ij}$ 表

|  | $T_1$ | $T_2$ | $T_3$ |
|---|---|---|---|
| $W_1$ | 50 | 70 | 100 |
| $W_2$ | 70 | 40 | 90 |
| $W_3$ | 60 | 110 | 70 |
| $W_4$ | 80 | 100 | 40 |

经检验数的计算,有初始调配数的方格里 $\lambda_{ij}$ 均为 0,$\lambda_{12}$ 为负,其他 $\lambda_{ij}$ 大于 0,出现了负值格,则方案非最优。说明往 $X_{12}$ 里填土方,还可以使目标函数降低,即土方调配的总价还可以降低,故需调整初始方案。

表 1-13　　　　　　　　　　　　　　　　$C'_{ij}$ 表

|  | $T_1$ | $T_2$ | $T_3$ |
|---|---|---|---|
| $W_1$ | $50^0$ | **$100^-$** | **$60^+$** |
| $W_2$ | **$-10^+$** | $40^0$ | **$0^+$** |
| $W_3$ | $60^0$ | $110^0$ | $70^0$ |
| $W_4$ | **$30^+$** | **$80^+$** | $40^0$ |

第三步:非最优方案的调整

调整方法:闭回路法。在所有负检验数中选一个(如果有几个负检验数,可选最小的一个,本例只有一个,即 $\lambda_{12}$)。

原则:从负值格出发,可向前、向后、向上或向下前进,遇到适当的有数字的方格做 90°转弯(也可不转),然后继续前进,经过 4 次转弯回到出发格,形成一条以有土方量的方格为转角点的、用水平和竖直线连起来的闭回路。从奇数次转角的土方量数字中,挑选一个小的土方量 $X_{ij}$,将它填入该负值格内。同时将闭回路上另一奇数次转角上的土方量减去 $X_{ij}$,偶数次转角上的土方量增加 $X_{ij}$。使得填挖方区的土方量仍然保持平衡,这样调整后,便可得到新的调配方案。

所做闭合回路见表 1-14,将奇数次转角上的 100 调入 $X_{12}$,另一奇数次转角上 500 $-100=400$,偶数次转角上 $300+100=400$,继续维持挖填平衡,得到新的土方调配方案,见表 1-15。

表 1-14　　　　　　　　　　　　　　　　闭合回路

|  | $T_1$ | $T_2$ | $T_3$ |
|---|---|---|---|
| $W_1$ | 500 | $X_{12}$ | × |
| $W_2$ | × | 500 | × |
| $W_3$ | 300 | 100 | 100 |
| $W_4$ | × | × | 400 |

表 1-15　　　　　　　　　　　　　　　　　　　　　　　调整后的方案

| | $T_1$ | | $T_2$ | | $T_3$ | | 挖方量/m³ |
|---|---|---|---|---|---|---|---|
| $W_1$ | 400 | 50 | 100 | 70 | × | 100 | 500 |
| $W_2$ | × | 70 | 500 | 40 | × | 90 | 500 |
| $W_3$ | 400 | 60 | × | 110 | 100 | 70 | 500 |
| $W_4$ | × | 80 | × | 100 | 400 | 40 | 400 |
| 填方量/m³ | 800 | | 600 | | 500 | | 1 900 |

再回到第二步,对方案进行检验,进行最优方案的判别。经检验所有 $\lambda_{ij} \geqslant 0$,故该方案最优。计算调整后方案的目标函数:

$$Z = 400 \times 50 + 100 \times 70 + 500 \times 40 + 400 \times 60 + 100 \times 70 + 400 \times 40 = 94\ 000\ (\text{m}^3 \cdot \text{m})$$

与 $Z_0 = 97\ 000\ (\text{m}^3 \cdot \text{m})$ 比较,可看到调整后方案的目标函数更低。

如果检验数中仍有负值格出现,那就仍按上述步骤继续进行调整,直到最优方案为止。

最后将调配方案绘成土方调配图(图 1-11)。在土方调配图上应注明挖填调配区、调配方向、土方量以及每对挖填调配区之间的平均运距。

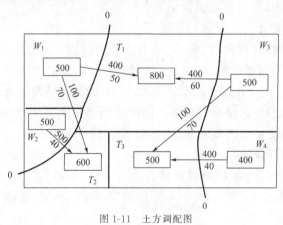

图 1-11　土方调配图

## 1.3　基坑（槽）支护

基坑(槽)支护是为保证地下结构施工及基坑侧壁采取的支挡、加固和保护措施。支护系统一般由两部分组成,即挡土结构和支撑结构;其中支撑结构又可分为内支撑和外锚固两大类。

### 1.3.1　一般基坑(槽)支护

一般基坑(槽)支护分类如下:

$$\text{一般基坑(槽)支护}\atop\text{(无地下水)}\begin{cases}\text{较窄,人工开挖}\atop\text{(横撑式支撑)}\begin{cases}\text{水平挡土板}\begin{cases}\text{间断}:H<3\text{ m}\\\text{连续}:3\text{ m}<H<5\text{ m}\end{cases}\\\text{垂直挡土板}:\text{深度不限}\end{cases}\\\text{较宽,机械开挖}\begin{cases}\text{锚拉支撑}\\\text{斜柱支撑}\\\text{短柱支撑}\\\text{临时挡土墙支撑}\end{cases}\end{cases}$$

一般基坑(槽)的支护可根据基坑(槽)的宽度、深度及大小采用不同形式,见表1-16。

表 1-16　　　　　　　　　　　　　一般基坑(槽)的支护

| 支撑名称 | 适用范围 | 支撑简图 | 支撑方法 |
|---|---|---|---|
| 水平支撑 | 挖掘较潮湿的或散粒的土及挖土深度小于5 m时 | | 挡土板水平放置,间隔放置或相互靠紧,然后两侧同时对称立上竖枋木,上下各顶一根撑木,端头加木楔顶紧 |
| 垂直支撑 | 挖掘松散的或湿度很高的土(挖土深度不限) | | 挡土板垂直放置,然后每侧上下各水平放置枋木一根,用撑木顶紧,再用木楔顶紧 |
| 锚拉支撑 | 开挖较大基坑或使用较大型的机械挖土,而不能安装横撑时 | | 挡土板水平顶在柱桩的内侧,柱桩一端打入土中,另一端用拉杆与远处锚桩拉紧,在挡土板内侧回填土 |
| 斜柱支撑 | 开挖较大基坑或使用较大型的机械挖土,而不能采用锚拉支撑时 | | 挡土板水平顶在柱桩的内侧,柱桩外侧由斜撑支牢,斜撑的底端只顶在撑桩上,然后在挡土板内侧回填土 |
| 土层锚杆 | 基坑附近有构筑物,基坑开挖不允许放坡 | | 在深开挖的地下室墙面或坑主壁未开挖的土层钻孔、插筋、灌浆,使与土层结合成为抗拉力强的锚杆 |

注:1—水平挡土板;2—垂直挡土板;3—竖枋木;4—横枋木;5—工具式横撑;6—柱桩;7—锚桩;8—拉杆;9—斜撑;10—撑桩;11—回填土。

### 1.3.2 深基坑支护

一般深基坑是指开挖深度超过 5 m(含 5 m)或地下室三层以上(含三层),或深度虽未超过 5 m,但地质条件和周围环境及地下管线特别复杂的工程。

#### 1.3.2.1 非重力式支护

非重力式支护方式如下:

$$
非重力式支护
\begin{cases}
H 型钢支柱挡板 \\
钢板桩 \\
钢筋混凝土板桩 \\
地下连续墙
\begin{cases}
逆作法施工 \\
半逆作法施工
\end{cases} \\
柱列式挡土墙(排桩)
\begin{cases}
连续(有地下水) \\
非连续(无地下水)
\end{cases} \\
锚杆与土钉墙
\end{cases}
$$

以上各方式结合使用效果更好。支撑一般可采用内支撑或外锚固,可用混凝土支撑、钢管支撑或锚杆。此外还有简便易行的喷射混凝土护面或土体局部钢筋网加土钉等方法。

1.H 型钢支柱挡板

这种支柱(H 型钢)按一定间距打入土中,支柱之间设木挡板或其他挡土设施(随开挖逐步加设),支护和挡板可回收使用,较为经济。适用于土质较好(不适宜含石量较多的土层)、地下水位较低的地区,国外应用较多,国内亦有应用。如北京京城大厦深 23.5 m 的深基坑即用这种支护结

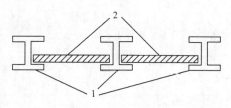

1—(H 型钢)支柱;2—木挡板
图 1-12   H 型钢支柱挡板

构,将 H 型钢按 1.1 m 间距打入土中,用三层土锚杆拉固,如图 1-12 所示。

施工顺序:工字钢→挡板→土方开挖→挡板→土方开挖……

2.钢板桩

在软土地基地区钢板桩打设方便,有一定挡水能力,施工迅速,且打设后可立即开挖,当基坑深度不太大时往往是考虑的方案之一。随着施工技术的发展,目前工程上流行钢板桩-内支撑结构或锚杆结构。

(1)钢板桩的类型

热轧锁口钢板桩截面形式如图 1-13 所示,其中 Z 形钢板桩又叫"波浪形"或"拉森形";一字形钢板桩又叫平板桩。

常用者为 U 形和 Z 形两种,U 形钢板桩可用于开挖深度 5～10 m 的基坑,目前在上海等地区广泛使用,基坑深度很大时才用组合形,一字形在建筑施工中基本不用,在水工等结构施工中有时用来围成圆形墩隔墙。

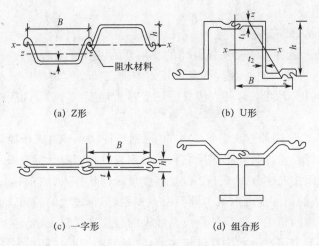

(a) Z形　　　　　　　　(b) U形

(c) 一字形　　　　　　　(d) 组合形

图 1-13　常用钢板桩截面形式

（2）钢板桩的施工

①钢板桩打设前的准备工作

A.钢板桩的检验与矫正

钢板桩检验与矫正的内容有表面缺陷矫正、端部矩形比矫正、桩体挠曲矫正、桩体截面局部变形矫正、锁口变形矫正。

B.导架安装

为保证沉桩轴线位置的正确和桩的竖直,控制桩的打入精度,防止板桩的屈曲变形和提高桩的贯入能力,一般都需要设置一定刚度的、坚固的导架,亦称"施工围檩"。

导架通常由导梁和围檩桩等组成,它的形式,在平面上有单面和双面之分,在高度上有单层和双层之分。一般常用的是单层双面导架,围檩桩的间距一般为 2.5～3.5 m,双面围檩之间的间距一般比板桩墙厚度大 8～15 mm。

导架不能与钢板桩相碰。围檩桩不能随着钢板桩的打设而下沉或变形。导梁的高度要适宜,要有利于控制钢板桩的施工高度和提高工效(图 1-14)。

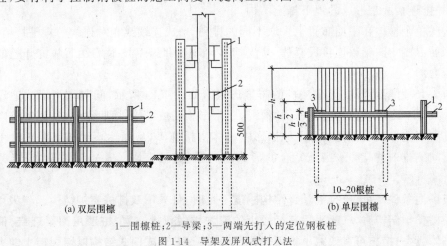

(a) 双层围檩　　　　　　　　　　　(b) 单层围檩

1—围檩桩;2—导梁;3—两端先打入的定位钢板桩

图 1-14　导架及屏风式打入法

②钢板桩的打设

A.钢板桩打设方式选择

a.单独打入法。这种方法是从板桩墙的一角开始,逐块(或两块为一组)打设,直至工程结束。这种打入方法简便、迅速,不需要其他辅助支架。但是易使板桩向一侧倾斜,且误差积累后不易纠正。为此,这种方法只适用于板桩墙要求不高,且板桩长度较小(如小于 10 m)的情况。

b.屏风式打入法。这种方法是将 10~20 根钢板桩(为一组)成排插入导架内,呈屏风状,然后再分批施打。施打时先将屏风墙两端的钢板桩打至设计标高或一定深度,成为定位板桩,然后在中间按顺序分 1/3、1/2 板桩高度呈阶梯状打入(图 1-14)。

这种打桩方法的优点是可以减少倾斜误差积累,防止过大的倾斜,而且易于实现封闭合龙,能保证板桩墙的施工质量。其缺点是插桩的自立高度较大,要注意插桩的稳定和施工安全,一般情况下多用这种方法打设板桩墙,它耗费的辅助材料不多,但能保证质量。

B.钢板桩的打设工艺

先用吊车将钢板桩吊至插桩点处进行插桩,插桩时锁口要对准,每插入一根即套上桩帽轻轻加以锤击。在打桩过程中,为保证钢板桩的垂直度,用两台经纬仪在两个方向加以控制。为防止锁口中心线平面位移,可在打桩进行方向的钢板桩锁口处设卡板,阻止板桩位移。同时在围檩上预先算出每根板桩的位置,以便随时检查校正。

钢板桩分几次打入,如第一次由 20 m 高打至 15 m,第二次则打至 10 m,第三次打至导梁高度,待导架拆除后第四次才打至设计标高。打桩时,开始打设的第一、二根钢板桩的打入位置和方向要确保精度,它可以起样板导向作用,一般每打入 1 m 应测量一次。地下工程施工结束后,钢板桩一般都要拔出,以便重复使用。

3.柱列式挡土墙(排桩)

(1)柱列式挡土墙(排桩)的形式

柱列式挡土墙又称排桩式挡土墙,属板式支护体系。它是把单个桩体按照其成桩工艺的不同,如钻孔灌注桩、预制混凝土桩、挖孔桩、压浆桩、SMW(桩型挡墙)及其他混合式桩等,并排连接起来形成的地下挡土结构。

这些单个桩体在平面布置上采取不同的排列,形成连续或相对连续的排桩挡墙,顶部浇筑钢筋混凝土圈梁以连接成整体,来支挡不同地质和施工技术条件下基坑开挖的侧向水土压力。

图 1-15 为钢筋混凝土灌注桩的布置形式。如图 1-15 所示,间隔排列形式适用于无地下水或地下水位较深、土质较好的情况,一字形相切或搭接排列形式往往因在施工中桩的垂直度不能保证及桩体扩颈等原因影响桩体搭接施工,从而达不到防水要求。工程中常采用间隔排列并与防水措施结合的形式(称柱列式挡土墙形式),**详情见本节(2)墙体防渗。**

当场地条件许可、单排桩悬臂结构刚度不足时,可采用双排桩支护结构。当采用双排式灌注桩支护结构时,一般采用直径较小的灌注桩做双排布置,桩顶用圈梁连接,使桩头连成一体,这一措施可有效减小桩顶位移及地表变形,形成门式结构以增强挡土能力。

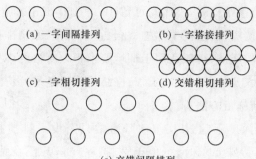

(a) 一字间隔排列　　(b) 一字搭接排列

(c) 一字相切排列　　(d) 交错相切排列

(e) 交错间隔排列

图 1-15　钢筋混凝土灌注桩的布置形式

双排桩在平面上可按三角形布置,也可按矩形布置(图 1-16)。前后排桩距 $\delta=1.5\sim3.0d$(中心距),桩顶连梁宽度为 $\delta+d+20$,即比双排桩稍宽一点。

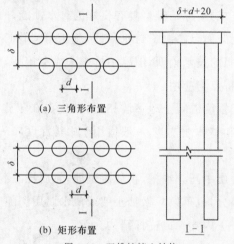

(a) 三角形布置

(b) 矩形布置

图 1-16　双排桩挡土结构

(2)墙体防渗

桩孔灌注桩排桩墙体防渗可采取两种方式:一是将桩体相互搭接,二是另增设挡水抗渗结构(图 1-17),前一种方式对施工工艺要求高,且由于桩位、桩垂直度的偏差所引起的墙体渗漏仍难以完全避免,所以在水位较高的软土地区,一般采用后一种方式。

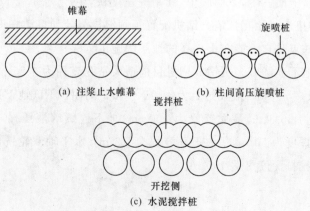

(a) 注浆止水帷幕　　(b) 柱间高压旋喷桩

(c) 水泥搅拌桩

图 1-17　混凝土桩间隔排列时的防水措施

当采用增设挡水抗渗结构时,桩体间可留 $100\sim150$ mm 的施工间隙,防水主要采用柱间压密桩、柱间高压旋喷桩、水泥搅拌桩、注浆止水帷幕、冻结排桩法等。

第一、二种方式比较经济,一般适用于环境要求不太严格的小型基坑工程;第三、四种方式主要适用于体形大、开挖深的基坑工程;冻结排桩法是进行特大型深基坑支护施工中既支护又防水的一种新施工方法。

按一般经验,基坑深度不超过 10 m 时,通常只需设一排搅拌桩止水;当深度超过 10 m 时或环境条件有特殊要求时,可增至 2 排搅拌桩,甚至在钻孔桩之间再补以压密注浆。

**冻结排桩法是以含水地层冻结形成的冻结帷幕墙为基坑的封水结构,以排桩及内支撑系统为抵抗水土压力的受力结构,充分发挥各自的优势。**在施工深、大基坑时,采用排桩作为结构支撑体系工艺成熟,冻结帷幕具有良好的封水性能,两种技术的结合不仅解决了基础维护结构的嵌岩问题而且解决了封水问题,施工可操作性强。两种技术的结合既是优势互补,又是一种大胆的技术创新,但冻结排桩法成本较高,一般情况下较少使用。

(3)柱列式挡土墙的特点与应用

柱列式挡土墙与壁式钢筋混凝土地下墙相比,其优点在于施工工艺简单,成本低,平面布置灵活,缺点是防渗和整体性较差,一般适用于中等深度(6~10 m)的基坑围护。

4.地下连续墙

地下连续墙是先在地层中开挖沟槽,再放置钢筋,然后浇灌混凝土形成的墙体。地下连续墙可以是基础的一部分,也可以只做挡土墙或截水墙用。随着施工技术的发展,目前工程上流行地下连续墙——内支撑或锚杆结构。

(1)施工设备

挖槽的机械有垂直轴多头钻机、连续墙液压抓斗、水平轴双轮铣成槽机等。

垂直轴多头钻机也叫多头钻成槽机。如图 1-18 所示,多头钻成槽机由钻头及泥浆管系统、电动减速系统、导向系统、纠偏装置等组成。分动箱有五个输出轴,分别带动五个钻头,钻头错开布置,上面三个,下面两个,其钻进速度快,生产率高。对称的钻头旋转方向相反,因此承受的扭矩可相互抵消。钻机配置了倾斜检测计和自动修正装置,因此保证了它的垂直精度。缺点是它不能在土夹石的地层中施工。

我国生产的地下连续墙多头钻成槽机目前最大钻孔直径为 1.25 m,最大钻孔深度为 50 m,钻头数量最多为 5 个,最大扭矩为 45 kN·m。例如,TRD 地下连续墙多头钻成槽机最大成槽深度为 35.5 m,最大壁厚为 100 cm;地下连续墙液压抓斗最大挖掘宽度为 1.5 m,最大挖掘深度为 50 m,最大抓斗容积为 1.2 m³;水平轴双轮铣成槽机最大挖掘宽度为 3.2 m,最大挖掘深度可达 150 m。

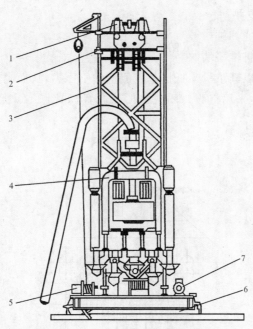

1—顶梁;2—顶部圈梁;3—机架;4—多钻头;5—电缆收线盘;6—底盘;7—空气压缩机

图1-18 SF型多头钻成槽机

(2)地下连续墙施工工艺

在工程开挖土方之前,用特制的挖槽机械在泥浆护壁的情况下每次开挖一定长度(一个单元槽段约6~10 m)的沟槽,待开挖至设计深度并清除沉淀下来的泥渣后,将在地面上加工好的钢筋骨架(一般称为钢筋笼)用起重机械吊放入充满泥浆的沟槽内,用导管向沟槽内进行水下混凝土的浇筑,由于混凝土是由沟槽底部开始逐渐向上浇筑,随着混凝土的浇筑即将泥浆置换出来,待混凝土浇至设计标高后,一个单元槽即施工完毕。各个单元槽之间由特制的接头连接,形成连续的地下钢筋混凝土墙,如图1-19所示。

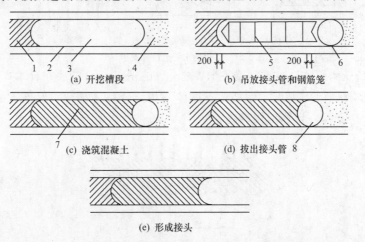

1—已浇筑混凝土的单元槽段;2—导墙;3—开挖的槽段;4—未开挖的槽段;
5—钢筋笼;6—接头管;7—正浇筑混凝土的单元槽段;8—接头管拔出后的孔洞

图1-19 地下连续墙施工工艺

### 1.3.2.2 重力式支护

$$\text{重力式支护}\begin{cases}\text{深层搅拌桩}\\\text{旋喷桩帷幕墙}\end{cases}\text{（内支撑、锚杆）}$$

重力式支护结构,以其重量来抵抗基坑侧壁的土压力,从而满足该结构的抗滑移和抗倾覆要求。目前较多地采用空腹封闭式格栅状布置,如图 1-20 所示,桩体与它所包围的土体共同作用。

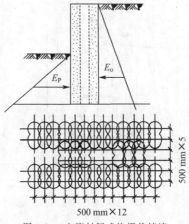

图 1-20  空腹封闭式格栅状挡墙

这类结构一般采用喷射型深层搅拌桩,将桩体相互搭接形成实体式或格栅式挡墙,如图 1-21 所示,具有挡土和止水双重功能。当基坑开挖深度大于 6 m 时,可在水泥中加筋,形成加筋水泥土挡墙(SMW),甚至可以辅以内支撑或锚杆支护系统,以加大基坑的支护深度。

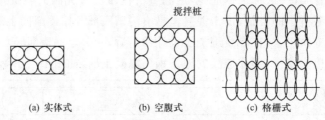

(a) 实体式          (b) 空腹式          (c) 格栅式

图 1-21  常用的水泥土组合支护形式

图 1-22 所示为 SMW 桩型挡墙,SMW(soil mixing wall)工法在日本应用非常普遍,开挖尝试已达几十米,与装配式钢结构支撑体系相结合,工效较高,但该工法由于钻孔深度所限(小于 20 m),在国内应用较少。

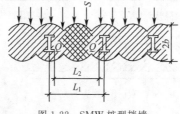

图 1-22  SMW 桩型挡墙

**1.深层搅拌法水泥土桩**

深层搅拌法是利用特制的深层搅拌机在边坡土体需要加固的范围内,将软土与固化剂强制拌和,使软土硬结成具有一定强度的水泥加固土,又称为水泥土搅拌桩。

深层搅拌法使用的固化剂为水泥浆或水泥砂浆,宜用 425 号水泥,水泥的掺量为加固土重的 7%～15%,水泥砂浆的配合比为 1:1 或 1:2,掺灰量以 12%～15% 为宜。

(1)深层搅拌机

图 1-23 为 SJB-1 型深层搅拌机,它采用双搅拌轴中心管输浆方式,水泥浆从两根搅拌轴之间的另一根管子输出,不影响搅拌均匀度,可适用于多种固化剂。

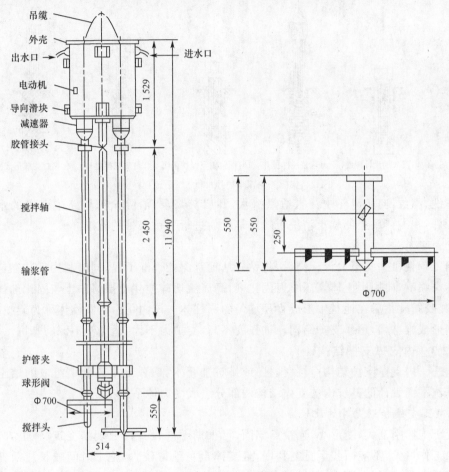

图 1-23　SJB-1 型深层搅拌机

(2)深层搅拌水泥土桩挡墙的施工工艺流程

SJB 系列深层搅拌机施工工艺流程如图 1-24 所示。

①定位:用起重机悬吊搅拌机到指定桩位,对中。

②预拌下沉:待深层搅拌机的冷却水循环正常后,启动搅拌机,放松起重机钢丝绳,使搅拌机沿导向架搅拌切土下沉。

③制备水泥浆:待深层搅拌机下沉到一定深度时,即开始按设计确定的配合比拌制水泥浆,压浆前将水泥浆倒入集料斗中。

④提升、喷浆、搅拌:待深层搅拌机下沉到设计深度后,开启压浆泵将水泥浆压入地基,且边喷浆、边搅拌,同时按设计确定的提升速度提升深层搅拌机。

⑤重复上下搅拌：为使土和水泥浆搅拌均匀，可再次将搅拌机边旋转边沉入土中，至设计深度后再提升出地面。当水泥浆掺量较大时也可留一部分水泥浆在重复搅拌提升时喷用。桩体要互相搭接 200 mm，以形成整体。对桩顶以下 2～3 m 范围内其他需要加强的部位，可在重复搅拌提升时喷水泥浆。

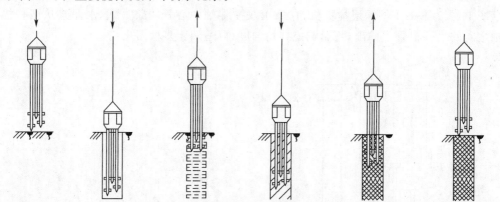

(a)定位下沉　(b)沉入到设计深度　(c)喷浆搅拌提升　(d)原位重复搅拌下沉　(e)重复搅拌提升　(f)搅拌完成形成固体

图 1-24　SJB 系列深层搅拌机施工工艺流程

⑥清洗、移位：向集料斗中注入适量清水，开启灰浆泵，清除全部管路中残存的水泥浆，并将黏附在搅拌头上的软土清洗干净。移位后进行下一根桩的施工。

2.旋喷桩

利用工程钻机钻孔至设计标高后，将钻杆从地基深处逐渐上提，同时利用安装在钻杆端部的特殊喷嘴，向周围土体高压喷射固化剂，高压流切碎搅拌土层将软土与固化剂强制混合，使其胶结硬化后在地基中形成直径均匀的圆柱体。该固化后的圆柱体称为旋喷桩。桩体相连形成帷幕墙，用作支护结构。桩强度不高，支护力不大，适用于不深的基坑。

### 1.3.2.3　内支撑支护结构

桩墙——内支撑支护结构由桩（排桩）或排桩加止水帷幕、地下连续墙组成的挡土结构和按基坑平面设计的基坑内的支撑结构两部分组成受力体系。

1.混凝土支撑和钢支撑的比较

混凝土支撑刚度大，变形小，连接点牢固，可根据不同设计尺寸现场浇筑，施工方便，但其拆除工作量大，不能回收后重复利用，且支撑自身重量较大，施工时间较长。钢支撑安装和拆除方便，重复利用率高，材料自重小，支撑施工速度较快；但整体刚度小，变形较大，在复杂作用力下易在节点处产生剪断、拉坏。

2.支撑形式的选择

对于长条形基坑一般可采用对撑的形式；当基坑尺寸较大、支撑较长时，可沿支撑设置多个立柱，形成多跨的支撑，同时对撑可设计成桁架式。基坑的角部采用水平斜撑形式并根据斜撑轴力进行设计。

### 1.3.2.4　土层锚杆

土层锚杆是一种锚固技术，又是一种有效的支护技术，锚杆可将浅层不稳定岩土体荷载传递至深层未扰动的稳定土层。

1.土层锚杆的构造

锚固支护结构的土层锚杆通常由锚头、锚头垫座、支护结构、钻孔、防护套管、拉杆(拉索)、锚固体、锚底板(有时无)等组成(图1-25)。适用于深度为 12 m 左右的一级基坑。

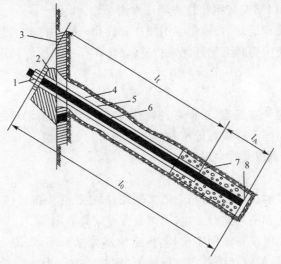

1—锚头;2—锚头垫座;3—支护;4—钻孔;5—防护套管;6—拉杆;7—锚固体;8—锚底板

$l_0$—锚固长度;$l_f$—非锚固段长度;$l_A$—锚固段长度

图 1-25　土层锚杆的构造

2.土层锚杆的类型、施工特点及使用情况

土层锚杆的类型、施工特点及使用情况见表1-17。

表 1-17　　　　　　　　土层锚杆的类型、施工特点及使用情况

| 锚杆类型 | 施工特点及使用情况 |
|---|---|
| 一般灌浆锚杆 | 钻孔后放入受拉杆件,然后用砂浆泵将水泥浆或水泥砂浆注入孔内,经养护后,即可承受拉力 |
| 高压灌浆锚杆(又称预压锚杆) | 其与一般灌浆锚杆的不同点是在灌浆阶段对水泥砂浆施加一定的压力,使水泥砂浆在压力下压入孔壁四周的裂缝并在压力下固结,从而使锚杆具有较大的抗拔力 |
| 预应力锚杆 | 先对锚固段进行一次压力灌浆,然后对锚杆施加预应力后锚固并在非锚固段进行不加压二次灌浆,也可一次灌浆(加压或不加压)后施加预应力。我国目前大都采用预应力锚杆 |
| 扩孔锚杆 | 用特制的扩孔钻头扩大锚固段的钻孔直径,或用爆扩法扩大钻孔端头,从而形成扩大的锚固段或端头,可有效提高锚杆的抗拔力。扩孔锚杆主要用在松软地层中 |

另外,还有重复灌浆锚杆、可回收锚筋锚杆等。

3.土层锚杆施工

土层锚杆施工包括钻孔、安放拉杆、灌浆和张拉锚固。在正式开工之前还需进行必要的准备工作。

(1)钻孔

①钻孔机械选择

土层锚杆钻孔用的钻孔机械,按工作原理分,有旋转式钻孔机、冲击式钻孔机和旋转冲击式钻孔机三类。主要根据土质、钻孔深度和地下水情况进行选择。

②土层锚杆钻孔的特点及应达到的要求

　　土层锚杆的钻孔多数有一定的倾角,因此孔壁的稳定性较差。且由于土层锚杆的长细比很大,孔洞很长,保证钻孔的准确方向和直线性较困难,易偏斜和弯曲。因此施工时应该注意:

　　A.孔壁要平直,以便安放钢拉杆和灌注水泥浆。

　　B.孔壁不得塌陷和松动,否则影响钢拉杆安放和土层锚杆的承载能力。

　　C.钻孔时不得使用膨润土循环泥浆护壁,以免在孔壁上形成泥皮,降低锚固体与土壁间的摩阻力。

　　(2)安放拉杆

　　**土层锚杆用的拉杆有钢管、粗钢筋、钢丝束和钢绞线,目前常用的是钢丝束、钢绞线以及钢绞线束。**主要根据土层锚杆的承载能力和现有材料的情况来选择,承载能力较小时多用粗钢筋,承载能力较大时多用钢绞线。

　　①钢丝束拉杆

　　钢丝束拉杆可以制成通长一根,它的柔性较好,往钻孔中沉放较方便。但施工时应将灌浆管与钢丝束绑扎在一起同时沉放,否则放置灌浆管有困难。

　　钢丝束拉杆的锚固段亦需用定位器,该定位器为撑筋环,如图 1-26 所示。钢丝束的钢丝分为内外两层,外层钢丝绑扎在撑筋环上,撑筋环的间距为 0.5～1.0 m,这样锚固段就形成一连串的菱形,使钢丝束与锚固体砂浆的接触面积增大,增强了黏结力,内层钢丝则从撑筋环的中间穿过。

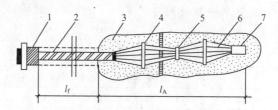

1—锚头;2—自由段及防腐层;3—锚固体砂浆;4—撑筋环;
5—钢丝束结;6—锚固段的外层钢丝;7—小竹筒
图 1-26　钢丝束拉杆的撑筋环

　　钢丝束拉杆的锚头要能保证各根钢丝受力均匀,常用者有镦头锚具等,可按预应力结构选用锚具。

　　沉放钢丝束时要对准钻孔中心,如有偏斜易将钢丝束端部插入孔壁内,既破坏了孔壁,引起坍孔,又可能堵塞灌浆管。为此,可用一个长度为 25 cm 的小竹筒将钢丝束下端套起来。

　　②钢绞线拉杆

　　钢绞线拉杆的柔性更好,向钻孔中沉放更容易,因此在国内外应用得比较多,用于承载能力大的土层锚杆。

　　要仔细清除锚固段的钢绞线表面的油脂,以保证与锚固体砂浆有良好的黏结。自由段的钢绞线要套以聚丙烯防护套等进行防腐处理。钢绞线拉杆需用特制的定位架。

　　(3)压力灌浆

　　压力灌浆是土层锚杆施工中的一个重要工序。施工时,应将有关数据记录下来,以备将来查用。灌浆的作用是形成锚固体,将锚杆锚固在土层中,防止钢拉杆腐蚀,充填土层中的孔隙和裂缝,提高锚杆抗拔力。

灌浆方法有一次灌浆法和二次灌浆法两种。

①一次灌浆法

只用一根灌浆管,利用压浆泵进行灌浆,灌浆管端距孔底 20 cm 左右,待浆液流出孔口时,用水泥袋纸等捣塞入孔口,并用湿黏土封堵孔口,严密捣实,再以 2~4 MPa 的压力进行补灌,要稳压数分钟灌浆才告结束。

②二次灌浆法

要用两根灌浆管(直径 1.9 cm 镀锌铁管),第一次灌浆用灌浆管的管端距离锚杆末端 500 mm 左右(图 1-27),管底出口处用黑胶布封住,以防沉放时土进入管口。第二次灌浆用灌浆管的管端距离锚杆末端 1000 mm 左右,管底出口处亦用黑胶布封住,且从管端 500 mm 处开始向上每隔 2 m 左右做出 1 m 长的花管,花管的孔眼为 $\phi 8$ mm,花管做几段视锚固段长度而定。

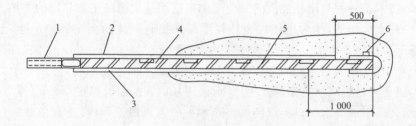

1—锚头;2—第一次灌浆用灌浆管;3—第二次灌浆用灌浆管;

4—粗钢筋锚杆;5—定位器;6—塑料瓶

图 1-27　二次灌浆法灌浆管的布置

第一次灌浆是灌注水泥砂浆,利用普通的单缸活塞式压浆机,其压力为 0.3~0.5 MPa,水泥砂浆在上述压力作用下冲出封口的黑胶布流向钻孔。第一次灌浆量根据孔径和锚固段的长度而定。

第二次灌浆需待第一次灌注的浆液初凝后进行,利用泥浆泵,控制压力为 2 MPa 左右,要稳压 2 min,浆液冲破第一次灌浆体,向锚固体与土的接触面之间扩散,使锚固体直径扩大(图 1-28),增加径向压应力。由于挤压作用,锚固体周围的土受到压缩,孔隙比减小,含水量减小,也提高了土的内摩擦角。同时由于第一次灌入的水泥砂浆已初凝,在钻孔内形成"塞子",借助这个"塞子"的堵浆作用,就可以提高第二次灌浆的压力。对于二次灌浆,国内外都试用过化学浆液(如聚氨酯浆液等)代替水泥浆,这些化学浆液渗透能力强,且遇水后产生化学反应,体积可膨胀数倍,这样既可提高土的抗剪能力,又可形成如树根那样的脉状渗透。因此,二次灌浆法可以显著提高土层锚杆的承载能力。

(4)张拉和锚固

土层锚杆灌浆后,待锚固体强度超过 80% 设计强度时,便可对锚杆进行张拉和锚固。张拉前先在支护结构上安装围檩。张拉用设备与预应力结构张拉所用相同。

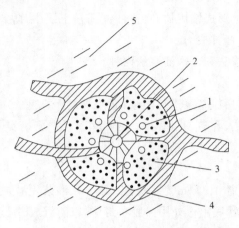

1—钢丝束；2—灌浆管；3—第一次灌浆体；4—第二次灌浆体；5—土体

图1-28　第二次灌浆后锚固体的截面

### 1.3.2.5　土钉墙

**1.土钉墙技术**

土钉墙技术是一种利用经加固的原位土体来维护基坑边坡土体稳定的支护方法。即土钉就是一种土体加筋，作为土体加固补强手段来提高土体的强度和稳定性，**土体不变形，土钉不受力！** 它是由土钉、钢丝网喷射混凝土面板和加固后的原位土体三部分组成的（图1-29）。天然土体通过土钉就地加固并与喷射混凝土面板相结合，形成一个类似的土质挡土墙，以此来抵抗墙后传来的水土压力，保持基坑开挖面的稳定。

土钉墙适用于地下水位以上或经人工降水后的人工填土、黏性土和微黏结砂土的基坑开挖支护；一般用于开挖深度为5～12 m的二级基坑。

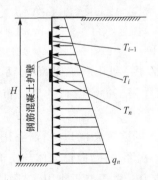

图1-29　土钉支护方案示意图

**2.土钉墙的构造要求**

(1)土钉墙的坡度宜为1:0.3～1:0.7，钻孔直径宜为70～120 mm。

(2)土钉必须和面层有效连接在一起，常设以承压板和加强筋。

(3)土钉钢筋宜用Ⅱ级以上螺纹钢筋，直径宜为16～32 mm，常用25 mm。土钉的长度宜为开挖深度的0.5～1.2倍，土钉间距宜为1～2 m，土钉与水平面夹角宜为10°～20°。

(4)喷射混凝土设计强度等级不宜低于C20，喷射混凝土面层厚度宜为80～200 mm，常用100 mm；并在混凝土表面喷上水泥砂浆，以防止雨水渗入坡内。

(5)喷射混凝土面层中应配以钢筋网，钢筋网宜采用Ⅰ级钢筋，钢筋直径宜为6～

10 mm,钢筋间距宜为 100~300 mm,双向布置。

(6)坡底挡土墙采用 370 mm 厚砖墙,墙高为 1.2 m,并埋入基坑底部的土内 500 mm。

(7)在坡顶的混凝土硬化层内也满扎直径为 6.5 mm 的钢筋,间距为 150 mm,同样为双向布置,混凝土厚也为 100 mm,其目的是防止雨水从坡顶渗入坡内。

3.土钉墙的施工

**土钉墙的施工工艺:按设计要求开挖工作面,修整边坡→喷射第一层混凝土→安设土钉**(包括钻孔、插钢筋、注浆、垫板等)→绑扎钢筋网→喷射第二层混凝土→设置坡顶和坡脚的排水设施。

施工时要按坡度要求,边挖土,边修整坡面,边钉土钉,同时绑扎钢筋。挖至坡底后,要及时砌筑坡底挡墙和浇筑坡面混凝土硬化层。

喷射混凝土应分段分片依次进行,水平方向的分段长度一般为 10~20 m,同一分段内的喷射顺序自下而上,一次喷射厚度宜为 40~70 mm;喷射时,喷头与受喷面应垂直,宜保持 0.6~1.0 m 的距离;喷射时应控制好水灰比,保持混凝土表面平整,呈湿润光泽,无干斑或滑移流淌现象;喷射混凝土的回弹率不应大于 15%;喷射混凝土终凝 2 h 后,应喷水养护,养护时间应根据气温等环境条件而定,一般为 3~7 天。

4.复合土钉墙

针对软土层中土钉支护涉及的一系列问题,1997 年出现了复合土钉墙的概念,并于同年应用于实际工程。复合土钉墙技术,即将土钉墙技术与搅拌桩、旋喷桩或预应力锚杆等结合起来,使得土钉墙技术在深基坑中应用及垂直钉墙成为可能,并改善土钉墙支护形式变形大的缺陷。

常用的复合土钉墙有三种基本形式:**土钉与预应力锚杆、土钉与微型钢管桩、土钉与搅拌桩(止水帷幕)联合应用**(表 1-18)。

表 1-18　　　　　　　复合土钉墙形式、目的和要求及适用情况

| | 形　式 | 目的和要求 | 适用情况 |
|---|---|---|---|
| 土钉与预应力锚杆 | 喷射混凝土面层　土钉　　预应力锚杆 | 对基坑顶面的水平位移和沉降有严格要求 | 适用于一般地层,满足不同实际工程的需要 |
| 土钉与微型钢管桩 | 喷射混凝土面层　　土钉　　各种微型钢管桩 | 减少施工分层开挖中的土体侧向变形、支撑喷射混凝土面层重量的垂直分力,以及改善支护整体稳定性 | 适用于土质松散、自立性较差的地层情况,对于限制基坑的变形、增加边坡的稳定性是十分有利的,但不能起到止水隔水的作用 |

续表

| 形 式 | 目的和要求 | 适用情况 |
|---|---|---|
| 土钉与搅拌桩（止水帷幕）<br>喷射混凝土面层　　土钉<br>搅拌桩 | 搅拌桩作为止水帷幕和临时挡墙,阻止开挖后土体渗水,保证开挖面土体局部的自立性,减少基坑底部隆起 | 适用于深度在 7 m 以内软土基坑的围护工程 |

## 1.4　排水与降水

### 1.4.1　地面排水

为保证施工的正常进行,排除地面水(包括雨水、施工用水、生活污水等),常采用在基坑周围设置排水沟、截水沟或筑土堤等办法,并尽量利用原有的排水系统,或将临时性排水设施与永久性排水设施结合使用。

### 1.4.2　集水井排水与降水

集水井排水与降水法是在基坑开挖过程中,沿坑底的周围或中央开挖排水沟,并在基坑边角处设置集水井,将水汇入集水井内,用水泵抽走(图 1-30)。这种方法可用于基坑排水,也可用于降水。

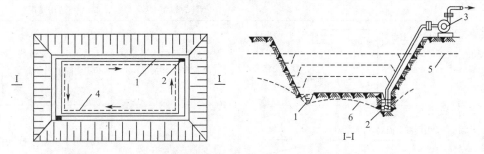

1—排水沟;2—集水井;3—离心式水泵;4—基础边线;
5—原地下水位线;6—降低后地下水位线
图 1-30　集水井排水与降水法

#### 1.4.2.1　排水沟的设置

排水沟底宽一般为 0.2～0.3 m,沟底设有 0.2%～0.5% 的纵坡,在开挖阶段,排水沟深度应始终保持比挖土面低 0.4～0.5 m。

#### 1.4.2.2 集水井的设置

集水井应设置在基础范围以外的边角处,间距应根据水量大小、基坑平面形状及水泵能力确定,一般为 20～40 m。集水井的直径和宽度一般为 0.6～0.8 m,其深度随着挖土的加深而加深,要经常低于挖土面 0.7～1.0 m,**井壁可用竹、木等简易加固(目的:抽水不抽砂)**。当基坑挖至设计标高后,井底应低于坑底 1～2 m,并铺设碎石滤水层。

### 1.4.3 井点降水

#### 1.4.3.1 井点降水的作用

井点降水的主要目的是防止流砂的发生,流砂往往发生在细砂和粉砂土层中,因其空隙小、阻力大,极易产生较大的水力坡度,所以低于地下水位 2 m 的粉砂层易发生流砂现象。

动水压力是流砂发生的重要条件。流动中的地下水对土颗粒产生的压力称为动水压力,其性质通过如图 1-31 所示的试验说明。

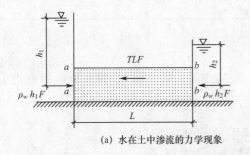
(a) 水在土中渗流的力学现象

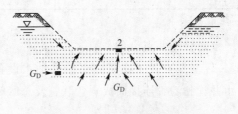
(b) 动水压力对地基土的影响

1,2—土颗粒

图 1-31 动水压力原理图

因

$$\rho_w h_1 F - \rho_w h_2 F - TLF = 0$$

则

$$T = \frac{h_1 - h_2}{L} \rho_w = i \cdot \rho_w \tag{1-27}$$

由上式可知,动水压力 $G_D$ 与水力坡度 $i$ 成正比,水位差越大,动水压力 $G_D$ 越大;而渗透路程越长,动水压力 $G_D$ 越小。

产生流砂现象主要是由于地下水的水力坡度大;即动水压力大,而且动水压力的方向(与水流方向一致)与土的重力方向相反(即动水压力方向向上),土不仅受水的浮力,而且受动水压力的作用,有向上举的趋势,当动水压力等于或大于土的浸水密度时,即

$$G_D \geq \rho_w'$$

土颗粒失去自重,处于悬浮状态,并随地下水一起流入基坑,即发生流砂现象。流砂防治的主要途径是减小或平衡动水压力或改变其方向。具体措施有**抢挖法、水下挖土法、打钢板桩或做地下连续墙法、冻结法、枯水季节开挖、井点降水法**。其中井点降水法是根除流砂最有效的方法。

### 1.4.3.2 井点降水法

井点降水法就是在基坑开挖前,预先在基坑四周埋设一定数量的滤水管(井),利用抽水设备从中抽水,使地下水位降落到坑底标高以下,并保持至回填完成或地下结构有足够的抗浮能力为止。各种井点的适用范围见表1-19。

表 1-19 各种井点的适用范围

| 井点类型 | | 土的渗透系数/(m/d) | 降水深度/m |
|---|---|---|---|
| 轻型井点 | 一级轻型井点 | 0.5~50 | 3~6 |
| | 多级轻型井点 | 0.5~50 | 6~12,视井点级数而定 |
| 喷射井点 | | 0.1~20 | 8~20 |
| 电渗井点 | | <0.1 | 视选用的井点而定 |
| 管井类 | 管井井点 | 1.0~200 | 3~5 |
| | 深井井点 | 5~250 | >10 |

1.轻型井点

(1)轻型井点设备

轻型井点设备由管路系统和抽水设备组成。如图1-32所示,管路系统包括井点管(由井管和滤管连接而成)、弯联管及总管等。

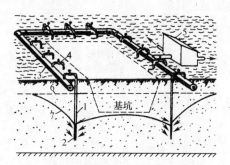

1—井管;2—滤管;3—总管;4—弯联管;
5—水泵房;6—原有地下水位;7—降低后地下水位
图 1-32 轻型井点法降低地下水位全貌图

滤管为进水设备,其构造如图1-33所示,通常采用长度为1.0~1.5 m,直径为38 mm或51 mm的无缝钢管,管壁钻有直径为12~19 mm的滤孔;井点管采用直径为38 mm或51 mm,长度为5~7 m的钢管;集水总管采用直径为100~127 mm的无缝钢管,每段长为4 m,其上装有与井点管连接的短接头,间距为0.8 m或1.2 m。

轻型井点设备的主机由真空泵、离心水泵和水气分离器等组成,称真空泵轻型井点设备;如果轻型井点设备的主机由射流泵、离心泵和循环水箱等组成,则称射流泵轻型井点设备。

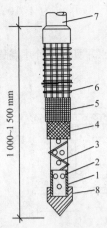

1—钢管；2—管壁上的小孔；3—缠绕的塑料管；4—细滤网；
5—粗滤网；6—粗铁丝保护网；7—井点管；8—铸铁头
图1-33 滤管构造

（2）轻型井点布置

一级井点布置如图1-34或图1-35所示，二级井点布置如图1-36所示。

①平面布置

A.单排布置：适用于基坑、槽宽度小于6 m，且降水深度不超过5 m的情况，井点管应布置在地下水的上游一侧，两端伸出长度不得小于基坑宽度（图1-34）。

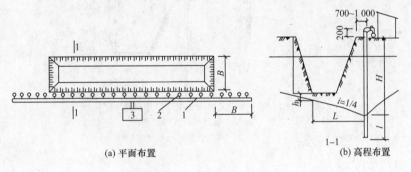

(a) 平面布置       (b) 高程布置

1—总管；2—井点管；3—抽水设备
图1-34 单排井点布置简图

B.双排布置：适用于基坑宽度大于6 m或土质不良的情况。

C.U形布置：井点管不封闭的一段应设在地下水下游方向。

D.环形布置：一般用于长宽比小于3、基坑宽度大于6 m的面状基坑，注意需留设出土口（图1-35）。

②高程布置

一级井点管的埋置深度$H$可按式(1-28)计算：

$$H \geqslant H_1 + h + iL \tag{1-28}$$

式中    $H_1$——总管平台面至基坑底面的距离，m；

     $h$——基坑中心线底面至降低后的地下水位线的距离，一般取0.5～1.0 m；

$i$——水力坡度,根据实测:环形井点为 1/10;双排布置为 1/7;单排线状井点为 1/4~1/5;

$L$——井点管至水井中心的水平距离,当井点管为单排布置时,$L$ 为井点管至边坡脚的水平距离,m。

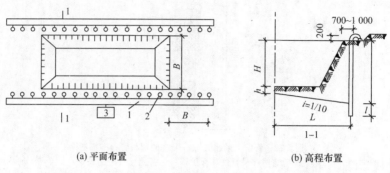

(a) 平面布置        (b) 高程布置

1—总管;2—井点管;3—抽水设备

图 1-35　环形井点布置简图

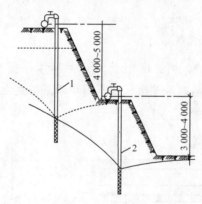

1—第一层井点管;2—第二层井点管

图 1-36　二级轻型井点布置简图

（3）轻型井点计算

①井型判定（图 1-37）

水井根据井底是否达到不透水层,分为完整井与非完整井。井底到达含水层下面的不透水层的井称为完整井,否则称为不完整井。根据所抽取的地下水层有无压力,又分为无压井与承压井。

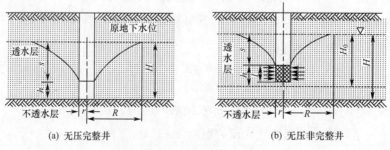

(a) 无压完整井        (b) 无压非完整井

图 1-37　水井的分类

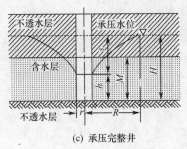 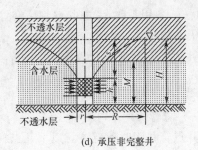

(c) 承压完整井　　　　　　　　(d) 承压非完整井

图 1-37　水井的分类(续)

②无压完整环形井点涌水量计算

无压完整环形井点涌水量 $Q$ 的计算方法如图 1-38 所示。

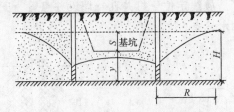

图 1-38　无压完整环形井点涌水量计算简图

$$Q = 1.366K \frac{(2H-S)S}{\lg R - \lg X_0} \tag{1-29}$$

式中　$K$——渗透系数,应由试验测定,m/d;

　　　$H$——含水层厚度,m;

　　　$S$——水位降低值,m;

　　　$R$——抽水影响半径,m,取

$$R = 1.95S\sqrt{HK}$$

　　　$X_0$——环形井点的假想半径,m:

$$X_0 = \sqrt{\frac{F}{\pi}}$$

　　　$F$——基坑环状井点管系统所包围的面积,m²。

③确定井点管数量与井距

A.单井最大出水量

单井的最大出水量 $q$ 主要取决于土的渗透系数、滤管的构造与尺寸,按下式确定:

$$q = 65\pi d \cdot l \sqrt[3]{K} \tag{1-30}$$

式中　$d$——滤管直径,m;

　　　$l$——滤管长度,m;

　　　$K$——渗透系数,m/d。

B.最少根数

井点管的最少根数 $n_{\min}$ 按下式计算:

$$n_{\min} = 1.1 \frac{Q}{q} \tag{1-31}$$

式中　1.1——备用系数,考虑井点管堵塞等因素。

C.最大井距

最大井距$D_{max}$按下式计算:

$$D_{max} = \frac{L}{n_{min}} \tag{1-32}$$

式中　$L$——总管长度,m。

确定井点管井距时还应注意以下几点:①井距过小时,彼此干扰大,影响出水量,因此井距必须大于15倍管径;②在渗透系数小的土中井距宜小些,否则水位降落时间过长;③靠近河流处,井点管宜适当加密;④井距应能与总管上的接头间距相配合。

(4)轻型井点的施工

埋设井点的施工顺序是**放线定位→打井孔→埋设井点管→安装总管→用弯联管将井点管与总管接通→安装抽水设备**(图1-39)。

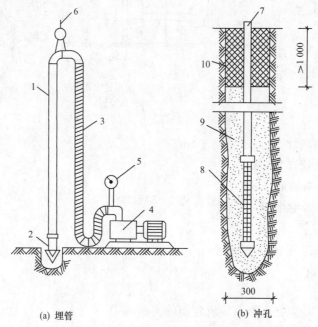

(a)埋管　　　　　(b)冲孔

1—冲管;2—冲嘴;3—胶皮管;4—高压水泵;5—压力表;
6—起重吊钩;7—井点管;8—滤管;9—填砂;10—黏土封口
图1-39　井点管的埋设

2.喷射井点

当基坑开挖较深、降水深度要求较大时,可采用喷射井点降水。其降水深度可达20 m,可用于渗透系数为0.1~50 m/d的砂土、淤泥质土层。

喷射井点施工顺序是**安装水泵设备及泵的进出水管路→铺设进水总管和回水总管→沉设井点管(包括灌填砂滤料)→接通进水总管后及时进行单根试抽、检验→全部井点管沉设完毕→接通回水总管、全面试抽,检查整个降水系统的运转状况及降水效果。**

喷射井点设备及平面布置如图1-40所示。

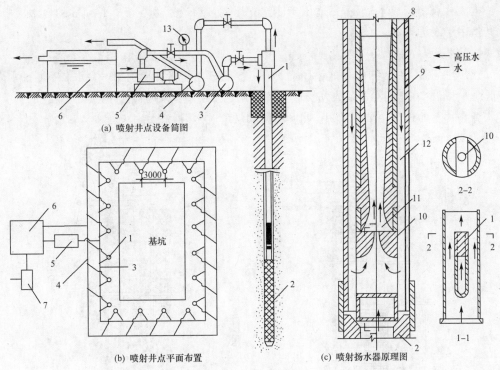

(a) 喷射井点设备简图

(b) 喷射井点平面布置

(c) 喷射扬水器原理图

1—喷射井管;2—滤管;3—进水总管;4—排水总管;5—高压泵;6—集水池;
7—水泵;8—内管;9—外管;10—喷嘴;11—混合室;12—扩散管;13—压力表
图 1-40　喷射井点设备及平面布置简图

**3.电渗井点**

电渗井点是在轻型井点或喷射井点中的内侧增设钢筋电极而形成的,主要用于渗透系数小于 0.1 m/d 的土层。

如图 1-41 所示,以井点管做负极,打入的钢筋或钢管做正极。当通以低于 60 V 的直流电后,带负电的土颗粒向正极钢筋或钢管移动,带正电荷的水则向负极井点管移动,该现象称为电渗-电泳现象,故电渗井点具有电渗和真空抽吸双重效果。

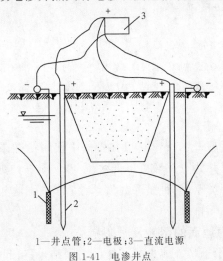

1—井点管;2—电极;3—直流电源
图 1-41　电渗井点

电渗井点由于成本较高,只适用于能建立压差且渗透系数小于 0.1 m/d 的含水层中,尤其适用于淤泥排水。

4.管井井点

管井井点就是沿基坑每隔一定距离设置一个管井,每个管井单独用一台水泵不断抽水来降低地下水位。在土的渗透系数大(20~200 m/d)的土层中宜采用管井井点(图 1-42)。

管井井点的设备主要由管井、吸水管及水泵组成。

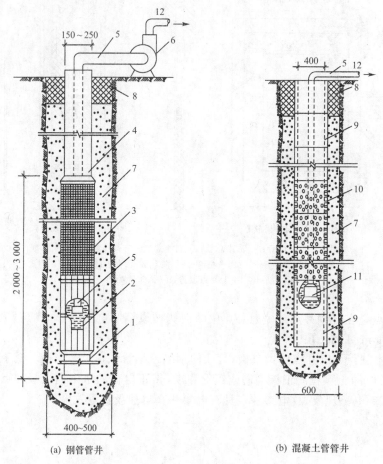

(a) 钢管管井    (b) 混凝土管管井

1—沉砂管;2—钢筋焊接骨架;3—滤网;4—管身;5—吸水管;6—离心泵;7—小砾石过滤层;
8—黏土封口;9—混凝土实壁管;10—混凝土过滤管;11—潜水泵;12—出水管

图 1-42　管井井点

5.深井井点

当要求井内降水深度超过 15 m 时,可在管井中使用深井泵抽水,这种井点称为深井井点(或深管井井点)。深井井点一般可降低水位 30~40 m,有的甚至可达 100 m。

常用的深井泵有两种类型:一种是深井潜水泵;另一种是电动机安装在地面上,通过传动轴带动多级叶轮工作而排水。

### 1.4.3.3　降水对周围地面的影响及预防措施

降低地下水位时,由于土颗粒流失或土体压缩固结,易引起周围地面沉降。由于土层的不均匀性和形成的水位呈漏斗状,地面沉降多为不均匀沉降,可能导致周围的建筑物倾斜、下沉,道路开裂或管线断裂。因此,井点降水时,必须采取相应措施,以防造成危害。相应措施一般有回灌井点法(图1-43)、设置止水帷幕法、减缓降水速度法。

回灌井点就似一道止水帷幕,可阻止回灌井点外侧建筑物下的地下水流失,从而有效地防止降水井点对周围建筑物的影响。注意降水与回灌必须同时进行,当一方停止时,另一方也停止运行。

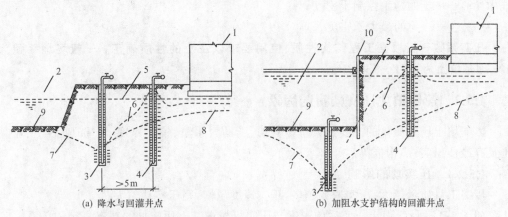

(a) 降水与回灌井点　　(b) 加阻水支护结构的回灌井点

1—原有建筑物;2—开挖基坑;3—降水井点;4—回灌井点;5—原有地下水位线;
6—降灌井点间水位线;7—降水后的水位线;8—不回灌时的水位线;9—基坑底;10—基坑支护
图1-43　回灌井点布置示意图

## 1.5　填筑与压实

### 1.5.1　填筑要求

#### 1.5.1.1　施工要求

填方前,应根据工程特点、填料种类、设计压实系数、施工条件等合理选择压实机具,并确定填料含水量控制范围、铺土厚度和压实遍数等参数。对于重要的填方工程或采用新型压实机具时,上述参数应通过填土压实试验确定。

填土时应注意:

(1)先清除基底的树根、积水、淤泥和有机杂物,并分层回填、压实。

(2)填土应尽量采用同类土填筑,如采用不同类填料分层填筑时,上层宜填筑透水性较小的填料,下层宜填筑透水性较大的填料。

(3)填方基土表面应做成适当的排水坡度,边坡不得用透水性较小的填料封闭。

(4)填方施工应接近水平地分层填筑。

(5)当填方位于倾斜的地面时,应先将斜坡挖成阶梯状,然后分层填筑以防填土横向移动。

(6)分段填筑时,每层接缝处应做成斜坡形,碾迹重叠 0.5～1.0 m。上、下层错缝距离不应小于 1 m。

#### 1.5.1.2 填土压实的质量要求

填土压实后要达到一定的密实度要求。填土的密实度要求和质量指标通常以压实系数 $\lambda_c$ 表示,计算公式为

$$\lambda_c = \rho_d / \rho_{dmax} \tag{1-33}$$

式中　$\rho_d$——土的施工控制干密度;

　　$\rho_{dmax}$——土的最大干密度。

**压实系数一般根据工程结构性质、使用要求以及土的性质确定。一般场地平整为 0.9,地基填土为 0.91～0.97。**

### 1.5.2 影响填土压实质量的因素

影响填土压实质量的主要因素有压实功、土的含水量、铺土厚度、土质(亚砂土、亚黏土具有最佳压实性)构成等。

#### 1.5.2.1 压实功的影响

压实工具质量越大,压实遍数越多,压实速度越慢,则压实功越大。

如图 1-44 所示,填土压实后的密度与压实机械在其上所施加的功有一定的关系。若土的含水量一定,在开始压实时,土的密度急剧增加;到接近土的最大密度时,压实功虽然增加,而土的密度则变化甚小。故过多的压实只能做无用功。

在实际施工中,对于不同的土质,根据压实机械和土的密实度要求**选择合理的压实遍数**,对于砂土一般需碾压 2～3 遍,对亚砂土需碾压 3～4 遍,对亚黏土或黏土需碾压 5～6 遍。

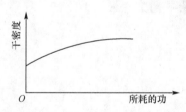

图 1-44　土的密度与压实功的关系

#### 1.5.2.2 含水量的影响

土的含水量对填土压实有很大影响,较干燥的土,由于土颗粒之间的摩阻力大,填土不易被夯实。而含水量较大,超过一定限度,土颗粒间的孔隙全部被水充填而呈饱和状态,填土也不易被压实,容易形成橡皮土。只有当土具有适当的含水量时,土颗粒之间的摩阻力由于水的润滑作用而减小,土才易被压实。为了保证填土在压实过程中具有最佳的含水量(土的最佳含水量就是土的最大干密度所对应的土的含水量),当土过湿时,应予以翻松晾晒或掺入同类干土及其他吸水性材料;如土料过干,则应预先洒水润湿。**土的含水量一般以手握成团、落地开花为宜。**

#### 1.5.2.3 铺土厚度的影响

土在压实功的作用下,其应力随深度增加而逐渐减小,在压实过程中,土的密实度也

是表层大,随深度加深而逐渐减小,超过一定深度后,虽经反复碾压,土的密实度仍与未压实前一样。各种不同压实机械的压实影响深度与土的性质、含水量有关,所以,填方每层铺土的厚度应根据土质、压实的密实度要求和压实机具性能确定。填方每层的铺土厚度和压实遍数参见表 1-20。

表 1-20                                         填方每层的铺土厚度和压实遍数

| 序号 | 压实机具 | 分层厚度/mm | 每层压实遍数 |
|---|---|---|---|
| 1 | 平碾(8~12 t) | 200~300 | 6~8 |
| 2 | 羊足碾(5~16 t) | 200~350 | 8~16 |
| 3 | 蛙式打夯机(200 kg) | 200~250 | 3~4 |
| 4 | 振动碾(8~15 t) | 60~130 | 6~8 |
| 5 | 振动压路机(2 t,振动力 98 kN) | 120~150 | 10 |
| 6 | 人工打夯 | ≤200 | 3~4 |

注:选用土的含水量应接近最佳含水量。

# 1.6  土方机械化施工

以土方为作业对象的机械统称为土方机械,土方机械一般包括推土机、挖掘机、铲运机、装载机、压实机具等。

近年来,国内外土方机械发展迅速,主要表现在:①**液压技术已经被应用于几乎所有的土方机械上**,使用液压技术,挖掘力可提高约 30%,整机重量可降低 40%,而且工作装置种类大大增多,动作灵活,使用性能显著改善;②部分土方机械使用计算机控制,更易满足建筑机械复杂的作业要求,而且操作更简便,自动作业的精度更高;③激光技术已应用于建筑机械,激光在推土机、平地机、摊铺机等土方机械中用来进行自动导向、调平、调直和找准等,以提高施工质量和速度,同时节省了人力;④有的土方机械,例如压路机,具有遥控装置,以实现无人化操作施工,改善作业环境;⑤不少建筑机械还装有监测装置,对发动机、传动系统、制动系统和液压系统等的运行状态进行监控,一旦出现异常情况,根据故障的严重程度和应该采取的相应措施,以不同的方式进行分级报警。

## 1.6.1  推土机

推土机作业以切土(适用于一至三类土)和堆运土为主,还可用于清除树桩、扫雪、清道,做自行式铲运机的助推机等。

**推土机的经济运距在 100 m 以内,最佳运距为 60 m,上下坡坡度不得超过 35°,横坡不得超过 10°**。为提高生产率可采取槽形推土、下坡推土和并列推土等方式作业。

### 1.6.1.1  推土机的分类

推土机的分类、特点及适用范围见表 1-21。

表 1-21　　　　　　　　　　　　推土机的分类、特点及适用范围

| 分类方式 | 类型 | 特点及适用范围 |
|---|---|---|
| 按铲斗容量 | <3 m³（小型铲运机） | 依据需要选择 |
| | 4～14 m³（中型铲运机） | |
| | >15 m³（大型铲运机） | |
| 按卸土方式 | 强制式 | 适用于卸黏性土及过湿土，卸土干净 |
| | 半强制式 | 多用于大型铲运机 |
| | 自卸式 | 适宜卸干土，多用于小型铲运机 |
| 按运行方式 | 拖式 | 对地面要求低，附着力大，运距短 |
| | 自行式 | 机动性好，适用于远距离运输，效率高 |
| 按操纵机构 | 机械操纵 | 靠自重切土，铲土力小，操作技术要求高 |
| | 液压操纵 | 切土力大，操作简便，动作均匀平稳 |
| 按行走方式 | 履带式 | 对地面要求不高，附着力大 |
| | 轮胎式 | 行驶速度快，机动性好 |

### 1.6.1.2　现代化推土机

1.全液压式推土机

全液压式推土机由液压马达驱动，动力直接传递到行走机构。牵引力和行驶速度能无级自动调整，牵引性能好，可低速大扭矩铲土，又可高速小扭矩运输。整机的重量较轻，结构紧凑。全液压传动还能使推土机原地转向，转向性能好。

但目前用在推土机上的液压马达，尚存在力和速度的调节范围不大、效率不高、动作迟缓、价格较贵等问题。

2.激光推土机

图 1-45 所示为采用激光控制推土机铲刀的控制装置。激光器装设在作业范围以外的适当地方，发射的激光靠推土机铲刀上的接收器接收。控制铲刀用的激光器有两类：一是固定式，它固定发出一束定向的激光；另一类是旋转式，它能使激光束不停地旋转，形成一个激光面。前一种方式对于推土机直线作业很有效，后一种方式形成高精度的激光基准面，可不受推土机作业方向的限制。通过激光对准系统，铲刀高度始终保持一定，并自动调整切削深度，从而控制推土机高精度水平作业。

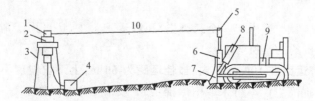

1—转动探头；2—激光器；3—三脚架；4—发电机；5—激光接收器；6—接收器液压缸；

7—铲刀；8—铲刀液压缸；9—控制装置；10—激光束

图 1-45　激光控制推土机铲刀的控制装置

3.水下推土机

水下推土机的作业水深可达 60 m,由辅助工程船供电,通过电缆驱动电动液压推土机,有潜水员直接操作和辅助船遥控操作两种操作方式,带两个大气筒,以利推土机的沉浮。此外,还有深水推土机和可在水下 2~3 m 施工的浮体推土机。

4.配备振动铲刀的推土机

这种振动铲刀是在推土刀的背后装设一个高频低振幅的振动器。推土机作业时,推土刀在土中振动,促使土壤结构破坏,土壤剪切强度大大降低,切削阻力大大减小,作业效率显著提高,推土能力提高约 2 倍,牵引力节省 50%~80%。

## 1.6.2 铲运机

铲运机是一种可单独连续完成铲土、装土、运土、卸土和平土作业的机械,适用于开挖一至三类土,常用于坡度在 20°以内的大面积土方的挖、填、平整、压实、大型基坑开挖和堤坝填筑等,特别适用于大面积的场地平整。

铲运机的分类、特点及适用范围见表 1-22。

表 1-22　　铲运机的分类、特点及适用范围

| 分类方式 | 类型 | 特点及适用范围 |
|---|---|---|
| 按使用场合 | 陆地式 | 依据需要选用 |
| | 浅水、沼泽地作业式 | |
| | 水下推土机机组 | |
| 按运行方式 | 拖式 | 短距离运土 |
| | 自行式(图 1-46) | 远距离运土,机动性好 |
| 按铲刀操作方式 | 钢丝绳 | 结构简单 |
| | 液压式 | 切土力大 |
| 按行走方式 | 履带式 | 对地面要求不高,附着力大 |
| | 轮胎式 | 行驶速度快,机动性好,牵引力小 |
| 按传动方式 | 机械式 | 结构简单 |
| | 液力机械式 | 自动调整牵引力和速度 |
| | 全液压式 | 牵引力和速度无级自动调整,牵引性好 |
| | 电传动式 | 结构紧凑,重量大,结构复杂,成本高 |

近年来,铲运机的发展侧重于其机动性和容量。

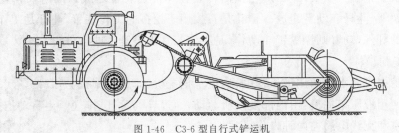

图 1-46　C3-6 型自行式铲运机

### 1.6.3 挖掘机

挖掘机主要用于挖掘基坑、沟槽,清理和平整场地,更换工作装置后,还可进行装卸、打桩等其他作业,是土木工程施工中常用的土方设备。

#### 1.6.3.1 挖掘机分类

挖掘机的分类、特点及适用范围见表1-23。

表 1-23 挖掘机的分类、特点及适用范围

| 分类方式 | 类型 | 特点及适用范围 |
|---|---|---|
| 按斗的数量 | 单斗挖掘机 | 循环式工作,土木工程中多用 |
| | 多斗挖掘机 | 连续式工作,土木工程中少用<br>(本书不介绍,以下介绍均为单斗挖掘机) |
| 按斗的容量 | $0.2\ m^3$、$0.4\ m^3$、$1.0\ m^3$、$1.5\ m^3$、…、$2.5\ m^3$ | 依据需要选择 |
| 按工作装置 | 正铲 | 斗齿朝外,主要开挖停机面以上 |
| | 反铲 | 斗齿朝内,主要开挖停机面以下 |
| | 抓铲 | 主要开挖停机面以下的水中土壤,局部开挖 |
| | 拉铲 | 主要开挖停机面以下的水中泥沙,挖掘半径大 |
| 按操作机构 | 杠杆操作式 | 操作不便,生产率低 |
| | 液压式 | 操作平稳,作业范围广 |
| | 气动操作 | 操作灵敏、省力,主要用于自动装置 |
| 按行走方式 | 履带式 | 大、中型挖掘机,行走方便 |
| | 轮胎式 | 多为小型挖掘机,机动灵活,越野性能好 |

#### 1.6.3.2 现代化挖掘机

1.全液压挖掘机

全液压挖掘机是目前使用最为广泛的机型,它的主要动作过程都由液压元件来完成,其特点为工作平稳、可靠、体积小、重量轻、无级变速、原地转向、操作方便、动作灵活、作业效率高。

单斗液压挖掘机有正铲、反铲和抓铲之分,**但与建筑施工较为密切且独具特色的是反铲挖掘机**(图 1-47)。

液压反铲挖掘机主要由工作装置、回转装置和行走装置组成。液压反铲挖掘机的工作装置由铲斗、斗杆和动臂组成。铲斗是直接用于挖掘的工作装置,斗杆是工作装置中产生挖掘力的杆件,动臂则操纵铲斗动作,是工作装置中最基本的构件。

2.水下挖掘机

水下挖掘机有水陆两用液压挖掘机、潜水挖掘机、海中挖掘机。

水陆两用液压挖掘机:由内部发动机驱动,通过导气管进、排气。半自动挖掘,有司机坐在驾驶室和无线电遥控两种操作方式。

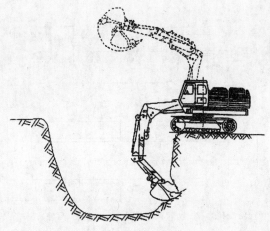

图 1-47　单斗液压反铲挖掘机

潜水挖掘机:通过电缆由陆地供电,再由电动液压装置驱动挖掘和行走机构,装有压载水箱在升降式密封室内操作。

海中挖掘机:由辅助工程船供电,通过电缆驱动电动液压挖掘机,潜水员直接坐着驾驶。

3.组合式或多功能挖掘机

组合式挖掘机一台主机可配置多种工作装置。与单斗挖掘机配套使用的工作装置很多,有起重、装载和松土等,实现一机多用。还有一种配备液压冲击锤的多功能挖掘机,用挖掘机本身的动力进行冲击作业,能破碎冻土、硬土、矿石,还能进行夯实和压实作业。

## 1.6.4　压实机具

压实机具依据压实原理可分为静力碾压、夯实和振动压实三种,如图 1-48 所示。

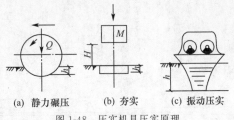

(a) 静力碾压　　　(b) 夯实　　　(c) 振动压实

图 1-48　压实机具压实原理

### 1.6.4.1　静力碾压机具

静力碾压机具利用沿着表面滚动的鼓筒或轮子的重力压实土壤,有拖式或自行式之分,主要适用于大面积的填土压实,有平滚碾、羊足碾和气胎碾等。

1.平滚碾

平滚碾适用于碾压黏性土和非黏性土,它是一种自行式压路机,如图 1-49 所示。平滚碾的主要类型见表 1-24。

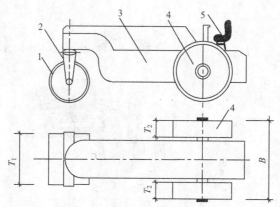

1—转向轮(前轮);2—叉脚;3—机身;4—驱动轮(后轮);5—操作台

图 1-49　平滚碾

表 1-24　　　　　　　　　　　　　　平滚碾的主要类型

| 分类依据 | 类型 |
|---|---|
| 碾轮数目 | 两轴式 |
|  | 三轮两轴式 |
| 质量 | 轻型(<5　t) |
|  | 中型(<8　t) |
|  | 重型(10~15　t) |

平滚碾的运行速度决定其生产率,在压实填方时,碾压速度不宜过快,一般碾压速度不超过 2 km/h。

2.羊足碾

羊足碾和平滚碾不同,它的碾轮表面上装有许多羊蹄形的碾压凸脚(图 1-50),一般用拖拉机牵引作业。

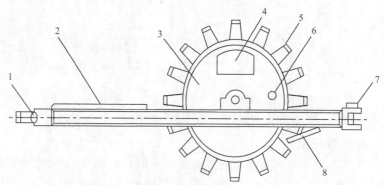

1—前连接器;2—框架;3—碾压滚轮;4—投压重物口 5—羊蹄;6—洒水口;7—后连接器;8—铲刀

图 1-50　羊足碾

羊足碾有单桶和双桶之分,桶内根据要求可分为空桶、装水、装砂或铸铁块,以提高单位面积的压力,增加压实效果。由于羊足碾单位面积压力较大,压实效果、压实深度均较同吨位的光面压路机高,但工作时羊足碾的羊蹄压入土中,又从土中拔出,致使上部土翻松,不宜用于无黏性土、砂、含片石土及面层的压实。

**3.轮胎压路机**

轮胎压路机的轮胎前后错开排列,前后轮胎的轨迹有重叠部分,使它不至于漏压。**压路面的轮胎压路机,轮胎为光面,没有花纹;专压基础的轮胎有花纹。**轮胎的变形有揉搓作用,压实效果较好。轮胎压路机的轮胎气压可以根据压实材料和施工要求加以调整,以满足土的不同压实度要求。

**1.6.4.2　夯实机**

夯实法是利用夯锤自由下落的冲击力来夯实土壤,主要用于小面积的回填土。夯实机具类型较多,有木夯、石夯、蛙式打夯机(图 1-51)以及利用挖土机或起重机装上夯板后的夯土机等。其中**蛙式打夯机轻巧灵活,构造简单,**在小型土方工程中应用最广。

夯实法的优点是可以夯实较厚的土层。采用重型夯实机(如 1 t 以上的重锤)时,其夯实厚度可达 1~1.5 m。但对木夯、石夯或蛙式打夯机等夯实机具,其夯实厚度则较小,一般均在 200 mm 以内。

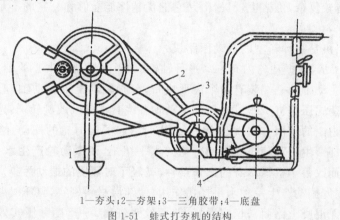

1—夯头;2—夯架;3—三角胶带;4—底盘
图 1-51　蛙式打夯机的结构

**1.6.4.3　振动压路机**

振动法是将重锤放在土层的表面或内部,借助于振动设备使重锤振动,土壤颗粒即发生相对位移,使土壤达到紧密状态,用于振实非黏性土效果较好,其中以压实砂性土、粉土最为有效。

振动压路机有一般拖式振动压路机、手扶式振动压路机(自重小于 1 t),**先进的轮胎驱动单钢轮(或凸轮)振动压路机、两轮串联振动压路机以及组合式压路机,还有近年来**开始在国内使用的振荡式压路机等。

**1.轮胎驱动单钢轮振动压路机**

轮胎驱动单钢轮振动压路机由驱动和振动两部分组成,有动力系统、轮胎行驶系统、钢轮行走驱动系统、铰接转向系统、钢轮振动系统,如图 1-52 所示,目前在工程中应用最广泛。

**2.组合式压路机**

组合式压路机就是轮胎式压路机和振动压路机的组合。它的前面是振动钢轮,其结构和驱动方式与振动压路机的振动轮相同;后面一般是四个驱动轮胎,驱动和布置方式与轮胎式压路机类似。振动轮可以是整体的,也可以分成左右两部分,以减少转弯时振动轮表面的滑动。

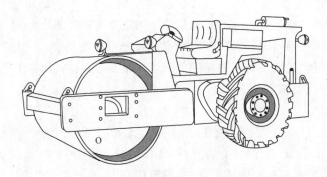

图 1-52　轮胎驱动单钢轮振动压路机

组合式压路机一般自重都较大,最小的自重 8 t,最大的达 20.9 t。它主要用于沥青混凝土路面的压实,所以一般配用光面轮胎,**不带花纹**。与两轮串联振动压路机相比,组合式压路机构造较复杂,价格也较贵,但是它的优越性能能够弥补它的不足。

3.振荡式压路机

振荡式压路机是一种新型的振动压路机。

如图 1-53 所示,在振动轮内有三个平行轴,其中通过振动轮中心的轴为主动轴,由液压马达驱动,在主动轴的一端装有两个齿形皮带,分别驱动上下振动轴,上下振动轴上装有偏心块,在振荡式压路机工作时,上、下振动轴各绕其本身轴线旋转,转速、转向相同,偏心块每转一周,力矩的作用方向就改变一次,从而引起了压力轮的摆动,给地面施加一个横向的作用力,即产生一对随时间周期变化的水平扭矩,**使振动轮产生水平振动,而不会产生"跳起",从而改善了机器本身的工作条件,减轻了对环境的振动污染。**

这种水平往复振动产生一种水平揉搓作用,使铺层材料密实,碾压时路面不易发生推移和开裂(如水泥混凝土路面),稳定性好,路面纹理细腻,平整度和压实效果比较好。振动轮在作业的任何瞬间都能保持与地面的紧密接触,因而能确保驱动轮与地面的附着力,使驱动轮发挥较大的驱动力矩,同时压实能量始终集中在压实表面上,与普通的振动压路机相比能节省能源,但水平振动只能沿表层传递,压实深度比一般振动压路机小,结构也比一般振动压路机复杂。与同吨位的振动压路机相比,振荡式压路机的外形尺寸更小,便于施工和运输。

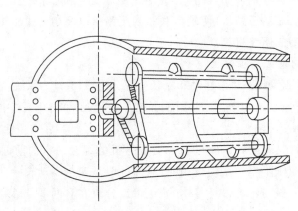

图 1-53　振荡式压路机的结构

## 本章小结

1.场地平整中的挖填平衡仅能保证场地内土方量挖填平衡,但最佳设计平面法既能保证土方量挖填平衡,又能保证总的土方量最小。

2.土方调配表上作业法的优势是计算速度快(但精度有限),它所找到的最优方案可能有几个,这些最优方案的目标函数不一定最小,但接近最小值,在保证计算速度的情况下,这已经足够了,同时多种方案的出现有利于选择。

3.目前深基坑的支护中非重力式支护的较先进的方式有钢板桩、地下连续墙、柱列式挡土墙(排桩)、锚杆、土钉墙等。

4.目前液压技术已经被应用于几乎所有的土方机械,激光技术、遥控技术及计算机控制也已在土方机械中使用,使得国内土方机械逐步走向国际化和现代化。

## 思考题

1.试述土的可松性系数对场地平整设计标高的影响。

2.场地平整中,挖填平衡与最佳设计平面法有何本质区别?

3.试述土方量的计算方式及其精度的比较。

4.试述土方调配的基本原理。

5.土方调配中,初步调配方案的调配基本原则的实际意义是什么?

6.试述土方调配表上作业法的基本步骤及要点。

7.试述非重力式基坑支护的方式及其施工。

8.土层锚杆和土钉均用于土坡加固,两者的加固机理及适用情况有何不同?

9.比较各类井点降水方法的不同(主要是降水深度和土的渗透性系数)。

10.试述轻型井点的井点管布置的计算步骤及内容。

11.土方机械的现代化主要表现在哪些方面?

## 练习题

1.已知某工程挖方量为 1 000 m³,其中填一体积为 500 m³ 的水塘,余土全部运走,如果该土的最初可松性系数 $K_s=1.15$,最终可松性系数 $K'_s=1.02$,试问需要运输的车次(12 m³/车)是多少?

2.图 1-54 为某一施工场地平整土方量方格网中的一个方格,边长为 20 m,计算"零"点并画出"零线"位置,标出土方量的挖填方区,并计算挖填土方量。

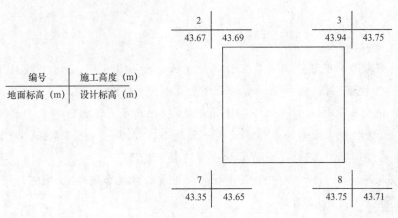

图 1-54　题 2 图

3.某矩形基坑底面尺寸为 20 m×30 m,基坑深 8 m,如图 1-55 所示,坡度系数 $m_1$＝0.75,坡度系数 $m_2$＝1,试计算其土方量。

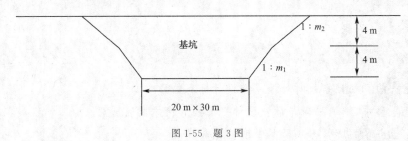

图 1-55　题 3 图

4.某基坑底面尺寸为 20 m×20 m,基坑深 4 m,地下水位在地下 1 m,不透水层在地下 10 m,基坑边坡坡度为 1:0.75,采用轻型井点降低地下水位,井点管间距为 1.2 m,布置距坑边 1 m,要求将地下水位降低至坑底 1 m 处,请设计井点管的高程布置并计算井点管的根数。

# 第2章 桩基础工程

**本章概要**

1.钢筋混凝土预制桩的沉桩设备。
2.打桩的顺序、打桩的工艺及打桩的注意事项。
3.钢筋混凝土钻孔灌注桩的钻孔设备。
4.泥浆护壁的机理、泥浆的作用以及泥浆的循环。
5.钢筋混凝土沉管灌注桩的沉管方式。
6.沉管灌注桩的单打、复打和反插工艺及其有效性的比较。

## 2.1 概 述

### 2.1.1 桩基础的特点

桩基础是一种被广泛应用于高层建筑物和重要构筑物工程的基础形式。

桩基础的作用是将上部结构较大的荷载通过桩穿过软弱土层传递到较深的坚硬土层上,以解决浅基础承载力不足和变形较大的地基问题,如图 2-1 所示。

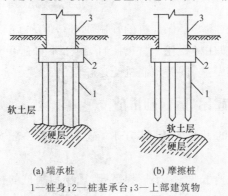

(a)端承桩　　　　(b)摩擦桩

1—桩身;2—桩基承台;3—上部建筑物

图 2-1　桩基础

### 2.1.2 桩基础的分类、特点及适用范围

工程中的桩基础往往由数根桩组成,桩顶设置承台,把各桩连成整体,并将上部结构的荷载均匀传递给桩。桩基础的分类、特点及适用范围见表 2-1。

表 2-1 桩基础的分类、特点及适用范围

| 分类方式 | 类型 | 特点及适用范围 |
|---|---|---|
| 按承台位置 | 高承台桩基础 | 承台底面高于地面,一般应用在桥梁、码头工程中 |
| | 低承台桩基础 | 承台底面低于地面,一般用于房屋建筑工程中 |
| 按承载性质 | 端承桩 | 主要由桩端坚硬土层或岩层承受荷载 |
| | 摩擦桩 | 主要通过桩侧土的摩擦作用,承受上部荷载 |
| | 摩擦端承桩 | 介于端承桩和摩擦桩之间 |
| 按桩身材料 | 钢筋混凝土桩 | 目前国内工程中用得最多的桩 |
| | 钢桩 | 钢桩的承载力较大,起吊、运输、沉桩、接桩都较方便,但消耗钢材多,造价高 |
| | 木桩 | 只在某些加固工程、能就地取材的工程和临时工程中使用 |
| | 砂石桩、灰土桩、石灰桩 | 用于地基加固、土壤挤密 |
| 按制作工艺 | 预制桩 | 在工厂或施工现场预制,用打桩机沉桩 |
| | 灌注桩 | 又叫现浇桩,直接在现场成孔,在孔内吊放钢筋笼或不放钢筋,后在孔内灌注混凝土 |
| 按截面形式 | 方形桩、矩形桩、三角形桩、多边形桩 | 目前多用方形截面实心桩,因为方形截面实心桩的制作、运输和堆放比较方便 |
| | 实心桩、空心桩 | |

## 2.2 预制桩

预制桩的质量易保证(主要是保证桩的预制质量),但为了抗击运输和起吊的荷载,还需要另外的配筋,因此较灌注桩要耗钢材。而且,由于不可避免地要截桩或接桩,预制桩的造价较同形灌注桩要高一些,同时预制桩受运输限制。

### 2.2.1 桩的制作、起吊、运输和堆放

钢筋混凝土实心桩的截面一般呈方形,截面尺寸一般为 200 mm × 200 mm ～ 600 mm×600 mm 且沿桩长不变。

钢筋混凝土实心桩桩身长度:限于桩架高度,现场预制桩的桩长一般在 25～30 m;限于运输条件,工厂预制桩的桩长一般不超过 12 m(依据桩架)。

钢筋混凝土实心桩由桩尖、桩身和桩头组成,如图 2-2 所示。

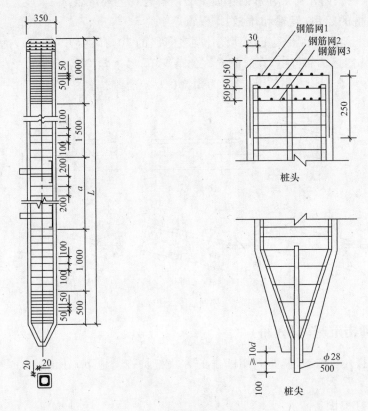

图 2-2　钢筋混凝土实心桩

材料要求:①钢筋混凝土实心桩所用混凝土的强度等级不宜低于 C30(30 N/mm²),预应力混凝土桩的混凝土的强度等级不宜低于 C40;②主筋根据桩截面大小及吊装验算确定,一般为 4~8 根,直径 12~25 mm,不宜小于 $\phi$14,钢筋混凝土预制桩的钢筋骨架的主筋连接宜采用对焊。箍筋直径为 6~8 mm,间距不大于 200 mm。

桩的主筋上端以伸至最上一层钢筋网之下为宜,并应连成"┌─┐"形,这样能更好地接受和传递桩锤的冲击力。主筋必须位置正确,**桩身混凝土保护层要均匀,不可过厚**,否则打桩时容易剥落。

打入桩桩顶 2~3d 长度范围内箍筋应加密,并设置钢筋网片。预制桩纵向钢筋的混凝土保护层厚度不宜小于 30 mm。桩尖处可将主筋合拢焊在桩尖辅助钢筋上,在密实砂和碎石类土中,可在桩尖处包以钢板桩靴,加强桩尖。

### 2.2.1.1　桩的制作

预制桩叠浇预制时,桩与桩之间要做隔离层(可涂皂角、废机油或黏土石灰膏),以保证起吊时不互相黏结。叠浇层数,一般不超过四层,在下层桩的混凝土达到设计强度等级的 30% 以后,上层桩方可进行浇筑。

预制桩的混凝土浇筑工作应由桩顶向桩尖连续浇筑,严禁中断,制作完成后,应洒水养护不少于 7 d,掺外加剂或混合料的养护时间不少于 14 d。

制作完成的预制桩应在每根桩上标明编号及制作日期,如设计不埋设吊环,则应标明绑扎点位置,预制桩的几何尺寸和制作质量必须符合规范规定。

#### 2.2.1.2 桩的起吊、运输和堆放

钢筋混凝土预制桩在混凝土达到设计强度等级的 70% 以后方可起吊,达到设计强度等级的 100% 才能运输和打桩,在时间允许的情况下,尽量养护形成老桩。

起吊时,必须合理选择吊点,图 2-3 为预制桩吊点合理位置。

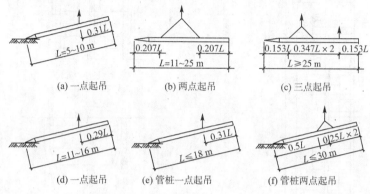

(a) 一点起吊　　　　(b) 两点起吊　　　　(c) 三点起吊

(d) 一点起吊　　　(e) 管桩一点起吊　　　(f) 管桩两点起吊

图 2-3　预制桩吊点合理位置

### 2.2.2　锤击沉桩(打入桩)

预制桩的打入法施工,就是利用锤击的方法把桩打入地下,是预制桩最常用的沉桩方法。

#### 2.2.2.1 打桩设备

打桩设备主要包括打桩机及辅助设备。打桩机主要由桩锤、桩架和动力装置三部分组成。

1.桩锤

桩锤的主要类型有落锤、蒸汽锤、柴油锤、液压锤。

(1)落锤

落锤(图 2-4)一般由生铁铸成,利用卷扬机提升,以脱钩装置或松开卷扬机刹车使其坠落到桩头上,逐渐将桩打入土中。落锤质量为 0.5~2 t(5~20 kN),锤落距可随意调节,构造简单,使用方便,故障少;但打桩速度较慢,效率低,易损坏桩头。因此在预制桩沉桩施工中很少使用落锤。

(2)蒸汽锤

蒸汽锤分为单动汽锤和双动汽锤。

①单动汽锤。单动汽锤(图 2-5)的冲击部分为汽缸,活塞是固定于桩顶上的。其工作过程和原理:将锤固定于桩顶上,用软管连接锅炉阀门,引蒸汽入汽缸活塞上部空间,因蒸汽压力推动而升起汽缸,当升至顶端位置时,停止供汽并排出蒸汽,汽锤则借自重下落到桩顶击桩。如此反复循环,把桩打入土中。汽缸只在上升时耗用动力,下落时完全靠

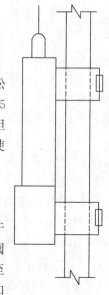

图 2-4　落锤

自重。单动汽锤的质量为 3～15 t(30～150 kN)，具有落距小、冲击力大的优点，其打桩速度较自由落锤快，锤击频率为 25～30 次/min，适用于打各种桩。但存在蒸汽没有被充分利用、软管磨损较快、软管与汽阀连接处易脱开等缺点，且单动汽锤质量太大，约占桩锤总质量的 80%～90%，随设备需附带蒸汽锅炉，使用不便。

②双动汽锤。双动汽锤(图 2-6)的冲击部分为活塞，动力是蒸汽。汽缸是固定在桩顶上不动的，而汽锤在汽缸内由蒸汽推动上下运动。其工作过程和原理：先将桩锤固定在桩顶上，然后将蒸汽由汽锤的汽缸调节阀引入活塞下部，由蒸汽的推动而升起活塞，当升到最上部时，调节阀在压差的作用下自动改变位置，蒸汽即改变方向而进入活塞上部，下部气体则同时排出；如此反复循环，把桩打入土中。**双动汽锤的桩锤升降均由蒸汽推动，当活塞向下冲时，不仅有其自身重量，而且受到上部气体向下的压力，因此冲击力较大。**双动汽锤的质量为 0.6～6 t(6～60 kN)，具有活塞冲程短、冲击力大、打桩速度快(锤击频率为 100～200 次/min)、工作效率高等优点，适用于打各种桩，并可以用于拔桩和水下打桩。

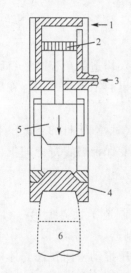

1—排汽孔；2—活塞；3—进汽孔；
4—砧；5—冲击体；6—桩

图 2-5　单动汽锤

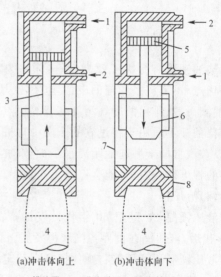

(a)冲击体向上　　(b)冲击体向下

1—排汽孔；2—进汽孔；3—活塞轴；4—桩；
5—活塞；6—冲击体；7—缸体；8—砧

图 2-6　双动汽锤

（3）柴油锤

柴油锤以柴油为燃料，利用柴油点燃爆炸时膨胀产生的压力，将锤抬起，然后自由落下冲击桩顶，同时汽缸中空气压缩、温度骤增、喷嘴喷油，雾状柴油在汽缸内自行点燃爆发，使汽缸上抛，落下时又击桩进入下一循环，如此反复循环，把桩打入土中。

根据冲击部分的不同，柴油锤可分为导杆式、活塞式和管式三大类。导杆式柴油锤(图 2-7(a))的冲击部分是沿导杆上下运动的汽缸，筒式柴油锤(图 2-7(b))的冲击部分则是往复运动的活塞。

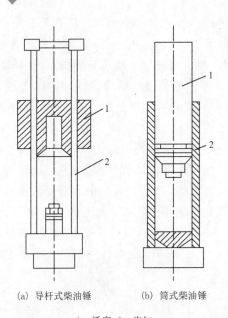

(a) 导杆式柴油锤    (b) 筒式柴油锤

1—活塞；2—汽缸

图 2-7 柴油锤类型示意图

柴油锤具有打桩工效高（锤击频率为 40～80 次/min）、构造简单、移动灵活、使用方便等优点，不需沉重的辅助设备，也不需从外部供给能源，燃料消耗少。但存在施工噪声大、油滴飞散、排出的废气污染环境等缺点。

柴油锤不适用于在过软的土层中打桩。因为土很松软时，对于桩的下沉没有多大阻力，以致汽缸向上抛起的距离很小，当汽缸再次降落时，不能保证燃料室中的气体压缩到发火的程度，柴油锤可能会停止工作。

（4）液压锤

液压锤是 20 世纪 60 年代开发的产品，1965 年荷兰制造了世界上第一台液压锤。70 年代后，液压锤在世界各国获得发展，目前国内已开始制造。

液压锤利用液压能将锤体提升到一定高度，它是由液压推动密闭在锤壳体内的芯锤活塞柱，依靠锤体自重或者自重加液压能下降进行锤击，令其往返，实现夯击作用。因此，从打桩原理上，液压锤可分为单作用式和双作用式。单作用式即自由下落式，打击能量较小，结构较简单；双作用式，冲击体下降速度快，打击力大，结构紧凑，但其液压油路比单作用式要复杂些。

液压锤是一种新型低噪声、无污染（有利于环境保护）、打击能量大、能耗省、操作方便的打桩锤。在软土地区打桩很容易，还可用于水下打桩。但液压锤要配备较大功率的液压动力源，动力源以较长的高压软管与桩锤连接，构造相对复杂，造价较高。

2.桩架

桩架的作用：支持桩身和桩锤，将桩吊到打桩位置，并在打入过程中引导桩的方向，保证桩锤沿着所要求的方向冲击。

桩架的选择：选择桩架时，应考虑桩锤的类型、桩的长度和施工条件等因素。一般桩架的高度计算式为

桩架高度＝桩长＋桩锤高度＋桩帽高度＋滑轮组高度＋(1～3 m)的起落锤工作余地

常用的桩架形式有滚筒式桩架、多功能桩架、履带式桩架，如图 2-8、图 2-9 和图 2-10 所示。

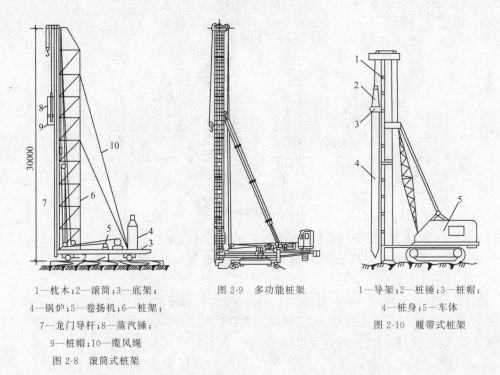

1—枕木；2—滚筒；3—底架；
4—锅炉；5—卷扬机；6—桩架；
7—龙门导杆；8—蒸汽锤；
9—桩帽；10—缆风绳
图 2-8　滚筒式桩架

图 2-9　多功能桩架

1—导架；2—桩锤；3—桩帽；
4—桩身；5—车体
图 2-10　履带式桩架

### 2.2.2.2　打桩顺序

当桩距中心≤4$d$($d$ 为桩径或边长)，在黏土中，特别是在饱和软黏土地基中，由于桩对土体的挤密作用，先打入的桩被后打入的桩水平挤推而造成偏移和变位或被垂直挤拔造成浮桩，而后打入的桩难以达到设计标高或入土深度，造成土体隆起和挤压。所以，群桩施工时，为了保证质量和进度，防止对周围建筑物的破坏，打桩前根据桩的密集程度、桩的规格、长短以及桩架移动是否方便等因素来选择正确的打桩顺序。

为减少挤土影响，确定打桩顺序的原则如下：

①逐排打、逐排改变方向(图 2-11(a))。

②间隔打(图 2-11(b))。

③从中间向四周沉桩，由中及外(扩散打法)(图 2-11(c))。

④从靠近现有构筑物最近的桩位开始沉设，由近及远，即先打离构筑物较近的桩，后打离构筑物较远的桩(图 2-11(d))；

⑤当桩较多时，可分段从中间向外沉桩(图 2-11(e))。

⑥按照桩的规格由深及浅、由大及小、由长及短。

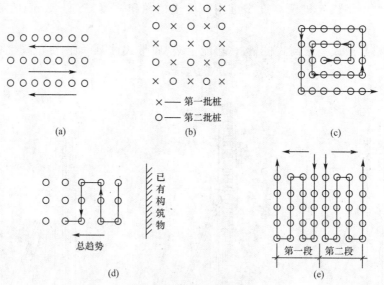

× —— 第一批桩
○ —— 第二批桩

(a)　　　　(b)　　　　(c)

已有构筑物

总趋势

(d)　　　　　(e)

图 2-11　打桩顺序

### 2.2.2.3　打桩工艺及打桩注意事项

桩在提升就位时要对准桩位,桩身要垂直;在施打时,必须使桩身、桩帽和桩锤三者的中心线在同一垂直轴线上,以保证桩的垂直入土。

打桩开始时,应先采用小的落距(0.5～0.8 m)做轻的锤击,使桩正常沉入土中约 1～2 m 后,经检查桩尖不发生偏移,再逐渐增大落距至规定高度,继续锤击,直至把桩打到设计要求的深度。打桩时应注意以下事项。

1.打桩有重锤低击和轻锤高击两种方式,如图 2-12 所示,它们的比较见表 2-2。

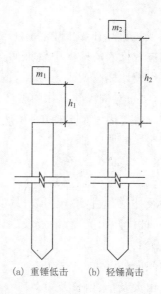

(a) 重锤低击　　(b) 轻锤高击

图 2-12　重锤低击和轻锤高击示意图

表 2-2 重锤低击与轻锤高击的比较

| 打桩方式 | 所做的功 | 所获得的动量 | 特点 |
|---|---|---|---|
| 重锤低击 | 设 $m_1=2m_2$, $h_2=2h_1$, 所以 $m_1h_1=m_2h_2$ | $m_1v_1=m_1(2gh_1)^{1/2}$ | 桩锤对桩头的冲击力小,回弹也小,桩头不易被击碎,大部分能量都用来克服桩身与土壤的摩阻力和桩尖的阻力,桩入土快 |
| 轻锤高击 | | $m_2v_2=m_1(gh_1)^{1/2}$ | 桩锤对桩头的冲击力大,回弹也大,桩头容易损坏,大部分能量均消耗在桩锤的回弹和桩的损坏上,故桩难以入土 |

**又因重锤低击的落距小,可提高锤击频率,打桩效率也高,所以打桩宜采用重锤低击。**

2.由于预制桩不能设计成不相同的长度,桩顶高于地面或低于地面是不可避免的,沉桩时有"顶打"和"退打"之分,见表 2-3。

表 2-3 桩的"顶打"与"退打"比较

| 方法 | 适用情况 | 特点 |
|---|---|---|
| 顶打 | 适用于摩擦桩,桩顶一般低于地面 | 设备行走方向与设备前进方向一致,只要场地允许,所有的桩都可以事先布置好,避免桩的场内二次搬运,缺点是设备行进时越过已经沉好的桩,对桩有扰动 |
| 退打 | 适用于端承桩,桩顶一般高于地面 | 设备行走方向与设备后退方向一致,对桩没有扰动,有利于成桩质量,缺点是不能在场地内将桩事先布置好,只能随打桩随运桩 |

3.打桩时如发现锤的回弹较大且经常发生,则表示桩锤太轻,锤的冲击动能不能使桩下沉,此时应更换重的桩锤。

4.打桩过程中,如桩锤突然有较大的回弹,则表示桩尖可能遇到阻碍。此时须减小锤的落距,使桩缓慢下沉,待穿过阻碍层后,再加大落距并正常施打。如降低落距后,仍存在这种回弹现象,应停止锤击,分析原因后再行处理。

5.打桩过程中,如桩的下沉突然增大,则表示可能遇到软土层、洞穴或桩尖、桩身已遭受破坏等。此时也应停止锤击,分析原因后再行处理。

6.桩顶打至桩架导杆底端以下或打入土中,均须送桩。送桩时,桩身与送桩的纵轴线应在同一垂直轴线上。当然应尽量避免使用送桩,若送桩与预制桩的截面有差异,会使预制桩受到较大的冲击力。此外,还会导致预制桩入土时发生倾斜。

#### 2.2.2.4 接桩

考虑到接桩对桩的整体受力不利,一般混凝土预制桩接头不宜超过 2 个,预应力管桩接头不宜超过 4 个,应避免在桩尖接近硬持力层或桩尖处于硬持力层中时接桩。接桩方法有焊接法、浆锚法及法兰连接。焊接法和法兰连接适用于各类土层,浆锚法适用于软土层。

1.焊接法

焊接法接桩节点构造如图 2-13 所示。当桩沉至操作平台时,在下节桩上端部焊接 4 根 63 mm×8 mm、长 150 mm 的短角钢,这 4 个短角钢与桩的主筋焊在一起,然后把上节桩吊起,在其下端把 4 根 63 mm×8 mm、长 150 mm 的短角钢焊在主筋上,最后把上、下两节桩对准用 4 根角钢或扁钢焊接,使之成为一个整体。焊后,焊头经自然冷却 3 min 后方可继续锤击。

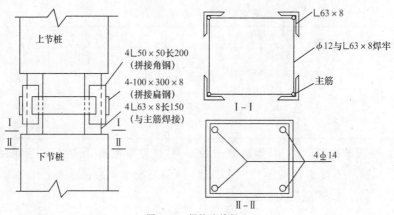

图 2-13　焊接法接桩

**2.浆锚法**

浆锚法接桩为采用硫黄胶泥或环氧树脂作为胶结剂的接桩工艺,其特点是接桩速度快。

如图 2-14 所示,在上节桩的下端伸出长度为 15 倍钢筋直径的钢筋,下节桩的上端设预留锚筋孔,孔径为 $2.5d$ ,孔深大于 $15d$ ,一般取 $15d+30$ mm。接桩时,把上节桩伸出的 4 根锚筋插入下节桩的预留孔中,此时安好施工夹箍(由四块板组成,内侧用人造革包裹 40 mm 厚的树脂海绵块而成),孔内灌满硫黄胶泥并热铺于桩的顶面,厚度为 $1\sim2$ cm,胶泥灌注时间不得超过 2 min,然后将两节桩压紧,胶泥很快冷却硬化,只需停 $5\sim$ 10 min,就可继续锤击沉桩。

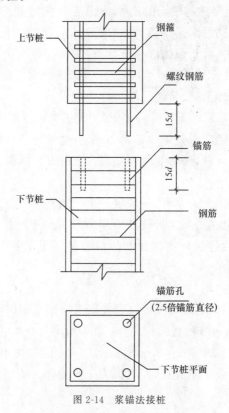

图 2-14　浆锚法接桩

### 3.法兰连接

法兰连接指在预制桩时,在桩的端部设置法兰,接桩时用螺栓把它们连在一起。这种方法施工简便、速度快,主要用于混凝土管桩。但法兰盘制作工艺复杂,用钢量大。

#### 2.2.2.5　打桩质量要求与验收

打桩质量评定包括两个方面:一是能否满足设计规定的贯入度和标高的要求;二是桩打入后的偏差是否在施工规范允许的范围内,桩顶或桩身有无破损现象。

1.贯入度或标高必须符合设计要求,沉桩的质量控制见表 2-4。

表 2-4　　　　　　　　　　　　沉桩的质量控制

| 桩型 | 主要控制 | 参考控制 |
| --- | --- | --- |
| 端承桩 | 贯入度 | 桩尖设计标高 |
| 摩擦桩 | 桩尖设计标高 | 贯入度 |

桩就位前,在桩身上从下至上画出以米为单位的长度标记,以便观察桩的入土深度、每米沉桩的锤击数或锤落距的平均高度(从第一锤开始记录),表 2-4 中所说的贯入度是最终贯入度,即施工中最后连续锤击三阵,其每阵十击的平均入土深度。贯入度不是越小越好,贯入度应满足设计要求,通过结合地勘资料和承载力要求试桩确定,它是打桩质量的重要控制指标。最后贯入度的测量应在下列正常条件下进行:桩顶或桩身没有破坏、锤击没有偏心、桩帽与弹性垫层正常。

2.打桩完毕,基坑挖土时,应注意由于土的挤压力未消散而引起桩的位移或倾斜,**一般土的挤压力在黏土中完全消散需要一个月,在砂土中则消散得比较快。**

#### 2.2.2.6　打桩中常见问题的分析和处理

1.桩顶、桩身被打坏

这种现象一般是桩顶四周和四角被打坏,或者顶面被打碎,有的是桩身混凝土崩裂脱落,甚至桩身折断,发生这些问题的原因及处理方法如下:

(1)桩顶的配筋应做特别处理,即柱箍加密。

(2)混凝土保护层太厚,或主筋放得不正,**引起局部保护层过厚,直接受冲击的是素混凝土,因此容易剥落。**

(3)顶面与桩的轴线不垂直,则桩处于偏心受冲击状态,局部应力增大,极易损坏。有时由于桩帽比桩大,套上的桩帽偏向桩的一边,或者桩帽本身不平,也会使桩受偏心冲击,有的桩是在施打时发生倾斜。

**因此,桩的预制质量非常重要,**预制桩时必须使桩的顶面与桩的轴线严格保持垂直。施打时,桩帽要安垫平整,桩顶衬垫弹性应适宜。

(4)由于下沉速度慢而施打时间长、锤击次数多或冲击能量过大称为过打。过打发生在以下几种情况:一是桩尖通过硬土层,二是最后贯入度定得过小,三是锤的落距过大。由于混凝土的抗冲击强度只有其抗压强度的 50%,若桩身混凝土反复受到过度的冲击,就容易破坏。打桩时应该尽量避免过打。

2.打歪

桩顶不平、桩身混凝土凸肚、桩尖偏心、接桩不正或土中有障碍物,都容易使桩打歪;另一方面,桩被打歪往往与操作有直接关系,例如桩初入土时,桩身就有歪斜,但未纠正即

予施打,就很容易把桩打歪。防止把桩打歪,除了仔细检查打桩机导架的垂直度,桩顶是否平正,还可采取以下措施:

(1)开始时,桩锤用小落距将桩徐徐击入土中,并随时检查桩的垂直度,待桩入土一段长度并稳住后,再按正常落距将桩连续击入土中。

(2)若因地下有障碍物使桩打歪,应设法排除或经研究移位后再打。

若发现桩已打斜,**决不允许通过走桩架(移动桩架)来强行拉正桩**,而应将桩拔出,探明原因,排除障碍,用砂石填孔后,重新插入施打。**若拔桩有困难,应在原桩附近再补打一桩。**

3.打不下

在市区打桩,如初入土 1~2 m 就打不下去,贯入度突然变小,桩锤严重回弹,除桩锤太轻,则可能遇上旧的灰土或孤石等障碍物,必要时应彻底清除或钻透后再打,或者将桩拔出,填砂并适当移位后再打。如桩已入土中很深,突然打不下去,这可能有以下几种情况:

(1)桩顶或桩身已打坏,锤的冲击能不能有效地传给桩,使之继续沉入土中。

(2)土层中央有较厚的砂层或其他硬土层,或者遇上钢渣、孤石等障碍物,在这种情况下,如盲目施打,会造成桩顶破碎、桩身折断。可采用植入桩,即先将硬层钻透,再插桩施打。

(3)打桩过程中,因特殊原因不得已而中断,停歇一段时间以后再予施打,往往不能顺利地将桩打入土中。原因主要是土的弹性变形(有利于沉桩)使得桩身周围的土重新挤向桩身(即土重新抱紧桩身),钢筋混凝土桩变成了直径较大的土桩而承受荷载,因而难以继续将桩打入土中。所以打桩应连续施打。

4.一桩打下、邻桩上升

这种现象多在软土中发生,即桩贯入土中时,由于桩身周围的土体受到急剧的挤压和扰动,被挤压和扰动的土,靠近地面的部分,将在地表面隆起和水平移动,推移已打好的桩。

当出现这样的现象时,可采取预钻孔打桩法。预钻孔打桩亦称"植入桩",它是先在地面桩位处钻孔,然后在孔中插入预制桩(将土的挤压力降低),用打桩机将桩打到设计标高。为了兼顾单桩的承载力,不致使桩的承载力受到明显影响,钻孔深度一般不宜超过桩长的一半。

5.打断

贯入度突然增大,桩身随锤的跳起有轻微回弹,表明桩可能被打断。主要原因可能是偏心锤击、桩尖遇硬土层、反复锤击(锤轻了)、局部混凝土强度偏低、桩长细比过大或在施打过程中移动了桩架(即走桩架)等。发生这种情况时应请设计部门重新设计就近补桩。

### 2.2.3 振动沉桩

振动沉桩是利用固定在桩顶部的振动器所产生的激振力,通过桩身使土颗粒受迫振动,使其改变排列组织,产生收缩和位移,这样桩表面与土层间的摩擦力就减小,桩在自重和振动力共同作用下沉入土中。

#### 2.2.3.1 振动沉桩设备

振动沉桩设备简单,不需要其他辅助设备,重量轻,体积小,搬运方便,费用低,工效高,适用于在黏土、松散砂土、黄土和软土中沉桩,以在砂土中打桩最有效,**更适合于打钢板桩、钢管桩等**,同时借助起重设备可以拔桩。

振动锤机构示意图如图 2-15 所示。振动锤一般由电动机、激振器、夹桩器、减振装置、悬吊装置及导向装置组成。

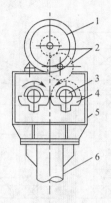

1—电动机;2—传动齿轮;3—轴;4—偏心块;5—箱壳;6—桩

图 2-15 振动锤机构示意图

#### 2.2.3.2 振动沉桩工艺

振动沉桩时,振动箱安装在桩头,用夹桩器将桩与振动箱固定,并应保证振动箱与桩身在同一垂直线上。振动箱内装有一组(或多组)对称偏心块,在电机带动下偏心块对称反向同步旋转(见图 2-15 中箭头)产生离心力,离心力的水平分力大小相等,方向相反,相互抵消;而垂直分力大小相等,方向相同,相互叠加,使振动箱产生垂直方向的振动,使桩与土层摩擦力减小,桩逐渐沉入土中。

近年来,**国外很多振动锤为了对激振器的频率进行无级调速**,以适应现场施工的需要,常采用液压马达驱动,液压马达有外形尺寸小、重量轻、启动力矩大等特点。近年来,**可调偏心力矩的振动锤也有了新的发展**,振动锤在启动或停振时,由于通过桩架的其他部件的共振区,会产生很大的振幅,对安全和机器寿命都很不利;可调偏心力矩的振动锤在启动或停振时可将偏心力矩调到很小,减少振动,从而较好地解决了这个问题。

### 2.2.4 静力压桩

静力压桩是在软弱土层中,利用静压力(压桩机自重及配重)将预制桩逐节压入土中的一种沉桩法。这种方法节约钢筋和混凝土,降低工程造价,与锤击法比较,采用的混凝土强度等级可降低 1～2 级,可节省钢筋 40％左右,而且施工时无噪声、无振动、无污染,对周围环境的干扰小,适用于软土地区、城市中心或建筑物密集处,以及学校、医院、政府机关等的桩基础工程。

#### 2.2.4.1 静力压桩机

静力压桩机按照动力驱动原理分机械压桩机和液压压桩机两种。

1.机械压桩机

机械压桩机的构造如图 2-16 所示,压桩机的主要部件有桩架、底盘、活动压梁、卷扬机、滑轮组、配重和动力设备等,压桩时,先将桩起吊,对准桩位,将桩顶置于梁下,然后开动卷扬机牵引钢丝绳,逐渐将钢丝绳收紧,使活动压梁向下,将整个压桩机的自重和配重荷载通过圈绕的钢丝绳、活动压梁压在桩顶。当静压力大于桩尖阻力和桩身与土层之间的摩擦力时,桩尖逐渐压入土中。常用压桩机的荷重有 80 t、120 t、150 t 等数种。**机械压桩机行程大、压桩力小。**

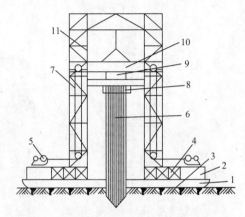

1—垫板;2—底盘;3—操作平台;4—加重物仓;5—卷扬机;6—桩;
7—加压钢丝绳;8—桩帽;9—油压表;10—活动压梁;11—桩架
图 2-16 机械压桩机的构造

2.液压压桩机

液压压桩机是利用液压油缸压桩,并夹住其他已入土的桩作为锚桩,以平衡压桩阻力。液压压桩机一般用来压成排的钢板桩,使钢板桩形成一条直线,可自行移动,变换角度,形成圆角形、直角形或曲线形钢板桩,施工非常方便。液压压桩机还可用无线电远距离操作。**液压压桩机行程小、压桩力大。**

### 2.2.4.2 静力压桩工艺

静力压桩由于受设备行程的限制,在一般情况下桩是分段预制、分段压入、逐段接长,因此压桩施工工艺程序为:测量定位→**压桩机就位**→**吊桩、插桩**→**桩身对中调制**→**静压沉桩**→**接桩**→**再静压沉桩**→**送桩**→**终止压桩**→**切割桩头**。

每节桩长度取决于桩架高度,通常在 12 m 以内,桩断面为 400 mm×400 mm。接桩方法可采用焊接法、浆锚法等,见本章2.2.2.4。静力压桩沉桩程序如图 2-17 所示。

压桩时,应始终保持桩轴心受压,若有偏移应立即纠正。接桩应保证上、下节桩轴线一致,并应**尽量减少每根桩的接头个数,一般不宜超过4个接头**。当桩压至接近设计标高时,不可过早停压,须稳压1~2 min,应使压桩一次成功,以免发生压不下或超压现象。

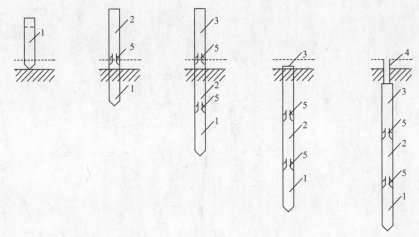

(a) 准备压第一段桩　(b) 接第二段桩　(c) 接第三段桩　(d) 整根桩压入地面　(e) 送桩压桩完毕

1—第一段桩；2—第二段桩；3—第三段桩；4—送桩；5—接桩处

图 2-17　静力压桩沉桩程序

## 2.2.5　水冲法沉桩

水冲法沉桩是锤击和振动沉桩的辅助方法，在预制桩的侧面至桩尖敷设一水管，在沉桩同时辅助以高压水，以减小沉桩阻力。这种桩一般承载力会降低，为保证桩基本的承载能力，在桩沉至最后的 1～2 m 时停止冲水，继续沉桩至设计要求。

## 2.3　灌注桩

与预制桩相比，灌注桩不接桩、不截桩，相对预制桩造价较低，可做成大直径和较深的桩，但由于整个施工过程均在现场完成，灌注桩的施工相对复杂，质量不易保证。

### 2.3.1　钻孔灌注桩

#### 2.3.1.1　钻孔机械设备

目前常见的钻孔机械有螺旋钻孔机、回转斗成孔机、回转钻孔机、潜水钻机、钻扩机、全套管冲抓斗成孔机（即贝诺特钻机）等。

1.螺旋钻孔机

（1）小直径螺旋钻孔机

小直径螺旋钻孔机也称长螺旋钻孔机（图 2-18），是传统设备。我国生产的长螺旋钻孔机最大钻孔直径为 800 mm，最大钻深为 20 m，最大扭矩为 12 kN·m。小直径螺旋钻孔机由主机、滑轮组、螺旋钻杆、钻头、滑动支架、出土装置等组成，用于地下水位以上的黏土、粉土、中密以上的砂土或人工填土土层的成孔，并配有多种钻头，以适应不同的土层。

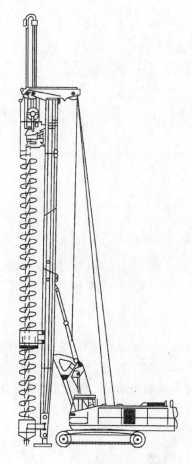

图 2-18　长螺旋钻孔机

（2）大直径螺旋钻孔机

当桩径超过 800 mm，传统的施工方式是采用人工挖孔桩，但近年来在国内出现了大直径螺旋钻孔机，也称短螺旋钻孔机（目前在国外广泛使用）。短螺旋钻孔机的钻头如图2-19 所示。其切土原理与长螺旋钻孔机相同，但排土方法不一样。短螺旋钻孔机向下切削一段距离，切下的土壤堆积在螺旋叶片上，将短螺旋叶片提升至地面并反向旋转，将螺旋叶片上的碎土甩到地面上。所以短螺旋钻孔机出土是断续的，效率较低，但其钻孔直径可达 2 m，甚至更大。用伸缩钻杆与短螺旋钻杆连接，钻孔深度可达 78 m。无论是钻孔直径还是钻孔深度，短螺旋钻孔机都比长螺旋钻孔机大，因此它的使用范围也更广。

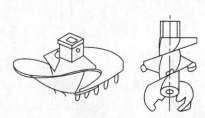

图 2-19　短螺旋钻孔机的钻头

我国生产的钻杆伸缩式大直径钻孔机最大钻孔直径为 1.5 m,最大扩孔直径为 3 m,最大钻孔深度为 80 m,最大钻孔扭矩为 105 kN·m;多功能螺旋组合钻孔机钻孔直径为 0.5~2 m,钻孔深度为 43~60 m,最大扭矩为 150 kN·m。可选择配置全液压履带式桩架、电液履带式桩架、电动履带式桩架和步履式桩架,使钻孔机整体实现最佳性能比。

2.旋挖钻机

旋挖钻机如图 2-20 所示,由履带式桩架、伸缩钻杆、回转斗(斗底带有钻头活门)等组成,是一种基础工程中成孔作业机械。主要适用于砂土、黏性土、粉质土等土层施工,在灌注桩、连续墙、基础加固等多种地基基础施工中得到广泛应用,旋挖钻机最大成孔直径可达 4 m,最大成孔深度为 90 m。

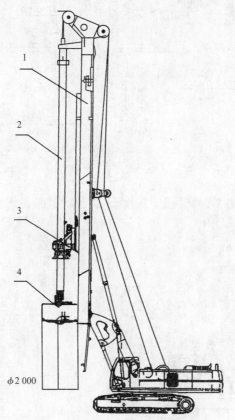

1—履带桩架;2—伸缩钻杆;3—回转斗驱动装置;4—回转斗

图 2-20　旋挖钻机

埋设护筒,旋挖钻机就位,带钻头的回转斗轻着地后旋转开钻,当回转斗装满土砂料时将斗提升出孔外,将钻头活门打开并来回旋转,将斗内的土砂料倾倒,然后关上钻头活门,旋挖钻机下落孔底再一次旋转开钻,当钻斗内装满土砂料时再次提升出孔外,将其内的土砂料再一次倾倒……,直至达到设计孔深,钻孔完成。

旋挖转机带有液压履带式伸缩底盘、自行起落可折叠钻桅、伸缩式钻杆、垂直度自动检测装置,孔深数码显示,整机操纵一般采用液压先导控制,负荷传感,具有操作轻便、舒适等特点。

**3.回转钻孔机**

回转钻孔机配以笼头式钻头(图 2-21),可以多挡调速或液压无级调速,在泥浆护壁条件下,**以泵吸和气举的反循环或正循环方式慢速钻进排渣成孔**,灌注混凝土成桩。设备性能可靠,噪声振动小,钻进效率高,钻孔质量好。该机的最大钻孔直径可达 2.5 m,钻进深度为 50~100 m,适用于碎石类土、砂土、黏性土、粉土、强风化岩、软质与硬质岩层等多种地质条件。

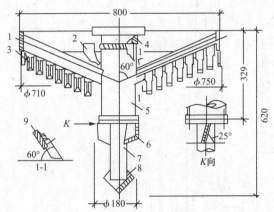

1—护圈;2—钩爪;3—液爪;4—钻头接箍;5、7—岩心管;6—小爪;8—钻尖;9—翼片

图 2-21　笼头式钻头

**4.潜水钻机**

潜水钻机(图 2-22、图 2-23)适用于黏性土、黏土、淤泥、淤泥质土、砂土、强风化岩、软质岩层,不宜用于碎石土层中。

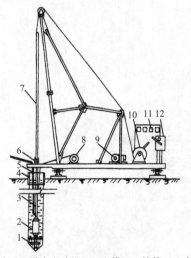

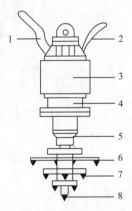

1—钻头;2—潜水电动机;3—电缆;4—护筒;5—水管;
6—滚轮支点;7—钻杆;8—电缆盘;9—卷扬机;
10—控制箱;11—电表;12—启动开关

图 2-22　潜水钻机示意图

1—泥浆管;2—防水电缆;3—电动机;
4—齿轮减速器;5—密封装置;6—钻头;
7—合金刃齿;8—钻尖

图 2-23　潜水钻机与钻头

这种钻机以潜水电动机作动力,潜水电动机和行星减速箱均为中空结构,中间可通过中心送泥浆或水,因此可采用泥浆循环将钻渣带出地面。

防水电机和减速机构装在具有绝缘和密封装置的外壳内,与钻头一起潜入桩孔内的水中工作。因为工作时动力装置潜在孔底，耗用动力小，钻孔效率高，电动机防水性能好，运转时温升较低，过载能力强。同时由于钻杆不动，可避免钻杆折断，工作效率高，且噪声低。但设备笨重，使潜水钻机的使用受到一定的限制。

5.全套管冲抓斗成孔机

全套管冲抓斗成孔机施工，即用加压方法的同时使套管摆动或旋转，迫使套管下沉，可以大大减小土壤与套管间的摩擦力。然后用冲抓斗成孔机将冲抓斗提升到一定高度，斗内有压重铁块和活动抓片，松开卷扬机刹车时，抓片张开，钻头便以自由落体冲入土中，钻取套管下端土壤，然后开动卷扬机提升钻头，这时抓片闭合，冲抓斗整体被提升到地面上将土渣卸去，如此循环抓孔。

钻机所用套管一般分 $1\sim6$ m 不同长度，桩径范围为 $0.6\sim2.5$ m，$1.5\sim2.5$ m 的桩径只用一种型号的冲抓斗。该钻机钻孔深度最大可达 50 m，适用于有坚硬夹杂物的黏土、砂卵石土和碎石类土。

图 2-24 所示为全套管冲抓斗成孔机。该机由法国贝诺特公司最先开发、研制而成，故又被称为"贝诺特钻机"，它在成孔和混凝土浇筑过程中完全依靠套管护壁。钻孔直径最大可达 2.5 m，钻孔深度可达 50 m，拔管能力最大可达 5 000 kN。

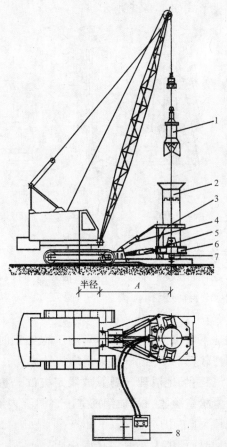

1—单绳冲抓斗；2—套管；3—上导向装置；4—倾斜油缸；
5—摆动油缸；6—夹紧油缸；7—加压油缸；8—液压动力泵
图 2-24  全套管冲抓斗成孔机

全套管钻机按结构形式可分为整机式和附着式。钻机在软土中施工时,由于有套管护壁,不会引起塌方,可钻斜孔,用于斜桩施工。缺点是机身庞大沉重,套管上拔时所需反力大,套管的摆动易使周围地基因扰动而松散。

6.冲击钻机

冲孔是用冲击钻机把带钻刃的重钻头(又称"冲锤")提高,靠自由下落的冲击力来削切岩层,排出碎渣成孔。冲击钻机有钻杆式和钢丝绳式两种,前者所钻孔径较小、效率低、应用较少;后者钻孔直径大,有 800 mm、1 000 mm、1 200 mm 几种。钻头形式有十字钻头及三翼钻头等,锤重 500~3 000 kg。

用冲击钻机冲孔,冲程为 0.5~1.0 m,冲击频率为 40~50 次/min,孔深可达 300 m。冲击钻机适用于风化岩及各种软土层成孔。但由于冲击锤自由下落时导向不严格,扩孔率大,实际成孔直径比设计桩径要增大 10%~20%。若扩孔率增大,应查明原因后再成孔。

7.钻扩机

为了提高灌注桩的承载能力,在桩的底部可以将直径扩大,做成扩大头的形状,增加桩底部的承载面积。钻扩机形式如图 2-25 所示。

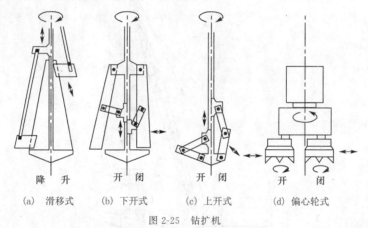

| (a) 滑移式 | (b) 下开式 | (c) 上开式 | (d) 偏心轮式 |

图 2-25  钻扩机

### 2.3.1.2  钻孔灌注桩施工工艺

钻孔灌注桩是先成孔,然后吊放钢筋笼,再浇灌混凝土而成。依据地质条件不同,分为干作业成孔和泥浆护壁(湿作业)成孔两类。

1.干作业成孔灌注桩施工

成孔时若无地下水或地下水很少,基本上不影响工程施工时,称为干作业成孔,主要适用于北方地区和地下水位较低的土层,**一般采用螺旋钻成孔。**

**干作业成孔施工工艺流程:场地清理→测量放线定桩位→桩机就位→钻孔取土成孔→清除孔底沉渣→成孔质量检查验收→吊放钢筋笼→浇筑孔内混凝土。**

为了确保成桩后的质量,施工中应注意以下几点:①钻孔时,应始终保持钻杆垂直、位置正确,防止因钻杆晃动引起孔径扩大及增多孔底虚土;②钻头进入硬土层时,易造成钻孔偏斜,可提起钻头上下反复扫钻几次,以便削去硬土;若纠正无效,可在孔中局部回填黏土至偏孔处 0.5 m 以上,再重新钻进;③成孔达到设计深度后,孔底虚土尽可能清除干净,可采用夯锤夯击孔底虚土(但振动可能会导致坍孔)或进行压力注水泥浆处理,然后尽快吊放钢筋笼,并浇筑混凝土,混凝土应分层浇筑,每层高度不大于 1.5 m。

2.泥浆护壁成孔灌注桩施工

泥浆护壁成孔灌注桩施工是利用泥浆护壁,钻孔时通过循环泥浆将钻头切削下的土渣排出孔外而成孔,而后吊放钢筋笼,水下灌注混凝土而成桩。成孔方式主要有回转钻机成孔、潜水钻机成孔等。

泥浆的护壁机理:泥浆比重≥1,首先泥浆可以平衡地下水,其次泥浆还可给孔壁一定的压力,将孔壁细微孔渗填密实,在孔壁上形成一层**透水性极低的泥皮**,将孔内漏水降到最低的限度。

**采用泥浆护壁主要是因为:①泥浆静止时具有一定的静切力,即具有悬浮沉渣的能力;②泥浆搅拌时又具有流动性,可将钻渣带出;③易取材且价格低廉。泥浆的作用是护壁、携渣、润滑钻头、冷却钻头等,其中以护壁、携渣为主。**

在透水性较大的沙或沙砾层中,护壁泥浆易漏失,措施一是保持泥浆液面标高;二是加大泥浆比重,掺入堵漏剂,如锯末、稻草灰、水泥、黏土、蛭石末、珍珠岩末、有机纤维等。**但注意泥浆比重以不塌孔为准,比重并非越高越好,比重越高泥浆的循环阻力越大。**

泥浆护壁成孔灌注桩的施工工艺比较复杂,质量不易保证,后期可能会影响桩的承载力,而且对环境污染较大。

泥浆护壁成孔灌注桩施工工艺流程如下:

(1)测定桩位

平整清理好施工场地后,设置桩基轴线定位点和水准点,根据桩位平面布置施工图,定出每根桩的位置,并做好标志。

(2)埋设护筒

**护筒的作用是定桩位,防止地面水流入,保护孔口,增高孔内水压力,成孔时导向。**

护筒用 4～8 mm 厚钢板制成;内径比钻头直径大 100～200 mm,顶面高出地面0.4～0.6 m,上部开 1～2 个溢浆孔。埋设护筒时,先挖去桩孔处表土,将护筒埋入土中,其埋设深度在黏土中不宜小于 1 m,在砂土中不宜小于 1.5 m。其高度要满足孔内泥浆液面高度的要求,孔内泥浆液面应保持高出地下水位 1 m 以上。最后应在护筒外侧填入黏土并分层夯实。

(3)泥浆制备

泥浆制备方法应根据土质条件确定。由于泥浆土的成分与高塑性($I_p \geqslant 17$)的黏土或膨润土的成分很接近,在黏土和粉质黏土中,可直接射入清水,以原土造浆,见表 2-5。

表 2-5　　　　　　　　　　循环泥浆性能指标

| 泥浆 | 土层 | 入口 | 出口泥浆比重/(g/cm³) |
|---|---|---|---|
| 原土造浆 | 黏土和粉质黏土 | 清水 | 1.1～1.2 |
| 制备泥浆 | 砂性土和较厚夹砂土层 | 泥浆比重 1.1～1.15 g/cm³ | 1.1～1.3 |
|  | 砂夹卵石土层 |  | 1.2～1.4 |

（4）成孔排渣方法

回转钻成孔是国内灌注桩施工中最常用的方法之一。按排渣方式不同分为正循环回转钻成孔和反循环回转钻成孔。

A.正循环回转钻成孔

由钻机回转装置带动钻杆和钻头回转切削破碎岩土，由泥浆泵从钻杆中部输进泥浆，泥浆沿孔壁上升，从孔口溢浆孔溢出流入泥浆池，经沉淀处理返回循环池（图2-26）。**正循环泥浆的上返速度低，携带土粒直径小，4 cm以上的卵石因无法上浮排出而沉积在孔底，排渣能力差，属柔性循环排渣，适用于土质较差、抽吸排渣时间较长的情况**，适用于填土、淤泥、黏土、粉土、沙土等地层，桩孔直径不宜大于1 000 mm，钻孔深度不宜超过30 m。

B.反循环回转钻成孔

反循环法常用旋转的牙轮钻头钻孔，利用一定的静水压力护壁，防止坍孔。挖出的泥沙和泥水一起从套筒中心吸出，并排至泥水槽内。泥沙经沉淀后，泥水再次被送入孔内，与正循环法相反，如图2-27所示。**在这种施工方法中，循环泥浆的速度快，抽吸排渣能力较好，属于强抽吸循环排渣，故适合于硬岩层及硬土层等土质较好、抽吸时间较短的情况**。施工中遇有卵石时，由于吸水通道直径只有15～20 cm，故超出该尺寸的卵石排出困难。一般最大成孔直径可达8 m，最大深度可达100 m。

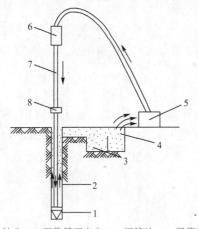

1—钻头；2—泥浆循环方向；3—沉淀池；4—泥浆池；
5—泥浆泵；6—水龙头；
7—钻杆；8—钻机回转装置
图2-26 正循环回转钻成孔工艺原理图

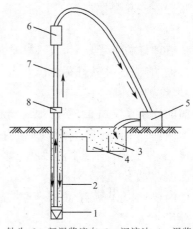

1—钻头；2—新泥浆流向；3—沉淀池；4—泥浆池；
5—砂石泵；6—水龙头；7—钻杆；8—钻机回转装置
图2-27 反循环回转钻成孔工艺原理图

（5）清孔

当钻孔达到设计要求深度并经检查合格后，应立即进行清孔，目的是清除孔底沉渣以减少桩基的沉降量，提高承载能力，确保桩基质量。清孔方法主要有**抽浆法、换浆法**。

①抽浆法清孔

抽浆法清孔比较彻底，但易引起孔壁坍塌。

A.反循环回转钻机钻孔可在终孔后停止进尺，利用钻机反循环系统的泥石泵持续吸渣5～15 min，使孔底钻渣清除干净。

B.射水法(一般用于原土造浆)清孔是在孔口分段连接清孔导管,吊入孔内作为吸泥管,高压风管设于导管内、外均可,空气压缩机可形成强大气流,使孔底的泥渣被喷翻、搅动,泥渣随高压气流上涌,从喷嘴喷出,同时向孔内不断注入清水(此时钻杆只钻不进),直到孔口喷出清水,清孔结束。

②换浆法清孔

回转钻机钻孔结束,钻机停止进尺,稍提钻离孔底 10 ~20 cm 空转,并保持泥浆正常循环,用新搅拌的稀泥浆置换孔底泥浆,把钻孔内悬浮钻渣较多的泥浆换出。

清孔一小时,孔底沉渣允许厚度符合设计要求或标准规定:**端承桩≤50 mm,摩擦端承桩、端承摩擦桩≤100 mm,摩擦桩≤150 mm,**且泥浆比重满足表 2-6 的规定,即清孔结束。

表 2-6 　　　　　　　　　　　　　　清孔结束标准

| 清孔方法 | 清孔后泥浆密度 | 取浆点 | 实际操作 |
|---|---|---|---|
| 抽浆法 | 1.1 g/cm³ 左右 | 距孔底 0.5 m | 用手摸捻应无黏手感觉 |
| 换浆法 | 1.15~1.20 g/cm³ | | |

(6)吊放钢筋笼、浇筑混凝土

清孔后 30 min 内须吊放钢筋笼、浇筑混凝土。

钢筋笼一般都在工地制作,制作时要求主筋环向均匀布置,箍筋直径及间距、主筋保护层、加劲箍的间距等均应符合设计要求。

泥浆护壁成孔灌注桩采用水下混凝土浇筑,浇筑方法常采用导管法。混凝土强度等级不低于 C20,坍落度为 18~22 cm。其浇筑方法如图 2-28 所示,所用设备有金属导管、承料漏斗和提升机具等。

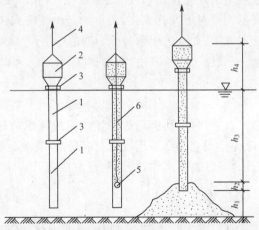

1—钢导管;2—承料漏斗;3—密封接头;4—吊索;5—球塞;6—铁丝或绳子

图 2-28　水下浇筑混凝土

导管一般用无缝钢管制作,直径为 200~300 mm,每节长度 2~3 m,最下一节为脚管,长度不小于 4 m,各节管用法兰盘和螺栓连接。承料漏斗利用法兰盘安装在导管顶端,其容积应大于保证管内混凝土所必须保持的高度和开始浇筑时导管埋置深度所要求的混凝土的体积。

隔水栓(球塞)用来隔开混凝土与泥浆(或水),可用软木球或橡皮塞等,其直径宜比导管内径大 5～6 mm。浇筑时,用提升机具将承料漏斗和导管悬吊起来后,沉至孔底,往导管中放隔水栓,隔水栓用绳子或铁丝吊挂,然后向导管内灌一定数量的混凝土,并使其下口距孔底面 $h_1 = 300\ mm$,立即迅速剪断吊绳(水深在 10 m 以内可用此法),或让球塞下滑至管的中部或接近底部再剪断吊绳,使混凝土靠自重推动球塞下落,冲向基底,并向四周扩散,球塞被推出管后,立即浮出水面,可回收再利用,混凝土则在导管下部包围住导管,形成混凝土堆,这时可把导管再下降至基底 100～200 mm 处,使导管下部能有更多的部分埋入首批浇筑的混凝土中。然后不断地将混凝土通过承料漏斗浇入导管内,管外混凝土面不断被挤压上升置换出泥浆。随着管外混凝土面的上升,逐渐提升导管,导管应缓缓提升,每次 200 mm 左右,严防提升过度,务必保证导管下端埋入混凝土中的深度不小于规定的最小埋置深度:一般情况下,导管最小埋置深度 $h_2$ 不能小于 1 m,适宜的埋置深度为 2～4 m,但也不宜过深,以免混凝土的流动阻力太大,造成堵管。混凝土浇筑过程应连续进行,不得中断。混凝土浇筑的最终标高应比桩顶设计标高高出 0.5 m,即多灌一点,铲除与水接触的那部分混凝土。

(8)常见工程质量事故及处理方法

①孔壁坍塌

孔壁坍塌指成孔过程中孔壁土层不同程度坍落,主要表现为泥浆中不断出现气泡,或泥浆突然漏失。主要原因是提升下落冲击锤、掏渣筒或安放钢筋骨架时碰撞护筒及孔壁,护筒周围未用黏土紧密填实,孔内泥浆液面下降,孔内水压降低等。坍孔处理方法:在孔壁坍塌段用石子、黏土填入,重新开钻,并调整泥浆容重和液面高度。

②钻孔偏斜

钻孔偏斜指成孔过程中出现孔位偏移或孔身倾斜。偏孔的主要原因是桩架不稳固,导杆不垂直或土层软硬不均。对于冲孔成孔,则可能是由于导向不严格或遇到探头石及基岩倾斜所引起的。处理方法:如孔的偏移过大,应填入石子、黏土,重新成孔;如有探头石,可用取岩钻将其除去或低锤密击将其击碎;如遇基岩倾斜,可以投入毛石于低处,再开钻或密打。

③孔底隔层

孔底隔层指孔底残留石渣过厚,孔脚涌进泥沙或塌壁泥土落底。造成孔底隔层的主要原因是清孔不彻底,清孔后泥浆浓度减小或浇筑混凝土、安放钢筋骨架时碰撞孔壁造成坍孔落土。主要防治方法:做好清孔工作,注意泥浆浓度及孔内水位变化,施工时注意保护孔壁。

④夹泥或软弱夹层

夹泥或软弱夹层指桩身混凝土混进泥土或形成浮浆泡沫软弱夹层。其形成的主要原因是浇筑混凝土时孔壁坍塌或导管口埋入混凝土高度太小,泥浆被喷翻,渗入混凝土中。防治措施是保持导管下口埋入混凝土的深度。

⑤流沙

流沙指成孔时大量沙子涌塞孔底的现象。流沙产生的原因是孔外水压力比孔内水压力大,孔壁土松散。流沙严重时可抛入碎砖石、黏土,使泥浆结块,防止流沙涌入。

⑥钻不进

孔底部可能遇到了岩石等障碍物，如果不深，直接挖出障碍物；如果较深，可与设计部门协商修改桩位，或采用高耐磨钻头将块石等障碍物磨透。

3.挤扩多分支承力与多盘灌注桩(DX桩)

如图2-29所示，挤扩多分支承力与多盘灌注桩(DX桩)是一种新型的变截面桩，是在普通钻孔灌注桩基础上，按承载力要求和工程地质条件的不同，在桩身不同部位设置分支和承力盘而成。

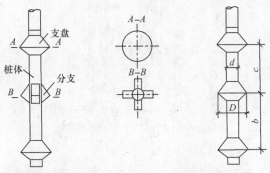

图2-29　挤扩多分支承力与多盘灌注桩外形

(1)DX桩的基本原理

在钻冲孔后，向孔内下入专用的DX挤扩装置，通过地面液压站控制该装置的弓压臂的扩张和收缩，按承载能力要求和地层土质条件，在桩身不同部位挤扩出了3岔分布或$3n$岔($n$为挤扩次数)分布的扩大岔腔或近似的圆锥盘状的扩大头腔后，放入钢筋笼，灌注混凝土，形成由桩身承力岔、承力盘和桩根共同承载的桩型。DX桩与一般灌注桩的工艺流程相比，只是增加了一道挤扩工序，但由于侧面型腔的直径是主桩径的2～3倍，使摩擦桩或摩擦端承桩变为多端承、多段侧摩阻共同作用的新型桩，桩的工作状态也发生了变化。

(2)DX桩施工设备

DX桩施工设备如图2-30所示，DX液压挤扩装置为等角度的三个液压弓臂同时工作，三点支撑，三个方向同时受力，液压弓臂水平缓缓刺入土体中，一次即可挤扩成三岔扩大腔体，受力稳定合理，挤扩过程中对土体不产生切削和扰动现象。

(3)DX桩施工工艺

**桩定位放线→挖桩坑、设钢板护套→桩孔机就位→钻孔至设计深度→第一次清孔→将支盘成型器吊入已钻孔内→在设计位置压分支、承力盘→下钢筋笼、导管→第二次清孔→水下混凝土灌注→清理桩头→拆除导管、护筒。**

(4)DX桩的特点及施工工艺特点

①桩承载力高

与普通直杆(等截面)灌注桩相比，因桩底端及桩身多个断面面积大幅度增大，单桩承载力比普通混凝土灌注桩(相同桩径)一般提高1～2倍，**并具备良好的承压、抗水平、抗冲剪和抗拔能力。**

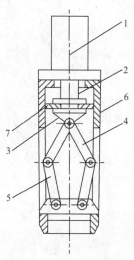

1—液压缸；2—活塞杆；3—压头；4—上弓臂；5—下弓臂；6—机身；7—导向块

图 2-30　液压挤扩支盘成型器结构

②节约成本，缩短工期

由于单桩承载力大大提高，一般而言与普通混凝土灌注桩相比，节约原材料约 30%，可节省桩基总造价 20%～30%，同时，相比较大直径普通混凝土灌注桩而言可缩短桩长，减少桩径或减少桩数，从而缩短工期。

③设计灵活，适应性强

DX 多节挤扩灌注桩可在多种土层中成桩，不受地下水位限制，并可以根据相应地质情况和承载力需要采取调整分支或承力盘数量来提高单桩承载力。实践证明，每根桩盘数一般不超过 4 个。

④施工过程可控制

由于桩身承力盘或支盘是通过液压弓臂挤扩土层形成，挤扩过程相当于静力触探，施工过程同时也是对土层承载力的一种检验，因此施工时能大概了解单桩承载力的大小，当发现与设计承载力有差别时，可通过增设分支来确保单桩承载力，这是其他桩型无法实施的。

⑤成桩工艺复杂，把关环节多，成桩时间长；各支盘处都可能存在难以清除的沉渣；打桩和支盘工作衔接困难。

### 2.3.2　沉管灌注桩

沉管灌注桩是目前采用较为广泛的一种灌注桩。依据使用桩锤和成桩工艺不同，分为**锤击沉管灌注桩、振动沉管灌注桩、静压沉管灌注桩、振动冲击沉管灌注桩和沉管夯扩灌注桩等**，目前常用锤击沉管灌注桩和振动沉管灌注桩。

沉管灌注桩的施工过程如图 2-31 所示：使用锤击式桩锤或振动式桩锤将带有桩尖的钢管沉入土中，形成桩孔，然后放入钢筋笼、浇筑混凝土，边灌混凝土边上拔钢管，最后拔出钢管，形成灌注桩。

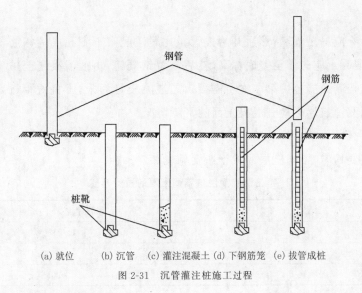

(a)就位　　(b)沉管　　(c)灌注混凝土(d)下钢筋笼　(e)拔管成桩

图2-31　沉管灌注桩施工过程

### 2.3.2.1　锤击沉管灌注桩

锤击沉管灌注桩的机械设备由桩管、桩锤、桩架、卷扬机、滑轮组、行走机构等组成。

1.施工工艺

锤击沉管灌注桩的施工工艺:定位埋设混凝土预制桩尖→桩机就位→锤击沉管→灌注混凝土→边拔管、边锤击、边继续灌注混凝土(中间插入吊放钢筋笼)→成桩。适用于一般黏性土、淤泥质土、砂土和人工填土地基,但不能在密实的砂砾石、漂石层中使用。

(1)沉管

施工时,用桩架吊起钢桩管,对准埋好的预制钢筋混凝土桩尖(图2-32)。预制钢筋混凝土桩尖的强度等级不得低于C30。桩管与桩尖连接处要垫以麻袋、草绳,以防地下水渗入管内。缓缓放下桩管,套入桩尖压进土中,桩管上端扣上桩帽,检查桩管与桩锤是否在同一垂直线上,桩管垂直度偏差≤0.5%时即可锤击沉管。先用低锤轻击,观察无偏移后再正常施打,直至符合设计要求的沉桩标高,并检查管内有无泥浆或进水,即可浇筑混凝土。

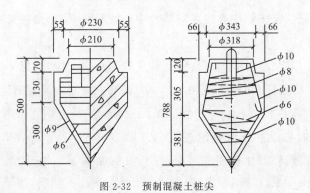

图2-32　预制混凝土桩尖

（2）灌混凝土

管内混凝土应尽量灌满，然后开始拔管。凡灌注配有不到孔底的钢筋笼的桩身混凝土时，第一次混凝土应先灌至笼底标高，然后放置钢筋笼，再灌混凝土至桩顶标高。第一次拔管高度应控制在能容纳第二次所需灌入的混凝土量为限，不宜拔得过高。在拔管过程中应用专用测锤或浮标检查混凝土面的下降情况。

（3）拔管

拔管速度要均匀，不同土层的拔管速度见表2-7。

表2-7 锤击沉管灌注桩不同土层的拔管速度

| 土层 | 拔管速度/(m·min$^{-1}$) |
| --- | --- |
| 一般土层 | 1 |
| 软弱土层及软硬土层交接处 | 0.3～0.8 |
| 淤泥质软土 | ≤0.8 |

采用倒打拔管时，桩锤的冲击频率：单动汽锤不得少于50次/min，自由落锤轻击不得少于40次/min。在管底拔至桩顶设计标高之前，倒打和轻击不得中断。

锤击沉管灌注桩混凝土强度等级不得低于C20，混凝土充盈系数（实际灌注混凝土体积与按设计桩身直径计算体积之比）不得小于1.0，成桩后的桩身混凝土顶面标高应高出设计标高500 mm。

2.工艺措施

（1）当桩较密集时（中心距小于4倍桩管外径或2 m），为防止断桩现象，应采用跳打的方法，中间空出的桩应待邻桩混凝土达到设计强度等级的50%以上方可施打。

（2）前面介绍的锤击沉管灌注桩的施工方法，一般称为"单打法"。为保证桩的质量和提高桩的承载能力，锤击沉管扩大灌注桩的施工（即两次沉管）方法则称为"复打法"。

复打法是在第一次单打将混凝土浇筑到桩顶设计标高后，清除桩管外壁上污泥和孔周围地面上的浮土，立即在原桩位上再次安放桩尖，进行第二次沉管，使第一次所灌混凝土向四周挤压密实，将桩径扩大，然后第二次浇筑混凝土成桩。

复打施工的要点：①桩管中心线应与单打中心线重合；②必须在第一次灌注混凝土初凝前完成复打工作。

复打法分全复打、半复打和局部复打。如果缺陷在下半段，则第一次混凝土浇筑到半桩长，另加1 m，开始复打。如果缺陷在上半段，则第一次浇筑混凝土到顶后，将桩管打入1/2桩长，再第二次灌注混凝土。对于饱和淤泥或淤泥质软土则宜采用全桩长复打法。

### 2.3.2.2 振动、振动冲击沉管灌注桩

振动、振动冲击沉管灌注桩是利用振动锤（又称激振器）、振动冲击锤将桩管沉入土中，然后灌注混凝土而成。这两种灌注桩与锤击沉管灌注桩相比，属于柔性沉管，更适合于稍密及中密的砂土地基施工。

振动沉管灌注桩和振动冲击沉管灌注桩的施工工艺完全相同,只是前者用振动锤沉管,后者用振动冲击桩锤沉管。图 2-33 是振动沉管灌注桩设备示意图。

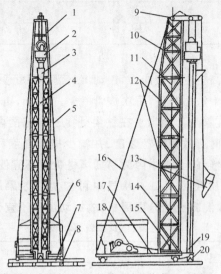

1—滑轮组;2—激振器;3—漏斗口;4—桩管;5—前拉索;6—遮棚;7—滚筒;8—枕木;
9—架顶;10—架身顶段;11—钢丝绳;12—架身中段;13—吊斗;14—架身下段;
15—导向滑轮;16—后拉索;17—架底;18—卷扬机;19—加压滑轮;20—活瓣桩尖

图 2-33　振动沉管灌注桩设备示意图

1.振动沉管灌注桩施工

振动沉管灌注桩适用于含水量较小的土层,且宜采用活瓣桩尖。

施工时,先安好桩机,将桩管下端活瓣桩尖(图 2-34)合起来,对准桩位,徐徐放下桩管,压入土中,校正桩管垂直度,符合要求后开动激振器,桩管即开始沉入土中。当桩管沉至设计标高,管内灌满混凝土后,应先振动 5～10 s,再开始拔管,边振边拔,每拔 0.5～1.0 m 停拔振动 5～10 s,如此反复进行,直至桩管全部拔出,为一次单打法。

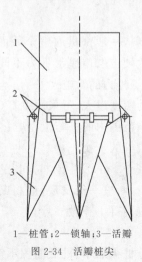

1—桩管;2—锁轴;3—活瓣

图 2-34　活瓣桩尖

振动沉管灌注桩不同土层的拔管速度见表 2-8。

表 2-8　　　　　　　　　　　振动沉管灌注桩不同土层的拔管速度

| 土层 | 拔管速度(m·min$^{-1}$) |
|---|---|
| 一般土层 | 1.2~1.5 |
| 软弱土层及软硬土层交接处 | <0.8 |

2.工艺措施

为保证成桩质量和提高桩的承载能力,振动沉管灌注桩可采用单打法和反插法。

反插法是在拔管过程中边振边拔,每次拔管 0.5~1.0 m,再向下反插 0.3~0.5 m,如此反复并保持振动,直至桩管全部拔出。在桩尖处 **1.5 m** 范围内宜多次反插以扩大桩的局部断面。穿过淤泥夹层时应放慢拔管速度,并减少拔管高度和反插深度。在流动性淤泥中不宜使用反插法,在坚硬的土层中因为易插坏桩尖也不宜使用反插法。

单打、复打、反插效果比较见表 2-9,从表中可知复打效果最好,但在振动沉桩过程中,由于过多的振动易导致混凝土的分层离析,故振动沉管不宜使用复打。

表 2-9　　　　　　　　　　　单打、复打、反插效果比较

| 方法 | 可使桩截面扩大钢管的百分比 |
|---|---|
| 单打 | 30% |
| 复打 | 80% |
| 反插 | 50% |

### 2.3.2.3　沉管桩施工中常见问题的分析与处理

沉管灌注桩施工时易发生桩身有隔层、断桩、缩颈、桩靴进水或进泥沙、吊脚桩等问题,施工中应加强检查并及时处理。

1.桩身有隔层

桩身有隔层是由钢管管径较小、混凝土骨料粒径过大、混凝土和易性差、拔管速度过快等原因造成的。在振动沉管灌注桩中,过多的振动也易导致桩身有隔层。相应措施是改善混凝土的工作性能,降低拔管的速度。

2.断桩

断桩的裂缝为水平或略带倾斜,一般都贯通整个截面,常常出现于地面以下 1~3 m 软硬土层交接处。主要原因有:软硬土层传递水平力不同,对桩产生剪应力;桩身混凝土终凝不久,混凝土强度低,承受不了外力的影响。

避免断桩的措施:为避免桩的密度过大,可采用跳打(见本章 2.3.2.1 中 2.工艺措施),或在邻桩混凝土初凝以前,把影响范围内的桩施工完毕;合理确定打桩顺序和桩架的行走路线,尽量避免振动和外力对已成桩的干扰。

断桩的检查与处理:在浅层(2~3 m)发生断桩,可用重锤敲击桩头侧面,同时用脚踏在桩头上,如桩已断,会感到浮振。断桩一经发现,应将断桩段拔出,将孔清理后,略增大面积或加上铁箍连接,再重新浇筑混凝土补做桩身。

3.缩颈桩

缩颈桩又称瓶颈桩,是指部分桩径缩小、桩截面积不符合设计要求的桩。

缩颈桩产生的原因:在含水量大的黏性土中沉管时,土体受到强烈扰动和挤压,产生

很高的孔隙水压力,拔管后,这种水压力便作用到新浇筑的混凝土桩上,拔管过快,管内混凝土存量过少,混凝土和易性差,造成混凝土出管扩散困难。

防治措施:在容易产生缩颈的土层中施工时,要严格控制拔管速度,采用"慢拔密击";混凝土坍落度要符合要求且管内混凝土面必须略高于地面,以保持混凝土有足够的出管扩散力;施工时可设专人随时测定混凝土的下落情况,遇有缩颈现象,可采取复打处理。

**4.桩靴进水、进泥沙**

桩靴进水、进泥沙常见于地下水位高、含水量大的淤泥和粉砂土层,是由于桩管与桩尖接合处的垫层不紧密或桩尖被打破所致。处理办法:可将桩管拔出,修复改正桩靴缝隙或将桩管与预制桩尖接合处用草绳、麻袋垫紧后,用砂回填桩孔后重打;如果只受地下水的影响,则当桩管沉至接近地下水位时,用水泥砂浆灌入管内约 0.5 m 做封底,并再灌1 m 高的混凝土,然后继续沉桩。若管内进水不多(小于 200 mm)时可不做处理,只在灌第一槽混凝土时酌情减少用水量即可。

**5.吊脚桩**

吊脚桩即桩底部的混凝土隔空,或混凝土中混进了泥沙而形成松软层。形成吊脚桩的原因是混凝土桩尖质量差,强度不足,沉管时被打坏而挤入桩管内,且拔管时冲击振动不够,桩尖未及时被混凝土压出或活瓣未及时张开。

为了防止出现吊脚桩,要严格检查混凝土桩尖的强度(应不小于C30),以免桩尖被打坏而挤入管内。沉管时,用吊砣检查桩尖是否有缩入管内的现象。如果有,应及时拔出纠正并将桩孔填砂后重打。

## 本章小结

1.液压锤是一种新型低噪声、无污染(有利于环境保护)、打击能量大、能耗省、操作方便的打桩锤。

2.在锤击沉桩中,打桩应尽量连续施打,"顶打"和"退打"尽量采取退打,"重锤低击"和"轻锤高击"尽量采取重锤低击。

3.采用泥浆护壁主要是因为:①泥浆静止时具有一定的静切力,即具有悬浮沉渣的能力;②泥浆搅拌时又具有流动性,可将钻渣带出;③易取材且价格低廉。

4.回转钻成孔中正循环泥浆的上返速度低,携带土粒直径小,排渣能力差,属柔性循环排渣,适用于土质较差、抽吸排渣时间较长的情况;反循环泥浆的速度快,抽吸排渣能力较好,属于强抽吸循环排渣,故适合于硬岩层及硬土层等土质较好、抽吸时间较短的情况。

5.锤击沉管中"复打"施工的要点:①桩管中心线应与单打中心线重合;②必须在第一次灌注混凝土初凝前完成复打工作。可使桩截面扩大钢管的80%。

6.锤击沉管中"反插"是在拔管过程中边振边拔,每次拔管0.5~1.0 m,再向下反插0.3~0.5 m,如此反复并保持振动,直至桩管全部拔出。可使桩截面扩大钢管的50%。

///////////////////////// 思考题 /////////////////////////

1.在锤击沉桩中,桩锤的类型有哪些? 简述它们各自的特点和适用性。哪种效果最好?

2.请问在什么情况下要考虑预制桩的沉桩顺序? 预制桩的沉桩顺序有哪些?

3.在沉预制桩时,何为"重锤低击"与"轻锤高击"?

4.在沉预制桩时,何为"顶打"与"退打"?

5.简述锤击沉桩中常见问题的分析和处理。

6.锤击沉桩中,造成"一桩打下、邻桩上升"的原因是什么?

7.试述大直径螺旋钻孔机的施工工艺及其优势。

8.试述钻孔灌注桩中采用泥浆护壁的主要原因。

9.试述沉管灌注桩的复打和反插施工工艺及它们的适用性。

10.试述沉管灌注桩施工中常见问题的分析与处理。

# 第3章 砌筑工程

## 本章概要

1. 砖砌体施工中,砂浆及砖的质量要求。
2. 砖砌体的组砌形式及砖砌体的砌筑工艺。
3. 砖墙砌体的砌筑质量要求及保证措施。
4. 砌块类型及砌筑砂浆的质量要求。
5. 砌块砌体砌筑法。
6. 搭设砌筑脚手架时要满足的基本要求。
7. 砌筑外脚手架和里脚手架的类型及适用范围。

## 3.1 砖砌体施工

### 3.1.1 原材料

#### 3.1.1.1 水泥、砂、钢筋

M15 及以下强度等级的砌筑砂浆宜选用 32.5 级的通用硅酸盐水泥或砌筑水泥,M15 以上强度等级的砌筑砂浆宜选用 42.5 级的普通硅酸盐水泥。

砌筑砂浆用砂宜选用过筛中砂,毛石砌体宜选用粗砂。水泥砂浆和强度等级不低于 M5 的水泥混合砂浆,砂中含泥量不超过 5%。

钢筋可选用热轧光圆钢筋、热轧带肋钢筋和冷拔低碳钢丝。建筑生石灰熟化成石灰膏时,熟化时间不得少于 7 d,建筑生石灰粉的熟化时间不得少于 2 d。

#### 3.1.1.2 砂浆

砂浆一般采用水泥砂浆、石灰砂浆和混合砂浆。水泥砂浆的塑性和保水性较差,但能够在潮湿环境中硬化,一般多用于含水量较大的地下砌体;石灰砂浆宜用于砌筑干燥环境以及强度要求不高的砌体,不宜用于潮湿环境的砌体及基础;混合砂浆由于砂浆和易性好

则常用于地上砌体。砂浆必须满足设计要求的种类和强度等级。

### 3.1.1.3　砖的质量要求

砖墙砌体砌筑一般采用普通黏土砖,外形为直角六面体,尺寸:长度为 240 mm,宽度为 115 mm,厚度为 53 mm。根据表面大小不同分大面(240 mm×115 mm)、条面(240 mm×53 mm)、顶面(115 mm×53 mm);根据强度分为 MU10、MU15、MU20、MU25、MU30 五个等级。

在砌筑时有时要砍砖,按尺寸不同分为"七分头"(也称七分找)、半砖、"二寸条"和"二寸头"(也称二分找),如图 3-1 所示。砖的品种、强度等级必须符合设计要求。

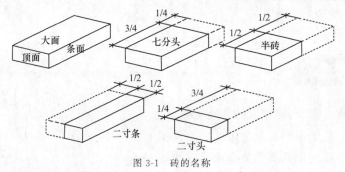

图 3-1　砖的名称

## 3.1.2　砖砌体的组砌形式

用普通砖砌筑砖墙,常用的砌体的组砌形式有一顺一丁、多顺一丁、梅花丁、三三一、全顺、全丁、两平一侧、空斗墙等,见表 3-1、表 3-2。

表 3-1　砖墙

| 砖墙 | 砌筑法 | 特点 |
| --- | --- | --- |
| 一顺一丁 | | 这种砌法各皮间错缝搭接牢靠,墙体整体性较好,工艺简单,砌筑时墙面也容易控制平直。但竖缝不易对齐,在墙的转角、门窗洞口等处都要砍砖,效率受到一定限制 |
| 多顺一丁 | | 这种砌法出面砖较少,同时在墙的转角、丁字与十字接头、门窗洞口处砍砖较少,故可提高工效 |
| 梅花丁 | | 该砌法内外竖缝每皮都能错开,故抗压整体性较好,墙面容易控制平整,竖缝易于对齐,操作麻烦,比较费工,抗拉强度不如"多顺一丁" |

| 砖墙 | 砌筑法 | 特点 |
|------|--------|------|
| 三三一 | | 采用这种砌法正反面墙较平整,但工效较"多顺一丁"慢,砌砖效率很低。因砖层的丁砖数量较少,整体性较差 |
| 全顺 | | 即每皮砖全部用顺砖砌筑,两皮间竖缝搭接 1/2 砖长,此种砌法仅用于半砖隔断墙 |
| 全丁 | | 每皮全部用丁砖砌筑,两皮间竖缝搭接 1/4 砖长。此种砌法一般多用于圆形建筑物,如水塔、烟囱、水池,圆仓等 |
| 两平一侧 | | 称为 180 墙,砌筑费工费时,墙体的抗震性能较差 |

表 3-2　　　　　　　　　　　空斗墙

| 空斗墙 | 砌筑法 | 特点 |
|--------|--------|------|
| 无眠空斗 | | 空斗墙是一种优良轻型墙体,与同厚度的普通实心墙相比,可节约砖材、砂浆和劳动力,墙身重量减轻 30%~40%。同时由于墙内形成空气隔层,提高了隔热和保温性能。空斗墙的缺点是整体性不如实心墙,对地基沉陷的敏感性大 |
| 一眠一斗 | | |
| 一眠三斗 | | |

### 3.1.3 砖砌体的施工工艺

#### 3.1.3.1 抄平弹线(又称抄平放线)

1.基础垫层上的放线

根据龙门板或轴线控制桩上的轴线钉,用经纬仪将基础轴线投测在垫层上(也可在对应的龙门板间拉小线,然后用线坠将轴线投测在垫层上)。再根据轴线按基础底宽,用墨线标出基础边线,作为砌筑基础的依据。如果未设垫层可在槽底钉木桩,把轴线及基础边线都投测在木桩上,如图 3-2 所示。

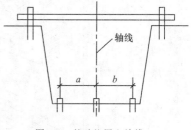

图 3-2 基础垫层上放线

2.基础墙上的放线

建筑物的基础施工完成之后,应进行一次基础砌筑情况的复核。认为下部基础施工合格,才能在基础防潮层上正式放线。

在基础墙检查合格之后,利用墙上的主轴线,先将各主要墙的轴线弹出,检查一下尺寸,再将其余所有墙的轴线都弹出来。如果上部结构墙的厚度比基础窄,还应将墙的边线也弹出来。

轴线放完之后,检查无误,再根据图纸上标出的门、窗口位置,在基础墙上量出尺寸,用墨线弹出门口的大小,并打上交错的斜线以示洞口,不必砌砖,如图 3-3 所示,窗口一般画在墙的侧立面上,用箭头表示其位置及宽度尺寸。在门、窗口的放线处还应注上宽、高尺寸。

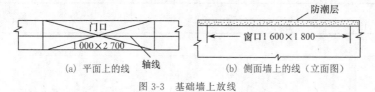

图 3-3 基础墙上放线

#### 3.1.3.2 摆砖样

摆砖样就是根据墙身的长度和组砌的方式,在弹好线的基础顶面上按选定的组砌方式先用砖试摆,核对所弹出的墨线在门窗洞口、墙垛等处是否符合砖模数,以便借助灰缝调整,使每层砖的砖块排列和砖缝宽度均匀合理。摆砖时,要求山墙摆成丁砖,横墙摆成顺砖。摆砖结束后,用砂浆把干摆的砖砌好,砌筑时注意其平面位置不得移动。

#### 3.1.3.3 立皮数杆

(砌、抹工艺)砌墙前先要立好皮数杆,如图 3-4 所示。作为砌筑的依据之一,皮数杆一般是用 5 cm×7 cm 的方木(或木板)做成,上面刻有砖的皮数、灰缝厚度、门窗、楼板、圈梁、过梁、屋架等构件位置,及建筑物各种预留洞口和加筋的高度,它是墙体竖向尺寸的标志,是用来控制墙体各部分构件的标高。

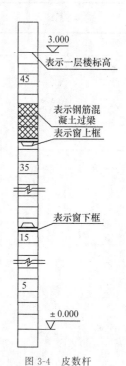

图 3-4 皮数杆

墙上的线放完之后,根据瓦工砌砖的需要在一些部位钉立皮数杆,皮数杆应立在墙的转角、内外墙交接处、楼梯间及墙面变化较多的部位,当采用里脚手架砌砖时,皮数杆则立在墙外面,如图 3-5 所示,皮数杆间距不宜大于 15 m。

皮数杆位置

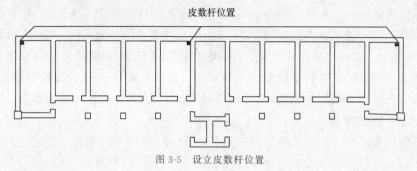

图 3-5　设立皮数杆位置

### 3.1.3.4　砌筑

墙体砌砖时,一般先砌砖墙两端大角,然后再砌墙身,大角砌筑主要是根据皮数杆标高,依靠线锤、托线板使之垂直,如图 3-6 所示。中间墙身部分主要是依靠准线使之灰缝平直,一般"三七"墙以内单面挂线,"三七"墙以上宜双面挂线。

砌筑砖砌体时,砖应提前 1~2 天浇水湿润,否则,砖将从砂浆中吸收水分,影响砂浆的水化作用。严禁砖砌筑前浇水,因砖表面存有水膜,影响砌体质量。

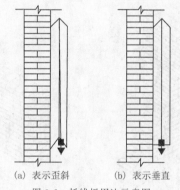

(a) 表示歪斜　　(b) 表示垂直

图 3-6　托线板用法示意图

砌砖工程宜采用"三一"砌法或铺浆法砌筑,"三一"砌法,又叫大铲砌筑法,即采用一铲灰、一块砖、一挤揉的砌法。当采用铺浆法砌筑时,铺浆长度不宜超过 750 mm,施工期间气温超过 30 ℃时,铺浆长度不宜超过 500 mm。

## 3.1.4　砖砌体的砌筑质量要求及保证措施

砌体的质量应符合规范的要求,做到横平竖直、灰浆饱满、错缝搭接、接槎可靠。

### 3.1.4.1　砌体灰缝横平竖直、灰浆饱满

为了使砌块受力均匀,保证砌体紧密结合,不产生附加剪应力,砖砌体的灰缝应横平竖直,厚薄均匀,并应填满砂浆,不准产生游丁走缝(竖向灰缝上下不对齐称游丁走缝),为此厚 370 mm 以上的墙应双面挂线,砌体水平灰缝的砂浆饱满度不得小于 80%,不得出现透亮缝,砌体的水平灰缝厚度和竖向灰缝厚度一般规定为 10 mm,不应小于 8 mm,也

不应大于 12 mm。

砖柱的水平灰缝和竖向灰缝饱满度不应小于 90%;竖缝宜采用挤浆或加浆方法。

#### 3.1.4.2　错缝搭接

为了提高砌体的整体性、稳定性和承载力,砖块排列应遵守上下错缝、内外搭接的原则,不准出现通缝,错缝或搭接长度一般不小于 1/4 砖长(60 mm)。在砌筑时尽量少砍砖,承重墙最上一皮砖应采用丁砖砌筑,在梁或梁垫的下面、砖砌体台阶的水平面上以及砌体的挑出层(挑檐、腰线),也应整砖丁砖砌筑。砖柱或宽度小于 1 m 的窗间墙,应选用整砖砌筑。砖柱严禁采用包心砌法(先砌四周后填中心,整个砖柱不形成整体)。

#### 3.1.4.3　接槎可靠

砖墙的转角处和交接处一般应同时砌筑,若不能同时砌筑,应将留置的临时间断做成斜槎。实心墙的斜槎水平投影长度不应小于墙高度的 2/3,如图 3-7(a)所示;多孔砖砌体的斜槎长高比不应小于 1/2,斜槎高度不得超过一步脚手架高度。接槎时必须将接槎处的表面清理干净,浇水湿润,填实砂浆并保持灰缝顺直。如临时间断处留斜槎确有困难,非抗震设防及抗震设防烈度 6 度、7 度地区,除转角处外也可留直槎,但必须做成凸槎,并加设拉结筋。拉结筋的数量为每 12 cm 墙厚放置一根直径 6 mm 的钢筋,间距沿墙高不得超过 50 cm,埋入长度从墙的留槎处算起,每边均不得少于 500 mm,对抗震设防烈度为6 度、7 度地区,不得小于 1 000 mm,末端应有 90°弯钩,如图 3-7(b)所示。

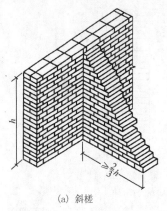

(a) 斜槎　　　　　　　　　　　　　(b) 直槎

图 3-7　接槎

#### 3.1.4.4　砌筑顺序的规定

基底标高不同时,应从低处砌起,并应由高处向低处搭砌。当设计无要求时,搭接长度不应小于基础底的高差,搭接长度范围内下层基础应扩大砌筑。

砌体的转角处和交接处应同时砌筑,这样可以保证墙体的整体性,从而大大提高砌体结构的抗震性能。当不能同时砌筑时,应按规定留槎、接槎。

#### 3.1.4.5　砌体与构造柱接槎

带混凝土柱的砌体,是先砌砌块墙体,后浇筑混凝土柱的施工顺序。与混凝土柱(例如构造柱)相邻部位砌体应砌成马牙槎,马牙槎应先退后进,每个马牙槎沿高度方向的尺寸不超过 300 mm,凹凸尺寸宜为 60 mm。砌筑时,砌体与构造柱间应沿墙高每 500 mm设拉结筋,钢筋数量及伸入墙内长度应满足设计要求。

#### 3.1.4.6　临时施工洞、孔、脚手眼的设置规定

在墙上留置临时施工洞口,其侧边离交接处墙面不应小于 500 mm,洞口净宽度不应超过 1 m。洞口顶部宜设置过梁,亦可在洞口上部采取逐层挑砖的方法进行封口,并应预埋水平拉结筋。临时施工洞口应做好补砌。

注意不得在下列墙体或部位设置脚手眼:①120 mm 厚墙、料石墙、清水墙、独立柱和附墙柱;②过梁上与过梁成 60°的三角形范围及过梁净跨度 1/2 的高度范围内;③宽度小于 1 m 的窗间墙;④砌体门窗洞口两侧 200 mm(石砌体为 300 mm)和转角处 450 mm(石砌体为 600 mm)范围内;⑤梁或梁垫下及其左右 500 mm 范围内;⑥设计不允许设置脚手眼的部位。

## 3.2　砌块砌体施工

### 3.2.1　砌块类型

高度在 180~380 mm 的块体,一般称为小型砌块;高度在 380~940 mm 的块体,一般称为中型砌块;高度大于 940 mm 的块体,称为大型砌块。砌块可用粉煤灰、煤矸石作为主要原料或混凝土来制作。有粉煤灰硅酸盐砌块、煤矸石空心砌块、煤矸石混凝土空心砌块,还有普通混凝土空心砌块以及加气混凝土砌块或加气硅酸盐砌块。

混凝土空心砌块一般做成椭圆形孔洞,常用的混凝土砌块如图 3-8 所示。

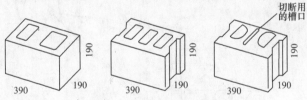

图 3-8　常用的混凝土砌块

砌块的长度应满足建筑模数的要求,在竖向尺寸上结合层高与门窗来考虑,力求型号少,组装灵活,便于生产、运输和砌筑。

### 3.2.2　砌筑砂浆

小砌块宜选用符合《混凝土小型空心砌块和混凝土砖砌筑砂浆》(JC 860—2008)规定的专用砂浆。当采用普通砂浆时,除按照《砌体结构设计规范》(GB 50003—2011)和《砌体结构工程施工规范》(GB 50924—2014)的要求控制外,宜采取措施改善砂浆的黏结性。常用砂浆强度等级:M5、M7.5、M10、M15、M20。

### 3.2.3　施工机具

#### 3.2.3.1　砌块夹具

砌块夹具如图 3-9 所示。

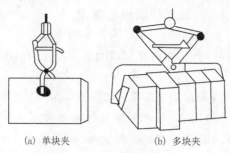

(a) 单块夹　　　　　(b) 多块夹

图 3-9　砌块夹具

### 3.2.3.2　钢丝绳索具

钢丝绳索具如图 3-10 所示。

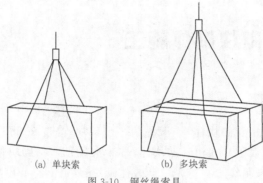

(a) 单块索　　　　　(b) 多块索

图 3-10　钢丝绳索具

### 3.2.3.3　台灵架

台灵架用于安装砌块,它由起重拔杆、支架、底盘和卷扬机等组成,如图 3-11 所示。

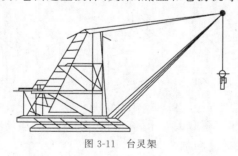

图 3-11　台灵架

## 3.2.4　砌体施工

### 3.2.4.1　编制砌块排列图

为了使砌块合理安排,加快施工进度,在施工前应编制砌块排列图,然后按图施工,如图 3-12 所示。砌块排列图用立面表示,每一面墙都要绘制一张砌块排列图,说明墙面砌块排列的形式及各种规格砌块的数量。同时标出楼板、大梁、过梁、楼梯孔洞等位置。若设计无规定,砌块排列应遵循下列原则:

(1)尽量使用主规格砌块,即尽量使用体积尺寸较大的砌块,以减少镶砖。

(2)砌块应错缝搭砌,搭接长度不得小于块高的 1/3,也不应小于 150 mm。搭接长度不足时,应在水平灰缝内设 $2\phi4$ 的钢丝网片或拉结筋。

（3）局部必须镶砖时，应尽量使镶砖的数量达到最低限度，镶砖部分应分散布置，如图 3-12 所示。

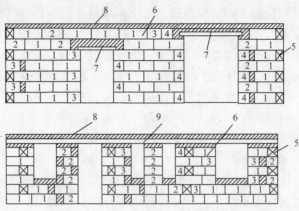

1—主规格砌块；2、3、4—副规格砌块；5—丁砌砌块；6—顺砌砌块；7—过梁；8—镶砖；9—圈梁

图 3-12　砌块排列图

### 3.2.4.2　砌体砌筑法

砌块砌体砌筑法见表 3-3。

表 3-3　　　　　　　　　　　　　　　　砌块砌体砌筑法

| 砌筑法 | 具体方法 |
| --- | --- |
| 对孔砌筑 | 砌筑墙体时，上下层小砌块的孔洞对准 |
| 错孔砌筑 | 砌筑墙体时，上下层小砌块的孔洞相互错位 |
| 反砌 | 砌筑墙体时，将小砌块生产时的底面朝上反砌于墙上 |
| 芯柱砌筑 | 小砌块墙体的孔洞内浇灌混凝土或插钢筋再浇混凝土 |

### 3.2.4.3　砌体施工基本规定

1.砌筑墙体时应遵守的基本规定

（1）龄期不足 28 d 及潮湿的小砌块不得进行砌筑。

（2）应尽量采用主规格砌块，砌块的强度等级应符合设计要求，并应清除砌块表面污物和芯柱用小砌块孔洞内部的毛边。

（3）砌筑一般从转角处开始；内外墙同时砌筑，纵横墙交错搭接；外墙转角处严禁留直槎，宜从两个方向同时砌筑；墙体临时间断处应砌成斜槎，斜槎水平投影长度不应小于斜槎高度（一般按一步脚手架高度控制）；如留斜槎确有困难，除外墙转角处及抗震设防地区墙体临时间断处不应留直槎外，可从墙面伸出 200 mm 砌成阴阳槎，并沿墙高每三皮砌块（600 mm）设拉结筋或钢筋网片，接槎部位宜延至门窗洞口。

（4）应对孔错缝搭砌，个别情况当无法对孔砌筑时，普通混凝土小砌块的搭接长度不应小于 90 mm，轻骨料混凝土小砌块不应小于 120 mm；中型砌块搭接长度不得小于块高的 1/3，也不可小于 150 mm；单排孔小砌块的搭接长度应为块体长度的 1/2，多排孔小砌块的搭接长度不宜小于砌块长度的 1/3。当不能保证此规定时，应在灰缝中设置拉结筋或钢筋网片，或采用配块。墙体竖向通缝不得超过两皮小砌块，独立柱不得有竖向通缝。

（5）承重墙体不得采用小砌块与黏土砖等其他块体材料混合砌筑。

(6)砂浆稠度,用于普通混凝土小砌块时宜为 50 mm,用于轻骨料混凝土小砌块时宜为 70 mm。

(7)需要移动已砌好的小砌块或被撞动的小砌块时,应重新铺浆砌筑。

(8)砌体内不宜设脚手眼。

(9)砌体相邻工作段的高度差不得大于一个楼层或 4 m。

(10)施工中需要在砌体中设置临时施工洞口时,其侧边离交接处的墙面不应小于 600 mm,并在顶部设过梁,填砌施工洞口的砌筑砂浆强度等级应提高一级。

(11)砌筑高度应根据气温、风压、墙体部位及小砌块材质等不同情况分别控制。常温条件下,小砌块砌体每日砌筑高度宜控制在 1.4 m 或一步脚手架高度内。

2.砌体灰缝应符合的规定

(1)砌体灰缝应横平竖直,全部灰缝均应铺填砂浆;水平灰缝的砂浆饱满度不得低于 90%,竖缝的砂浆饱满度不得低于 80%;砌筑中不得出现瞎缝、透明缝;砌筑砂浆强度未达到设计要求的 70% 时,不得拆除过梁底部的模板。

(2)砌体的水平灰缝厚度和竖直灰缝宽度应控制在 8~12 mm,有配筋的水平灰缝不大于 15 mm,砌筑时的铺灰长度不得超过 800 mm。

## 3.3 砌筑脚手架

### 3.3.1 搭设脚手架时要满足的基本要求

#### 3.3.1.1 使用要求

脚手架的宽度应满足工人操作、材料堆放及运输的要求,一般为 2 m 左右,最小不得小于 1.5 m。

#### 3.3.1.2 强度、刚度及稳定性要求

在施工期间,在各种荷载作用下,脚手架不变形、不摇晃、不倾斜。脚手架所用材料的规格、质量应经过严格检查,符合有关规定。脚手架的构造应合乎规定,搭设要牢固,有可靠的安全防护措施。

### 3.3.2 外脚手架

外脚手架是在建筑物的外侧(沿建筑物周边)搭设的一种脚手架,既可用于外墙砌筑,又可用于外装修施工。常用的有多立杆式脚手架、门式脚手架、附着式升降脚手架等。

#### 3.3.2.1 钢管脚手架

1.多立杆式扣件钢管脚手架

多立杆式扣件钢管脚手架由钢管和扣件组成。其特点是装拆方便,搭设灵活,能适应建筑物、平立面的变化,强度高,能搭设较大高度,坚固耐用。虽然其一次投资较大,但其周转次数多,摊销费低。

单排脚手架搭设高度不应超过 24 m;双排脚手架搭设高度不宜超过 50 m,高度超过 50 m 的双排脚手架,应采用分段搭设措施。

(1)多立杆式扣件钢管脚手架的构造和技术要求

多立杆式扣件钢管脚手架的主要构件有立杆、大横杆、小横杆、斜杆和底座等。脚手架钢管宜采用 $\phi$48.3×3.6 钢管,每根钢管的最大质量不应大于 25.8 kg,缺乏这种钢管时也可采用同样规格的无缝钢管或用外径 50~51 mm、壁厚 3~4 mm 的焊接钢管或其他钢管。用于立杆、大横杆和斜杆的钢管长度以 4~6.5 m 为宜。用于小横杆的钢管长度以 2.1~2.3 m 为宜。

三种基本形式的扣件和底座如图 3-13 所示。

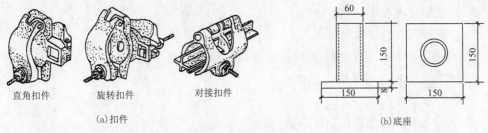

直角扣件　　旋转扣件　　对接扣件

(a)扣件　　　　　　　　　　　　　　(b)底座

图 3-13　扣件和底座

(2)多立杆式扣件钢管脚手架的搭设构造规定

脚手架必须配合施工进度搭设,一次搭设高度不应超过相邻连墙件以上两步。每搭完一步脚手架后,按规定校正步距、纵距、横距及立杆的垂直度。

①地基与基础

A.脚手架底座底面标高宜高于自然地坪 50 mm。

B.每根立杆底部应设置底座或垫板。底座、垫板均应准确地放在定位线上。

②立杆

A.脚手架必须设置纵、横向扫地杆。纵向扫地杆应采用直角扣件固定在距底座上皮不大于 200 mm 处的立杆上。横向扫地杆亦应采用直角扣件固定在紧靠纵向扫地杆下方的立杆上。当立杆基础不在同一高度上时,必须将高处的纵向扫地杆向低处延长两跨与立杆固定,高低差不应大于 1 m。靠边坡上方的立杆轴线到边坡的距离不应小于 500 mm,如图 3-14 所示。

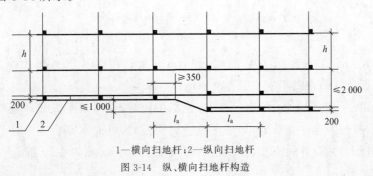

1—横向扫地杆;2—纵向扫地杆

图 3-14　纵、横向扫地杆构造

B.脚手架底层步距均不应大于 2 m。

C.立杆必须用连墙件与建筑物可靠连接。开始搭设立杆时,应每隔 6 跨设置一根抛撑,直至连墙件安装稳定后,方可根据情况拆除;当搭至有连墙件的构造点时,在搭设完该处的立杆、纵向水平杆、横向水平杆后,应立即设置连墙件。

**D.立杆接长除顶层顶步可采用搭接外,其余各层各步接头必须采用对接扣件连接。**

E.对接时相邻立杆的对接扣件不得在同一高度内,应交错布置;两根相邻立杆的接头不应设置在同步内,同步内隔一根立杆的两个相隔接头在高度方向错开的距离不宜小于 500 mm;各接头中心至主节点的距离不宜大于步距的 1/3。

F.搭接时搭接长度不应小于 1 m,应采用不少于 2 个旋转扣件固定,端部扣件盖板的边缘至杆端距离不应小于 100 mm。

G.立杆顶端宜高出女儿墙上皮 1 m,高出檐口上皮 1.5 m。

H.双管立杆中副立杆的高度不应低于 3 步,钢管长度不应小于 6 m。

Ⅰ.严禁将不同外径的钢管混合使用。

③纵向水平杆

A.纵向水平杆宜设置在立杆内侧,其长度不宜小于 3 跨。

B.纵向水平杆接长宜采用对接扣件连接,也可采用搭接。

C.纵向水平杆的对接扣件应交错布置:两根相邻纵向水平杆的接头不宜设置在同步或同跨内,不同步或不同跨两个相邻接头在水平方向错开的距离不应小于 500 mm,各接头中心至最近主节点的距离不宜大于纵距的 1/3,如图 3-15 所示。

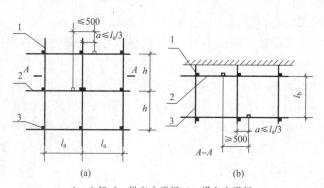

1—立杆;2—纵向水平杆;3—横向水平杆

图 3-15  纵向水平杆的对接和搭接

D.搭接长度不应小于 1 m,应等间距设置 3 个旋转扣件固定,端部扣件盖板边缘至搭接纵向水平杆杆端的距离不应小于 100 mm。

E.当使用冲压钢脚手板、木脚手板、竹笆脚手板时,纵向水平杆应作为横向水平杆的支座,用直角扣件固定在立杆上;当使用竹笆脚手板时,纵向水平杆应采用直角扣件固定在横向水平杆上,并应等间距布置,间距不应大于 400 mm,如图 3-16 所示。

④横向水平杆

A.主节点处必须设置一根横向水平杆,用直角扣件扣接且严禁拆除。主节点处两个直角扣件的中心距不应大于 150 mm。在双排脚手架中,靠墙一端的外伸长度 $a$ 不应大于 $0.4l_b$,且不应大于 500 mm,如图 3-17 所示。

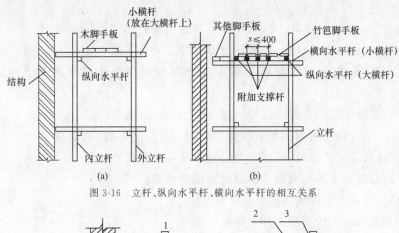

图 3-16　立杆、纵向水平杆、横向水平杆的相互关系

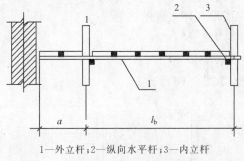

1—外立杆;2—纵向水平杆;3—内立杆
图 3-17　横向水平杆

B.作业层上非主节点处的横向水平杆,宜根据支撑脚手板的需要等间距设置,最大间距不应大于纵距的 1/2。

C.当使用冲压钢脚手板、木脚手板、竹笆脚手板时,双排脚手架的横向水平杆两端均应采用直角扣件固定在纵向水平杆上;单排脚手架的横向水平杆的一端,应用直角扣件固定在纵向水平杆上,另一端应插入墙内,插入长度不应小于 180 mm。

⑤连墙件

A.连墙件宜靠近主节点设置,偏离主节点的距离不应大于 300 mm。

B.连墙件应从底层第一步纵向水平杆处开始设置,当该处设置有困难时,应采用其他可靠措施固定。

C.对高度 24 m 以上的双排脚手架,必须采用刚性连墙件与建筑物可靠连接;对高度在 24 m 以下的单、双排脚手架,宜采用刚性连墙件,亦可采用拉筋和顶撑配合使用的附墙连接方式。严禁使用仅有拉筋的柔性连墙件。

D.连墙件中的连墙杆或拉筋宜呈水平设置。

E.连墙件必须采用可承受拉力和压力的构造。采用拉筋必须配用顶撑,顶撑应可靠地顶住混凝土圈梁、柱等结构部位。

⑥剪刀撑与横向斜撑

剪刀撑、横向斜撑搭设应符合构造规定,并应随立杆、纵向和横向水平杆等同步搭设。

A.单排脚手架应设剪刀撑,双排脚手架应设剪刀撑与横向斜撑。

B.每道剪刀撑宽度不应小于 4 跨,且不应小于 6 m,斜杆与地面的倾角宜在 45°～60°。

C.高度在 24 m 以下的单、双排脚手架,均必须在外侧立面的两端、转角各设置一道剪刀撑,并应由底至顶连续设置;中间各道剪刀撑之间的净距不应大于 15 m。

**D.高度在 24 m 以上的双排脚手架应在外侧立面整个长度和高度上连续设置剪刀撑。**

E.横向斜撑应在同一节间,由底至顶层呈之字形连续布置。

F.高度在 24 m 以下的封闭型双排脚手架可不设横向斜撑,高度在 24 m 以上的封闭型脚手架,除拐角应设置横向斜撑外,中间应每隔 6 跨设置一道。

**G.开口型双排脚手架的两端均必须设置横向斜撑。**

⑦作业层、斜道的栏杆和挡脚板的搭设

A.栏杆和挡脚板均应搭设在外立杆的内侧。

B.上栏杆上皮高度应为 1.2 m。

C.挡脚板高度不应小于 180 mm。

D.中栏杆应居中设置,如图 3-18 所示。

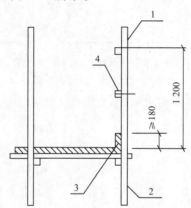

1—上栏杆;2—外立杆;3—挡脚板;4—中栏杆

图 3-18　栏杆与挡脚板构造

⑧脚手板的设置

A.作业层脚手板应铺满、铺稳,离开墙面 120～150 mm。

B.冲压钢脚手板、木脚手板、竹笆脚手板等应设置在三根横向水平杆上。当脚手板长度小于 2 m 时,可采用两根横向水平杆支撑,但应将脚手板两端与其可靠固定,竹笆脚手板可用直径不小于 1.2 mm 的镀锌钢丝与支撑杆固定,严防倾翻。

C.脚手板对接平铺时,接头处必须设两根横向水平杆,脚手板外伸长应取 130～150 mm。

D.自顶层作业层的脚手板往下计,宜每隔 12 m 满铺一层脚手板。

2.承插式钢管脚手架

承插式钢管脚手架是单管脚手架的一种形式,其构造与多立杆式扣件钢管脚手架基本相似,主要由立杆、横杆、斜杆、可调底座等组成,只是主杆与横杆、斜杆之间的连接不是用扣件,而是在主杆上焊接插座,立杆上的插座由上下碗扣和限位销组成,横杆和斜杆上焊接插头,组装时将横杆的插头插入下碗扣,扣上并扣紧上碗扣(每个插座可同时连接四根横杆),即可拼装成各种尺寸的脚手架,**目前工程中较常用的是碗扣式脚手架,如图 3-19 所示。**

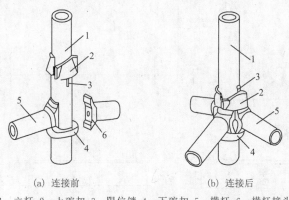

(a) 连接前　　　　　　　(b) 连接后

1—立杆;2—上碗扣;3—限位销;4—下碗扣;5—横杆;6—横杆接头

图 3-19　碗扣式脚手架

**碗扣式脚手架的搭设要求与扣件式脚手架基本相同,可参照扣件式脚手架。但与扣件式脚手架相比,碗扣式脚手架具有装拆灵活、操作方便、可避免螺栓作业、结构合理、使用安全、附件不易丢失、使用功能多、应用范围广等特点。**目前在高层和桥梁工程中均已大量应用。

### 3.3.2.2　框式脚手架

框式脚手架是由钢管制成的**框架和剪刀撑、水平撑、栏杆、三角架和底座等部件组装而成的。**搭设高度一般低于 20 m。按照框架形式的不同,常用的有门形、梯形和三角形之分,有固定式和活动式之分,一般多用固定式门形框架。

1.框式脚手架的构造

(1)门形框式脚手架

门架式支撑又称 H 形支撑,最早作为专利产品于 20 世纪 50 年代在美国使用,现在国内使用较多的所谓"多功能门形架",就是由这种专利产品发展起来的。一般用两榀 H 形构件在高度方向插接使用,微调装置与扣接式支撑相同,纵、横方向上仍用斜拉杆或剪刀撑构件。由于其微调装置是可拆的,既可用于水平层模板的支撑,又可用作脚手架,也是一种多功能支撑。各种门形架尽管形式各异,但一般多采用直径 $\phi 42 \times 2.5$ mm 的钢管,也可采用直径 $\phi 48 \times 3.5$ mm 的无缝钢管焊接,跨度一般不大于 1.8 m。每榀 H 形架的质量一般为 20 kg 左右。近年来,门架式支撑产品品种越来越少,构造越来越简单,而且不少改用铝合金材料制造,减轻了质量,承载能力也提高了。

门形框式脚手架的构造及主要构件如图 3-20 所示,通过这些构件的拼装可快速形成符合承载能力和构造要求的脚手架,目前门形框式脚手架在国内使用广泛。

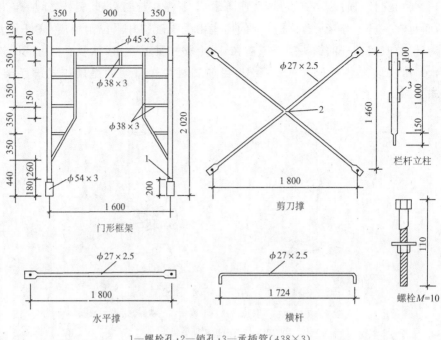

1—螺栓孔;2—销孔;3—承插管($\phi38\times3$)

图 3-20　简易门架

图 3-21 所示底座是用厚 8 mm、直径 200 mm 的钢板和外径 64 mm、壁厚 3.5 mm、长 150 mm 的钢管做套筒焊接而成的。

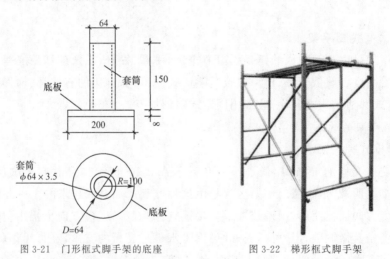

图 3-21　门形框式脚手架的底座　　　　图 3-22　梯形框式脚手架

(2)梯形框式脚手架

如图 3-22 所示,梯形框式脚手架的框架由外径 45 mm、38 mm 两种钢管焊接而成。框架立柱上端焊有细短管,以便在接高框架时承插上层框架。框架立柱上也留有安装剪刀撑和水平撑的螺栓孔。

剪刀撑、水平撑和三角架等的构造与门形框式脚手架相同。

栏杆用 $\phi27$ mm$\times2.5$ mm 的钢管煨弯焊接而成,其底脚用 $\phi45$ mm$\times2.5$ mm 钢管做套管,以便装在框架立柱上。栏杆柱两旁焊有 $\phi38$ mm$\times3$ mm 的承插管用以装设横杆。

底座用厚 10 mm、边长 200 mm 的方钢板做底板,外径 36 mm 钢管或直径 36 mm 圆钢做插心焊接而成。

2.框式脚手架的搭设要点

(1)框式脚手架搭设时以框架平面垂直墙面,沿墙纵向每隔 1.8 m 设置一个框架,并在各跨间相互间隔装设内外剪刀撑和水平撑。

(2)框架里立柱与墙面距离:净距不宜大于 150 mm,当大于 150 mm 时,应采取内设挑架板或其他隔离防护的安全措施。

(3)框式脚手架顶端栏杆宜高出女儿墙上端或檐口上端 1.5 m。

(4)搭设前应做好定位放线工作。如遇地基松软潮湿时,应在放底座前加做垫层或铺设木垫板,以保证框架在垂直、水平方向的准确性。

### 3.3.2.3 附着式升降脚手架

图 3-23 所示为附着式升降脚手架,简称爬架,由架体结构、提升设备、附着支撑结构和防倾覆装置等组成。由于它具有成本低、使用方便、适应性强等特点,建筑物高度越高,其经济效益越显著,近年来在高层和超高层建筑施工中的应用发展迅速。

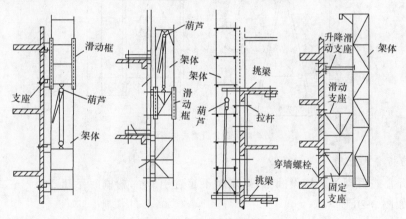

图 3-23 附着式升降脚手架

近几年在各地施工工程中,出现了各种形式的爬架,如按爬架升降方式有整体升降和分段升降两种;按架体结构有片式、格构柱式和导轨组合式等;按附着支撑结构有悬挑式、吊挂式、挑轨式、吊轨式、导座式等多种。

## 3.3.3 里脚手架

### 3.3.3.1 折叠式里脚手架

1.角钢折叠式里脚手架

角钢折叠式里脚手架搭设间距,砌墙时不超过 2 m,粉刷时不超过 2.5 m,可搭设两步架,第一步为 1 m,第二步为 1.65 m,每个重 25 kg,如图 3-24 所示。

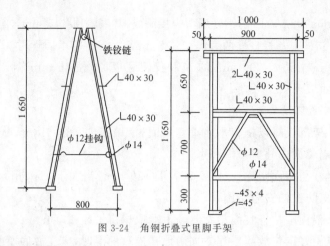

图 3-24 角钢折叠式里脚手架

**2.钢管折叠式里脚手架**

钢管折叠式里脚手架搭设间距,砌墙时不超过 1.8 m,粉刷时不超过 2.2 m,每个重 18 kg,如图 3-25 所示。

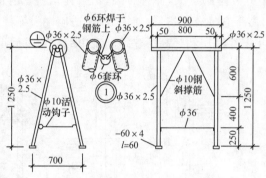

图 3-25 钢管折叠式里脚手架

**3.钢筋折叠式里脚手架**

钢筋折叠式里脚手架搭设间距,砌墙时不超过 1.8 m,粉刷时不超过 2.2 m,每个质量为 21 kg,如图 3-26 所示。

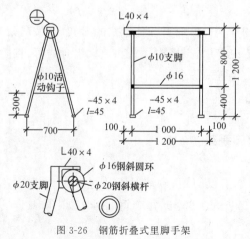

图 3-26 钢筋折叠式里脚手架

### 3.3.3.2　支柱式里脚手架

支柱式里脚手架由若干个支柱和横杆组成,上铺脚手板。支柱间距不超过 2 m。

支柱式里脚手架的支柱有套管式支柱及承插式支柱。

**1.套管式支柱**

套管式支柱如图 3-27 所示,由立管、插管组成,插管插入立管中,以销孔间距调节脚手架的高度,插管顶端的支托搁置方木横杆以铺脚手板,架设高度 1.57～2.17 m,每个支柱质量为 14 kg。

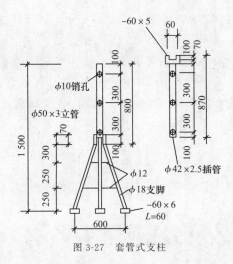

图 3-27　套管式支柱

**2.承插式支柱**

图 3-28 为承插式支柱,架设高度为 1.2、1.6、1.9 m,当架设第三步时要加销钉以保安全。每个支柱质量为 13.7 kg,每米横杆质量为 5.6 kg。

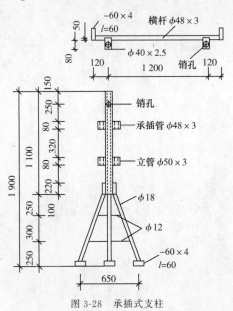

图 3-28　承插式支柱

## 本章小结

1.摆砖样就是在弹好线的基础顶面上按选定的组砌方式先用砖试摆,核对所弹出的墨线在门窗洞口、墙垛等处是否符合砖模数,以便借助灰缝调整,使砖的排列和砖缝宽度均匀合理。

2.皮数杆应立在墙的转角、内外墙交接处、楼梯间及墙面变化较多的部位。当采用里脚手架砌砖时,线杆则立在墙外面。

3.砌砖工程宜采用"三一"砌法,"三一"砌法又叫大铲砌筑法,即采用一铲灰、一块砖、一拼揉的砌法。

4.砌体水平灰缝的砂浆饱满度不得小于80%,不得出现透亮缝,砌体的水平灰缝厚度和竖向灰缝厚度一般规定为10 mm,不应小于8 mm,也不应大于12 mm。

5.砌块砌体砌筑法有对孔砌筑、错孔砌筑、反砌、芯柱砌筑。

6.多立杆式扣件钢管脚手架和承插式钢管脚手架是目前工程中较常用的砌筑脚手架。

## 思考题

1.试述砖砌体工程对砂浆的要求。

2.砖砌体有哪些组砌形式?

3.摆砖样的目的是什么?

4.在砌筑工程中,皮数杆一般立在什么位置?

5.为什么砌砖工程宜采用"三一"砌法或铺浆法砌筑?

6.砌体水平灰缝的砂浆饱满度是多少?试述砌体的水平灰缝厚度和竖向灰缝厚度的一般规定。

7.试述砌块砌体砌筑法。

8.试述碗扣式脚手架的搭设要求与扣件式脚手架基本的相同与不同点。

9.试述框式脚手架的基本构成。

# 第4章 钢筋混凝土工程

## 本章概要

1. 现浇构件模板的类型、构造与特点,模板的安装与拆除。
2. 早拆模板晚拆支撑的特点、构造与安装。
3. 钢筋的分类与类型。
4. 各种钢筋冷加工的原理、特点,冷加工设备,冷加工参数。
5. 目前常用的钢筋焊接方式,它们的焊接原理、焊接参数以及适用范围。
6. 钢筋机械连接的类型、连接工艺和连接特点。
7. 钢筋配料与代换的计算原理和具体的计算方法。
8. 各类构件不同部位、不同种类钢筋的绑扎。
9. 混凝土的配料、拌制、运输、浇筑和振捣的设备、方式、要求及注意事项。
10. 混凝土的养护方式。
11. 高强混凝土、高性能混凝土的搅拌工艺与措施。

## 4.1 模板工程

### 4.1.1 模板的作用、组成及基本要求

模板的主要作用是保证混凝土浇筑后,混凝土的位置、形状、尺寸符合要求,避免混凝土损坏。模板主要由模板系统和支撑系统组成,模板系统与混凝土直接接触,它主要使混凝土具有构件所要求的体积;支撑系统则是支撑模板,保证模板位置正确和承受模板、混凝土等重量的结构。

模板必须形状尺寸准确,具有足够的强度、刚度及稳定性,构造简单、装拆方便,能多次周转使用,接缝严密,不得漏浆,用料经济等。

支撑必须有足够的强度和刚度,满足结构和施工荷载的要求,稳定不变形、不倾斜,且装拆方便。

### 4.1.2　模板的类型、构造与安装

模板的类型及目前国内常用模板见表 4-1。

表 4-1　　　　　　　　　　模板的类型及目前国内常用模板

| 分类法 | 形式 | 目前国内常用的模板 |
|---|---|---|
| 按所用的材料 | 木材、胶合板、钢材、铝合金、塑料、玻璃钢、混凝土薄板 | 组合钢模、大模板(木或竹胶合板模板)、台模、滑模、爬模、永久式模板等 |
| 按成模的方式 | 拼装式模板、组合式模板、工具式模板 | |

#### 4.1.2.1　拼装式模板

拼装式模板的主要优点是**制作拼装随意**,适用于浇筑外形复杂、数量不多的混凝土结构或构件。

1.基础模板

(1)阶梯形基础模板

阶梯形基础模板每一台阶模板由四块侧板拼钉而成,其中两块侧板的尺寸与相应台阶侧面尺寸相等;另两块侧板长度应比相应的台阶侧面长度大 150～200 mm,两块长的夹住两块短的,四块侧板高度相等,并用木档拼成方框。上台阶模板通过轿杠木支撑在下台阶模板上,下台阶模板的四周要设斜撑及平撑。斜撑和平撑的一端钉在侧板的木档(排骨档)上;另一端顶紧在木桩上,如图 4-1 所示。

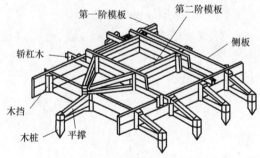

图 4-1　阶梯形基础模板

(2)杯形基础模板

杯形基础模板如图 4-2 所示。**杯芯模有整体式和装配式两种**:整体式杯芯模一般用于尺寸较小的杯口,是将材料用木档根据杯口尺寸钉成一个整体,为了便于脱模,可在芯模的上口设吊环,如图 4-3(a)所示;装配式杯芯模一般用于较大的杯口,由四个角模组成,每侧设抽芯板,拆模时先抽去抽芯板,即可脱模,如图 4-3(b)所示。

杯芯模的上口宽度要比柱脚宽度大 100～150 mm,下口宽度要比柱脚宽度大 40～60 mm,杯芯模的高度(轿杠底到下口)应比柱子插入基础杯口中的深度大 20～30 mm,以便安装柱子时校正柱列轴线及调整柱底标高。**杯芯模一般不装底模,这样浇筑杯口底处混凝土比较方便**,也易于振捣密实。

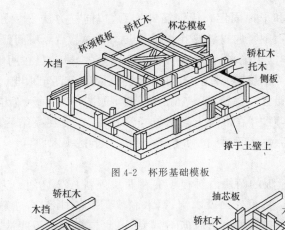

图 4-2　杯形基础模板

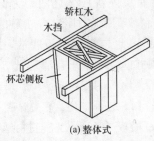
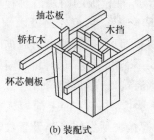

(a) 整体式　　　　　　　　(b) 装配式

图 4-3　杯芯模

(3)条形基础模板

条形基础模板的安装如图 4-4 所示,带有地梁的条形基础模板如图 4-5 所示。

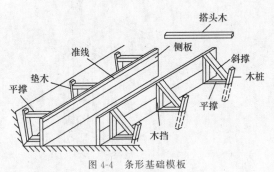

图 4-4　条形基础模板　　　　　　图 4-5　带有地梁的条形基础模板

2.墙模板

墙模板的结构如图 4-6 所示。

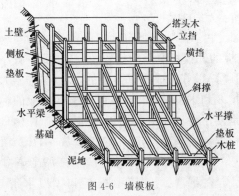

图 4-6　墙模板

墙模板安装时,根据边线先立一侧模板,临时用支撑撑住,用线锤校正模板的垂直度,然后钉牵杠,再用斜撑和平撑固定。待钢筋绑扎后,按同样方法安装另一侧模板及斜撑等。大块侧模组拼时,上下竖向拼缝要互相错开,先立两端,后立中间部分。

为了保证墙体的厚度正确,模板底部可先做几厘米的导墙,且在两侧模板之间可用小方木撑头(小方木长度等于墙厚),小方木要随着浇筑混凝土逐个取出。为了防止浇筑混凝土的墙身鼓胀,可用铅丝或直径 12～16 mm 螺栓拉结两侧模板(对拉螺栓),间距不大于 1 m。螺栓要纵横排列,并在混凝土凝结前经常转动,以便在凝结后取出(如果不取出可不转动),如墙体不高、厚度不大,在两侧模板上口钉上搭头木即可。

3.柱模板

如图 4-7 所示,柱模板的两块内拼板 1 夹在两块外拼板 2 之间。为保证模板在混凝土侧压力作用下不变形,拼板外面设木制、钢木制或钢制的柱箍 3,柱箍的间距与混凝土侧压力大小及拼板厚度有关,侧压力越向下越大,因此越靠近模板底端,柱箍就越密。拼板上端应根据实际情况开有与梁模板连接的梁缺口 4,底部开有清理孔 5,沿高度每隔约 2 m 开有混凝土浇筑口(亦是振捣口)。

如图 4-8 所示,其中一个面上的短横板有些可以先不钉死,浇筑混凝土时,临时拆开作为浇筑口,浇灌振捣后钉回。当设置柱箍时,短横板外面要设竖向拼条,以便箍紧。

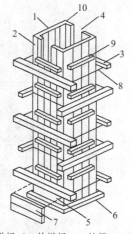

1—内拼板;2—外拼板;3—柱箍;4—梁缺口;
5—清理孔;6—木框;7—盖板;8—拉紧螺栓;
9—拼条;10—三角木条
图 4-7 柱模板

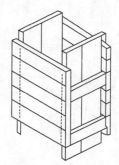

图 4-8 短横板柱模板

4.梁模板

如图 4-9 所示,梁模板的底模板 2 承担垂直荷载,厚度不宜小于 50 mm。支架 6 称为琵琶撑,琵琶撑的支柱(顶撑)最好做成可以伸缩的,以便调整高度。

支柱底部应垫以木楔 8 和木垫板 9。木楔可调整梁模板的标高,调整好后,应用钉子将木楔钉牢。放木垫板是便于将上部荷载均匀传布到地面。如地面是回填土,要夯实防止下沉。琵琶撑的间距根据梁的高度决定,一般为 1 m 左右。梁的侧模板承担横向侧压力,其厚度一般不宜小于 30 mm,底部用固定夹板 4 钉在琵琶撑的横担木上将侧模板夹住,顶部斜撑(抛撑)7 固定在琵琶撑上,两块侧板间撑以木条 5,等混凝土灌到顶部时拆去。

单梁的侧模板一般拆除较早,因此侧模板应包在底模的外面。柱的模板与梁的侧模板一样,可及早拆除,梁的模板也就不应伸到柱模板的开口里面,次梁模板也就不应伸到大梁侧模板开口里面,如图 4-10 所示。

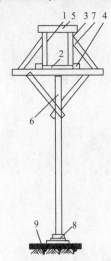

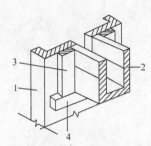

1—侧模板;2—底模板;3—侧板拼条;4—固定夹板;
5—木条;6—琵琶撑;7—斜撑;8—木楔;9—木垫板
图 4-9 单梁模板

1—柱或大梁侧模板;2—梁侧模板;3—搭头木;
4—支座木
图 4-10 梁模板连接

如梁的跨度在 4 m 或 4 m 以上,梁底模中部略为起拱,防止由于浇筑混凝土后跨中梁底下垂。如设计无规定时,起拱高度宜为全跨长度的 0.1%～0.3%,木、竹胶合模板可取偏大值,钢模板可取偏小值。

在多层建筑中,应注意使上下层的支柱尽可能在同一条竖向中心线上。支柱之间应注意用水平及斜向拉条钉牢,防止模板系统倾斜或支柱失稳,发生事故。

5.楼板模板

楼板模板如图 4-11 所示,以前也用拼板拼成,其厚度一般不宜小于 30 mm,模板支撑在木楞(搁栅)上,木楞断面一般采用 60 mm×120 mm,间距不宜大于 600 mm,木楞支撑在梁侧模板外的托板(背杠)上,托板下安短撑,撑在固定夹板上。如跨度大于 2 m 时,楞木中间应增加一至几排支撑排架作为支架系统。

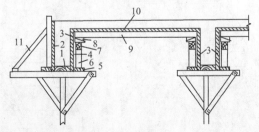

1—梁底板;2—边梁外侧模板;3—梁侧模板;4—拼条;5—夹板;6—立木;
7—横挡木;8—楔块;9—木楞;10—楼板模板;11—斜撑
图 4-11 楼板模板

**楼板模板的安装顺序**:主次梁模板安装完毕后,首先安托板,然后安木楞,铺定型模板。铺好后核对楼板标高、预留孔洞及预埋铁件等的部位和尺寸。

肋形楼板模板的安装顺序：安装柱模底框→立柱模→校正柱模→斜撑固定柱模→安主梁底模→立主梁模板的琵琶撑→安主梁侧模→安次梁底模→立次梁模板的琵琶撑→安次梁侧模→安木楞、托板并搁上木楞→铺楼板模板。

6.雨篷模板

雨篷模板如图 4-12 所示,在过梁底板 2 下竖立琵琶撑 1,在雨篷外檐下立起支柱 7,上面搁上牵杠 8。木楞 9 一头搁在牵杠 8 上,另一头搁在过梁侧板 3 外侧的托板 6 上。其他部分的构造与安装,与前面的楼板模板相同。

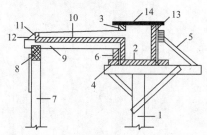

1—琵琶撑;2—过梁底板;3—过梁侧板;4—夹板;5—斜撑;6—托板;7—支柱;
8—牵杠 9—木楞;10—雨篷底板;11—雨篷侧板;12—三角木;13—木条;14—搭头木
图 4-12　雨篷模板

7.楼梯模板

楼梯模板由于支设复杂,在施工前,一般先按设计图纸进行放样,以确定各部件尺寸。楼梯模板的构造与楼板模板相似,不同点是倾斜和做成踏步,如图 4-13 所示。

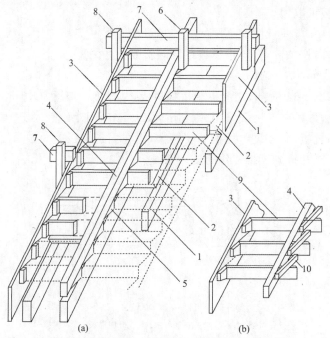

1—楞木;2—定型模板;3—边模板;4—反扶梯基;5—三角木;
6—吊木;7—横楞;8—立木;9—梯级模板;10—顶木
图 4-13　楼梯模板

#### 4.1.2.2　组装与组合式模板

1.组装与组合式模板的基本结构构造

**组装与组合式模板**是由直接接触混凝土的板面、支撑板面的框架、支撑框架的支撑构件和其他专用附属装置组成的,而其中框架又是由大、小梁或横、竖肋组成的临时性或永久性结构。因此,**如果按照模板的自身结构特别是框架的构造形式分类**,组装与组合式模板一般可分为两种:一种是梁板组装式模板;另一种是板块组合式模板。

(1)梁板组装式模板

如图 4-14 所示,**梁板组装式模板**的板面材料大多为胶合板的,也有用钢板。框架使用的大、小梁都是在专业化工厂加工制作好的、独立的、分散的构件,在施工现场使用时再用梁卡组装成临时性的框架,然后用自攻螺丝将板面固定在框架上,即可使用。**梁板组装式模板是一次性模板,临时性框架,是一种大模板。**

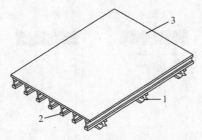

1—大梁;2—小梁;3—板面

图 4-14　梁板组装式模板

梁板组装式模板具有强度高、刚度大和板面接缝少的特点,所以一般在大、中型和高标准工程中使用。**目前国内大量使用的大模板就是梁板组装式模板。**

①全钢大模板

全钢大模板是以型钢做大、小梁,以钢板做板面,经过铆焊加工定型而成的。

全钢大模板承载能力强、模板面积大、模板上带有方便施工的脚手架、操作简便,但模板装拆和搬运需要使用起重设备。全钢大模板主要适用于墙体结构施工。

全钢大模板按结构形式的不同可分为整体式和模数式两种:整体式大模板的一块模板为房间一面墙大小,其特点是拆模后墙面平整光滑,没有接缝,但墙面尺寸不同时就不能重复使用,模板利用率低;模数式大模板是按模数进行设计的,在现场可就墙面尺寸大小进行组合,可适应不同建筑结构的要求,提高了利用率。

②胶合板大模板

胶合板大模板是用胶合板取代钢板做面板,有木胶合板和竹胶合板两种。

(2)板块组合式模板

板块组合式模板框架的构造正好与梁板组装式模板相反,是在专业化工厂内将边框、竖肋、横肋焊接成的永久性结构,然后再镶嵌胶合板板面或与金属板面焊接成板块式模板。在施工现场使用时,再由两块或两块以上的模板单元组合使用。因为其模板单元小、重量轻、尺寸定型,所以又称为"模数化模板""定型模板"或"工具式模板",是模板单元之间的组合装配;是一次性板面,永久性框架;是一种"小模板"。

如果以重量和大小区分,板块组合式模板又可分为轻型和重型两种,如图 4-15 所示。在结构构造上,这两种模板的主要区别是边框的截面形状不同,如图 4-16 所示。轻型边框是板式实心截面,而重型边框是箱形空心截面,也正是由于边框的不同导致卡具不同,轻型模板单元一个人即可搬动,而重型模板单元重者需两个人才能搬动。

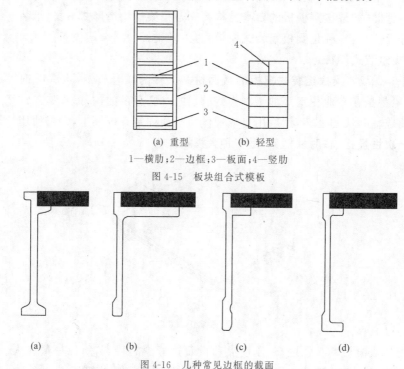

(a) 重型　　　(b) 轻型

1—横肋;2—边框;3—板面;4—竖肋

图 4-15　板块组合式模板

(a)　　　　　(b)　　　　　(c)　　　　　(d)

图 4-16　几种常见边框的截面

①轻型板块组合式模板

A.特点

轻型板块组合式模板小巧灵活、重量轻且通用性强,一般在中、小型和非标准工程结构中使用,**例如国内普遍使用的组合钢模就是一种轻型板块组合式模板。**

在国外,因轻型板块组合式模板拆模后遗留在混凝土表面上的接缝太多和使用时的拼装费太高等缺点,已经越来越不受人们的欢迎,特别是在高标准的建筑工程上已经很少使用。所以近年来轻型板块组合式模板在国外使用减少,且正在向品种少、规格尺寸和框架结构简单的方向发展。

B.组合卡具

英国和美国使用最多的是插板式组合卡具,如图 4-17 所示。

这种卡具除了具有组合连接模板的功能外,还能穿插安装模板之间的对穿拉杆,这种组合卡具的两个零件在使用时相互依赖,缺一不可,与 U 形卡具比较,使用不便。

德国贝雷模板公司在 20 世纪 80 年代中期推出了一种牛角式组合卡具,如图 4-18 所示,其上部呈犄角状的卡钩,既能起到穿孔导向的作用,又能起侧向压紧的作用,强度高,不易发生弹性或疲劳变形,对模板边框上穿插孔的中心距要求也不高。

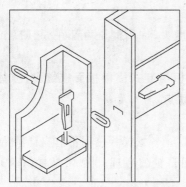
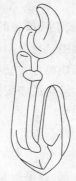

图 4-17　插板式组合卡具应用示意图　　　　图 4-18　牛角式组合卡具

目前世界上用于轻型板块组合式模板的组合卡具,最先进的是德国帕斯卡尔模板公司的十字旋转销,如图 4-19 所示。在圆柱销的头部插入固定一个键式销后构成了十字形,其截面与模板边框上的碟形孔相吻合,在尾部焊接一个把手。使用时,先将十字头插入碟形孔内,然后再将把手旋转 90° 即可,反之即可拆除。使用这种卡具组合模板,装拆速度快,可靠性强,也降低了使用模板时的劳动费用。

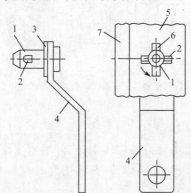

1—圆柱销;2—键式销;3—弹簧垫圈;4—把手;
5—模板边框;6—碟形孔;7—胶合板板面
图 4-19　十字旋转销的构造和使用示意图

②重型板块组合式模板

如图 4-20 所示,重型板块组合式模板单元的边框为箱形空心截面,一般没有竖肋,横肋的截面也比较简单。各家产品的主要区别也是边框截面的结构和组合卡具。板面用胶合板厚度一般为 15~21 mm。配套构件一般有十余种。

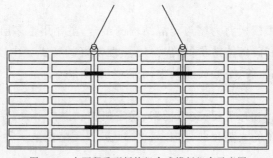

图 4-20　大面积重型板块组合式模板组合示意图

A.特点

重型板块组合式模板单元的强度高、刚度大,许用侧压力都在 60 kN/m² 以上,所以在组合时,组合卡具用量很少。

**很明显,重型板块组合式模板既具有梁板组装式模板板面接缝少、整体刚度大的特点,又具有轻型板块组合式模板灵活通用的优点。**

B.组合卡具

在边框截面定型后,组合卡具是关键配件。各家模板公司都有自己独特的专用卡具,其结构构造都巧妙地利用了机械摩擦和斜面自锁的原理。图 4-21 是德国贝雷模板公司重型板块组合式模板的专用组合卡具构造示意图。

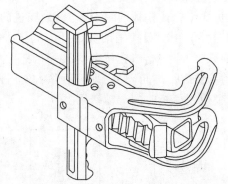

图 4-21 贝雷模板公司重型板块组合式模板的专用组合卡具

2.大模板

(1)大模板工程适用的结构体系

我国目前的大模板工程适用三类结构体系:内外墙全现浇(简称全现浇);内墙现浇外墙预制(简称内浇外板);内墙现浇外墙砌砖(简称内浇外砌)。

①全现浇工程

全现浇工程的做法是内外墙均采用大模板现浇混凝土。

采用这种类型的结构体系,建筑物施工缝少,整体性好;但模板型号较多,支模工序复杂,湿作业多,影响施工速度;同时外墙外模板要在高空作业条件下安装,存在安全问题。

②内浇外板工程

内浇外板工程的做法:内纵墙和内横墙为大模板现浇混凝土,外纵墙和山墙为预制墙板。

③内浇外砌工程

内浇外砌工程是大模板剪力墙与砖混结构的结合,主要用于多层建筑,发挥了钢筋混凝土承重墙坚固耐久和砖砌体造价低、保温隔热性能好的特点。内墙采用大模板现浇混凝土,外墙采用普通黏土砖、空心砖或其他砌体。

(2)大模板的构造

大模板由面板、加劲肋、竖楞、支撑桁架、稳定机构和操作平台、穿墙螺栓等组成,是一种现浇钢筋混凝土墙体的大型模板,如图 4-22 所示。大模板是一种工具式模板,一般是一块墙面用一块大模板。

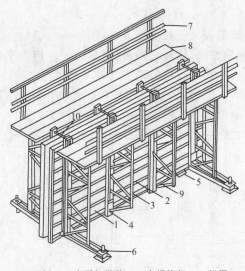

1—面板;2—水平加劲肋;3—支撑桁架;4—竖楞;
5—调整水平度螺旋千斤顶;6—调整垂直度螺旋千斤顶;
7—栏杆;8—脚手板;9—穿墙螺栓;10—固定卡具
图 4-22　大模板构造示意图

①面板

面板是直接与混凝土接触的部分,通常采用钢面板(3～5 mm 厚的钢板制成)或胶合板面板(用 7～9 层胶合板,板面用树脂处理)。面板要求板面平整,接缝严密,具有足够的刚度。

②加劲肋

加劲肋的作用是固定面板,可做成水平肋或垂直肋(图 4-22 所示大模板为水平肋)。加劲肋与金属面板焊接固定,与胶合板面板可用螺栓固定。加劲肋一般采用[65 或∠65制作,肋的间距一般为 300～500 mm。

③竖楞

竖楞的作用是加强大模板的整体刚度,承受模板传来的混凝土侧压力和垂直力并作为穿墙螺栓的支点。竖楞一般采用背靠背的两个[65 或[80 制作,间距一般为 1.0～1.2 m。

④支撑桁架与稳定机构

支撑桁架采用螺栓或焊接方式与竖楞连接在一起,其作用是承受风荷载等水平力,防止大模板倾覆。桁架上部可搭设操作平台。

**稳定机构为在大模板两端的桁架底部伸出支腿上设置的可调整螺旋千斤顶。在模板使用阶段,用以调整模板的垂直度;拆除模板时,可调节螺栓自动脱模;在模板堆放时,用来调整模板的稳定性。**

(3)大模板的平面组合方案

采用大模板浇筑混凝土墙体,模板规格尽量要少,尽可能做到定型、统一。在施工中模板要便于组装和拆卸,保证墙面平整,减少修补工作量。大模板的平面组合方案有平模、小角模、大角模和筒形模方案等。

①平模方案

采用平模方案纵、横墙混凝土一般要分开浇筑，模板接缝均在纵、横墙交接的阴角处，墙面平整；模板规格少，通用性强，周转次数多，装拆方便。但由于纵、横墙分开浇筑，施工缝多，结构整体性差。在一个流水段范围内先支横墙模板，待拆模后再支纵墙模板，平模平面布置如图4-23所示。平模的尺寸与房间每面墙大小相适应，一个墙面采用一块模板。这种平模适用于"内浇外板"和"内浇外砌"结构的施工。

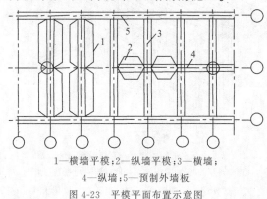

1—横墙平模；2—纵墙平模；3—横墙；

4—纵墙；5—预制外墙板

图4-23　平模平面布置示意图

采用平模方案进行纵、横墙混凝土分两次浇筑时的节点处理如下：

A.相邻两块横墙平模的连接节点构造

为使模板装拆方便，相邻两块横墙平模之间预留了20 mm的间隙。在支撑时用长度与模板高度相等的$\phi$25 mm钢管堵住缝隙。在两块模板的拼缝处设有L形夹板支架，钢管与支架中间用木楔塞紧。木楔及夹板在模板的上、中、下部设置三处，以使模板拼缝严密并使两块模板保持在一个平面上，如图4-24所示。

B.纵墙平模与横墙的连接节点构造

考虑到横墙厚度的变化以及施工的偏差，同时为模板装拆方便起见，纵墙平模的长度要比开间净尺寸短20～40 mm。支纵墙平模时，模板一端应紧贴横墙混凝土，另一端与另一道横墙表面间留出20～40 mm间隙。间隙处可支设由1～2 mm厚钢板弯成的40 mm×70 mm不等边补缝角模，以防止漏浆。补缝角模与纵墙平模由木楔固紧，使之紧贴于横墙混凝土上，如图4-25所示。

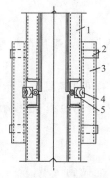

1—横墙平模；2—夹板支架；

3—夹板；4—木楔；5—钢管

图4-24　相邻两块横墙平模的连接节点

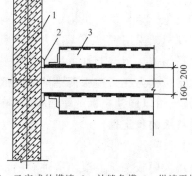

1—已完成的横墙；2—补缝角模；3—纵墙平模

图4-25　纵墙平模与横墙的连接节点

C.十字墙节点处理

采用平模分开浇筑纵、横墙时，为加强纵、横墙联系的整体性，可采取先在浇筑的横墙上预留三个宽度等于纵墙厚度、高度为 30 cm 的洞，洞的总高度相当于层高的三分之一；待横墙拆模后每个洞口穿 4 根与纵、横筋同直径的拉结筋，然后浇筑纵墙混凝土。

②小角模方案

一个房间的模板由四块平模和四根∟100×100×8 角钢组成，这四根角钢称为小角模，如图 4-26 所示。小角模方案即在相邻的平模转角处设置角钢，使每个房间墙体的内模形成封闭的支撑体系。

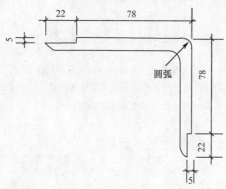

图 4-26　小角模外形

小角模方案纵、横墙混凝土可以同时浇筑，这样房屋整体性好，模板装拆方便，易保养。浇筑的混凝土墙面接缝多，阴角不够平整，但接缝均在角部，处理比较方便，且不太影响美观。

图 4-27(a)为带合页式小角模，平模上带合页，角钢能自由转动和装拆。安装模板时，角钢由偏心压杆固定，并用花篮螺栓调整。模板上设转动铁拐可将角模压住，使角模稳定。图 4-27(b)为不带合页式小角模，采用以平模压住小角模的方法，拆模时先拆平模，后拆小角模。

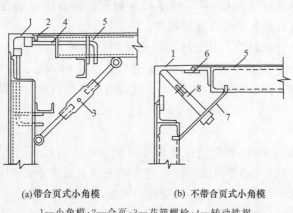

(a)带合页式小角模　　(b)不带合页式小角模

1—小角模；2—合页；3—花篮螺栓；4—转动铁拐；
5—平模；6—扁铁；7—偏心压杆；8—转动拉杆

图 4-27　小角模

③大角模方案

大角模方案是在房屋四角设大角模,使之形成封闭体系,如图 4-28 所示。如房屋进深较大,四角采用大角模后,较长的墙体中间可配以小平模。大角模是由两块平模组成的 L 形大模板。在组成大角模的两块平模连接部分设置大合页,使一侧平模以另一侧平模为支点,以合页为轴可以转动,其构造如图 4-29 所示。

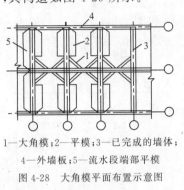

1—大角模;2—平模;3—已完成的墙体;
4—外墙板;5—流水段端部平模

图 4-28　大角模平面布置示意图

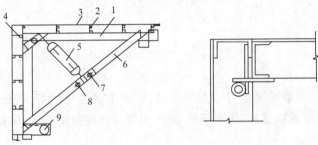

1—横肋;2—竖肋;3—板面;4—合页;5—花篮螺栓;6—支撑杆;
7—固定销;8—活动销;9—地脚螺栓

图 4-29　大角模和大角模合页

采用大角模方案时,纵、横墙混凝土可以同时浇筑,房屋整体性好,所成墙体阴角方整,施工质量好,大角模拆装方便,且可保证自身稳定。但模板接缝在墙体中部,不易处理,影响墙体平整度,且大角模保养比较困难。

大角模的装拆装置由斜撑及花篮螺栓组成。斜撑为两根叠合的∟90×9 的角钢,组装模板时使斜撑角钢叠合成一直线。大角模的两平模呈 90°,插上活动销,将模板支好。拆模时,先拔掉活动销,再收紧花篮螺栓,大角模两侧的平模内收,模板与墙面脱离。

④筒形模方案

A.固定型筒形模

图 4-30 为筒形模示意图,钢架的外形尺寸为房间的净空尺寸减去 600 mm。钢架上面铺设操作平台,另外附有爬梯和进出口。钢架腿下端各设有一个用以调整高度和垂直度的丝杠千斤顶。模板与钢架的连接:钢架既是固定大模板的装置,又要使大模板围着钢架做适当的伸张与收缩,以便于支模和拆模.它们之间采用铰轴式连接方法,每片大模板与钢架各设四个连接点。

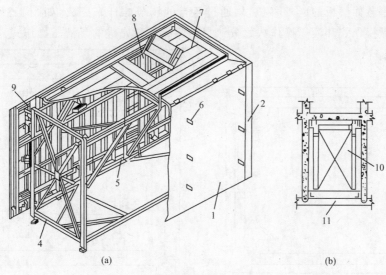

1—模板；2—内角模；3—外角模；4—钢架；5—爬梯；6—穿墙螺栓；
7—操作平台；8—进出口；9—吊轴；10—筒模；11—预制外墙板

图4-30　筒形模示意图

B.组装型筒形模

**目前先进的组装型筒形模均由模板、角模和紧伸器等组成。**

筒形模的模板一般采用大型钢模板或钢框胶合板模板拼装而成，应尽可能避免组合成四周封闭的刚性结构，在四周的平面模板中间设置木方或 T 形模板或铰链机构，以达到支、拆模板容易、快速的目的。

筒形模的角模分类如下：

固定角模（图 4-31）

活动角模 单铰角模（图 4-32）：在转角处设铰链

三角链角模（图 4-33）：在转角和角模与平模相接处都可设铰链

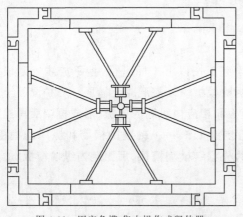

图 4-31　固定角模-集中操作式紧伸器

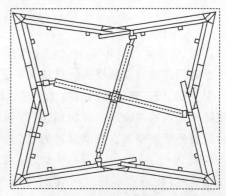

图 4-32　单铰角模

紧伸器有集中操作式和分散操作式等多种形式。集中操作式紧伸器（图 4-31）是通过转动中央调节螺杆，带动四面拉杆伸缩，使支撑在拉杆上的四面模板内外移位。分散操作式紧伸器是各面模板的内外移位,均通过各自的调节螺杆来完成,如图 4-34 所示。紧伸器还有机械操作式和液压操作式之分。目前国际上最先进的是液压操作式。

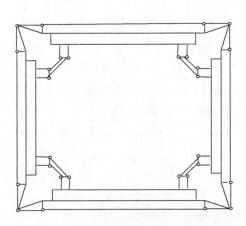

图 4-33　三角链角模

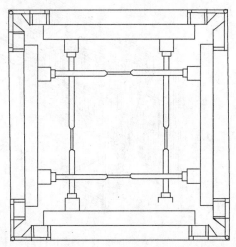

图 4-34　分散操作式紧伸器

图 4-35 为已组装好的筒形模透视图。

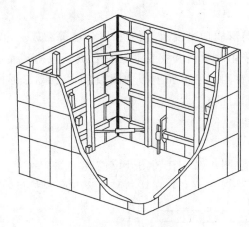

图 4-35　筒形模透视图

(4)大模板的施工

以内、外墙全现浇体系为例,大模板混凝土施工按以下工序进行:抄平放线→敷设钢筋→固定门窗框→安装模板→浇筑混凝土→拆除模板→修整混凝土墙面→养护混凝土。

①支模工艺:先组装横墙第 **2、3** 轴线的模板和相应内纵墙的模板,形成框架后再组装横墙第 **1** 轴线的内模及相应纵模,然后依次组装第 **4、5、……** 轴线的横墙和纵墙的模板,最后组装外墙外模板。每间房间的组装顺序为先组装横墙模板,后组装内纵墙模板,最后插入角模。

组装时,在墙边线内放置预制的混凝土导墙块,间距 1.5 m,一块大模板不得少于 2 块导墙块。将大模板贴紧墙身边线,利用垂直调整螺栓将模板竖直,同时检查和调整两个方向的垂直度,然后临时固定。另一侧模板也同样立好后,随即在两侧模板间旋入穿墙螺栓加以固定。

②混凝土浇筑：当内、外墙使用不同混凝土时，要先浇内墙、后浇外墙；当内、外墙使用相同的混凝土时，内、外墙应同时浇筑。浇筑时，宜先浇灌一层厚 5～10 cm 左右、成分与混凝土内砂浆成分相同的砂浆（坐浆），墙体混凝土的浇筑应分层连续进行，每层浇筑厚度不得大于 60 cm，每层浇筑时间不应超过 2 h 或根据水泥的初凝时间确定。门窗口两侧混凝土应同时浇筑，高度一致，以防门窗口模板走模，窗口下部混凝土浇筑时应防止漏振，混凝土浇筑到模板上口应随即找平。

③拆模：当混凝土强度为 0.5～1 MPa，并保证不会因拆模而损坏混凝土时即可拆模。拆模顺序是先拆穿墙螺栓，后松开螺旋千斤顶，拆模时必须在墙的下部用撬棍适当撬动，不得乱敲或猛砸造成墙的晃动。

#### 4.1.2.3　台模

台模施工是在 20 世纪 60 年代首先在欧洲推广应用的。**图 4-36 为德国呼纳贝克模板公司的台模体系，支撑采用活动式钢支柱。**

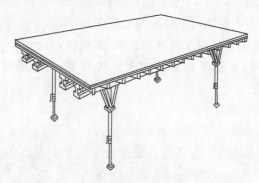

图 4-36　活动式钢支柱台模

20 世纪 80 年代中期，我国台模施工方法得到快速的发展，出现了各种形式的台模：**立柱式台模、桁架式台模、悬架式台模、门架式合模、构架式台模**等。近年来，铝合金型材台模（图 4-37）体系逐渐增多，台模的面积越来越大，应用面也越来越广。

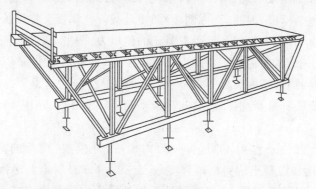

图 4-37　铝合金型材台模

台模又称飞模，是现浇钢筋混凝土楼板的一种大型工具式模板。一般是一个房间一个台模。台模是一种由平台板、梁、支架、支撑和调节支腿等组成的大型工具式模板，可以整体脱模和转运，借助起重设备从浇完的楼板下飞出转移至上层重复使用。适用于高层建筑大开间、大进深的现浇混凝土楼盖施工，特别适用于无柱帽的现浇无梁楼盖建筑或构件的施工。台模具有一次组装多次重复使用、装拆快、省工省时、技术要求低等优势。

**按台模的支撑形式分为支腿式和无支腿式两种,前者有伸缩式支腿和折叠式支腿之分;后者悬架于墙上或柱顶,故也称悬架式。**台模一般由起重机整体吊起就位,但为了便于局部移动,支腿式台模的支腿底部一般带有轮子,如果没有轮子则在滚道上滚动。台模吊运时,将支腿折起来,滚轮着地,向前推进 1/3 台模长,可用起重机吊住一端,继续推出 2/3 台模长,再吊住另一端,然后整体吊运到新的位置。

#### 4.1.2.4 滑升模板

滑升模板是一种工具式模板,滑升模板施工是机械化施工的一种施工方法,目前有液压操作与钢丝绳操作两种,其中液压操作由于提升力大而相对用得较多,但存在油污染问题。

液压滑升模板施工是在建筑物或构筑物的底部,按照建筑物平面或构筑物平面,沿其墙、柱、梁等构件周边安装高 1.2 m 左右的模板和操作平台,随着向模板内不断分层浇筑混凝土,利用液压提升设备不断向上滑升模板连续成形,逐步完成建筑物或构筑物的混凝土浇筑工作。液压滑模工程适用于各种构筑物,如烟囱、筒仓、冷却塔等现浇钢筋混凝土工程的施工。**但近年来,由于滑模施工的安全性问题,有逐渐被爬升模板施工取代的趋势。**

1.液压滑升模板工程的特点

(1)大量节约模板和脚手架,节省劳动力,减轻劳动强度,降低施工费用。在筒仓和烟囱等工程中,采用液压滑模施工方法与普通现浇支模施工方法相比,可以节省木材 70% 以上,节省劳动力 30%~50%,降低施工费用 20% 左右。

(2)提高了施工机械化程度,加快了施工速度,缩短了工期。

(3)液压滑模工程耗钢量大,液压滑模装置一次性投资费用较多。

2.液压滑升模板的组成

液压滑升模板由模板系统、操作平台系统、提升机具系统及施工精度控制系统等部分组成。**模板系统**包括模板、围圈(又称围檩)和提升架等。模板又称围板,依赖围圈带动其沿混凝土的表面滑动,主要作用是承受混凝土的侧压力、冲击力和滑升时的摩阻力。**操作平台系统**包括操作平台、上辅助平台和内外吊脚手等,是施工操作场所。**提升机具系统**包括支承杆、千斤顶和提升操纵装置等,是液压滑模向上滑升的动力。提升架将模板系统、操作平台系统和提升机具系统连成整体,构成整套液压滑升模板(图 4-38)。

(1)模板

模板按其所在部位及作用不同,可分为内模板、外模板,模板的高度一般为 0.9~1.2 m,视滑升速度和混凝土达到出模强度(0.2~0.4 MPa)所需的时间而定。为避免和减少混凝土在灌注时落在模外,一般采取外墙的外模比内模加高 100~150 mm 的措施。模板宽度一般为 200~500 mm,不宜超过 500 mm。为了减少滑升时模板与混凝土之间的摩阻力,模板在安装时应形成上口小、下口大的倾斜度,一般单面倾斜度为 0.2%~0.5%,以模板上口向下二分之一模板高度处的净间距为结构截面的宽度。模板的倾斜度可通过改变围圈间距、改变模板厚度或在提升架与围圈之间加设螺丝调节等方法调整。

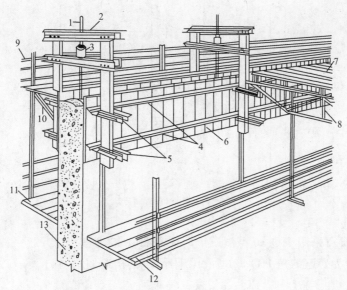

1—支承杆;2—提升架;3—液压千斤顶;4—围圈;5—围圈支托;6—模板;7—操作平台;
8—平台桁架;9—栏杆;10—外挑三角架;11—外吊脚手;12—内吊脚手;13—混凝土墙体

图 4-38 液压滑升模板的组成示意图

（2）提升架

提升架又称千斤顶架,其作用是固定围圈的位置,防止模板侧面变形,承受整个模板和操作平台系统上的全部荷载并传递给千斤顶,将模板系统和操作平台系统连成一体。

提升架由横梁、立柱、围圈支托等组成,分为单横梁式和双横梁式,如图 4-39 所示。

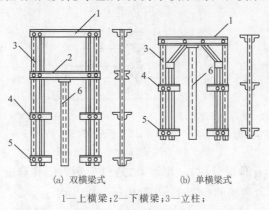

(a) 双横梁式  (b) 单横梁式

1—上横梁;2—下横梁;3—立柱;
4—上围圈支托;5—下围圈支托;6—套管

图 4-39 提升架构造示意图

（3）提升机具系统

①支承杆

支承杆是液压千斤顶向上滑升的轨道,也是液压滑升模板的承重支柱,承受施工中的全部荷载。使用钢珠式千斤顶时,支承杆采用 I 级光面圆钢筋;使用卡块式千斤顶时,支承杆采用的钢筋不受限制。支承杆的长度一般为 3~5 m。上、下支承杆的连接方式可采用焊接连接、榫接连接或丝扣连接(图 4-40)。

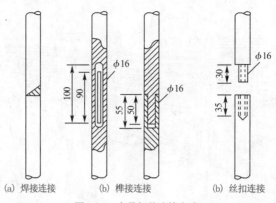

(a) 焊接连接　　　(b) 榫接连接　　　(b) 丝扣连接

图 4-40　支承杆的连接方式

②千斤顶

提升千斤顶可采用 HQ-30 型液压千斤顶或 HQ-35 型液压千斤顶。液压滑模工程采用的千斤顶,较为普遍的是 HQ-30 型液压千斤顶,其构造如图 4-41 所示。

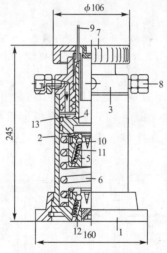

1—底座;2—缸筒;3—缸盖;4—活塞;5—上卡头;6—排油弹簧;7—行程调整帽;
8—油嘴;9—行程指示杆;10—钢珠;11—卡头小弹簧;12—下卡头;13—空腔

图 4-41　HQ-30 型液压千斤顶构造

HQ-30 型液压千斤顶滑升时,利用油泵,通过控制阀门和输油管,将油液从千斤顶的进油口压入活塞与缸盖之间的空腔 13 进行加压。加压时上卡头 5 内的小钢珠与支承杆产生自锁作用,上卡头与支承杆锁紧,因此活塞不能下行。同时在油压作用下,缸筒连带底座和下卡头 12 便被向上提起,相应地带动提升架等整个滑升模板上升。上升到上、下卡头相接触时,完成一个提升行程。这时排油弹簧处于压缩状态,上卡头承受着滑升模板上所承受的所有结构和施工荷载。

当油泵停止供油,进行回油时,油压力不存在了,在排油弹簧的弹力作用下,将活塞推举向上,油就从进油口排出。排油的开始瞬间,下卡头又由于小钢珠和支承杆的自锁作用,与支承杆锁紧,使缸筒和底座不能下降,接替上卡头承受荷载。活塞上升、上卡头小弹簧压缩,排油弹簧复位到上止点后,排油工作完成,这时千斤顶即完成一次上升的工作循环。

一个工作循环 HQ-30 型液压千斤顶只上升一次,行程 30 mm。

**如果用螺纹钢筋做支承杆,则需要采用 HQ-35 型液压千斤顶。**

#### 4.1.2.5 爬升模板

爬升模板如图 4-42 所示,由大模板、爬升系统和爬升设备三部分组成,以钢筋混凝土墙体为支承点,利用爬升设备自下而上地逐层爬升施工,不需要落地脚手架。爬升模板既保持了大模板施工墙面平整的优点,又保持了滑升模板利用自身设备使模板向上提升的优点,所有墙体模板能像滑升模板一样,不需要起吊设备而自行向上爬升,同时由于模板向上爬升时与构件分开,对爬升工艺要求不高且易保证构件的质量。

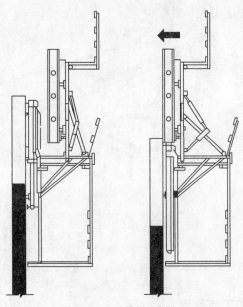

图 4-42 爬升模板示意图

爬升模板施工,混凝土结构尺寸和表面质量都较好,施工也较安全可靠,目前有逐渐替代滑升模板的趋势。

爬升模板的爬升方法见表 4-2。

表 4-2 爬升模板的爬升方法

| 爬升方法 | 操作方式 |
|---|---|
| 架子爬架子 | 以混凝土墙体为支点,大爬架与小爬架交替爬升,使固定在大爬架上的模板同步爬升 |
| 架子爬模板或模板爬架子 | 爬架上升时,以模板为支点,通过提升设备,使爬架同步上升,到达位置后,固定在墙壁上;模板爬升时,以爬架为支点,通过提升设备,使模板同步上升 |
| 模板爬模板 | B 模板借助螺栓固定在墙体上,以 B 模板为支点,通过提升设备带动 A 模板上升;反之,以 A 模板为支点通过提升设备带动 B 模板上升 |

目前,有的模板公司采用与滑升模板相似的爬升方法,利用千斤顶爬升爬杆,带动提升架上的模板一起上升,与滑升模板不同的是模板爬升时与构件分开。

### 4.1.3　早拆模板晚拆支撑施工方法

在水平层结构施工中无论采用何种模板,为加快模板的周转,节省模板费用,普遍采用早拆模板晚拆支撑工法。

#### 4.1.3.1　早拆模板晚拆支撑工法

如图 4-43 所示,支模时,托梁的两端挂靠在升降头的两侧,模板单元依次放在托梁的两翼,并与托梁和升降头的顶部平齐。浇筑混凝土后达到 50% 的强度或在常温下 3~4 d 后即可拆模。拆模时,只要用锤子敲打升降头的板,托梁与模板会同时随着斜板下降后拆除。此时支撑构件仍保留在原来的位置,通过升降头的顶板支撑混凝土。由此可见,安装在支撑构件上的升降头是实现早拆模板晚拆支撑的关键部件。

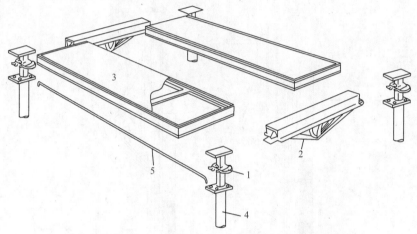

1—升降头;2—托梁;3—板块式模板;4—普通支撑构件;5—跨度定位杆

图 4-43　早拆模板晚拆支撑原理图

#### 4.1.3.2　升降头的工作原理

如图 4-44 所示,升降头巧妙地利用了"斜面自锁"的机械原理。安装模板时,将带着模板的托梁放在升降头的梁托上,斜面板带着梁托、梁托带着托梁整体穿过定位销上升,使模板的上表面和升降头的顶板处于同一个水平面上,然后向右敲击斜面板,使斜面板与销锁紧。拆模时,向左敲击斜面板,使斜面板带着梁托、梁托带着托梁、托梁带着模板整体穿过定位销下降至底板,然后卸掉模板,这时,升降头的顶板依然保留在构件的底部支撑着构件。

#### 4.1.3.3　早拆模板晚拆支撑工法的发展

现在有的模板公司不用升降头也可以达到早拆模板晚拆支撑。将模板单元组合成一个整体,支撑构件的柱头直接支撑在预先组装的一块 250 mm×250 mm 专用模板下部。拆模时,随着十字旋转销的拆除,模板也被依次拆除,而支撑构件和专用模板仍留在原处。由于不用升降头和构造复杂的托梁,其模板的一次性投资费用很低。

西班牙的尤尔玛公司既不用升降头,也不用模板组合卡具,而是在主、次梁的构造连接上做文章,早拆的是模板(定型胶合板)和次梁,晚拆的是主梁和支撑构件。

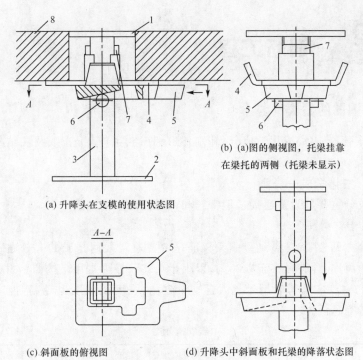

(a) 升降头在支模的使用状态图

(b) (a)图的侧视图,托梁挂靠
在梁托的两侧(托梁未显示)

(c) 斜面板的俯视图

(d) 升降头中斜面板和托梁的降落状态图

1—顶板;2—底板(与支撑构件柱头相连);3—方管;4—梁托;
5—斜面板;6—定位销;7—限位板;8—模板

图 4-44　升降头的构造原理图

## 4.1.4　模板拆除

拆模是混凝土施工的最后一道工序,拆模的原则是先支的后拆,后支的先拆;先拆非承重模板、后拆承重模板;先拆侧模,后拆底模。

**侧模拆除**时的混凝土强度应能保证其表面及棱角不受损伤。一般强度达到 2.5 MPa 左右方可拆除,拆模的具体时间应根据混凝土的强度等级、环境温度以及同条件养护试块决定。模板拆除时不应对楼层形成冲击荷载。

**底模及其支架拆除**时的混凝土强度应符合设计要求;当设计无具体要求时,混凝土强度应符合表 4-3 的规定。

表 4-3　　　　　　　　　　　底模拆除时的混凝土强度要求

| 构件类型 | 构件跨度 $L$/m | 达到设计的混凝土立方体抗压强度标准值的百分率/% |
|---|---|---|
| 板 | $L \leqslant 2$ | 50 |
| | $2 < L \leqslant 8$ | 75 |
| | $L > 8$ | 100 |
| 梁、拱、壳 | $L \leqslant 8$ | 75 |
| | $L > 8$ | 100 |
| 悬臂构件 | — | 100 |

## 4.2 钢筋工程

### 4.2.1 钢筋的分类

钢筋种类很多,通常按化学成分、轧制外形、直径、生产工艺,以及在结构中的用途进行分类。

#### 4.2.1.1 按化学成分分类

按化学成分主要分为普通碳素钢钢筋和普通低合金钢钢筋。

1.普通碳素钢钢筋

碳素钢分类见表 4-4。普通碳素钢钢筋是由普通碳素钢制成的。普通碳素钢是普通碳素结构钢的简称,含碳量小于 0.38%,以小于 0.25% 最为常用。按照钢材的屈服强度分为 Q195、Q215、Q235、Q275,钢号越大含碳量越高,强度及硬度也越高,但塑性、韧性、冷弯及焊接性能等越低。

表 4-4                        碳素钢分类

| 按照含碳量 | 低碳素钢(C<0.25%) | 中碳素钢(C 为 0.25%~0.60%) | 高碳素钢(C>0.60%) |
|---|---|---|---|
| 按照磷、硫等杂质含量 | 普通碳素钢<br>(P≤0.045%,S≤0.055%) | 优质碳素钢<br>(P≤0.040%,S≤0.045%) | 高级优质碳素钢<br>(P≤0.030%,S≤0.035%) |

2.普通低合金钢钢筋

普通低合金钢钢筋是在普通碳素钢(低碳素钢和中碳素钢)中加入少量元素(硅、锰、钛、稀土等**总含量<5%**)制成的钢筋。

#### 4.2.1.2 按外形分类

钢筋按外形分类见表 4-5。

表 4-5                        钢筋按照外形分类

| 钢筋 | 表面 | 特点 | 常用钢筋 |
|---|---|---|---|
| 圆钢 | 光圆 | 表面光滑 | HPB300 |
| 带肋钢筋 | 月牙形 | 横肋纵截面呈月牙形<br>且与纵肋不相交 | HRB335、HRB400<br>RRB400、HRB500<br>(及各种带 F 的钢筋) |
| | 人字形 | 横肋纵截面高度相等<br>且与纵肋相交 | |
| | 螺纹形 | | |

#### 4.2.1.3 按直径分类

钢筋按直径分类见表 4-6。

表 4-6                        钢筋按直径分类

| 钢筋类型 | 直径/mm | 考虑运输 |
|---|---|---|
| 钢丝 | 3~5 | 成盘圆状,使用时需调直 |
| 细钢筋 | 6~10 | |
| 粗钢筋 | >22 | 成直条状,每根 6~12 m 长 |

#### 4.2.1.4　按生产工艺分类

钢筋按生产工艺分为**热轧钢筋(HRB)**、**余热处理钢筋(RRB)**、**冷轧钢筋(CRB)**、**冷拉钢筋**、**冷拔低碳钢丝($\Phi^b$)**、**碳素钢丝(高碳钢 $\Phi^s$)**和**钢绞线($\Phi^j$)**等。

现在钢筋常用的有热轧光圆钢筋(俗称圆钢)、热轧带肋钢筋(俗称螺纹钢)、冷轧带肋钢筋、冷轧扭钢筋、冷拔低碳钢丝。其中以前三者应用最广泛,后两者一般用在高强混凝土中。

**热轧钢筋里的 HRB400 级(即新Ⅲ级)钢筋是我国钢筋混凝土结构的主力钢筋;高强的预应力钢绞线、钢丝为我国预应力混凝土结构的主力钢筋。**

#### 4.2.1.5　按用途分类

主要钢筋按用途分类见表 4-7。图 4-45 和图 4-46 分别为板、梁的配筋图。

表 4-7　　　　　　　　　　　　　主要钢筋按用途分类

| 钢筋类别 | 特点 |
| --- | --- |
| 受力钢筋 | 沿构件长边方向(纵向跨度)布置,满足结构强度和刚度的要求,在梁、板中通常是配置在底层的直筋,或两端弯起的弯筋;在柱中为分布在四周的竖直钢筋。对于普通钢筋混凝土构件一般多采用HPB300、HRB335、HRB400、HRB500级钢筋(及相应带 F 的钢筋)。常用钢筋直径 12～32 mm |
| 架立钢筋 | 沿梁的纵向布置,基本不受力,而是起架立和构造作用,往往布置成直线形,与梁中的纵向受力钢筋和箍筋一起形成钢筋骨架。对于普通钢筋混凝土构件一般多采用 HPB300、HRB335 级钢筋,多用 8～12 mm 钢筋 |
| 箍筋 | 与架立钢筋、纵向受力钢筋形成钢筋骨架,承受一定的剪力和扭力(斜拉应力),并承受一部分斜拉应力,一般多采用 HPB300、HRB335 级钢筋,多用 6.5～10 mm 钢筋 |
| 分布钢筋 | 分布钢筋是用以固定板内受力钢筋的钢筋。与板的受力钢筋垂直布置,将承受的重量均匀地传给受力钢筋,固定受力钢筋位置,并抵抗垂直于板跨方向的收缩及温度变形。一般采用 HPB300 级钢筋,多用 6 mm 和 8 mm 钢筋 |

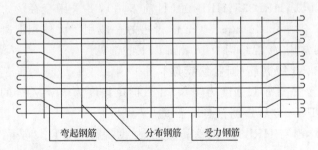

弯起钢筋　　分布钢筋　　受力钢筋

图 4-45　板的配筋

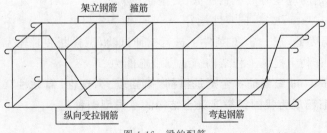

架立钢筋　　箍筋

纵向受拉钢筋　　弯起钢筋

图 4-46　梁的配筋

### 4.2.2 热轧钢筋

#### 4.2.2.1 热轧钢筋的种类

热轧钢筋是经热轧成型并自然冷却的成品钢筋主要分为热轧光圆钢筋 HPB 和热轧带肋钢筋 HRB 两种,H、R、B 分别为热轧、带肋、钢筋三个词的英文首字母,见表 4-8。

RRB 指余热处理钢筋,热轧后带有控制冷却并自回火处理的钢筋。

带 F 系列钢筋:在热轧过程中,通过控轧和控冷工艺形成的细晶粒钢筋。

带 E 系列钢筋:对按一、二、三级抗震等级设计的框架和斜撑构件(含梯段)中的纵向受力普通钢筋应采用。

表 4-8 普通钢筋强度标准值与设计值 N/mm²

| 牌号 | 符号 | 公称直径 $d$/mm | 屈服强度标准值 $f_{yk}$ | 极限强度标准值 $F_{stk}$ | 抗拉强度设计值 $f_y$ | 抗压强度设计值 $f'_y$ |
|---|---|---|---|---|---|---|
| HPB300 | $\phi$ | 6~14 | 300 | 420 | 270 | 270 |
| HRB335 | $\Phi$ | 6~14 | 335 | 455 | 300 | 300 |
| HRB400 HRBF400 RRB400 | $\Phi$ $\Phi^F$ $\Phi^R$ | 6~50 | 400 | 540 | 360 | 360 |
| HRB500 HRBF500 | | 6~50 | 500 | 630 | 435 | 435 |

圆钢标识为 HPB300(钢种是 Q235,替代原来的 HPB235),多采用的直径为 6.5 mm、8 mm、10 mm、12 mm,再粗的就不常用了,而且以 6.5 mm 和 8 mm 最为常用。

螺纹钢常见标识是 HRB335、HRB400(目前多用),多采用直径为 12~22 mm 的偶数、25 mm、28 mm、32 mm、40 mm、50 mm,再粗的一般用于大体积混凝土结构中,一般 25 mm 以下的最为常用,砖混结构中 16 mm 以下的常见。

#### 4.2.2.2 HRB400 级钢筋(新Ⅲ级钢筋)

HRB400 级钢筋是指屈服强度为 400 MPa、抗拉强度为 570 MPa 的钢筋,大量试验和使用结果表明,HRB400 级钢筋具有以下优点:

1.强度局、延性好,与 HRB335 级钢筋相比,强度提高了 20%,同条件下可节约钢材 10%~18%。

2.性能稳定,钢筋应变时效敏感性低,安全储量大。

3.强屈比高,$\sigma_b/\sigma_s > 1.25$,抗震性能好。

4.脆性转变温度低,在 −40 ℃条件下进行拉伸试验,试样断裂时均为塑性断口。

5.高应变性,有利于提高工程结构抗地震破坏能力。

综上所述,HRB400 级钢筋符合建筑钢筋"高强度、高延性、高黏性"的"三高"发展方向,目前,该类钢筋已成为我国钢筋混凝土结构的主导型钢种。

### 4.2.3　冷加工钢筋

#### 4.2.3.1　冷轧带肋钢筋

冷轧带肋钢筋在国外早已普遍使用,我国是 1987 年开始引入,是近几年发展迅速的一种用于建筑的新型、高效、节能钢材。自 1988 年以来,冷轧带肋钢筋已由单纯代替冷拔低碳钢丝做预应力空心板,逐步扩展到用作工业与民用建筑的现浇楼板主筋,是冷拔低碳钢丝和热轧小型圆钢理想的更新换代产品。

1.冷轧带肋钢筋的牌号与分类

**冷轧带肋钢筋的牌号由 CRB 和钢筋抗拉强度的最小值构成。C、R、B 分别为冷轧、带肋、钢筋三个词的英文首位字母。**冷轧带肋钢筋按强度级别分为 CRB550、CRB600H、CRB680H$^b$、CRB650、CRB800、CRB800H 六个牌号。

2.冷轧带肋钢筋的原材料

冷轧带肋钢筋(俗称冷轧螺纹钢筋)以普通低碳钢或低合金钢热轧圆盘条为母材,经调直、去锈、多道冷轧或冷拔减径和一道压痕,最后形成带有两面或三面月牙形横肋的钢筋。

550 级钢筋宜用 Q215 盘条做母材轧制生产;650 级钢筋宜用 Q235 盘条做母材;800 级钢筋宜用低合金钢盘条做母材。

3.冷轧带肋钢筋的基本性能

国外生产的冷轧带肋钢筋直径多为 4~12 mm,其强度级别一般为 550 N/mm$^2$,大多以焊接网形式用于钢筋混凝土结构。

我国目前所用冷轧带肋钢筋的基本性能见表 4-9 和表 4-10。

表 4-9　　　　　　　　　　　　　　　冷轧带肋钢筋规格及抗拉强度值

| 分类 | 钢筋级别 | 公称直径/mm | 规定塑性延伸强度 $R_{p0.2}$ 不小于/MPa | 抗拉强度 $R_m$ 不小于/MPa | $R_m / R_{p0.2}$ 不小于 | 断后伸长率%不小于 | |
|---|---|---|---|---|---|---|---|
| | | | | | | $A$ | $A_{100mm}$ |
| 普通钢筋混凝土用 | CRB550 | 4~12 | 500 | 550 | 1.05 | 11.0 | — |
| | CRB600H | | 540 | 600 | 1.05 | 14.0 | — |
| | CRB680H$^b$ | | 600 | 680 | 1.05 | 14.0 | — |
| 预应力混凝土用 | CRB650 | 4~6 | 585 | 650 | 1.05 | — | 4.0 |
| | CRB800 | | 720 | 800 | 1.05 | — | 4.0 |
| | CRB800H | | 720 | 800 | 1.05 | — | 7.0 |

表 4-10　　　　　　　　　　　　　　冷轧带肋钢筋力学性能和工艺性能

| 分类 | 钢筋级别 | 最大力总延伸率 $A_{gt}$ 不小于/% | 弯曲试验 180° | 反复弯曲次数 | 应力松弛初始应力应相当于公称抗拉强度的70% |
|---|---|---|---|---|---|
| | | | | | 1 000 h, 不大于/% |
| 普通钢筋混凝土用 | CRB550 | 2.5 | $D=3d$ | — | — |
| | CRB600H | 5.0 | $D=3d$ | — | — |
| | CRB680H$^b$ | 5.0 | $D=3d$ | 4 | 5 |

续表

| 分类 | 钢筋级别 | 最大力总延伸率 $A_{gt}$ 不小于/% | 弯曲试验 180° | 反复弯曲 次数 | 应力松弛初始应力应相当于公称抗拉强度的70% |
|------|---------|------|------|------|------|
| | | | | | 1 000 h，不大于/% |
| 预应力混凝土用 | CRB650 | 2.5 | — | 3 | 8 |
| | CRB800 | 2.5 | — | 3 | 8 |
| | CRB800H | 4.0 | — | 4 | 5 |

注：1)$D$ 为弯心直径，$d$ 为钢筋公称直径。

2)b 当该牌号钢筋作为普通钢筋混凝土用钢筋时，对反复弯曲和松弛应力不做要求；当该牌号钢筋作为预应力混凝土用钢筋使用时应进行反复弯曲试验，并检测松弛率。

4.冷轧带肋钢筋的生产工艺

目前，我国冷轧带肋钢筋生产工艺基本上可归纳为两种：

**(1)冷轧工艺**，即利用三辊技术实现从原料断面→弧三角断面→圆断面→弧三角断面→刻痕的流程。

**(2)拉拔工艺**，即利用冷拔模具实现从原料断面→圆断面→圆断面(再次减径)→弧三角断面→刻痕的流程。

一般最后道次压缩率固定为 22.1%。

两种生产工艺相比较，冷轧更有利于钢筋的塑性变形，因为钢筋与轧辊之间为滚动摩擦，有较好的塑性变形条件和较低的加工硬化率，可以提高钢筋的延伸率和变形效率，适合于负偏差轧制。

5.冷轧带肋钢筋的特性

(1)冷轧带肋钢筋强度高（抗拉强度比热轧线材提高 50%～100%）、塑性好（$\delta_{10} \geqslant$ 8%，$\delta_{100} \geqslant 4\%$，高于冷拔钢丝和冷轧扭钢筋一倍）、握裹力强（与混凝土黏结锚固能力提高 3～6 倍）。

(2)由于冷轧带肋钢筋是经过冷塑性变形以后成形的产品，其抗拉强度比原来母材提高 1.5 倍之多，在构件配筋中的用量就可相应减少。根据实际应用核算，可节省钢材 1/3 左右，节省成本 25% 左右。

6.冷轧带肋钢筋的用途

(1)冷轧带肋钢筋可用于没有振动荷载和重复荷载的工业与民用建筑和一般构筑物的钢筋混凝土结构。CRB550、CRB600H 级钢筋宜用作普通钢筋混凝土结构构件。CRB650、CRB800、CRB800H 级钢筋宜用作预应力混凝土结构构件中的受力主筋。CRB680H 既可用于普通钢筋混凝土结构构件，也可用于预应力混凝土结构构件。

(2)冷轧带肋钢筋混凝土构件不宜在环境温度低于 −30 ℃时使用。

(3)由于冷轧带肋钢筋是经过冷加工强化的、没有明显屈服点的"硬钢"，其延性等终究不如热轧的"软钢"。因此，一般认为，冷轧带肋钢筋不宜用作地震作用下对钢筋延性要求较高的框架梁和框架柱。

#### 4.2.3.2　冷轧扭钢筋

**1.概述**

冷轧扭钢筋(又称冷轧变形钢筋)是将普通低碳钢热轧圆盘条钢筋,经专用钢筋冷轧扭机械冷拉调直、冷轧并冷扭一次成形。冷轧扭钢筋具有规定截面形状和节距,如图 4-47 所示,为具有一定螺距的连续螺旋状冷强化钢筋新品种。冷轧扭钢筋按其截面形状不同分为两种类型:Ⅰ型(矩形截面)、Ⅱ型(菱形截面)。

图 4-47　冷轧扭钢筋

**2.原材料的选用**

根据大量试验结果分析得知,母材的化学成分(主要是碳含量的高低)对冷轧扭钢筋的加工和产品性能影响很大,碳的含量高,冷加工后产品强度高、塑性低。研究分析表明,凡碳含量在 0.14%～0.22%的碳素结构钢热轧圆盘条钢筋均可用作冷轧扭钢筋的母材。

**3.符号标志和规格尺寸**

冷轧扭钢筋的直径以"标志直径"表示,指原材料(母材)轧制前的公称直径。标志直径有 6.5 mm、8 mm、10 mm、12 mm 等。

冷轧扭钢筋的外形尺寸、规格及力学性能指标见表 4-11。

表 4-11　　　　冷轧扭钢筋的抗拉强度标准值、强度设计值和弹性模量　　　　N/mm²

| 强度级别 | 类型 | 符号 | 标志直径 $d/\text{mm}$ | 强度标准值 $F_{yk}$ 或 $f_{ytk}$ | 强度设计值 $f_y(f'_y)$ 或 $f_{py}(f'_{py})$ | 弹性模量 $E_n$ |
|---|---|---|---|---|---|---|
| CTB550 | Ⅰ | $\Phi^T$ | 6.5、8、10、12 | 550 | 360 | $1.9\times10^5$ |
| | Ⅱ | | 6.5、8、10、12 | 550 | 360 | $1.9\times10^5$ |
| | Ⅲ | | 6.5、8、10 | 550 | 360 | $1.9\times10^5$ |
| CTB650 | Ⅲ | | 6.5、8、10 | 650 | 430 | $1.9\times10^5$ |

注:Ⅰ型:矩形截面;Ⅱ型:方形截面;Ⅲ型:圆形截面。

**4.生产工艺流程**

冷轧扭钢筋的生产工艺流程:准备冷轧扭钢筋的原料→冷拉调直→冷却润滑→冷轧→冷扭→定尺切断→成品。图 4-48 为钢筋冷轧扭机结构示意图。

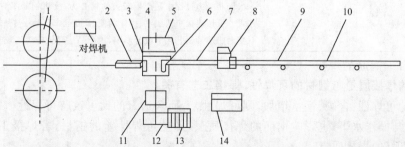

1—承料器;2—调直机构;3、7—导向架;4—冷轧机构;5—冷轧润滑机构;6—冷扭机构;
8—定尺切断机构;9—下料架;10—定位开关;11、12—减速器;13—电动机;14—操作控制台

图 4-48　钢筋冷轧扭机结构示意图

5.基本性能

(1)冷轧扭钢筋属于无明显屈服点的"硬钢",强度性能与冷拔钢丝较接近。与母材相比,其强度大幅度提高,伸长率大幅度下降,弹性模量略有降低。

(2)冷轧扭钢筋在常温下处于稳定状态,但温度高于 350 ℃以后,冷轧扭钢筋的晶体组织和机械力学性能都会发生剧烈变化,并可能完全恢复到冷加工前的状态或出现热脆现象,因此,冷轧扭钢筋不能经受高温处理和焊接接长。

(3)冷轧扭机的冷却系统采用了专用润滑冷却阻锈液,使钢筋表面在加工过程中自然形成一种非常薄的磷化膜,既可起到很好的阻锈作用,又不影响与混凝土的黏结。

(4)冷轧扭钢筋与混凝土的黏结性能良好,由于其表面光洁硬度高,又有扭曲连续螺旋截面形式,使其与混凝土黏结力的构成变得复杂,由试验分析得知是由多种形式的力综合而成的新型握裹力(含有分子黏结力、摩擦力及机械咬合力),表现出**较好的后期黏结强度**,提高了构件的抗裂性和延性。

(5)钢筋经过冷轧扭加工不仅大幅度提高了钢筋的强度,而且有足够的塑性,与混凝土黏结性能优异。冷轧扭钢筋代替Ⅰ级钢筋可节约钢材约 30%,一般用于预制钢筋混凝土圆孔板、叠合板中的预制薄板,以及现浇钢筋混凝土楼板等。

6.冷轧扭钢筋使用注意事项

(1)**严禁对冷轧扭钢筋再次进行冷拉、冷拔、冷轧等冷加工。**

(2)冷轧扭钢筋的接头不得采用焊接,只能采用绑扎搭接。故纵向受拉钢筋不宜在受拉区截断,当必须截断时,钢筋接头位置宜设置在受力较小处,并应相互错开。

(3)冷轧扭钢筋不宜用作梁的弯曲钢筋和箍筋。

(4)在混凝土中严禁使用对冷轧扭钢筋有腐蚀作用的外加剂。

## 4.2.4　钢筋连接方式

目前建筑业钢筋连接的基本方式见表 4-12。

表 4-12 　　　　　　　　　　　　　钢筋连接的基本方式

| 钢筋连接的基本方式 | 适用钢筋直径/mm | 特点 |
| --- | --- | --- |
| 绑扎 | <16 | 工艺简单,但绑扎费用高 |
| 焊接 | 16~25 | 成本较低,焊接受力效果好,但目前国外研究认为焊接容易使钢筋受损,不宜推广 |
| 机械连接 | >25 | 粗钢筋受力过程中易产生较大的偏心力,故粗钢筋不宜采用绑扎方式。机械连接工艺成熟、操作简便、质量可靠、无明火和油污染,且不受钢筋肋形及其化学成分影响,用于高层建筑施工比较安全 |

### 4.2.4.1　钢筋的焊接

**钢筋的焊接质量与钢材的可焊性、焊接工艺有关。**

钢筋的可焊性:含碳、锰量增加,则可焊性差;而含适量的钛可改善可焊性。焊接工艺(焊接方法与操作水平)也影响钢筋的焊接质量,即使可焊性差的钢材,若焊接工艺合适,亦可获得良好的焊接质量。

目前常用的焊接方法有闪光对焊、电阻点焊、电弧焊、电渣压力焊、气压焊等,见表 4-13。

表 4-13　　　　　　　　　　　常用的焊接方法及主要特点

| 焊接方法 | | 主要特点 | 适用场地 |
|---|---|---|---|
| 压力焊 | 闪光对焊 | 常用于普通粗钢筋,焊接质量易保证 | 主要用于加工棚 |
| | 电阻点焊 | 主要用于钢筋网的焊接 | |
| 熔焊 | 电弧焊 | 焊接质量不易保证,一般能够用闪光对焊的不用电弧焊 | 主要用于现场 |
| | 电渣压力焊 | 我国自主研发,主要用于竖向钢筋的焊接 | |
| | 气压焊 | 气压焊技术为日本引进,可用于各角度钢筋的焊接 | |

注:1)两根同牌号、不同直径的钢筋可进行闪光对焊、电渣压力焊或气压焊,闪光对焊时其径差不得超过 4 mm,电渣压力焊或气压焊时其径差不得超过 7 mm。焊接工艺参数可在大、小直径钢筋焊接工艺参数之间偏大选用。对接头强度的要求应按较小直径钢筋计算。

2)两根同直径、不同牌号的钢筋可进行电渣压力焊或气压焊,焊接工艺参数按较高牌号钢筋选用,对接头强度的要求按较低牌号钢筋强度计算。

3)当环境温度低于−20 ℃时,不宜进行各种焊接。

1.闪光对焊

闪光对焊广泛用于热轧钢筋和 RRB400 热处理钢筋及预应力筋与螺丝端杆的焊接。对焊的质量易保证,但对焊设备体积和重量较大,故只能用于地面钢筋加工棚内。闪光对焊的适用范围见表 4-14。

表 4-14　　　　　　　　　　　闪光对焊的适用范围

| 焊接方式 | 适用范围 | |
|---|---|---|
| | 钢筋牌号 | 钢筋直径/mm |
| 闪光对焊 | HPB300 | 8～22 |
| | HRB335　HRBF335 | 8～32 |
| | HRB400　HRBF400 | 8～32 |
| | HRB500　HRBF500 | 10～32 |
| | RRB400 | 10～32 |

(1)焊接设备

闪光对焊的焊接设备为对焊机,其焊接原理是利用低电压、强电流,在对接钢筋处产生高温,使钢筋熔化,再施加轴向压力顶锻,使两根钢筋焊接在一起,形成对焊接头,如图 4-49 所示。

**按送进机构的动力类型,对焊机有手动杠杆式、电动凸轮式、气动式以及气液压复合式等几种。**

夹紧机构由两个夹具构成:一个是不动的,称为固定夹具;另一个是可移动的,称为动夹具。固定夹具直接安装在机架上,与焊接变压器次级线圈的一端相接;动夹具安装在动板上,可随动板左右移动,与焊接变压器次级线圈的另一端相接。**常见的夹具形式有手动偏心轮夹具、手动螺旋夹具等**,也有用气压式、液压式及气液压复合式等几种。

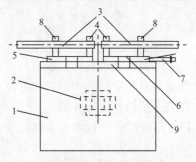

1—机架;2—变压器;3—钢筋;
4—夹紧机构;5—固定座板;6—动板;
7—送进机构;8—顶座;9—导轨
图 4-49　对焊机原理示意图

（2）焊接原理

先将钢筋夹入对焊机的两极中，闭合电源，然后使两根钢筋端面轻微接触，**电阻 $R=\rho \times L/S$**，由于钢筋的端面凹凸不平，刚接触时均为一些点接触，接触面 $S$ 很小，故电阻 $R$ 大，且电流通过时电流密度也很大，又通过变压器将传输过来的高电压、低电流转换为低电压、高电流，**故端面的这些接触点先发热（$Q=I^2Rt$）**，接触点很快熔化，产生金属蒸气飞溅，形成闪光现象。

（3）焊接工艺

钢筋的焊接工艺与钢筋的品种、直径和选用的对焊机功率有关。闪光对焊分为连续闪光焊、预热闪光焊和闪光-预热-闪光焊三种工艺，见表 4-15。

表 4-15　　　　　　　　　　　　对焊焊接工艺

| 焊接工艺 | 特点 | 适用的钢筋 |
| --- | --- | --- |
| 连续闪光焊 | 形成闪光后，徐徐移动钢筋，形成连续内光 | 直径 22 mm 以下的钢筋 |
| 预热闪光焊 | 预热—闪光—顶锻 | 直径 22 mm 以上端部平整的钢筋 |
| 闪光—预热—闪光焊 | 预热闪光焊前加一次闪光过程 | 直径 22 mm 以上端部不平整的钢筋 |

（4）闪光对焊参数

闪光对焊参数包括调伸长度、闪光留量、闪光速度、预锻留量、顶锻留量、顶锻速度及**变压器级次，还有通电时间和顶锻压力**等。

2.电阻点焊

混凝土结构中的钢筋骨架和钢筋网片的交叉钢筋焊接宜采用电阻点焊。电阻电焊的适用范围见表 4-16。

表 4-16　　　　　　　　　　　　电阻电焊的适用范围

| 焊接方式 | 适用范围 | |
| --- | --- | --- |
| | 钢筋牌号 | 钢筋直径/mm |
| 电阻电焊 | HPB300 | 6～16 |
| | HRB335　HRBF335 | 6～16 |
| | HRB400　HRBF400 | 6～16 |
| | CRB500 | 5～12 |

焊接时将钢筋的交叉点放入点焊机两极之间，通电使钢筋加热到一定温度后，加压使焊点处钢筋互相压入一定的深度（压入深度为两钢筋中较细者直径的 $1/4\sim2/5$），将焊点焊牢。采用点焊代替绑扎，可以提高工效，便于运输。在钢筋骨架和钢筋网成形时优先采用电阻点焊。但点焊设备体积和重量较大，故只能用于地面钢筋加工棚内。

（1）点焊设备

点焊机的基本构造如图 4-50 所示，主要由加压机构、焊接回路、电极组成。

加压过程是利用踏板杠杆推动压紧弹簧实现的，这种加压形式一般用于焊接细钢筋的小容量点焊机。此外，还有气压式加压机构，也可利用电动机做动力，通过凸轮和杠杆作用，对钢筋加压。

图 4-50 所示的点焊机是固定式的，被焊的钢筋接点应输送至电极下接受焊接，如果所制的钢筋网尺寸很大，则操作很不方便，尤其是焊制钢筋骨架，更显困难。因此，钢筋加

工厂中还可以配备悬挂式点焊机,这种点焊机的特点是电极移动而焊件固定。悬挂式点焊机悬挂在焊件上方的单轨上,可以沿单轨移动,它的电极通过各种软管管路接至手持焊钳上,实际上夹钳就构成两个电极,这样,便可以用于焊接各种钢筋骨架或大型钢筋网。

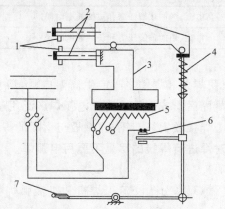

1—电极;2—电极臂 3—变压器的次级线圈;4—加压机构;
5—变压器的初级线圈;6—断路器;7—踏板
图 4-50　点焊机的基本构造

(2)焊件要求、焊接工艺和操作要点

①焊件要求

A.焊接不同直径的钢筋时,其较细钢筋的直径小于或等于 10 mm 时,粗细钢筋直径之比不宜大于 3;当较细钢筋的直径为 12 mm 或 16 mm 时,粗细钢筋直径之比不宜大于 2。

B.焊接网的纵向钢筋可采用单根钢筋或双根钢筋(图 4-51);横向钢筋应采用单根钢筋。

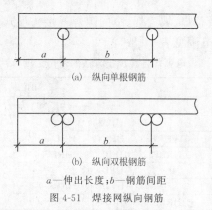

(a) 纵向单根钢筋

(b) 纵向双根钢筋

$a$—伸出长度;$b$—钢筋间距
图 4-51　焊接网纵向钢筋

C.焊接网的较小钢筋直径不得小于较大钢筋直径的 60%。

②焊接工艺过程

焊接工艺过程为预压→通电→锻压。与闪光对焊基本相同。

注意在焊接钢筋骨架或焊接钢筋网的电阻点焊中,两钢筋相互压入的深度一般应为较细钢筋直径的 18%~25%。

(3)电阻点焊参数

与对焊基本相同,电阻点焊也是应根据钢筋级别、直径及焊机性能等具体情况选择必要的焊接参数,如变压器级数、焊接通电时间和电极压力等。对焊、点焊的强、弱参数见表 4-17。

**表 4-17** 对焊、点焊的强、弱参数

| 强参数 | 高电流、大的顶锻压力和短的通电时间 | 粗钢筋焊接 |
| --- | --- | --- |
| 弱参数 | 低电流、小的顶锻压力和长的通电时间 | 细钢筋焊接 |

3.电弧焊

电弧焊是利用弧焊机使焊条和焊件之间产生高温电弧,熔化焊条和高温电弧范围内的焊件金属,熔化的金属凝固后形成焊接接头。电弧焊广泛用于钢筋的接长、钢筋骨架的焊接、装配式结构钢筋接头焊接及钢筋与钢板、钢板与钢板的焊接等。**但电弧焊的焊接质量不易保证,故能够使用对焊进行焊接的尽量不要用电弧焊。**

(1)焊接设备和焊接原理

电弧焊的主要设备是弧焊机,分为交流弧焊机和直流弧焊机两类。工地常用交流弧焊机。

焊接时,先将焊件和焊条分别与弧焊机的两极相连,然后引弧,引弧时,先将焊条端部轻轻地和焊件接触,造成瞬间短路,随即很快提起 2~4 mm,使空气产生电离,而引燃电弧,以熔化金属。

熔化的金属与空气接触时,将吸收氧、氮,影响这部分金属的机械性能,降低其塑性和冲击韧性,为改善这种状况,焊条表面常涂一层药皮,在电弧高温的作用下,焊条表面药皮一部分氧化,在电弧周围形成保护性气体,另一部分起脱氧作用,它的氧化物形成熔渣,浮于焊缝金属表面,这样可以保护焊缝金属不受有害气体的影响。

(2)电弧焊接头

电弧焊包括搭接焊、帮条焊、坡口焊、窄间隙焊等接头形式。

各种焊接方法的适用范围见表 4-18。

**表 4-18** 电弧焊各种焊接方法的适用范围

| 焊接方式 | | 适用范围 | |
| --- | --- | --- | --- |
| | | 钢筋牌号 | 钢筋直径/mm |
| 电弧焊 | 搭接焊 | HPB300 | 6~22 |
| | | HRB335 HRB400 HRB500 | 6~40 |
| | | HRBF335 HRBF400 HRBF500 | 6~40 |
| | 帮条焊 | HPB300 | 6~22 |
| | | HRB335 HRB400 HRB500 | 6~40 |
| | | HRBF335 HRBF400 HRBF500 | 6~40 |
| | 坡口焊 | HPB300 | 18~22 |
| | | HRB335 HRB400 HRB500 | 18~40 |
| | | HRBF335 HRBF400 HRBF500 | 18~40 |
| | 窄间隙焊 | HPB300 | 16~40 |
| | | HRB335 HRB400 | 16~40 |
| | | HRBF335 HRBF400 | 16~40 |
| | 熔槽帮条焊 | HPB300 | 20~22 |
| | | HRB335 HRB400 HRB500 | 20~40 |
| | | HRBF335 HRBF400 HRBF500 | 20~40 |

①搭接焊

图 4-52 为搭接焊接头。将端部弯曲一定角度(称预弯,以保证两根钢筋焊接后的轴线均在中心线上)的钢筋叠合起来,在钢筋接触面上焊接形成焊缝。焊缝宜采用双面焊,当双面施焊有困难时,可采用单面焊。单、双面焊缝的焊缝长度 $L$ 见表 4-19。单面焊缝的特点是较经济,双面焊缝的特点是利于钢筋的受力。

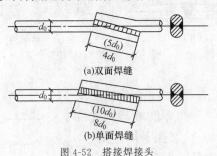

图 4-52 搭接焊接头

表 4-19 单、双面焊缝的焊缝长度 $L$

| 焊缝类型 | HPB300 级钢筋 | 其他级别钢筋 |
|---|---|---|
| 单面焊缝 | $L \geqslant 8d_0$ | $L \geqslant 10d_0$ |
| 双面焊缝 | $L \geqslant 4d_0$ | $L \geqslant 5d_0$ |

②帮条焊

帮条焊时,两主筋端头之间应留 2~5 mm 的间隙,帮条与主筋之间用四点定位焊固定,定位焊缝应离帮条端部 20 mm 以上。帮条焊分为单面和双面,如图 4-53 所示。若采用双面焊,受力性能好;若采用单面焊,则受力情况差,但经济。因此,应尽量采用双面焊,在受施工条件限制不能进行双面焊时才采用单面焊。

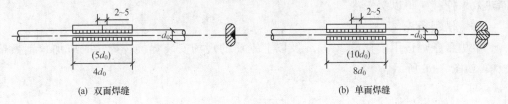

(a) 双面焊缝　　　　　　　　　　　　　　　(b) 单面焊缝

图 4-53 帮条焊接头

帮条焊宜采用与主筋同级别、同直径的钢筋制作,其帮条长度即焊缝长度,参照搭接焊,见表 4-19。

**若帮条级别与主筋相同时,帮条直径可比主筋直径小一个规格;如帮条直径与主筋相同时,帮条的级别可比主筋低一个级别。**

③坡口焊

坡口焊又称剖口焊,剖口的目的是为了得到构件厚度上全部焊透的焊缝。钢筋坡口焊接头可分为坡口平焊接头和坡口立焊接头两种,如图 4-54 所示。

钢筋坡口平焊采用 V 形坡口,坡口夹角为 55°~65°,两根钢筋的根部间隙为 3~5 mm,下垫钢板长度 40~60 mm,厚度 4~6 mm,钢垫板宽度为钢筋直径加 10 mm。钢筋坡口立焊采用 40°~55°坡口。

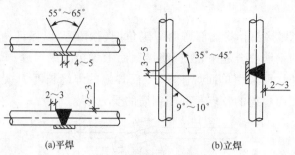

(a)平焊    (b)立焊

图 4-54  钢筋坡口焊接头

④窄间隙电弧焊

窄间隙电弧焊适用于直径 16 mm 及以上钢筋的现场水平连接。焊接时,钢筋端部应置于 U 形铜模中,并应留出一定间隙予以固定,然后采取连续焊接,熔化钢筋端面和使熔敷金属填充间隙形成接头,如图 4-55 所示。

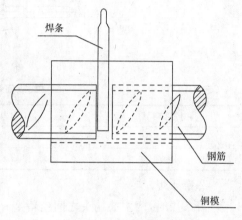

图 4-55  窄间隙电弧焊

窄间隙电弧焊焊接工艺要求:从焊缝根部引弧后应连续进行焊接,左右来回运弧,在钢筋端面处电弧应少许停留,并使熔合;当焊至端面间隙的 4/5 高度后,焊缝逐渐扩宽;当熔池过大时,应改连续焊为断续焊,避免过热;焊缝余高应为 2～4 mm,且应平缓过渡至钢筋表面。

接头焊毕后,当气温较高时,可立即卸下焊接模具;当气温较低时,则应停歇一段时间或待接头冷却后才能卸模具,以便利用模具的储热效果使接头得以缓慢冷却。

⑤熔槽帮条焊

熔槽帮条焊适用于直径 20 mm 及以上钢筋的现场安装焊接。焊接时应加角钢做垫板模,如图 4-56 所示。

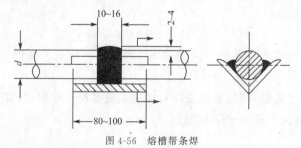

图 4-56  熔槽帮条焊

角钢尺寸和焊接工艺要求:角钢边长宜为 40～60 mm;钢筋端头应加工平整;从接缝处垫板引弧后应连续施焊,并应使钢筋端部熔合,防止未焊透、气孔或夹渣;焊接过程中应停焊清渣 1 次;焊平后,再进行焊缝余高的焊接,其高度为 2～4 mm;钢筋与角钢垫板之间应加焊侧面焊缝 1～3 层,焊缝应饱满,表面应平整。

（3）质量检查与验收

外观检查：应在接头清渣后逐个进行目测或量测。检查结果应符合下列要求：焊缝表面应平整，不得有凹陷或焊瘤；焊缝接头不得有裂纹；咬边深度、气孔、夹渣等缺陷允许值及接头尺寸的允许偏差应符合有关要求。

4.电渣压力焊

（1）焊接原理

电渣压力焊一般只用于现浇钢筋混凝土结构中**竖向或微斜（倾斜度 4∶1 范围内）**钢筋的连接，它是利用电流通过渣池所产生的热量来熔化母材，待到一定程度后施加压力，完成钢筋连接。**这种钢筋接头的焊接方法与电弧焊相比，焊接效率高 5～6 倍。**

电渣压力焊可用手动电渣压力焊机或自动电渣压力焊机。图 4-57 为杠杆式单柱焊接机头。

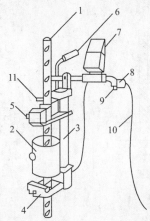

1—钢筋；2—焊剂盒；3—单导柱；4—固定夹头；5—活动夹头；6—手柄；
7—监控仪表；8—操作把；9—开关；10—控制电缆；11—电缆插座
图 4-57　杠杆式单柱焊接机头

（2）焊接基本要求

不同直径钢筋焊接时，钢筋直径相差不宜超过 7 mm。上、下两钢筋轴线应在同一直线上，焊接接头上、下钢筋轴线偏差不得超过 2 mm。

（3）焊接工艺

电渣压力焊焊接工艺的基本过程：引弧→电弧→电渣→顶压。

焊接夹具的上、下钳口应夹紧被焊接的上、下钢筋，钢筋一经夹紧应同心，且不得晃动，**引弧**可采用直接引电弧法或铁丝圈（焊条芯）引弧法，引燃电弧后，应先进行**电弧**过程，然后加快上钢筋下送速度，使上钢筋端面插入液态渣池约 2 mm，转变为**电渣**，最后在断电的同时，迅速**下压**上钢筋，挤出熔化金属和熔渣，接头焊毕，应稍做停歇，待冷却1～3 min 后方可打开焊剂盒，回收焊剂和卸下焊接夹具。

5.埋弧压力焊

如图 4-58 所示，埋弧压力焊主要适用于钢筋与钢板做丁字形接头焊接，是利用焊剂层下的电弧燃烧将两焊件相邻部位熔化，然后加压顶锻使两焊件焊合。**这种焊接方法工艺简单，比电弧焊工效高、质量好（焊后钢板变形小、抗拉强度高）、成本低（不用焊条）。**

焊接设备有手工埋弧压力焊机和自动埋弧压力焊机。

### 6.气压焊

钢筋气压焊是采用氧-乙炔火焰对钢筋接缝处进行加热,使钢筋端部加热达到高温状态,并施加足够的轴向压力而形成牢固的对焊接头。气压焊技术最早从日本引进,气压焊方法具有设备简单、焊接质量好、效率高,且不需要大功率电源等优点,但气压焊的使用限制条件较多,工艺复杂。

气压焊可用于钢筋的**各个方向的连接,使用方便。当两钢筋直径不同时,其直径之差不得大于 7 mm**。气压焊设备主要有氧-乙炔供气设备、加热器、加压器及钢筋卡具等,如图 4-59 所示。

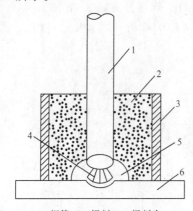

1—钢筋;2—焊剂;3—焊剂盒;
4—电弧柱;5—弧焰;6—钢板
图 4-58  埋弧压力焊

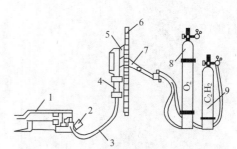

1—脚踏液压泵;2—压力表;3—液压胶管;
4—活动油缸;5—钢筋卡具;6—钢筋;
7—焊枪;8—氧气瓶;9—乙炔瓶
图 4-59  气压焊设备示意图

钢筋气压焊的施焊过程包括**预压、加热与压接**。

(1)施焊前钢筋要用砂轮锯下料并用磨光机打磨,使其露出金属光泽,端面要平,基本上要与轴线垂直。端面附近 $50\sim100$ mm 范围内的铁锈、油污等必须清除干净,然后用卡具将两根被连接的钢筋对正夹紧,预压顶紧后两钢筋端面局部间隙不超过 3 mm。

(2)钢筋卡好后,先用强碳化焰加热,待钢筋端面间隙闭合后改用中性焰加热,以加快加热速度,使钢筋端部加热至 $1\,150\sim1\,250$ ℃。

(3)对钢筋轴向加压(常采用三次加压法,施加初压力 $30\sim40$ MPa),将接缝处挤出熔化金属,并密合牢固,此时可停止加热、加压,待焊接点的红色消失后取下夹具。

#### 4.2.4.2  钢筋机械连接

国外常用的钢筋机械连接方法有**套筒挤压连接、锥螺纹套筒连接、直螺纹套筒连接、熔融金属充填套筒连接、水泥灌浆充填套筒连接**等,我国目前主要应用的是前三种方法。钢筋机械连接最主要的优势是没有明火,用于高层建筑施工是比较安全的。

1.套筒挤压连接

(1)连接原理

钢筋套筒挤压连接是一项新型钢筋连接工艺,它改变了传统焊接工艺的热操作方法,而是在常温下采用特别钢筋连接机,将钢套筒和两根待接钢筋压接成一体,使套筒塑性变形后与钢筋上的横肋纹紧密地咬合在一起,从而达到连接效果的一种钢筋连接方法。

套筒挤压连接具有性能可靠、操作简便、施工速度快、施工不受气候影响、省电、安全等优点。

（2）连接工艺

把两根待接钢筋的端头先后插入一个优质套筒内，用便携式大吨位带有梅花齿形内模的钢筋连接机对套筒外壁加压，使套筒变形压入螺纹钢筋的横肋间隙中，这时继续加压使钢套筒的金属冷塑性变形程度加剧，进一步加强硬化程度，其强度提高至 110～140 MPa，依靠变形后的钢套筒与被连接钢筋横肋紧密咬合成为整体，如图 4-60 所示。

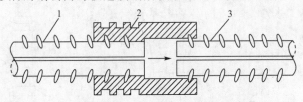

1—已挤压的钢筋；2—钢套筒；3—未挤压的钢筋

图 4-60　套筒挤压连接

套筒挤压连接目前有两种形式：径向挤压和轴向挤压，由于轴向挤压连接现场施工不方便及接头质量不稳定，目前多用径向挤压连接技术。

（3）施工工艺参数

①压痕处最小直径和挤压道次是两个最重要的工艺参数。

②挤压变形量的控制：挤压变形量对接头性能有直接关系，必须合适。**变形量过小时，套筒金属与钢筋横肋咬合力小，往往会造成接头强度达不到要求，或接头残余变形量过大，使接头不合格；变形量过大时，容易造成套筒壁被挤得太薄（特别是在肋峰处），受力时容易使套筒发生断裂。**因此，挤压变形量必须控制在合适的范围内。一般经挤压后，压痕处套筒外径应为原套筒外径的 80%～90%，挤压后套筒长度应为原套筒长度的 1.10～1.15 倍。

2.螺纹连接

钢筋螺纹连接分锥螺纹连接和直螺纹连接。

（1）锥螺纹连接

图 4-61 为锥螺纹套筒连接。

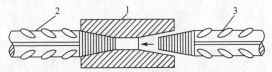

1—锥螺纹套筒；2—已连接的钢筋；3—未连接的钢筋

图 4-61　锥螺纹套筒连接

①技术要点

锥螺纹接头的破坏大都发生在接头部位，多数为螺纹倒牙从套筒中拔出，或在锥螺纹小端因截面显著削弱而拉断，其抗拉强度不能充分发挥钢筋母材实际强度（强度约降低了5%～15%）。

②连接原理

锥螺纹套筒是在工厂专用机床上加工制成的，钢筋套丝的加工是在钢筋套丝机上进行的。钢筋锥螺纹连接速度快，对中性好，工期短，连接质量好，不受气候影响，适应性强。

③连接工艺

钢筋锥螺纹连接方法如图 4-62 所示,钢筋连接之前,先回收钢筋待连接端的塑料保护帽和连接套筒上的密封盖,并检查钢筋规格是否与连接套筒规格相同,并注意异径钢筋连接时,其直径之差不宜大于 9 mm;检查锥螺纹丝扣是否完好无损、清洁,如发现杂物或锈蚀,可用铁刷清除干净,然后将已拧好连接套筒的一头钢筋拧到被连接的钢筋上,**用扭力扳手按规定的力矩值紧至发出响声**,并随手画上油漆标记,以防有的钢筋接头漏拧。

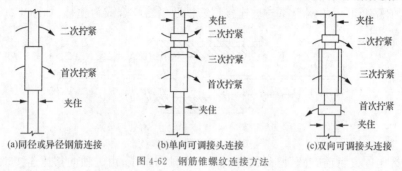

图 4-62　钢筋锥螺纹连接方法

(2)直螺纹连接

①工作原理及特点

直螺纹连接是先将钢筋端部冷镦扩粗,再切削成直螺纹,然后用带直螺纹的连接套筒对接钢筋的方法,其工艺主要分三步:钢筋端部冷镦扩粗、切削直螺纹、用连接套筒对接钢筋。

直螺纹钢筋连接的特点:**接头与钢筋母材等强;接头质量稳定可靠;**直螺纹连接套筒比锥螺纹短、丝扣间距大、连接速度快、施工方便;对弯折钢筋、固定钢筋、钢筋笼等不能转动钢筋的场合,可不受限制地方便使用,应用范围广。

②连接参数

**套筒的参数有套筒外径、套筒长度、螺纹规格。钢筋镦粗技术参数有镦粗压力、镦粗基圆尺寸、镦粗段长度、镦粗缩短尺寸。**

(3)其他钢筋螺纹连接技术

其他钢筋螺纹连接技术见表 4-20。

表 4-20　　　　　　　　　　　　其他钢筋螺纹连接技术

| 钢筋螺纹连接 | 连接方式 |
| --- | --- |
| 直接滚压直螺纹接头连接 | 将带肋钢筋不经任何处理直接送进滚丝机进行滚丝,形成所需的螺纹规格。优点:螺纹加工简单,设备投入少。缺点:对于公差大、粗细不均的钢筋,加工的螺纹直径大小不一致,使套筒与丝扣配合松紧不一致,有个别接头出现拉脱现象。螺纹精度差,存在虚假螺纹现象。滚丝轮寿命降低,增加接头的附加成本 |
| 挤(碾)压肋滚压直螺纹接头连接 | 这种连接头是用专用挤压设备先将钢筋的横肋和纵肋进行预压平处理,然后滚压螺纹。成型螺纹精度相对直接滚压有一定提高,但仍不能从根本上解决钢筋直径大小不一对成型螺纹精度的影响,而且螺纹加工需要两道工序,由两套设备完成。滚丝轮寿命长,相对接头附加成本低 |
| 剥肋滚压直螺纹接头连接 | 在滚压螺纹前先将纵、横肋部分切平,使钢筋滚丝前的柱体直径达到同一尺寸,然后再进行螺纹滚压成型。螺纹牙质量好,螺纹直径大小一致性好,连接质量稳定可靠,其接头能达到与母材等强,抗低温性能好。滚丝轮寿命长,相对接头附加成本低 |

### 4.2.5　钢筋配料与代换

#### 4.2.5.1　钢筋配料

构件配筋图中注明的尺寸一般是钢筋外轮廓尺寸,即从钢筋外皮到外皮量得的尺寸,称为外包尺寸。在钢筋加工时,一般也按外包尺寸进行验收。如果下料长度按钢筋外包尺寸的总和来计算,则加工后的钢筋尺寸将大于设计要求的外包尺寸或者弯钩平直段太长造成材料的浪费。**这是由于钢筋弯曲时外线伸长,内线缩短,只有轴线长度不变。**因此只有按钢筋轴线长度尺寸下料加工,才能使加工后的钢筋形状、尺寸符合设计要求。

钢筋直线段外包尺寸等于轴线长度,而钢筋弯曲段外包尺寸大于轴线长度,二者间存在一个差值,称为"量度差"。因此,钢筋下料时,其下料长度应该为各段外包尺寸之和减去弯曲处的量度差再加上两端弯钩的增长值,即

**钢筋的下料长度＝各段外包尺寸之和－弯曲处的量度差＋两端弯钩的增长值**

1.钢筋中部弯曲处的量度差

钢筋中部弯曲处的**量度差**与钢筋**弯曲直径**及**弯曲角度**有关。钢筋的弯曲直径见表 4-21。

表 4-21　　　　　　　　　　　　钢筋弯折的弯弧内直径 $D$

| 钢筋规格 | 钢筋弯折的弯弧内直径 $D$ 不小于钢筋直径 $d$ 的 | |
|---|---|---|
| 光圆钢筋 | 2.5 倍 | |
| 335 MPa 级、400 MPa 级带肋钢筋 | 4 倍 | |
| 500 MPa 级带肋钢筋 | 直径为 28 mm 以下时 | 6 倍 |
| | 直径为 28 mm 以上时 | 7 倍 |

弯起钢筋中部弯折处的弯曲直径 $D$ 等于钢筋直径 $d$ 的 5 倍,如图 4-63 所示。

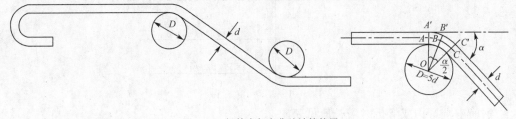

图 4-63　钢筋中部弯曲处计算简图

钢筋弯曲的外包尺寸

$$A'C'=A'B'+B'C'=2OA'\tan \frac{\alpha}{2}=2\left(\frac{D}{2}+d\right)\tan \frac{\alpha}{2}$$

$$=2(5d/2+d)\tan \frac{\alpha}{2}=7d\tan \frac{\alpha}{2} \tag{4-1}$$

钢筋弯曲处的中线长度

$$\widehat{ABC}=\frac{\pi R\alpha}{180}=\left(\frac{\pi\alpha}{180}\right)\cdot\left[\frac{(D+d)}{2}\right]=\frac{\pi\alpha(d+5d)}{360}$$

$$=\frac{6d\pi\alpha}{360}=\frac{d\pi\alpha}{60} \tag{4-2}$$

则弯曲处的量度差值＝外包尺寸－中线长度

$$A'B' + B'C' - \widehat{ABC} = 7d\,\frac{\tan\alpha}{2} - \frac{d}{60}\pi\alpha$$

$$= \left(7\tan\frac{\alpha}{2} - \frac{\pi\alpha}{60}\right)d \tag{4-3}$$

不同中部弯曲(折)量度差取值见表 4-22。

表 4-22　　　　　　　　　　　量度差取值

| 中部弯曲(折) | 量度差理论值 | 量度差实际取值 |
|---|---|---|
| 弯折 30° | 0.306$d$ | 0.3$d$ |
| 弯折 45° | 0.543$d$ | 0.5$d$ |
| 弯折 60° | 0.90$d$ | 1$d$ |
| 弯折 90° | 2.29$d$ | 2$d$ |
| 弯折 135° | 3$d$ | 3$d$ |

2.钢筋末端弯钩或弯折时增长值

**光圆钢筋**的末端需要做 180°弯钩，其圆弧内弯曲直径($D$)不应小于钢筋直径($d$)的 2.5 倍；平直部分的长度不宜小于钢筋直径($d$)的 3 倍，如图 4-64 所示。

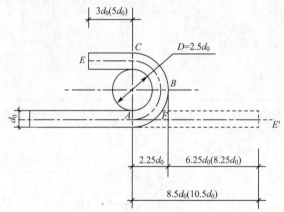

图 4-64　末端 180°弯钩

钢筋末端弯钩或弯折时增长值见表 4-23。

表 4-23　　　　　　　　　　钢筋末端弯钩或弯折增长值

| 钢筋种类 | 弯钩或弯折角度 | 弯曲直径 | 平直段长度 | 弯钩或弯折增长值 |
|---|---|---|---|---|
| HPB300 | 180° | $D=2.5d$ | 3$d$ | 6.25$d$ |
| HRB335 | 135° | $D=5d$ | — | 3.5$d$+平直长度 |
| HRB400 | 90° | | — | $d$+平直长度 |

**例题**　某建筑物一楼层构件中某一配筋如图 4-65 所示，请计算钢筋下料长度。

**解**　两端水平段长＝290－25＝265 mm

斜段长＝(500－2×25)×1.41＝450×1.41＝634.5 mm

中间直线段长＝6 480－2×25－2×265－2×450＝5 000 mm

45°弯曲段的量度差为 $0.5d$

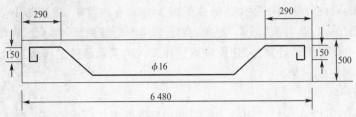

图 4-65　构件配筋图

注：预应力筋弯起角度均为 45°，预应力筋的保护层厚度均为 25 mm，图中所有尺寸均以 mm 为单位

90°弯曲段的量度差为 $2d$

下料长＝外包尺寸－量度差＋端部弯钩增长值

$$= [2×(150+265+634.5)+5\,000]-(4×0.5d+2×2d)+2×6.25d$$
$$= 7\,099-(4×0.5×16+2×2×16)+2×6.25×16$$
$$= 7\,099-96+200=7\,203 \text{ mm}$$

3.箍筋弯钩增长值

一般结构如设计无要求时可按图 4-66、图 4-67 加工；有抗震要求的结构应按图 4-68 加工。

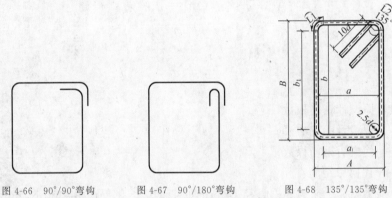

图 4-66　90°/90°弯钩　　图 4-67　90°/180°弯钩　　图 4-68　135°/135°弯钩

箍筋弯折处弯曲半径不应小于纵向受力钢筋的直径。对一般结构构件，箍筋弯钩的弯折角度不应小于 90°，弯折后平直段长度不应小于箍筋直径的 5 倍；对有专门要求的结构构件，箍筋弯钩的弯折角度不应小于 135°，弯折后平直段长度不应小于箍筋直径的 10 倍。箍筋调整值见表 4-24。

表 4-24　　　　　　　　　　　　箍筋调整值

| 箍筋量度方法 | 箍筋轴心下料长度计算公式 |
| --- | --- |
| 量内包尺寸 $a$、$b$ | $(a+b)×2+26.5d$ |
| 量外包尺寸 $A$、$B$ | $(A+B)×2+18.5d$ |

4.钢筋下料计算的实际意义和弯曲调整值实用取值

在进行钢筋加工前，由于钢筋式样繁多，不可能逐根按每个弯曲点做弯曲调整值计算。因此我们将各种钢筋的每个弯曲点做弯曲调整值，即量度差进行计算，制成表格，供施工人员进行钢筋下料计算时用。这样做的主要目的是方便施工人员进行钢筋下料的计算。

　　钢筋下料的理论计算与实际操作的效果多少会有一些差距,主要是由弯曲处圆弧的不准确性所引起的:计算时按"圆弧"考虑,实际上却不是纯圆弧,而是不规则的弯弧。所以在实际操作中除了理论计算外,还要依据操作工人的实际经验进行适当的调整。

### 4.2.5.2　钢筋的代换

#### 1.等强度代换

　　构件配筋受强度控制时,按代换前后强度相等的原则进行代换,称为等强度代换。代换时应满足下式要求:

$$A_{s2}f_{y2} \geqslant A_{s1}f_{y1}$$

即

$$A_{s2} \geqslant A_{s1}f_{y1}/f_{y2} \tag{4-4}$$

式中　$A_{s1}$——原设计钢筋总面积;

　　　$A_{s2}$——代换后钢筋总面积;

　　　$f_{y1}$——原设计钢筋的设计强度;

　　　$f_{y2}$——代换后钢筋的设计强度。

　　在设计图纸上钢筋都是以根数表示的,由于

$$A_{s1} = n_1 d_1^2 \pi/4, A_{s2} = n_2 d_2^2 \pi/4$$

所以

$$n_2 d_2^2 \pi/4 \times f_{y2} \geqslant n_1 d_1^2 \pi/4 \times f_{y1}$$

$$n_2 \geqslant \frac{n_1 d_1^2 f_{y1}}{d_2^2 f_{y2}} \tag{4-5}$$

式中　$n_1$——原设计钢筋根数;

　　　$d_2$——原设计钢筋直径;

　　　$n_2$——代换后钢筋根数;

　　　$d_2$——代换后钢筋直径。

　　**例题**　某梁设计主筋为 6 根直径 14 mm 的 HRB335 钢筋($f_y = 300$ N/mm²)。今现场无 HRB335 钢筋,拟用 HRB400 钢筋($f_y = 360$ N/mm²)代替,工地 HRB400 钢筋直径有 14 mm 和 18 mm 两种,试进行钢筋代换。

　　**解**　采取等强度代换:$f_{y2} \times A_{S2} \geqslant f_{y1} \times A_{S1}$

　　即　$A_{S2} \geqslant f_{y1}/f_{y2} \times A_{S1} = 300/360 \times (6 \times \pi 7^2) = 769.3$

　　配筋:直径 14 mm 钢筋单根面积 153.86 mm²;

　　　　　直径 18 mm 钢筋单根面积 254.34 mm²;

　　∴选取 2 根直径 14 mm 和 2 根直径 18 mm 的 HRB400 钢筋进行代换

　　$A_{S2} = 2 \times (153.86 \text{ mm}^2 + 254.34 \text{ mm}^2) = 816.4 \text{ mm}^2 > 769.3 \text{ mm}^2$,满足要求

#### 2.等面积代换

　　构件按最小配筋率配筋时,按代换前后面积相等的原则进行代换,称为等面积代换。即

$$A_{s2} \geqslant A_{s1} \tag{4-6}$$

### 4.2.6　钢筋的绑扎

#### 4.2.6.1　钢筋网片绑扎

对于板和墙的钢筋网,靠近外围两行钢筋的相交点应全部扎牢,中间部分交叉点可间隔交替扎牢;靠近外围两行钢筋的相交点最好按十字花扣绑扎;在按一面顺扣绑扎的区段内,绑扣的方向应根据具体情况交错地变化,以免网片朝一个方向歪扭。

对于面积较大的网片,可适当地用钢筋做斜向拉结加固,如图 4-69 所示。

双向受力的钢筋须将所有相交点全部扎牢。

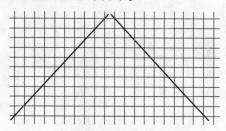

图 4-69　钢筋网片钢筋做斜向拉结加固

#### 4.2.6.2　梁和柱的箍筋

对梁和柱的箍筋,除设计有特殊要求(例如用于桁架端部节点采用斜向箍筋)之外,箍筋应与受力钢筋保持垂直;箍筋弯钩叠合处应沿受力钢筋方向错开放置,如图 4-70 所示。其中梁的箍筋弯钩应放在受压区,即不放在受力钢筋这一面,但在个别情况下,例如连续梁支座处,受压区在截面下部,如果箍筋弯钩位于下面,有可能被钢筋压"开",这时,只好将箍筋弯钩放在受拉区(截面上部,即受力钢筋那一面),但应特别绑牢,必要时用电弧焊点焊几处。

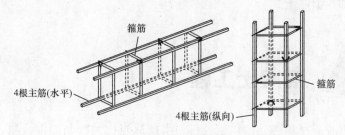

图 4-70　梁和柱的箍筋

#### 4.2.6.3　弯钩朝向

绑扎矩形柱的钢筋时,角部钢筋的弯钩平面应与模板面成 45°(多边形柱角部钢筋的弯钩平面应位于模板内角的平分线上;圆形柱钢筋的弯钩平面应与模板切平面垂直,即弯钩应朝向圆心);矩形柱和多边形柱的中间钢筋(即不在角部的钢筋)的弯钩平面应与模板面垂直;当采用插入式振捣器浇筑截面很小的柱时,弯钩平面与模板面的夹角不得小于 15°。

#### 4.2.6.4　构件交叉点钢筋处理

在构件交叉点,例如柱与梁、梁与梁以及框架和桁架节点处杆件交会点,钢筋纵横交错,大部分在同一位置上发生碰撞,无法安装。

处理办法一般是使一个方向的钢筋设置在规定的位置(按规定取保护层厚度),而另一个方向的钢筋则去避开它(常以调整保护层厚度来实现)。

例如肋形楼板结构,在板、次梁与主梁交叉处,纵横钢筋密集,在这种情况下,钢筋的安装顺序自下至上应该为主梁钢筋、次梁钢筋、板的钢筋,如图4-71所示,即主梁钢筋、托次梁钢筋、次梁钢筋托板的钢筋。

图4-71的主梁钢筋放在次梁钢筋下面,次梁钢筋想要维持常规的混凝土保护层厚度,那么,主梁上部混凝土保护层就必须加厚,加厚值为次梁钢筋的直径,即主梁箍筋高度应相应减小。

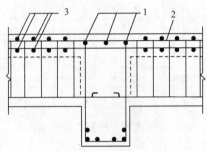

1—主梁钢筋;2—次梁钢筋;3—板的钢筋
图4-71　主梁、次梁、板交叉点的钢筋布置

#### 4.2.6.5　钢筋位置的固定

为了使安装钢筋处于准确位置之后,不致因施工过程中被人踩、放置工具、混凝土浇捣等影响而位移,必要时须预先规划一些相应的**支架、撑件或垫筋**备用。

为了获得钢筋的正确位置,在钢筋与模板之间放置**小水泥垫块**(钢筋保护层的厚度),**小水泥垫块可绑在钢筋上**。

## 4.3　混凝土工程

混凝土指由胶凝材料、细骨料、粗骨料和水按适当比例配制的混合物,经硬化而成的人造石材。混凝土工程包括混凝土的配料、拌制、运输、浇筑、振捣、养护等施工过程。为了改善和提高混凝土的某些性质,可加入适量的外加剂和外掺料配制成具有各种特性的混凝土。近年来,在普通混凝土的基础上,又发展了高强、高性能混凝土。

### 4.3.1　混凝土常用材料

#### 4.3.1.1　水泥

工程中常用的水泥主要有五种,即硅酸盐水泥、普通硅酸盐水泥、矿渣硅酸盐水泥、火山灰质硅酸盐水泥、粉煤灰硅酸盐水泥。这五种水泥在工程上一般称为"五大水泥"。水泥种类及强度等级见表4-25。

表 4-25　　　　　　　　　　水泥种类及强度等级

| 水泥种类 | 强度等级 |
|---|---|
| 硅酸盐水泥(P.I) | 42.5、42.5R、52.5、52.5R、62.5、62.5R |
| 普通硅酸盐水泥(P.O) | 42.5、42.5R、52.5、52.5R |
| 矿渣硅酸盐水泥(P.S)、火山灰质硅酸盐水泥(P.P)、粉煤灰(P.F)硅酸盐水泥、复合硅酸盐水泥(P.C) | 32.5、32.5R、42.5、42.5R、52.5、52.5R |

注:R——早强型,主要是指 3 d 强度较同强度等级水泥高。

1.水泥标号

在工程施工中,高强度混凝土应采用高标号水泥,低强度混凝土应采用低标号水泥,这样才能符合技术经济合理的要求。要注意,水泥标号不等于混凝土的强度等级。如果用低标号水泥配制高强度混凝土,则难以达到设计强度。反之用高标号水泥配制低强度混凝土,因水泥较少而施工操作不易。总之,水泥有品种不同和标号高低之分,应根据工程的不同需要合理选用。

2.水泥的凝结时间

为了保证混凝土施工有足够的操作时间,国家标准规定,水泥的初凝时间,不得早于45 min;另外,混凝土必须具有一定强度后,方可在其上进行其他施工,否则就可能破坏已浇筑的混凝土结构。水泥凝结时间见表 4-26。

表 4-26　　　　　　　　　　水泥凝结时间　　　　　　　　　　min

| 水泥凝结时间 | 初凝时间不得小于 | 终凝时间不得大于 |
|---|---|---|
| 硅酸盐水泥 | 45 | 390 |
| 普通硅酸盐水泥、矿渣硅酸盐水泥、火山灰质硅酸盐水泥、粉煤灰硅酸盐水泥、复合硅酸盐水泥 | 45 | 600 |

3.水泥的水化热

水泥的水化反应为放热反应,随着水化过程的进行,不断地放出热量,这种热量称为水化热。水化热大部分在水化初期(7 d 内)放出,以后逐渐减少。水化反应放热量和放热速度主要与水泥标号、矿物组成和细度有关。大体积混凝土要注意水泥的水化热。

#### 4.3.1.2　骨料

1.细骨料

混凝土中凡粒径为 0.15～5 mm 的骨料称为细骨料。一般用天然砂作为混凝土的细骨料。天然砂有山砂、海砂、河砂之分。海砂中常夹有贝壳、碎片和盐分等有害物质;山砂系岩石风化后在原地沉积而成,颗粒多棱角,并含有较多粉状黏土和有机质;河砂比较洁净,质量较纯,故使用最多。

使用级配良好的砂子,可以降低水泥用量,提高混凝土的密实度。

2.粗骨料

粒径大于 5 mm 的骨料称为粗骨料,粗骨料的选用应符合下列规定:

(1)混凝土用的粗骨料,其最大粒径不得超过构件截面最小尺寸的 1/4,且不得超过钢筋最小净间距的 3/4;

（2）对混凝土实心板，骨料的最大粒径不宜超过板厚的 1/3，且不得超过 40 mm。

#### 4.3.1.3 外加剂

混凝土中使用外加剂是提高混凝土强度、改善混凝土性能、节约水泥用量及节省能耗的有效措施。外加剂在拌制混凝土过程中掺入，掺量不大于水泥重量的 5%（特殊情况除外）。外加剂根据其主要功能可以分为 5 类，见表 4-27。

表 4-27　　　　　　　　　　　　　外加剂根据其主要功能的分类

| 功能 | 外加剂 |
|---|---|
| 改善混凝土拌和物流动性 | 减水剂、引气剂、保水剂等 |
| 调节混凝土凝结、硬化速度 | 缓凝剂、早强剂、速凝剂等 |
| 调节混凝土含气量 | 引气剂、加气剂、泡沫剂、消泡剂等 |
| 改善混凝土耐久性 | 抗冻剂、抗渗剂等 |
| 为混凝土提供特殊性能 | 膨胀剂、着色剂等 |

### 4.3.2 混凝土的配料

#### 4.3.2.1 混凝土的试配强度

混凝土配合比是根据工程要求、组成材料的质量、施工方法等因素，通过实验室计算及试配后确定的。所确定的实验室配合比应使拌制出的混凝土能保证达到结构设计中所要求的强度等级，并符合施工中对和易性的要求，同时还要合理地使用材料，节约水泥。

为了保证混凝土强度达到设计强度的 95%，考虑到现场实际施工条件的差异和变化，混凝土的试配强度应比设计的混凝土强度标准值提高一个数值，即

$$f_{cu,0} \geqslant f_{cu,k} + 1.645\sigma \tag{4-7}$$

式中　$f_{cu,0}$——混凝土试配强度，MPa；

$f_{cu,k}$——设计的混凝土强度标准值，MPa；

$\sigma$——施工单位的混凝土强度标准差，MPa。

混凝土强度的标准差，应由强度等级相同、混凝土配合比和工艺条件基本相同的混凝土 28 d 强度统计求得。其统计周期，对预拌混凝土工厂和预制混凝土构件厂，可取 1 个月；对现场拌制混凝土的施工单位，可根据实际情况确定，但不宜超过 3 个月。当施工单位无近期混凝土强度统计资料时，$\sigma$ 可按表 4-28 取值。

表 4-28　　　　　　　　　　　　标准差 $\sigma$ 选用表

| 混凝土强度标准值/MPa | ≤C20 | C25～C45 | C50～C55 |
|---|---|---|---|
| $\sigma$ | 4.0 | 5.0 | 6.0 |

#### 4.3.2.2 混凝土配合比的换算

混凝土的配合比是在实验室根据初步计算的配合比经过试配和调整而确定的，称为实验室配合比。确定实验室配合比所用的骨料都是干燥的。施工现场使用的砂、石都具有一定的含水率，含水率大小随季节、气候不断变化。为保证混凝土工程质量，在施工时要按砂、石实际含水率对原配合比进行修正（表 4-29）。

表 4-29　　　　　　　　　　　　混凝土配合比

| 水泥：砂：石子 | |
| --- | --- |
| 实验室配合比 | 施工配合比 |
| $1:x:y$ | $1:x(1+W_x):y(1+W_y)$ |

注：$W_x$ 为砂含水率；$W_y$ 为石子含水率。

### 4.3.3　混凝土的拌制

混凝土的搅拌分为人工搅拌和机械搅拌两种。人工搅拌只有在混凝土用量较少或没有搅拌机的情况下采用，一般混凝土的搅拌采用机械搅拌。

#### 4.3.3.1　混凝土搅拌机

混凝土搅拌机按其工作原理分为自落式搅拌机和强制式搅拌机两大类，见表 4-30。

表 4-30　　　　　　　　　　混凝土搅拌机类型

| 自落式 | 强制式 | | | | |
| --- | --- | --- | --- | --- | --- |
| 双锥式 | 立轴式 | | | | 卧轴式<br>（单轴、双轴） |
| | | 涡浆式 | 行星式 | | |
| 反转出料 | 倾翻出料 | 涡浆式 | 定盘式 | 盘转式 | |

1.自落式搅拌机

自落式搅拌机（图 4-72）搅拌筒内壁装有叶片，搅拌筒旋转，叶片将物料提升一定的高度后自由下落，各物料颗粒分散拌和，形成均匀的混合物。**这种搅拌机体现的是重力原理。**

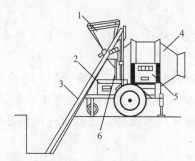

1—进料斗；2—动力箱；3—上料轨道；4—搅拌筒；5—控制屏；6—进料口

图 4-72　自落式双锥形搅拌机

自落式混凝土搅拌机按其搅拌筒的形状不同分为双锥形反转出料式和双锥形倾翻出料式。

双锥形反转出料式搅拌机的搅拌筒呈双锥形，筒内装有搅拌叶片和出料叶片，正转搅拌，反转出料。因此，它具有搅拌质量好，生产效率高，运转平稳，操作简单，出料干净迅速和不易发生粘筒等优点。双锥形反转出料式搅拌机适于施工现场搅拌塑性、半干硬性混凝土,常用型号有 JZ150、JZ250、JZ350 等。数字为搅拌机的出料容量(单位:L)。

双锥形倾翻出料式搅拌机是一种大型的自落式搅拌机,通过搅拌筒的旋转进行搅拌,一般用于混凝土搅拌站的大型混凝土搅拌楼。

2.强制式搅拌机

强制式搅拌机(图 4-73)的轴上装有叶片,通过叶片强制搅拌装在搅拌筒中的物料,强迫物料沿环向、径向和竖向运动,拌和成均匀的混合物。**这种搅拌机体现的是剪切拌和原理。**

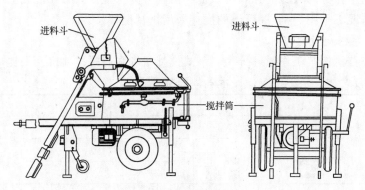

图 4-73 强制式搅拌机

强制式搅拌机和自落式搅拌机相比,搅拌作用强烈、均匀,搅拌时间短,生产效率高,混凝土质量好。适于搅拌低流动性混凝土、干硬性混凝土和轻骨料混凝土。

强制式搅拌机按其构造特征分为立轴式和卧轴式两类。强制式搅拌机常用机型有 JD250、JW250、JW500、JD500 等。数字为搅拌机的出料容量(单位:L)。

**4.3.3.2 搅拌机的搅拌制度**

搅拌机的搅拌制度有投料顺序、搅拌时间和装料量。

1.投料顺序

(1)一次投料法

搅拌时投料普遍采用一次投料法,将砂、石、水泥倒入料斗,再和水一起加入搅拌筒内进行搅拌。

搅拌混凝土前,料斗中投料顺序:石子→水泥→砂。目的:使水泥夹在石子和砂中间,有效地避免上料时所发生的水泥飞扬现象,同时也可使水泥及砂子不致粘在斗底。料斗将砂、石、水泥倾入搅拌机的同时加水搅拌。注意水一定要在最后放,这样可避免水泥吸水成团,产生"夹生"现象。

(2)二次投料法

二次投料法又分为预拌水泥砂浆法、预拌水泥净浆法两种,见表 4-31。

表 4-31                                二次投料法混凝土的投料顺序

| 名称 | 第一次 | 第二次 |
| --- | --- | --- |
| 预拌水泥砂浆法 | 水、砂、水泥 | 粗骨料 |
| 预拌水泥净浆法 | 水、水泥 | 骨料 |

二次投料法可避免一次投料法中水直接包裹石子的现象,因此与一次投料法相比,混凝土强度可提高约 **15%**,在强度相同的情况下,可节约水泥 **15%～20%**。

（3）水泥裹砂石法（又称 SEC 法或两次加水法）

第一次:将全部砂、石和 70% 的水倒入搅拌机,搅拌 10～20 s,将砂和石表面润湿。

第二次:投入所有水泥进行造壳搅拌（低水灰比）20 s。

第三次:最后加入 30% 水,进行糊化搅拌（该水保存在浆体中）80 s。

**特点:最后加入的 30% 水将存留在浆体中,而骨料表面是一层低水灰比的水泥壳,这样就能够从骨料表面至浆体中形成水灰比梯度,既提高了混凝土的强度,又保证了混凝土的和易性。** 为保证搅拌质量,目前有专用的裹砂石混凝土搅拌机。

2.搅拌时间

从砂、石、水泥和水等全部材料装入搅拌筒至开始卸料止所经历的时间称为混凝土的搅拌时间。

如果搅拌时间短,混凝土搅拌得不均匀,将直接影响混凝土的强度。如适当延长搅拌时间,可增加混凝土强度,而搅拌时间过长,混凝土的均质性并不能显著增加,反而影响混凝土搅拌机的生产率;不坚硬的骨料会发生掉角甚至破碎,降低了混凝土的强度;水分的蒸发、混凝土的离析会使混凝土和易性降低。

混凝土搅拌的最短时间与搅拌机的类型和容量、骨料的品种、对混凝土流动性的要求等因素有关,应符合表 4-32 的规定。

表 4-32　　　　　　　　　混凝土搅拌的最短时间　　　　　　　　　　s

| 混凝土的坍落度/mm | 搅拌机类型 | 搅拌机容量 | | |
|---|---|---|---|---|
| | | <250 L | 250～500 L | >500 L |
| ≤40 | 自落式 | 90 | 120 | 150 |
| | 强制式 | 60 | 90 | 120 |
| >40 | 自落式 | 90 | 90 | 120 |
| | 强制式 | 60 | 60 | 90 |

注:1.全轻混凝土宜采用强制式搅拌机搅拌,砂轻混凝土可用自落式搅拌机搅拌,搅拌时间均应延长 60～90 s。

2.掺有外加剂的混凝土、≥C60 的混凝土、坍落度小的混凝土、轻骨料混凝土,搅拌时间均应适当延长。

**工程中绝对不允许以提高搅拌机的转速来缩短搅拌时间。** 采用自落式搅拌机:当搅拌机的转速超过临界转速时,物料将不再落下,没有搅拌,也就谈不上搅拌效果;采用强制式搅拌机:当转速过高,物料将集聚在筒的边缘,物料也没有搅拌效果。

3.装料量

搅拌机每次（出盘）可搅拌出的混凝土体积称为搅拌机的出料容量（$V_c$）;每次可装入干料的体积称为进料容量（$V_g$）。搅拌筒内部体积称为搅拌机的几何容量（$V_j$）。进料容量与几何容量的比值称为搅拌筒的利用系数,出料容量与进料容量的比值称为出料系数。为使搅拌筒内装料后仍有足够的搅拌空间,保证混凝土的搅拌质量,一般取 $V_g/V_j＝0.22$～$0.50$,$V_c/V_g＝0.60$～$0.70$。

### 4.3.4 混凝土的运输

混凝土由拌制地点运至浇筑地点的运输分为水平运输(地面水平运输和楼面水平运输)和垂直运输。混凝土运输设备的选择应根据建筑物的结构特点、运输的距离、运输量、地形及道路条件、现有设备情况等因素综合考虑确定。

#### 4.3.4.1 混凝土的运输要求

(1)混凝土在运输过程中不应产生分层、离析现象,如有离析现象,必须在浇筑前进行二次搅拌。

(2)混凝土运至浇筑地点开始浇筑时,应满足设计配合比所规定的坍落度,见表4-33。

表4-33　　　　　　　　　　混凝土浇筑时的坍落度　　　　　　　　　　　　　mm

| 混凝土类型 | 混凝土强度等级 | 要求坍落度 |
|---|---|---|
| 自拌混凝土 | C10、C15 | 30～50 |
|  | C20、C25、C30、C35 | 70～90 |
| 商品混凝土 | C10 | 无规定 |
|  | C15、C20、C25、C30、C35 | 180±20 |

(3)混凝土从搅拌机中卸出运至浇筑地点后必须在初凝之前浇捣完毕,其允许延续时间不超过表4-34的规定。

(4)运输工作应保证混凝土的浇筑工作连续进行。

表4-34　　　　　　　　　　运输到输送入模的延续时间　　　　　　　　　　　min

| 条件 | 气温 | |
|---|---|---|
|  | ≤25 ℃ | >25 ℃ |
| 混凝土制品生产企业(不掺外加剂) | 90 | 60 |
| 混凝土生产企业(掺外加剂) | 120 | 90 |

#### 4.3.4.2 运输设备

常用的水平运输设备有手推车、机动翻斗车、自卸汽车、混凝土搅拌运输车等。

常用的垂直运输设备有龙门架、井架、塔式起重机、混凝土泵等。

1.手推车

手推车有单轮、双轮两种,手推车操作灵活、装卸方便,适用于楼地面水平运输,施工工地应用特别广泛。

2.机动翻斗车

机动翻斗车(图4-74)是一种轻便灵活的水平运输机械,一般配有功率为8～12马力的柴油机,最大行驶速度可达30 km/h,车前装有容积为0.467 m³的料斗,载重量为1 000 kg。机动翻斗车具有轻便灵活、结构简单、转弯半径小、速度快、能自动卸料等特点,适用于与400 L混凝土搅拌机配合,做短距离混凝土运输。

3.自卸汽车

自卸汽车(图4-75)是以载重汽车做驱动力,在其底盘上装设一套液压举升机构,使车厢举升和降落,以自卸物料。

自卸汽车适用于远距离和混凝土需用量大的水平运输。

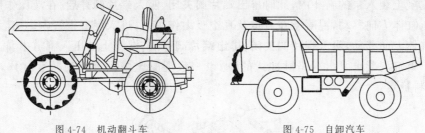

图 4-74　机动翻斗车　　　　　　　图 4-75　自卸汽车

**4.混凝土搅拌运输车**

混凝土搅拌运输车(图 4-76)是在载重汽车或专用汽车的底盘上装设一个梨形反转出料的搅拌机,它兼有运载混凝土和搅拌混凝土的双重功能。它可在运送混凝土的同时,**对其缓慢地搅拌,以防止混凝土产生离析或初凝**,从而保证混凝土的质量。亦可在开车前装入一定配合比的干混合料,在到达浇筑地点前 15~20 min 加水搅拌,到达后即可使用。该车适用于混凝土远距离运输使用,是商品混凝土必备的运输机械。

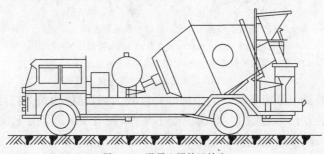

图 4-76　混凝土搅拌运输车

**有一种带振动子的搅拌运输车,是新一代的产品,外形和普通混凝土搅拌运输车差不多。**其理论基础是拌和物的内摩擦越大,则搅拌越困难;使自落式搅拌筒中的所有混凝土组分处于振动状态,可以减小拌和物的内摩擦,增加其流动性,即大大加强了混凝土的搅拌作用。与传统的搅拌运输车相比,新型的振动搅拌车具有许多优点:①带振动子的搅拌运输车比一般的自落式搅拌车搅拌作用强烈;②电子计算机在这种搅拌运输车上首次应用,带稠度控制的全自动化生产保证了搅拌的质量;③由于附加的振动,卸料迅速、干净;④能有效地搅拌特殊混凝土。

**5.混凝土泵**

混凝土泵运输又称泵送混凝土,是利用混凝土泵的压力将混凝土通过管道输送到浇筑地点,一次完成水平运输和垂直运输。混凝土泵运输具有输送能力大(最大水平输送距离可达 800 m,最大垂直输送高度可达 300 m)、效率高、连续作业、节省人力等优点,是施工现场运输混凝土较先进的方法。

(1)泵送混凝土设备

①混凝土泵类型

**混凝土泵按作用原理分为液压活塞式、挤压式和气压式三种。**

A.液压活塞式混凝土泵

液压活塞式混凝土泵(图 4-77)是利用活塞的往复运动,将混凝土吸入和排出。将搅拌好的混凝土装入泵的料斗内,此时**排出端片阀关闭,吸入端片阀开启**,在液压作用下,活塞向液压缸体方向移动,混凝土在自重及真空吸力作用下,进入混凝土管内。然后活塞向混凝土缸体方向移动,**吸入端片阀关闭,排出端片阀开启**,混凝土被压入管道中,输送至浇筑地点。单缸混凝土泵出料是脉冲式的,所以一般混凝土泵都有并列两套缸体,交替出料,使出料稳定。

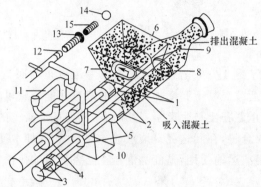

1—混凝土泵;2—混凝土活塞;3—液压缸;4—液压活塞;5—活塞杆;6—料斗;

7—吸入阀;8—排出阀;9—输送管;10—水箱;11—换向阀;

12—水洗用高压软管;13—水洗用法兰;14—海绵球;15—清洗活塞

图 4-77　液压活塞式混凝土泵

液压活塞式混凝土泵由于泵送的距离和高度较大,目前使用最为广泛。

将混凝土泵装在汽车底盘上,组成混凝土泵车(图 4-78)。混凝土泵车转移方便、灵活,适用于基础工程、多层建筑混凝土浇筑等中小型工程施工。

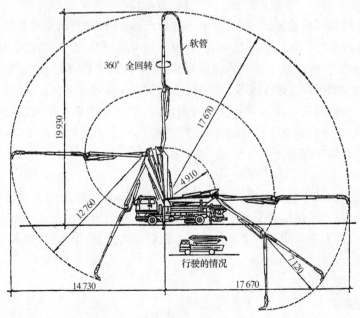

图 4-78　混凝土泵车

B.挤压式（机械式）混凝土泵

挤压式（机械式）混凝土泵是利用泵室内的滚轮挤压装有混凝土的软管，软管受局部挤压使混凝土向前推移。泵室内保持高度真空，软管受挤压后扩张，管内形成负压，将料斗中的混凝土不断吸入，滚轮不断挤压软管、使混凝土不断排出，如此连续运转。挤压式（机械式）混凝土泵维修方便，价格便宜。

②混凝土输送管

混凝土输送管有直管、弯管、锥形管和浇筑软管等。直管、弯管的管径以100、125和150 mm三种为主，直管标准长度以4.0 m为主，另有3.0、2.0、1.0、0.5 m四种管长作为调整布管长度用。锥形管长度一般为1.0 m，用于两种不同管径输送管的连接。最后一段浇筑软管用橡胶与螺旋形弹性金属制成。软管接在管道出口处，在不移动钢管的情况下，可扩大布料范围。

③布料装置

混凝土泵连续输送的混凝土量很大，为使输送的混凝土直接浇筑到模板内，应设置具有输送和布料两种功能的布料装置（称为布料杆）。

布料装置应根据工地的实际情况和条件来选择。图4-79为两种类型布料装置，它们的臂架可回转360°，可将混凝土输送到其工作范围内的浇筑地点。

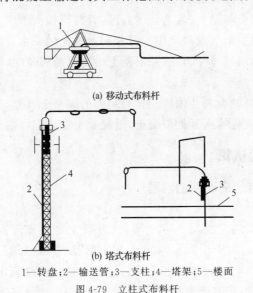

(a) 移动式布料杆

(b) 塔式布料杆

1—转盘；2—输送管；3—支柱；4—塔架；5—楼面

图4-79　立柱式布料杆

（2）泵送混凝土的材料要求

**泵送混凝土的工作性能是指混凝土的可泵性，混凝土的可泵性不仅与混凝土的和易性有关，而且与设备情况有关。**为尽量减少混凝土在输送管内输送时与管壁间的摩阻力，不产生离析、泌水所导致的堵管现象，使混凝土流通顺利，泵送混凝土的原料应满足一定的要求。

①水泥：水泥用量过少，混凝土易产生离析现象。1 m³泵送混凝土最小水泥用量为300 kg。

②粗骨料：粗骨料宜优先选用卵石，当水灰比相同时卵石混凝土比碎石混凝土流动性

好,与管道的摩阻力小。为减小混凝土与输送管道内壁的摩阻力,应限制粗骨料最大粒径 $d$ 与输送管内径 $D$ 之比值。泵送时,混凝土输送管的最小内径见表 4-35。

表 4-35                                     混凝土输送管最小内径

| 粗骨料最大粒径 $d$/mm | 输送管最小内径 $D$/mm |
| --- | --- |
| 25 | 125 |
| 40 | 150 |

③细骨料:骨料颗粒级配对混凝土的流动性有很大影响。为了提高混凝土的流动性和防止离析,泵送混凝土中通过 0.135 mm 筛孔的砂应不少于 15%,对 0.16 mm 筛孔的通过量不应少于 5%。含砂率宜控制在 35%~45%。

④外加剂:为了提高混凝土的流动性,减小混凝土与输送管内壁摩阻力,防止混凝土离析,宜掺入适量的外加剂(一般为减水剂)。

(3)泵送混凝土施工的有关规定

泵送混凝土施工时,为保证泵送的顺利进行,除了应事先拟定施工方案,选择泵送设备,做好施工准备工作外,在施工中应遵守如下规定:

①混凝土的供应必须保证混凝土泵能连续工作。

②输送管线的布置应尽量直,转弯宜少且缓,管与管接头严密。

③泵送前应先用适量的与混凝土内成分相同的水泥浆或水泥砂浆润滑输送管内壁。

④预计泵送间歇时间超过 45 min 或混凝土出现离析现象时,应立即用压力水或其他方法冲掉管内残留的混凝土。

⑤泵送混凝土时,泵的上料斗内应经常有足够的混凝土,防止吸入空气形成阻塞。

⑥输送混凝土时,应先输送远处混凝土,随混凝土浇筑工作的逐步完成,逐步拆管。

### 4.3.5 混凝土的浇筑

#### 4.3.5.1 混凝土浇筑应注意的问题

1.防止混凝土的离析

当浇筑混凝土时,为避免混凝土产生离析,混凝土自由倾落高度 2.0 m 左右比较合适,一般不宜大于 3.0 m,大于 3.0 m 时,应采用串筒、溜管或振动溜管等辅助设备。

浇筑楼板混凝土时,自由倾落高度不宜超过 1 m;柱、墙模板内的混凝土浇筑倾落高度应符合表 4-36 的规定;当不能满足表 4-36 的要求时,应加设串筒、溜管、溜槽等装置。

表 4-36                           墙、柱模板内混凝土浇筑倾料高度限制

| 条件 | 浇筑倾料高度/m |
| --- | --- |
| 粗骨料粒径大于 25 mm | ≤3 |
| 粗骨料粒径小于 25 mm | ≤6 |

溜槽一般用木板制作,表面包铁皮,如图 4-80 所示,使用时其水平倾角不宜超过 30°。串筒用薄钢板制成,每节筒长 700 mm 左右,用钩环连接,筒内设有缓冲挡板,如图 4-81 所示。

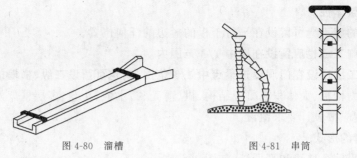

图 4-80　溜槽　　　　　　　　　图 4-81　串筒

**2.施工缝的留设**

由于施工技术(安装上部钢筋、重新安装模板和脚手架、限制支撑结构上的荷载等)或施工组织(工人换班、设备损坏、待料等)的原因,不能连续将结构整体浇筑完成,且停歇时间(表 4-37 为混凝土浇筑中的最大间歇时间)可能超过混凝土的初凝时间时,则应预先确定在适当的部位留设施工缝。

**施工缝只是新、旧混凝土的接合面,并不是真正的缝,因此没有缝宽。由于施工缝会造成结构的整体性降低和漏水,施工缝设置的原则是,留在结构受剪力较小且便于施工的部位。常与房屋的伸缩缝、沉降缝和抗震缝结合设置。**

表 4-37　　　　　　　　　　运输、输送入模及其间歇总的时间限制　　　　　　　　　　min

| 条件 | 气温 | |
| --- | --- | --- |
| | ≤25 ℃ | >25 ℃ |
| 混凝土制品生产企业(不掺外加剂) | 180 | 150 |
| 混凝土生产企业(掺外加剂) | 240 | 210 |

(1)施工缝的具体位置

①一般将柱的施工缝留在基础的顶面、梁或吊车梁牛腿的下面,或无梁楼盖柱帽的下面(图 4-82),柱的施工缝位置是非受剪力较小处,反而是受剪力较大部位,这里主要是考虑施工方便,如将施工缝留在受剪力较小的柱中部,下段柱与基础同时浇筑,势必将下部柱模支撑在空的基础模板上,造成施工不便。

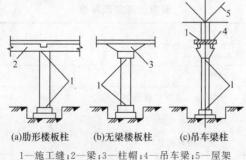

(a)肋形楼板柱　　　(b)无梁楼板柱　　　(c)吊车梁柱
1—施工缝;2—梁;3—柱帽;4—吊车梁;5—屋架
图 4-82　施工缝留设的具体位置

②与板连成整体的大断面梁(高度大于 1 m 的混凝土梁)单独浇筑时,施工缝应留设在板底面以下 20~30 mm 处,板有梁托时,应留在梁托下部。

③有主次梁的楼板,宜顺着次梁方向浇筑,施工缝应留设在次梁跨中 1/3 的范围内,

以保持主梁的整体性。

④单向板的施工缝可留设在平行于板的短边的任何位置。

⑤楼梯的施工缝也应留设在跨中 **1/3** 范围内。

⑥墙的施工缝留设在门洞口过梁跨中 **1/3** 范围内,也可留设在纵、横墙的交接处。

⑦双向受力楼板、大体积混凝土结构、拱、薄壳、蓄水池、斗仓、多层框架及其他结构复杂工程,施工缝应按设计要求留设。

(2)施工缝的形式

工程中常采用企口缝和高低缝,如图 4-83 所示。

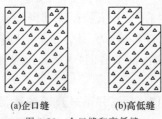

(a)企口缝　　　　(b)高低缝

图 4-83　企口缝和高低缝

(3)施工缝的处理

①在施工缝处继续浇筑混凝土时,先前已浇筑混凝土的抗压强度应不小于 $1.2\ N/mm^2$。

②继续浇筑前,应清除已硬化混凝土表面上的水泥薄膜和松动石子以及软弱混凝土层,并加以充分湿润和冲洗干净,且不得积水。

③在浇筑混凝土前,在施工缝处先铺一层水泥浆或与混凝土浆液同成分的水泥砂浆,接浆层厚度不应大于 30 mm。

④混凝土应细致捣实,使新、旧混凝土紧密结合。

⑤必要时可在施工缝处加一些插筋以增加该处混凝土的整体性。

3.混凝土分层浇筑

为了使混凝土能够振捣密实,浇筑时应分层浇灌、振捣,并在下层混凝土初凝之前将上层混凝土浇灌并振捣完毕。混凝土分层浇筑时每层的厚度应符合表 4-38 的规定。

表 4-38　　　　　　　　　　混凝土浇筑层厚度

| 捣实混凝土的方法 | | 浇筑层厚度/mm |
| --- | --- | --- |
| 插入式振捣 | | 振动器作用部分长度的 1.25 倍 |
| 表面振捣 | | 200 |
| 人工振捣 | 在基础、无筋混凝土或配筋稀疏的结构中 | 250 |
| | 在梁、墙板、柱结构中 | 200 |
| | 在配筋密列的结构中 | 150 |
| 轻骨料混凝土 | 插入式振捣 | 300 |
| | 表面振动(振动时需加荷) | 200 |

4.浇筑混凝土的方法

浇筑混凝土的正确与错误方法详见表 4-39。

表 4-39　　　　　　　　　　　浇筑混凝土的正确与错误方法

| 序号 | 操作项目 | 正确方法 | 错误方法 |
|---|---|---|---|
| 1 | 人工浇筑 | | |
| 2 | 倾卸混凝土 | 不离析　为设置漏斗管而留出60 cm的空间 | 挡板　粗骨料　砂浆　砂浆 |
| 3 | 漏斗对混凝土浇筑的影响 | | |
| 4 | 浇筑方向对混凝土的影响 | 浇筑方向　已振捣混凝土 | 浇筑方向　已振捣混凝土 |
| 5 | 料斗移动对混凝土的影响 | 大模板　料斗　水平移动 | 大模板　料斗 |

### 4.3.5.2　混凝土构件的浇筑方法

1.现浇多层钢筋混凝土框架结构的浇筑

（1）柱

$$柱高度\ H\begin{cases} H\leqslant 3 & 柱、梁板模板同时支设\begin{cases}柱和梁板之间设施工缝,混凝土分开浇筑\\ 柱和梁板混凝土一次浇筑完毕\end{cases}\\ H>3 & 先施工柱、再进行梁板施工\end{cases}$$

①同时支柱和梁板模板,先浇柱,后浇梁混凝土,柱、梁之间留设施工缝,**注意同一施工段内每排柱子应由外向内按照对称的顺序浇筑**,不要由一端向另一端顺序推进,以防止柱模板逐渐受推,向一侧倾斜,造成误差积累过大而难以纠正。

②如柱和梁一次浇筑完毕(对支模质量要求较高),不留施工缝,那么在柱混凝土浇筑完毕后应间隔 **1～1.5 h**(混凝土沉实),再继续浇筑上面的梁板结构。

③柱混凝土浇筑前,**柱底部应先浇筑一层厚 50～100 mm 与所浇筑混凝土内砂浆成分相同的水泥砂浆或水泥浆(坐浆)**,然后再浇混凝土;柱混凝土浇筑后,柱顶部因粗骨料下沉容易出现泛浆现象,柱顶部由于缺骨料降低了柱顶混凝土强度,因此在**施工中柱顶振捣时间不宜过长**,可适度压入粗骨料。

（2）剪力墙

①框架结构中的剪力墙亦应分层浇筑(分层厚度约 60 cm),当浇筑到顶部时因浮浆积聚太多,应适当减少混凝土配合比中的用水量,或适当压入粗骨料。

②墙体与柱同为垂直构件,同样需要**坐浆 5～10 cm 和混凝土的沉实**。

③对有窗口的剪力墙应在窗口两侧对称下料,以防压斜窗口模板,对窗口下部的混凝

土应加强振捣，以防出现孔洞。

（3）梁和板

①梁和板宜采用赶浆法同时浇筑，且**从一端开始向另一端推进，**只有当梁高度大于1 m（即深梁）方可将梁单独浇筑，此时的施工缝留在楼板板面下 20～30 mm 处。

②在浇筑与柱和墙连成整体的梁和板时，应在柱和墙浇筑完毕后停歇 1～1.5 h，使其获得初步沉实后，再继续浇筑梁和板。

③当梁、柱混凝土标号不同时，应先用与柱同标号的混凝土浇筑柱子与梁相交的节点处，用铁丝网将节点与梁端隔开，在混凝土凝结前，及时浇筑梁的混凝土，不要在梁的根部留设施工缝。

2.大体积混凝土结构浇筑

大体积混凝土：混凝土结构实体最小尺寸不小于 1 m 的大体积混凝土，或者预计会因混凝土中胶凝材料水化引起温度变化和收缩而导致有害裂缝产生的混凝土。

（1）大体积混凝土结构裂缝形成的原因

一般大体积混凝土结构的整体性要求高，要求混凝土连续浇筑，不允许留施工缝。与普通构件不同，大体积混凝土由于构件体积大，水泥的水化热积聚在内部不易散发，而构件表面散热快，极易造成表面裂缝和贯穿式裂缝（表 4-40）。

表 4-40　　　　　　　　　　大体积混凝土结构裂缝及形成的原因

| 裂缝形式 | 形成的原因 |
|---|---|
| 表面裂缝 | 大体积混凝土结构浇筑后，由于体积大，内部水泥水化热不易散发造成内部温度升高，而表面散热较快，在构件内部产生压应力，表面产生拉应力，当内外温差超过 25 ℃时，在混凝土表面产生裂缝 |
| 贯穿性裂缝 | 当混凝土水化基本完成，混凝土开始整体收缩，由于基底或垫层与其不能同步收缩，混凝土的收缩受到基底或垫层的约束，不能自由收缩，接触面处会产生很大的拉应力，当超过混凝土的极限拉应力时，混凝土结构会产生裂缝。此种裂缝严重者会贯穿整个混凝土截面，更具破坏性 |

（2）大体积混凝土温控指标要求

表面温度与大气温度的差不宜大于 20 ℃，混凝土浇筑体里表温差（不含混凝土收缩的当量温度）不宜大于 25 ℃，同时混凝土浇筑体的降温速率不宜大于 2 ℃/d，混凝土浇筑体在入模温度的基础上温升值不宜大于 50 ℃。

（3）大体积混凝土结构浇筑采取的相应措施

①表面裂缝

A.首先应选用低水化热的矿渣水泥、火山灰质水泥或粉煤灰水泥；掺入适量的粉煤灰以降低水泥用量。

B.在保证混凝土强度的前提条件下，尽量减少水泥的用量（可利用混凝土 60 d 或 90 d的强度）。

C.扩大浇筑面和散热面，即降低浇筑速度或减少浇筑厚度。

D.必要时采取人工降温措施，如采用风冷却，或向搅拌用水中投冰块以降低水温，但不得将冰块直接投入搅拌机。实在不行，可在混凝土内部埋设冷却水管，用循环水来降低混凝土温度。

E.在炎热的夏季,混凝土浇筑时的温度不宜超过 28 ℃,最好选择在夜间气温较低时浇筑。

F.混凝土浇筑后表面应及时覆盖。

②贯穿式裂缝

基底铺砂或铺油毡,起隔离层作用,以保证大体积构件正常收缩。

(4)大体积混凝土结构的浇筑方案

为减小大体积混凝土水化热的体内积蓄,应尽量减小混凝土的浇筑厚度和浇筑速度。混凝土的浇筑方案有全面分层、分段分层、斜面分层,如图 4-84 所示。

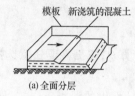

(a) 全面分层　　　　(b) 分段分层　　　　(c) 斜面分层

图 4-84　大体积混凝土结构的浇筑方案

①全面分层

全面分层方案适用于平面尺寸不太大的结构,施工时从短边开始,沿长边进行较适宜。在整个构件内全面分层浇筑混凝土,要做到第一层全面浇筑完毕回来浇筑第二层时,第一层浇筑的混凝土还未初凝,如此逐层进行,直至浇筑完毕,如图 4-85 所示,为满足该浇筑条件,混凝土的浇筑速度 $Q(\mathrm{m^3/h})$ 必须满足下式:

$$Q \geqslant \frac{F \cdot h}{T} \tag{4-8}$$

式中　$F$——构件的面积,$\mathrm{m^2}$;

　　　$h$——浇筑层厚度,取决于振捣工具,m;

　　　$T$——每层混凝土从开始浇筑到初凝的延续时间,h。

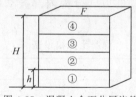

图 4-85　混凝土全面分层浇筑

**可以已知 $Q$ 计算 $h$,或者已知 $h$ 计算 $Q$,依据需要任意选择。**

②分段分层

分段分层适宜于厚度不太大而面积或长度较大的构件。如图 4-86 所示,为满足大体积混凝土连续浇筑要求,混凝土从第一段的第一层开始浇筑,进行一定距离后回来浇筑第一段的第二层,如此依次向上浇筑以上各层至浇完第一段,在一段内满足全面分层要求;然后浇筑第二段,此时须满足开始浇筑第二段第一层的混凝土时,第一段第一层末尾已浇筑的混凝土未初凝,依次浇筑第二段第二层、第三层……,浇完第二段,浇第三段……,浇筑速度必须满足下式:

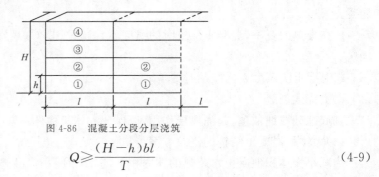

图 4-86　混凝土分段分层浇筑

$$Q \geqslant \frac{(H-h)bl}{T} \tag{4-9}$$

式中　$H$——构件的厚度，m；

　　　$b$——构件的宽度，m；

　　　$l$——分段长度，m。

**可以已知 $Q$、$l$ 计算 $h$，或已知 $Q$、$h$ 计算 $l$，或已知 $h$、$l$ 计算 $Q$，依据需要任意选择。**

③斜面分层

斜面分层适用于长度超过厚度的三倍的结构，多用于流动性大的混凝土浇筑，例如混凝土泵送。

振捣工作应从浇筑层的下端开始，逐渐上移，以保证混凝土不离析。

### 4.3.6　混凝土的振捣

混凝土浇灌到模板中后，由于骨料间的摩阻力和水泥浆的黏结作用，不能自动充满模板，其内部是疏松的，有一定体积的孔洞和气泡，不能达到要求的密实度。所以在混凝土浇灌到模板内后，必须进行适当的振捣，使之具有设计要求的结构形状、尺寸和设计要求的强度等级；但要注意过多的振捣易导致混凝土的分层离析。混凝土振捣的方法有人工振捣和机械振捣，施工现场主要用机械振捣。

#### 4.3.6.1　混凝土振捣设备

混凝土振捣设备按其传递振动的方式分为内部振动器、表面振动器、附着式振动器和振动台，见表 4-41。

表 4-41　　　　　　　　　　　混凝土振捣设备

| 混凝土振捣设备 | | 适用场地 |
|---|---|---|
| 内部振动器 | 偏心式 | 主要用于施工现场 |
| | 行星式 | |
| 表面振动器 | | |
| 附着式振动器 | | |
| 振动台 | | 一般用于预制场 |

根据振动频率的不同，混凝土振捣设备分为低频、中频和高频振动器。低频振动器的振动频率在 2 000～5 000 次/min，中频振动器的振动频率在 5 000～8 000 次/min，高频振动器的振动频率在 8 000～21 000 次/min。

一般来说，外部或表面振动器为低频振动，内部插入式振动器为高频振动，适用于塑性和干硬性混凝土的振捣。

1.内部振动器

内部振动器又称插入式振动器(振动棒),多用于振捣现浇基础、柱、梁、墙等结构构件和厚大体积设备基础的混凝土。

插入式振动器按产生振动的原理分为偏心式和行星式。

(1)偏心软轴插入式振动器

如图 4-87 所示,电动机 1 通过增速器(加速齿轮箱)2 带动传动软轴 3 内的钢丝软轴高速旋转,使振动棒 4 内的偏心块高速旋转产生离心力,振动器发生振动。这种振动器电动机转速为 2 850 r/min,经过增速器加速,振动器振动频率可达 6 000～6 200 次/min。

通过增速器来提高振动器的振动频率就意味着提高软轴转速,这将直接导致软轴的温度升高,增加软轴的机械磨损,使软轴的寿命大大缩短。

(2)行星滚锥软轴插入式振动器

如图 4-88 所示,**电动机通过驱动软轴 6 带动滚锥轴 4 转动时,滚锥 1 除了本身自转外,还绕着滚道(振动棒外壳)2 做"公转",每自转一周,可引起公转几周,每公转一周,滚锥就撞击滚道一次,滚道与滚锥的直径越接近,"公转"的频率就越高,行星滚锥软轴插入式振动器的振动频率明显高于偏心式。**因此,目前在工地,偏心软轴插入式振动器已基本被行星滚锥软轴插入式振动器所取代。

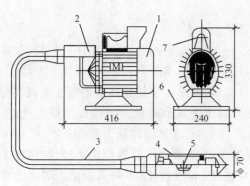

1—电动机;2—加速齿轮箱;3—传动软轴;
4—振动棒;5—偏心块;6—底板;7—手柄及开关

图 4-87　偏心软轴插入式振动器

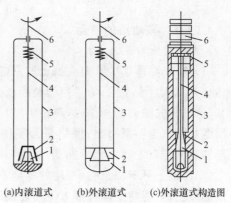

(a)内滚道式　(b)外滚道式　(c)外滚道式构造图

1—滚锥;2—滚道;3—振动棒外壳;
4—滚锥轴;5—挠性连轴节;6—驱动软轴

图 4-88　行星滚锥软轴插入式振动器

滚锥套住滚道旋转的称为内滚式,滚锥在滚道内旋转的称为外滚式。目前使用的行星滚锥式振动器多为外滚式,高频行星外滚软轴插入式振动器的数量占我国插入式振动器的90%以上。目前国产 HZ6X-50 型行星式高频振动器,电动机转速为 2 850 r/min,振动器频率为 14 000 次/min,振动棒直径为 50 mm,振动棒长度为 500 mm,振动力为 5 700 N,振幅为 1.1 mm,软管直径为 13 mm,软管长度为 4 m,总重为 33 kg。

2.表面振动器

表面振动器又称平板振动器,是将一个带偏心块的电动振动器安装在钢板或木板上,振动力通过平板传给混凝土。表面振动器的振动作用深度小,适用于振捣表面积大而厚度小的结构,如现浇楼板、地坪或预制板。表面振动器底板大小的确定,应以使振动器能浮在混凝土表面上为准。

**3.附着式振动器**

附着式振动器是将一个带偏心块的电动振动器利用螺栓或钳形夹具固定在构件模板的外侧,不直接与混凝土接触,振动力通过模板传给混凝土。**附着式振动器的振动由于易导致模板移位以及振动作用深度小(一般小于 300 mm)**,适用于振捣钢筋密、厚度小及不宜使用插入式振动器的构件,如墙体、薄腹梁等。

**4.振动台**

振动台是一个支撑在弹性支座上的工作台(图 4-89)。工作台框架由型钢焊成,台面为钢板。工作台下面装设振动机构,振动机构转动时,即带动工作台振动,使工作台上的构件混凝土被振实。

振动时应将模板牢固地固定在振动台上(可利用电磁铁固定),否则模板的振幅和频率将小于振动台的振幅和频率,振幅沿模板分布也不均匀,影响振动效果,振动时噪声也过大。振动台由于体积较大,一般多用于混凝土构件预制场。

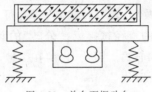

图 4-89　单台面振动台

### 4.3.6.2　振动器的使用

**1.插入式振动器**

(1)使用时,前手应紧握在振动棒上端约 50 cm 处,以控制插点,后手扶正软轴,使振动棒自然沉入混凝土内,切忌用力硬插或斜推,振动棒应尽量直上直下。

(2)插入式振动器操作时,应做到"快插慢拔"。**快插是为了防止表面混凝土先振实而下面混凝土气泡不易排出**;慢拔是为了使混凝土能填满振动棒抽出时造成的砂浆孔洞。振动器插入混凝土后应上下抽动,抽动幅度为 5～10 cm,以保证混凝土振捣密实。

(3)混凝土分层浇筑时,每层的厚度不应超过 1.25 倍振动器有效作用半径,在振捣上一层混凝土时,要将振动棒插入下一层混凝土中约 **5 cm 左右(图 4-90)**,以防止混凝土之间的冷缝,振捣上层混凝土时要在下层混凝土初凝前进行。

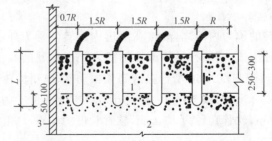

1—新浇筑的混凝土;2—下层已振捣但尚未初凝的混凝土;3—模板

$R$—有效作用半径;$L$—振动棒长度

图 4-90　插入式振动器的插入深度

(4)振动器插点排列要均匀,可按"行列式"或"交错式"的次序移动(图 4-91),两种排列形式不宜混用,以防漏振。普通混凝土的插点间距不宜大于振动器有效作用半径的1.5倍;轻骨料混凝土的插点间距不宜大于振动器有效作用半径;振动器与模板的距离不应大于振动器有效作用半径的1/2,并应避免碰撞钢筋、模板、芯管、预埋件等。

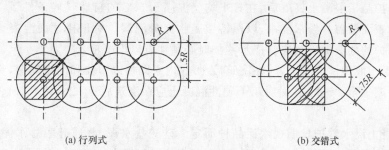

(a) 行列式　　　　　　　　　(b) 交错式

图 4-91　振动器插点排列

(5)掌握好每个插点的振捣时间。时间过长、过短都会引起混凝土分层、离析。每一插点的振捣延续时间,一般以混凝土表面呈水平,混凝土拌和物不显著下沉,不出现气泡、表面泛浆为准。

2.表面振动器

(1)表面振动器在每一位置上连续振动的时间,正常情况下为 25～40 s,以混凝土表面均匀出现泛浆为准。移动时应成排依次振捣前进,前后位置和排与排之间,应保证振动器的平板覆盖已振实部分的边缘,一般重叠 3～5 cm 为宜,以防漏振。移动方向应与电动机转动方向一致。

(2)表面振动器的有效作用深度,在无筋和单筋平板中为 20 cm,在双筋平板中约为 12 cm。因此,混凝土厚度一般不超过振动器的有效作用深度。

(3)大面积的混凝土楼地面,可采用两台表面振动器以同一方向安装在两条木杠上;通过木杠的振动,使混凝土密实,但两台表面振动器的频率应保持一致。

(4)振捣带斜面的混凝土时,表面振动器应由低处逐渐向高处移动,以保证混凝土密实。

3.附着式振动器

(1)附着式振动器的有效作用深度为 25 cm 左右,如构件较厚时,可在构件对应两侧安装振动器,同时进行振捣。

(2)在同一模板上同时使用多台附着式振动器时,各振动器的频率须保持一致,两面的振动器应错开位置排列。其位置和间距视结构形状、模板坚固程度、混凝土坍落度及振动器功率大小决定,一般每隔 1～1.5 m 设置一台振动器。

(3)当结构构件断面较深、较窄时,可采用边浇灌边振捣的方法。但必须在混凝土浇灌高度超过振动器的高度时,方可开动振动器进行振捣。振捣的延续时间以混凝土成一水平,且无气泡出现时为准。

### 4.3.7　混凝土的养护

混凝土浇筑后,必须根据水泥品种、气候条件和工期要求加强养护措施。混凝土养护的方法很多,通常按其养护工艺分为自然养护和人工养护两大类。而自然养护又分为浇水养护和喷膜养护。

#### 4.3.7.1 自然养护

1.浇水养护

浇水养护是指混凝土终凝后,在日平均气温高于 5 ℃的自然气候条件下,用草帘、草袋将混凝土表面覆盖并经常浇水,以保持覆盖物充分湿润。对于楼地面混凝土工程也可采用蓄水养护的办法加以解决。浇水养护时必须注意以下事项:

(1)对于一般塑性混凝土,应在浇筑后 12 h 内立即加以覆盖和浇水润湿,炎热的夏天养护时间可缩短至 2～3 h。而对于干硬性混凝土应在浇筑后 1～2 h 内养护,使混凝土保持湿润状态。

(2)混凝土浇水养护日期视水泥品种而定。硅酸盐水泥、普通硅酸盐水泥、矿渣硅酸盐水泥拌制的混凝土,不得少于 7 d;掺用缓凝型外加剂或有抗渗要求的混凝土,不得少于 14 d;采用其他品种水泥时,混凝土的养护时间应根据水泥技术性能确定。

(3)养护用水应与拌制用水相同,浇水的次数应以能保持混凝土具有足够的润湿状态为准。平均气温低于 5 ℃时,不得浇水养护。

2.喷膜养护

喷膜养护是将一定配比的塑料溶液,用喷洒工具喷洒在混凝土表面,待溶液挥发后,塑料在混凝土表面结成一层薄膜,使混凝土表面与空气隔绝,封闭混凝土中水分的蒸发而完成水泥的水化作用,达到养护的目的。

喷膜养护适用于不易浇水养护的高耸构筑物和大面积混凝土的养护以及缺水地区的混凝土养护。

**喷膜养护剂的喷洒时间,一般待混凝土收水后,混凝土表面以手指轻按无指印时即可进行,施工温度应在 100 ℃以上。**

大面积结构如地坪、楼板也可采用蓄水养护。贮水池一类结构,可在拆除内模板、混凝土达到一定强度后注水养护。

#### 4.3.7.2 人工养护

人工养护目前主要用蒸汽养护,蒸汽养护是将构件放在充有饱和蒸汽或蒸汽与空气混合物的养护室内,在较高的温度和相对湿度的环境中进行养护,以加快混凝土的硬化。**蒸汽养护制度包括养护阶段的划分,静停时间,升、降温速度,恒温养护温度与时间,养护室相对湿度等。**常压蒸汽养护过程分为四个阶段:静停阶段、升温阶段、恒温阶段及降温阶段。

## 4.4 高强、高性能混凝土

**高强混凝土不一定是高性能混凝土,同样,高性能混凝土也不一定是高强混凝土。**

高强混凝土是指混凝土强度等级大于或等于 C60 的混凝土,利用高强混凝土的高强、高弹性模量的特性,可以大幅度减小高层和超高层建筑纵向受力结构的截面尺寸,减轻结构自重,从而扩大建筑使用面积,增强结构刚度。

高性能混凝土(简称 HPC)是在大幅度提高普通混凝土性能的基础上,利用现代混凝土技术制作的一种新型的高技术混凝土材料,即在普通混凝土基础上,采用高性能外加剂和掺加足够的超细活性掺合料,达到低水胶比而制成的混凝土。它以耐久性作为设计的主要指标,且针对不同用途要求,来保证混凝土的适用性和强度,并使其耐久性、工作性、各种力学性能、体积稳定性和经济合理性达到较好的统一。

### 4.4.1　高强混凝土

近年来,自建设部提出在建筑业推广十项新技术以来,高强泵送混凝土技术才在我国真正大规模地推广应用。高强混凝土的强度等级按立方体抗压强度标准值划分为 C60、C65、C70、C75、C80、C85、C90、C95 和 C100。高强混凝土可以减轻结构自重、减小构件截面、增大使用空间,并可提高混凝土的耐久性。

#### 4.4.1.1　高强混凝土的配制

1.高强混凝土配制强度应按下式确定:

$$f_{cu,0} \geqslant 1.15 f_{cu,k} \tag{4-10}$$

式中　$f_{cu,0}$——混凝土配制强度,MPa;

　　　$f_{cu,k}$——混凝土立方体抗压强度标准值,MPa。

高强混凝土配合比应经试验确定,在缺乏试验依据的情况下宜符合下列规定:

(1)水胶比、胶凝材料用量和砂率可按表 4-42 选取并应经试配确定。

表 4-42　　　　水胶比、胶凝材料用量和砂率

| 强度等级 | 水胶比 | 胶凝材料用量/(kg·m⁻³) | 砂率/% |
|---|---|---|---|
| ≥C60,<C80 | 0.28~0.34 | 480~560 | |
| ≥C80,<C100 | 0.26~0.28 | 520~580 | 35~42 |
| C100 | 0.24~0.26 | 550~600 | |

注:尽量采用低水胶比和低砂率的干硬性混凝土。

(2)配合比试配应采用工程实际使用的原材料,进行混凝土拌和物性能、力学性能和耐久性能试验,试验结果应满足设计和施工的要求。

2.对原材料的基本要求

(1)配制高强混凝土宜选用快硬高强水泥(硅酸盐水泥或普通硅酸盐水泥);配制 C80 及以上强度等级的混凝土,水泥 28 d 胶砂强度不宜低于 50 MPa;水泥温度不宜高于 60 ℃。

(2)粗骨料应选用坚硬致密的岩石,岩石抗压强度应比混凝土强度等级标准值高30%;并采用连续级配,最大公称粒径不宜大于 25 mm;高强混凝土不宜采用再生骨料。

(3)配制高强混凝土宜采用质地良好的中砂。

3.配制高强混凝土宜采用早强剂、高效减水剂,配制 C80 及以上等级混凝土时,高效减水剂的减水率不宜小于 28%。

#### 4.4.1.3　搅拌工艺

搅拌工艺是高强混凝土的主要影响因素。混凝土搅拌的目的,除了达到均匀混合之

外,还要达到强化、塑化的作用。不同的投料程序与拌和方式,对混凝土混合物的均匀性都有较大的影响。

配制高强混凝土的工艺:①采用双卧轴强制式搅拌机;②采取二次投料和二次加水,详情请见 4.3.3.2 搅拌机的搅拌制度中的投料顺序。

#### 4.4.1.3 振动成形工艺

在混凝土混合物受振动而密实时,产生两个过程:骨料(特别是粗骨料)下沉,其空间相对位置紧密;水泥浆结构在水泥粒子凝聚过程中密实,即适宜的振动,可以降低混合物的黏度,使各粒子逼近,使水泥粒子分散,并排出气泡。

实际上,通常采用的振捣设备只能振实骨料,不能振实水泥水化物和其他小颗粒,无法达到上述水泥粒子振实的理想状态。目前,国内已经较广泛地采用了高频电磁振动器,高频电磁振动器不仅能振实粗、细骨料,而且能振实水泥颗粒。德国采用超声波振动器,已制成抗压强度为 140 MPa 的混凝土。

采用振动加压、多频振动、离心成形或真空吸水、聚合物浸渍等措施,都可提高混凝土的强度。

### 4.4.2 高性能混凝土

高性能混凝土采用的是常规材料和常规的施工工艺,主要是通过调整不同的水用量、水泥用量及选择不同的掺合料品种与用量来实现的。

高性能混凝土必须具有混凝土结构所要求的各项力学性能,且具有高耐久性、高工作性和高体积稳定性,以耐久性作为设计的主要指标。

#### 4.4.2.1 高性能混凝土配制的技术途径

(1)降低水泥用量(必要时加入膨胀剂),减少混凝土硬化过程中因收缩而造成的宏观与微观裂缝。

(2)降低水灰比,减少硬化后混凝土内部的孔隙。

(3)水泥及矿物掺合料的总体颗粒组成必须具有良好的级配,以提高混凝土的密实度。

(4)掺入超塑剂,可提高水泥浆体与粗集料之间的界面结构强度。

(5)掺高效减水剂,必要时配以缓凝剂、引气剂等,提高混凝土拌和物的工作性能。

#### 4.4.2.2 高性能混凝土的原材料

1.水泥

施工中大多采用强度等级≥42.5 的硅酸盐水泥和普通硅酸盐水泥来进行高性能混凝土的配制。

2.集料

(1)粗集料:粗集料要求集料的抗压强度高,颗粒级配好。

配制 C60 以上强度等级的高性能混凝土的粗骨料,应选用级配良好的碎石或碎卵石,石子的抗压强度与混凝土的抗压强度之比不宜低于 1.5,粗骨料的最大粒径不宜大于 25 mm,宜采用 15~25 和 5~15 两级粗骨料配合。还要注意防止碱-集料反应的发生。

(2)细集料:高性能混凝土采用的细骨料应选择质地坚硬、级配良好的中粗河砂或人工砂,当配制 C70 以上混凝土时,含泥量不应大于 1.0%。

对用于泵送的高性能混凝土,砂率的选用要考虑可泵性要求,一般为 34%～44%,在满足施工工艺和施工和易性要求时,砂率宜尽量选小些,以降低水泥用量。

3.高性能外加剂

由于高性能混凝土要求低水胶比,工程中往往添加减水剂以改善混凝土拌和物的特性并保证拌和物的稳定。高性能混凝土宜采用高性能减水剂或高效减水剂,高效减水剂减水率不宜低于 20%。

为改善混凝土的施工和易性及提供其他特殊性能,也可同时掺入引气剂、缓凝剂、膨胀剂等。

4.超细活性掺合料

配制高性能混凝土还可以通过掺入较多超细矿物掺合料来提高其综合性能,超细活性掺合料在混凝土中,提高了粗集料与砂浆的界面黏结强度,抑制了碱-集料反应,提高了混凝土抗腐蚀的能力,而且超细颗粒填充混凝土中各种空隙,起到了增强密实的作用,达到提高混凝土早期强度和保证其耐久性的目的。

### 4.4.2.3　高性能混凝土施工工艺

1.生产方式

高性能混凝土适宜于商品化生产方式,商品混凝土搅拌站的计算机自动控制系统可保证精确计算原材料,并在生产过程中能对原材料品质均匀性、配合比参数的变化等及时进行控制。

2.配合比控制

高性能混凝土试配中所用原材料试样都应取自批量生产,并在工程中使用有代表性的材料,且应对外加剂掺量与水量的控制提出严格要求。

高性能混凝土的单方用水量不宜大于 175 kg/m³,胶凝材料总量宜采用 450～600 kg/m³,其中矿物微细粉用量不宜大于胶凝材料总量的 40%,宜采用较低的水胶比,砂率宜采用 37%～44%,高效减水剂掺量应根据坍落度要求确定。

3.搅拌与运输

(1)为了获得高工作性能的混凝土拌和物,通常选用强制式搅拌机拌制高性能混凝土,辅以搅拌运输车运输。

(2)高性能混凝土从搅拌结束到施工现场使用不宜超过 120 min,如因运送时间不能满足要求或气候炎热,应采取经试验验证的技术措施防止因坍落度损失影响泵送。在运输到位时如发现其坍落度不足,可向混凝土拌和物中加入高效减水剂或保坍剂,切忌加水。

工程中控制拌和物工作性能的方法通常是延迟加入部分高效减水剂(即分两次添加减水剂),或在浇筑现场调整外加剂掺量。

4.浇筑和振动器

(1)混凝土的供应必须确保在规定的施工区段内连续浇筑的需求量。

(2)混凝土的浇筑应采用泵送,泵送混凝土应根据现场情况合理布管,输送混凝土管道在夏季高温时应采用湿草帘或湿麻袋覆盖降温,冬季施工时应采用保温材料覆盖。

(3)混凝土的振捣用高频振动器垂直点振,当混凝土较黏稠时应加密振点,应特别注意二次振捣和二次振捣的时机,确保有效地消除塑性阶段产生的沉缩和表面收缩裂缝。

5.养护

由于高性能混凝土的用水量较少,水化反应速度快,可使毛细管中断,即重新开始养护时,水分不能进入混凝土内部,不会引起进一步水化,所以高性能混凝土在早期即应养护。混凝土终凝后用水养护,并立即用塑料薄膜严密覆盖,水的温度应与混凝土的温度相适应,保湿养护期不应少于14 d,有缓凝和抗渗要求的混凝土的保湿养护时间应适当延长。

## 本章小结

1.重型板块组合式模板既有梁板组装式模板板面接缝少、整体刚度大的特点,又具有轻型板块组合式模板灵活通用的优点。

2.国内普遍使用的组合钢模就是一种轻型板块组合式模板,组合钢模由于人工拼装费太高,目前在国外已逐步淘汰。

3.HRB400级钢筋符合建筑钢筋"高强度、高延性、高黏性"的"三高"发展方向,目前,该类钢筋已成为我国钢筋混凝土结构的主导型钢种;冷轧带肋钢筋在国外早已普遍使用,我国是1987年开始引入的,是近几年发展迅速的一种用于建筑的新型、高效、节能型钢材。

4.闪光对焊、电阻点焊主要用在加工棚内焊接钢筋;电弧焊由于焊接质量不易保证,一般能够用对焊的不用电弧焊;电渣压力焊、埋弧压力焊、气压焊可用于现场钢筋的焊接,其中电渣压力焊主要用于竖向钢筋的焊接,埋弧压力焊主要用于钢筋与钢板做丁字形焊接,气压焊可用于各角度钢筋的焊接。

5.钢筋机械连接最主要的优势是没有明火,用于高层建筑施工是比较安全的。

6.钢筋的下料长度=各段外包尺寸之和-弯曲处的量度差+两端弯钩的增长值。钢筋的代换主要有等强度代换和等面积代换。

7.双锥形反转出料式搅拌机具有搅拌质量好,生产效率高,运转平稳,操作简单,出料干净迅速和不易粘筒等优点;强制式搅拌机和自落式搅拌机相比,搅拌作用强烈、均匀,搅拌时间短,生产效率高,混凝土质量好;搅拌机的搅拌制度有投料顺序、搅拌时间和装料量。

8.为减小大体积混凝土水化热的体内积蓄,尽量减小混凝土的浇筑厚度和浇筑速度。混凝土的浇筑方案有全面分层、分段分层、斜面分层。

9.高强混凝土不一定是高性能混凝土,同样,高性能混凝土也不一定是高强混凝土。

## 思考题

1.试述梁板组装式模板、板块组合式模板的组合工艺及各自特点。

2.试述我国目前使用的重型板块组合式模板的种类及各自特点。

3.目前国外工程中流行使用的模板卡具有哪些？各具有什么特点？

4.目前国内工程中流行使用的组合钢模在国外已逐步淘汰，为什么？试述组合钢模的发展趋势。

5.试述大模板的不同平面组合方案及这些方案的特点、适用情况。

6.何为工具式模板？

7.滑模与爬模的施工工艺不完全相同，为什么说爬模有取代滑模的趋势？

8.试述早拆模板晚拆支撑中升降头的工作原理。

9.试述冷轧扭钢筋、双钢筋的构造与特点。

10.可焊性差的钢材能否进行焊接，为什么？

11.试述闪光对焊、电阻点焊的焊接原理。

12.何为闪光对焊、电阻点焊的强参数与弱参数？

13.为什么说钢筋的焊接能不用电弧焊则尽量不用电弧焊？

14.试述钢筋机械连接的主要优势。

15.钢筋的下料中，何为量度差？

16.为什么混凝土的试配强度应比混凝土强度设计值提高一个数值？

17.试述一次投料中，水泥、砂子、石子在料斗中的投料顺序。水为什么要最后放？

18.试述采取两次加水的水泥裹砂石法的特点。

19.混凝土泵按作用原理有哪几种？

20.为什么混凝土泵车一边运输，还要一边缓慢搅拌？

21.为什么要留设施工缝？施工缝的设置原则是什么？

22.试述大体积混凝土结构的浇筑方案。

23.为什么说行星滚锥式振动器的振动频率远远高于偏心插入式振动器？

24.试述混凝土的养护方式。

## 练习题

1.某工程混凝土实验室配合比为 1:2.3:4.27，水灰比为 0.6，每立方米混凝土水泥用量为 285 kg，现场砂石含水率分别为 3‰及 1‰，求施工配合比。若选用 JZC350 锥形反转出料式搅拌机，求每拌和一次的材料用量（施工配料）。

2.何为施工缝？留设施工缝会给结构带来什么问题？试分析框架结构中，柱子的施工缝为什么一般都留在基础的顶面与柱子交接处和梁的下面。施工缝一般如何处理？

3.计算如图 4-92 所示钢筋的下料长度（Ⅰ级 $\phi$18）。

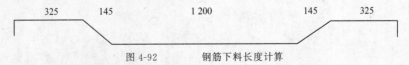

| 325 | 145 | 1 200 | 145 | 325 |

图 4-92　　钢筋下料长度计算

注：(1)图中所示均为钢筋外包尺寸，列出计算步骤、取值。

(2)斜段长 145；两边竖段长 125；端部带 180°的弯钩（图中未画出），弯折角均为 45°。

4.已知一钢筋混凝土设备基础尺寸为长×宽×高＝12 m×5 m×0.9 m,现工地有一台 250 L 的混凝土搅拌机,其实际生产率为 5 m³/h,混凝土从开始浇筑到初凝时间为 2 h,该基础不允许留施工缝,试拟定混凝土浇筑方案(混凝土每层填铺厚度为 0.3 m,且不得采用斜面分层法)。

# 第5章 预应力混凝土工程

## 本章概要

1. 先张法施工的设备种类、性能与构造。
2. 先张法施工工艺、张拉控制应力与张拉程序的确定、混凝土浇筑与养护的方式、预应力筋放张的方法。
3. 后张法施工的锚具、张拉机械的种类、特性及适用范围。
4. 后张法施工工艺、预应力损失种类及预应力损失值的组合。
5. 后张法中各类预应力筋的制作与安装。
6. 无黏结预应力的施工工艺。

预应力混凝土构件与普通混凝土构件相比,除能提高构件的抗裂度和刚度外,还具有能增加构件的耐久性、节约材料、减少自重等优点。

预应力混凝土的张拉工艺有先张法(对黏结力要求高)和后张法(对锚夹具要求高)之分、有黏结和无黏结之分,工程中常采用先张法和后张法。

## 5.1 先张法施工

先张法施工(图 5-1)是在浇筑混凝土前在台座上或钢模上张拉预应力筋,然后用夹具将张拉完毕的预应力筋临时固定在台座的横梁上或钢模上,再进行非预应力钢筋的绑扎、支设模板、浇筑混凝土、养护混凝土至设计强度等级的 75% 以上、放松预应力筋。先张法是通过混凝土与预应力筋之间的黏结力将预应力传递给构件,使得钢筋混凝土构件受拉区的混凝土承受预压应力。

先张法施工中常用的预应力筋有钢丝和钢筋。

179

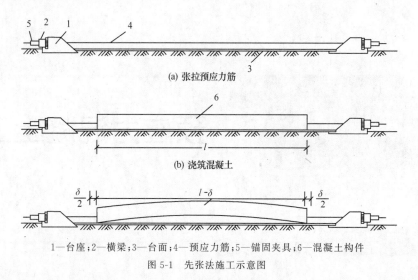

(a) 张拉预应力筋

(b) 浇筑混凝土

1—台座；2—横梁；3—台面；4—预应力筋；5—锚固夹具；6—混凝土构件

图 5-1　先张法施工示意图

### 5.1.1　台座

台座是先张法施工中张拉和临时固定预应力筋的支撑结构，它承受预应力筋的全部张拉力，因而要求台座必须具有足够的强度、刚度和稳定性，以抵抗台座破坏、变形和滑移，同时要满足生产工艺要求。台座按构造形式分为墩式台座和槽式台座。

#### 5.1.1.1　墩式台座

1.墩式台座构造与类型

墩式台座由传力墩、台面和横梁组成，如图 5-2 所示。墩式台座一次可生产多根预应力混凝土构件。

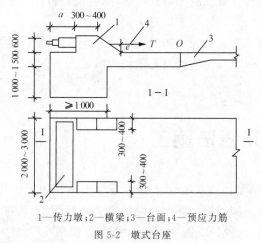

1—传力墩；2—横梁；3—台面；4—预应力筋

图 5-2　墩式台座

传力墩是墩式台座的主要受力结构，依靠其自重和土压力平衡张拉力产生的倾覆力矩，依靠土的反力和摩阻力平衡张拉力产生的水平位移。因此，传力墩体积大，埋设深度深。

为了改善传力墩的受力状况，提高台座承受张拉力的能力，减小张拉倾覆力矩，可采用台面与传力墩共同工作的墩式台座，从而减小台墩自重和埋深。

台面是预应力混凝土构件成形的胎模，是由夯实后铺碎砖垫层，再浇筑 $50\sim80$ mm 厚的 C15～C20 混凝土面层而制成。台面一般宽 $1\sim2$ m，长约 100 m。台面要求平整、光滑，沿其纵向留设 0.3％的排水坡度，每隔 $10\sim20$ m 设置宽 $30\sim50$ mm 的温度缝。

横梁是锚固夹具临时固定预应力筋的支点，也是张拉机械张拉预应力筋的支座，常采用型钢或由钢筋混凝土制作而成。

图 5-3 所示为无台面的重力墩台座和构架墩台座。此外还有桩基构架式、简易墩式和锚桩式台座。

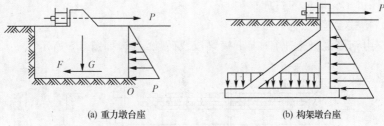

(a) 重力墩台座　　　　　(b) 构架墩台座

图 5-3　不考虑台面受力时台座承力结构受力图

2.墩式台座的稳定性和强度验算

墩式台座的稳定性包括台座的抗倾覆和抗滑移的能力。墩式台座稳定性验算计算简图如图 5-4 所示。

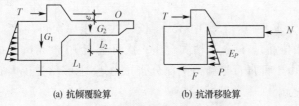

(a) 抗倾覆验算　　　　(b) 抗滑移验算

图 5-4　墩式台座稳定性验算计算简图

（1）抗倾覆验算

墩式台座的抗倾覆能力以台座的抗倾覆安全系数 $K_1$ 表示：

$$K_1 = M_1/M \geqslant 1.5 \tag{5-1}$$

$$M = Te$$

$$M_1 = G_1 L_1 + G_2 L_2$$

式中　$M$——由张拉力产生的倾覆力矩；

$\quad\quad M_1$——抗倾覆力矩，如不考虑土压力（偏安全）；

$\quad\quad T$——张拉力的合力；

$\quad\quad e$——张拉力合力 $T$ 的作用点到倾覆转动点 $O$ 的力臂；

$\quad\quad G_1$——传力墩的自重；

$\quad\quad L_1$——传力墩重心至倾覆转动点 $O$ 的力臂；

$\quad\quad G_2$——传力墩外伸台面局部加厚部分的自重；

$\quad\quad L_2$——传力墩外伸台面局部加厚部分重心至倾覆转动点 $O$ 的力臂。

（2）抗滑移验算

墩式台座的抗滑移能力以台座的抗滑移安全系数 $K_2$ 表示：

$$K_2 = T_1/T \geq 1.3 \qquad (5\text{-}2)$$
$$T_1 = N + E_P + F$$

式中　$N$——台面反力；

　　　$E_P$——土压力 $P$ 的合力；

　　　$F$——摩阻力。

有时我们可将台面的抗滑移验算转化为台面的断面尺寸设计。例如,已知台面材料许用应力 $\sigma_{许}$,依据台面反力(可能出现的最大台面反力),求得台面断面尺寸(或已知台面尺寸,求得台座可承受的最大台面反力)。

#### 5.1.1.2　槽式台座

槽式台座由钢筋混凝土压杆、上下横梁以及砖墙组成,如图 5-5 所示。

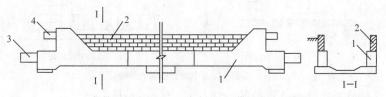

1—钢筋混凝土压杆；2—砖墙；3—下横梁；4—上横梁

图 5-5　槽式台座

为了便于构件运输和蒸汽养护,槽式台座一般低于地面,一砖厚的砖墙起挡土和保温侧墙作用。

槽式台座长度为 $45\sim76$ m,其中 45 m 长槽式台座一次可生产 6 根 6 m 长吊车梁(上下均有预应力张拉筋),76 m 长槽式台座一次可生产 10 根 6 m 长吊车梁或 3 榀 24 m 长屋架。槽式台座由于可自行平衡掉一部分张拉力矩,能够承受较大的张拉力,同时也易于进行蒸汽养护。

由于台座或钢模承载能力有限,而且制造台座或钢模一次性投资大,先张法一般多用于预制厂生产中小型构件。

### 5.1.2　锚夹具

锚夹具必须工作可靠,构造简单,使用方便,即锚夹具应具有良好的自锚性、松锚性和安全的重复使用性能。

锚夹具的自锚性:以少量的滑移(标准值 3 mm)换取可靠的锚固。锚夹具的自锁性是锚塞在顶压后具有不致回弹脱出的一种功能,能自锚的锚夹具一定能够自锁。

根据锚夹具的工作特点将其分为张拉夹具和锚固夹具。张拉夹具和锚固夹具都是临时性工具,均可回收再利用。

#### 5.1.2.1　张拉夹具

张拉夹具是将预应力筋与张拉机械连接起来,进行预应力张拉的工具。常用的张拉夹具有偏心式夹具、压销式夹具和套筒连接器。

1.偏心式夹具

偏心式夹具用于钢丝的张拉。它由一对带齿的月牙形偏心块组成,如图 5-6 所示。偏心块可用工具钢制作,其刻齿部分的硬度较所夹钢丝的硬度大。这种夹具构造简单,使用方便。而且随着外力的增加,钢丝越夹越紧。

2.压销式夹具

压销式夹具是用于直径 12～16 mm 的 HPB235～RRB400 级钢筋的张拉夹具。它由销片和楔形压销组成,如图 5-7 所示。销片 2、3 有与钢筋直径相适应的半圆槽,槽内有齿纹用以夹紧钢筋。当楔紧或放松楔形压销 4 时,便可夹紧或放松钢筋。与偏心式夹具一样,随着外力的增加,钢筋越夹越紧。

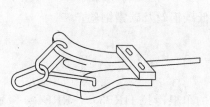

图 5-6　偏心式夹具

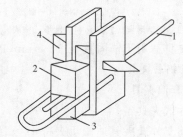

1—钢筋;2—销片(楔形);3—销片;4—楔形压销

图 5-7　压销式夹具

3.套筒连接器

套筒连接器是用于连接预应力筋与预应力筋或预应力筋与张拉机具的装置,如图 5-8 所示。

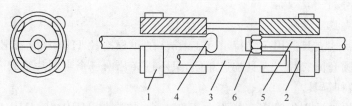

1—钢圈;2—半圆形套筒;3—连接钢筋;4—钢丝;5—螺杆;6—螺母

图 5-8　双拼式套筒连接器

### 5.1.2.2　锚固夹具

1.钢丝夹具

(1)圆锥形齿板式夹具和圆锥形三槽式夹具

圆锥形齿板式夹具和圆锥形三槽式夹具是常用的两种**单根钢丝夹具**,适用于锚固直径 3～5 mm 的冷拔低碳钢丝,也适用于锚固直径 5 mm 的碳素(刻痕)钢丝。

这两种夹具均由套筒与销子组成,如图 5-9 所示。套筒为圆柱形,开有圆锥形孔。销子有两种形式:一种是在圆锥形销子上留有 1～3 个凹槽(**分别适用 $\phi3$、$\phi4$、$\phi5$ 型号的钢筋**),在凹槽内刻有细齿,即为圆锥形三槽式夹具;另一种是在圆锥形销子上切去一块,在切削面上刻有细齿,即为圆锥形齿板式夹具。

锚固时,将销子凹槽对准钢丝,或将销子齿板面紧贴钢丝,然后将销子击入套筒内,销子小头离套筒约 0.5～1 cm,靠销子挤压所产生的摩擦力锚固钢丝,一次仅锚固一根钢丝。

(2)楔形夹具

楔形夹具(图 5-10)由锚板与楔块两部分组成,楔块的坡度为 1:15～1:20,两侧面刻倒齿。锚板上留有楔形孔,楔块打入楔形孔中,钢丝就锚固于楔块的侧面,每个楔块可锚固 1～2 根钢丝。

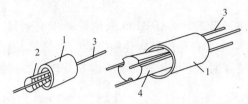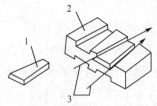

1—套筒;2—齿板;3—钢丝     1—楔块;2—锚板;3—钢丝

图 5-9   圆锥形齿板式夹具和圆锥形三槽式夹具     图 5-10   楔形夹具

楔形夹具适用于锚固直径 3～5 mm 的冷拔低碳钢丝及碳素钢丝。

2.单根钢筋夹具

(1)圆套筒夹具

①二片式夹具

圆套筒二片式夹具适用于夹持 12～16 mm 的单根冷拉 HRB335～RRB400 级钢筋,由圆形套筒和圆锥形夹片组成,如图 5-11 所示。圆形套筒内壁呈圆锥形,与夹片锥度吻合,圆锥形夹片为两个半圆片,半圆片的圆心部分开成半圆形凹槽,并刻有细齿,钢筋就夹紧在夹片中的凹槽内。

锚固螺纹钢筋时,不能锚固在纵肋上,否则易打滑。为了拆卸方便,可在套筒内壁及夹片外壁涂润滑油。

②三片式夹具

圆套筒三片式夹具适用于夹持 12～14 mm 的单根冷拉 HRB335～RRB400 级钢筋,其构造基本与圆套筒二片式夹具构造相同,只不过夹片由三个半圆片组成。

(2)螺丝端杆锚具

螺丝端杆锚具适用于锚固直径不大于 36 mm 的冷拉 HRB335、HRB400 级钢筋,由螺丝端杆、螺母和垫板组成。具体使用见 5.2.1.1 后张法中的锚具。

(3)镦头锚具

镦头锚具属于自制的锚具。钢丝的镦头是采用液压冷镦机进行的,钢筋直径小于 22 mm 采用冷镦方法,钢筋直径等于或大于 22 mm 采用热锻成形方法。具体使用见 5.2.1.1 后张法中的锚具。

(4)帮条锚具

帮条锚具如图 5-12 所示,帮条以采用与预应力筋同级别的钢筋为宜。

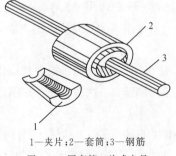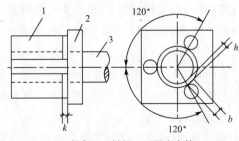

1—夹片;2—套筒;3—钢筋     1—帮条;2—衬板;3—预应力筋

图 5-11   圆套筒二片式夹具     图 5-12   帮条锚具

### 5.1.3    张拉机械

张拉预应力筋的机械要求工作可靠,操作简单,能以稳定的速率加荷。先张法施工中预应力筋可单根进行张拉或多根成组进行张拉。

常用的张拉机械有卷扬机设备和液压设备,其中**卷扬机设备张拉行程长,但张拉力小;液压设备张拉行程短,但张拉力大。**

#### 5.1.3.1    卷扬机设备

1.手动卷筒式张拉机

手动卷筒式张拉机如图 5-13 所示。具体操作是将钢丝夹在夹具上→摇动手柄,转动卷筒,张拉钢丝→张拉到预定张拉力值,停止摇手柄,锚定钢丝→提起制动爪,使齿轮倒转→松开夹具,张拉完毕。

该设备的优点是设备简单,便于自制,不需电力;缺点是效率低。

2.电动卷筒式张拉机

电动卷筒式张拉机是把慢速电动卷扬机装在小车上制成的(图 5-14)。该设备的优点是张拉行程大,张拉速度快。缺点是设备结构简单,可控制性差。为了控制张拉力准确,张拉速度以 1~2 m/min 为宜,张拉机与弹簧测力计配合使用时,宜装行程开关进行控制,使达到规定的张拉力时能自动停车。

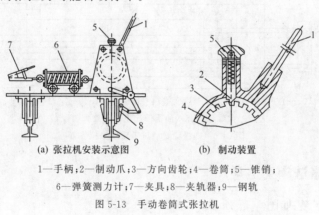

(a) 张拉机安装示意图　　　　(b) 制动装置

1—手柄;2—制动爪;3—方向齿轮;4—卷筒;5—锥销;
6—弹簧测力计;7—夹具;8—夹轨器;9—钢轨

图 5-13    手动卷筒式张拉机

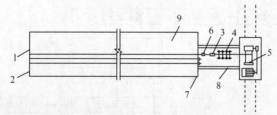

1—镦头或锚固夹具;2—后横梁;3—张拉夹具;4—弹簧测力计;
5—电动卷扬机;6—锚固夹具;7—前横梁;8—顶杆;9—台座

图 5-14    电动卷筒式张拉机

3.电动螺杆张拉机

电动螺杆张拉机可张拉预应力钢筋或钢丝,最大张拉力为 300~600 kN,张拉行程为 800 mm,张拉速度为 2 m/min。为了便于工作和转移,可将其装在带轮的小车上。

电动螺杆张拉机见图 5-15。工作时顶杆支撑到台座横梁上,用张拉夹具夹紧预应力筋,开动电动机使螺杆向右侧运动,对预应力筋进行张拉,达到控制应力要求时停车,并用预先套在预应力筋上的锚固夹具将预应力筋临时锚固在台座的横梁上。然后开倒车,使电动螺杆张拉机向前运动,完成张拉操作。电动螺杆张拉机运行稳定,张拉控制力准确且易操作,螺杆有自锁能力,张拉速度快,行程大。

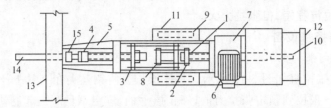

1—螺杆;2、3—拉力架;4—张拉夹具;5—顶杆;6—电动机;7—齿轮减速器;8—测力计;

9、10—车轮;11—底盘;12—手把;13—横梁;14—钢筋;15—锚固夹具

图 5-15　电动螺杆张拉机

#### 5.1.3.2　油压千斤顶

油压千斤顶由于张拉力大,可张拉单根预应力筋或多根成组预应力筋。多根成组张拉时,可采用四横梁装置进行,如图 5-16 所示。

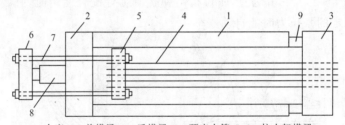

1—台座;2—前横梁;3—后横梁;4—预应力筋;5、6—拉力架横梁;

7—大螺丝杆;8—油压千斤顶;9—放张装置

图 5-16　四横梁式油压千斤顶张拉装置

### 5.1.4　先张法施工工艺

先张法施工工艺如图 5-17 所示。

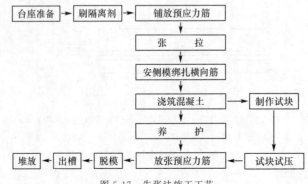

图 5-17　先张法施工工艺

#### 5.1.4.1　预应力筋的张拉

1.张拉控制应力的确定

预应力筋的张拉控制应力按《混凝土结构设计规范》(GB 50010)规定取值,以确保张拉力不超过其屈服强度,使预应力筋处于弹性工作状态,对混凝土建立有效的预压应力。张拉控制应力值见表 5-1。

表 5-1　　　　　　　　　　　　　　　　张拉控制应力 $\sigma_{con}$

| 钢筋种类 | 张拉方法 | |
|---|---|---|
| | 先张法 | 后张法 |
| 消除应力钢丝、钢绞线 | $\leqslant 0.75 f_{ptk}$ | $\leqslant 0.75 f_{ptk}$ |
| 中强度预应力钢丝 | $\leqslant 0.70 f_{ptk}$ | $\leqslant 0.70 f_{ptk}$ |
| 预应力螺纹钢筋 | $\leqslant 0.85 f_{yk}$ | $\leqslant 0.85 f_{yk}$ |

2.张拉程序

张拉程序如下:

$$0 \longrightarrow 1.05\sigma_{con} \xrightarrow[\substack{持荷 \\ 2\ min}]{} \sigma_{con} \text{ 或 } 0 \longrightarrow 1.03\sigma_{con}$$

第一种张拉程序中,超张拉 5% 并持荷 2 min,再回到控制应力,是为了在高应力状态下加速预应力筋松弛早期发展,尽量减少因预应力筋松弛所造成的预应力损失。

预应力筋在高应力作用下具有随时间而增长的塑性变形性质:一方面,当钢筋长度保持不变,钢筋的应力会随时间的增长而逐渐降低,这种现象称为预应力筋的应力松弛;另一方面,当预应力筋应力保持不变,应变会随时间的增长而逐渐增大,这种现象称为预应力筋的徐变。预应力筋的松弛和徐变均会引起预应力筋中的应力损失,而这两种损失往往又很难区分,故将这两种损失统称为预应力筋松弛损失 $\sigma_{l4}$。

**预应力筋松弛所造成的预应力损失一般与 $\sigma_{con}$ 和时间有关:在 2 min 内完成损失的 50%,1 h 内完成损失的 70%,24 h 内预应力筋由松弛所造成的预应力损失基本完成,随后渐慢,因此持荷 2 min 起码可以减少预应力筋由于松弛所引起的预应力损失 50%;$\sigma_{con}$ 越高,所造成的预应力损失越大。**

第二种张拉程序中,超张拉 3%,是为了弥补预应力筋的松弛损失,这种张拉程序施工简单,一般现场多被采用。

以上两种张拉程序是等效的,可根据构件类型、预应力筋与锚具种类、张拉方法、施工速度等选用。

3.预应力筋的检验

(1)先张法预应力筋张拉后与设计位置的偏差不得大于 5 mm,且不得大于构件截面最短边长的 4%。

(2)当采用应力控制方法张拉时,应校核预应力筋的伸长值,该伸长值宜在初应力约为 10% 时开始量测。实际伸长值与设计计算理论伸长值的相对允许偏差为 ±6%。

(3)当同时张拉多根预应力筋时,应预先调整初应力,使各根预应力筋均匀一致,其偏差不得大于或小于按一个构件全部钢丝预应力总值的5%。

### 5.1.4.2 混凝土的浇筑与养护

1.混凝土的浇筑

预应力筋张拉完毕后即应浇筑混凝土。混凝土的浇筑应一次完成,不允许留设施工缝。

**混凝土的水灰比必须严格控制,以减少混凝土由于收缩和徐变而引起的预应力损失。** 预应力混凝土构件浇筑时必须振捣密实(特别是在构件的端部),以保证预应力筋和混凝土之间的黏结力,减少由于混凝土黏结力不足所造成的预应力损失。

2.混凝土的养护

混凝土可采用自然养护或蒸汽养护。

在台座上用蒸汽养护时,预应力筋因温度升高而膨胀,而台座与地面或垫层相连,长度并无变化,因而引起预应力筋的预应力损失,这就是温差引起的预应力损失 $\sigma_{13}$。降温时,混凝土已结硬并与钢筋黏结成一个整体,由于两者具有相同的温度膨胀系数,随温度降低而产生相同的收缩,所损失的 $\sigma_{13}$ 无法恢复。**为了减少这种温差所造成的预应力损失,应采用二阶段升温养护法:即保证在混凝土强度养护至 7.5 MPa(配粗钢筋)或 10 MPa(钢丝、钢绞线配筋)之前,温差一般不超过 20 ℃,之后则可按一般正常情况继续升温养护。**

采用机组流水法用钢模制作、蒸汽养护时,由于钢模和预应力筋同样伸缩,不存在因温差而引起的预应力损失,可以采用一般加热养护制度。

### 5.1.4.3 预应力筋放张

预应力筋放张过程是预应力的传递过程,应根据放张要求,确定合理的放张顺序、放张方法及相应的技术措施。

1.放张要求

放张预应力筋时,混凝土强度必须符合设计要求。**当设计无要求时,不得低于设计强度标准值的 75%,且不得低于 30 MPa。对于重叠生产的构件,要求最上一层构件的混凝土强度不低于设计强度标准值的 75%时方可进行预应力筋的放张。** 过早放张预应力筋会引起较大的预应力损失。

2.放张顺序

预应力筋宜采取缓慢放张工艺,逐根进行或整体放张,预应力筋的放张顺序应符合设计要求。当设计无专门要求时,应符合下列规定:

(1)对承受轴心预压力的构件(如压杆、桩等),所有预应力筋应同时放张,如逐根放张,则最后几根钢丝将由于承受过大的拉力而突然断裂,易使构件端部开裂。

(2)对承受偏心预压力的构件,应先同时放张预压力较小区域的预应力筋,再同时放张预压力较大区域的预应力筋。

(3)当不能按上述规定放张时,应分阶段、对称、相互交错地放张,以防止放张过程中构件发生翘曲、裂纹及预应力筋断裂等现象。

(4)放张后预应力筋的切断顺序,宜由放张端开始,逐次切向另一端。

3.放张方法

（1）配筋不多的预应力钢丝放张采用剪切、割断和熔断的方法自中间向两侧逐根进行，以减少回弹量，对热处理钢筋及冷拉Ⅳ级钢筋，不得用电弧切割，宜用砂轮锯或切断机切断。

（2）配筋较多的预应力钢丝放张采用同时放张的方法，以防止最后的预应力钢丝因应力突然增大而断裂或使构件端部开裂。所有钢筋同时放张，可采用楔块（图5-18）或砂箱（图5-19）等装置进行缓慢放张。

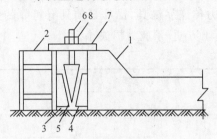

1—台座；2—横梁；3、4—钢块；

5—钢楔块；6—螺杆；7—承力板；8—螺母

图5-18　楔块放张

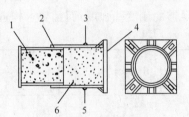

1—活塞；2—钢套箱；3—进砂口；

4—钢套箱底板；5—出砂口；6—砂子

图5-19　砂箱装置示意图

## 5.2　后张法施工

后张法施工（图5-20）是在浇筑混凝土构件时，在放置预应力筋的位置预留孔道，待混凝土达到一定强度（一般不低于设计强度标准值的75%），将预应力筋穿入孔道中并按设计要求的张拉控制应力进行张拉，然后用锚具将预应力筋锚固在构件上，最后进行孔道灌浆。张拉力通过锚具传递给混凝土构件，使混凝土产生预压应力。

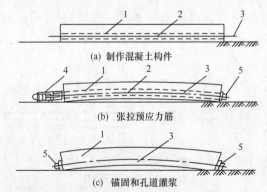

（a）制作混凝土构件

（b）张拉预应力筋

（c）锚固和孔道灌浆

1—混凝土构件；2—预留孔道；3—预应力筋；4—千斤顶；5—锚具

图5-20　后张法施工示意图

后张法施工由于直接在混凝土构件上进行张拉，不需要固定的台座设备，不受地点限制，适用于在施工现场生产大型预应力混凝土构件，特别是不适宜运输的大跨度构件（如柱子、屋架等)。后张法施工工序较多,工艺复杂,锚具作为预应力筋的组成部分,将永远留置在预应力混凝土构件上,不能重复使用,构件锚固端处理麻烦。

后张法施工常用的预应力筋有**单根钢筋、钢筋束、钢丝束、钢绞线和钢绞线束**等。

### 5.2.1 后张法施工的锚具和张拉机械

#### 5.2.1.1 锚具

在后张法中预应力筋的锚具与张拉机械是配套使用的,不同类型的预应力筋形式采用不同的锚具,见表 5-2。由于后张法构件预应力传递靠锚具,锚具必须具有可靠的锚固性能,足够的刚度和强度,而且要求构造简单,施工方便,预应力损失小。

表 5-2 锚具形式

| 预应力筋品种 | 选用锚具形式 | |
| --- | --- | --- |
| | 张拉端 | 固定端 |
| 钢筋束 | 夹片锚具<br>(JM 型、XM/QM 型) | 镦头锚具 |
| 钢绞线或钢绞线束 | | 挤压锚具<br>压花锚具 |
| 钢丝束 | 镦头锚具(DM5A 型)<br>锥形螺杆锚具<br>钢质锥形锚具 | 镦头锚具(DM5B 型) |
| 精轧螺纹钢筋 | 螺丝端杆锚具 | 螺丝端杆锚具<br>帮条锚具<br>镦头锚具 |

1.单根粗钢筋锚具

**单根粗钢筋用作预应力筋时,张拉端采用螺丝端杆锚具,固定端采用帮条锚具或镦头锚具。**

(1)螺丝端杆锚具

螺丝端杆锚具适用于锚固直径不大于 36 mm 的冷拉 HRB335、HRB400 级钢筋,由螺丝端杆、螺母和垫板组成,如图 5-21 所示。螺丝端杆锚具既可用于固定端,也可用于张拉端,且使用方便。

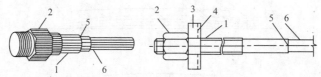

1—螺丝端杆;2—螺母;3—垫板;4—排气槽;5—对焊接头;6—冷拉钢筋

图 5-21 螺丝端杆锚具

螺丝端杆的长度一般为 320 mm,当预应力构件长度大于 24 m 时,可根据实际情况增加螺丝端杆的长度,螺丝端杆的直径按预应力筋的直径对应选取,直径大于预应力筋 2~4 mm,强度高于预应力筋的强度。螺丝端杆与预应力筋的焊接应在预应力筋冷拉前进行。螺丝端杆与预应力筋焊接后,用张拉夹具将其同张拉机械相连进行张拉,最后上紧螺母即完成对预应力筋的锚固。

(2)帮条锚具

帮条锚具适用于冷拉 HRB335、HRB400 级钢筋的锚固,主要用于固定端,由帮条和衬板组成,帮条宜采用与预应力筋同级别的钢筋。

三根帮条与衬板相接触的截面应在一个垂直平面上,三根帮条互成 120°角,以免受力时造成预应力筋扭曲。帮条的焊接可在预应力筋冷拉前或冷拉后进行。

(3)镦头锚具

镦头锚具由镦头和垫板组成,如图 5-22 所示。镦头一般是直接在预应力筋端部热镦、冷镦或锻打成形。镦头的直径应为 $1.40\,d \sim 1.50\,d$($d$ 为钢丝直径),高度应为 $0.95\,d \sim 1.05\,d$。

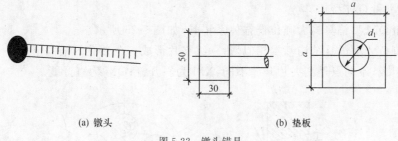

(a) 镦头　　　　　　　　　　　(b) 垫板

图 5-22　镦头锚具

2.钢筋束(钢绞线束)锚具

钢筋束或钢绞线束用作预应力筋时,张拉端采用 JM 型锚具,固定端采用镦头锚具。

(1)JM 型锚具

JM12 型锚具用于锚固 3～6 根 $\phi$12 钢筋束和 5～6 根 $\phi$12 钢绞线束,由锚环和夹片组成(图 5-23),夹片呈扇形,用两侧的半圆槽锚着预应力筋,为增加夹片与预应力筋之间的摩擦,在半圆槽内刻有截面为梯形的齿痕,夹片背面与锚环内侧均为光滑曲线,夹片背面的坡度与锚环一致。JM12 型锚具具有良好的锚固性能,预应力筋滑移量比较小,施工方便,但其机械加工量大,成本较高。

JM5 型锚具有 JM5～6、JM5～7 两种规格,分别夹 6 和 7 根 $\phi$5 钢丝,其造型与技术性能同 JM12。

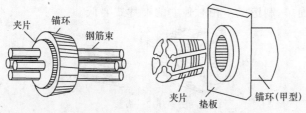

图 5-23　JM12 型锚具

(2)镦头锚具

镦头锚具适用于预应力钢筋束固定端锚固,由固定板和带镦头的预应力筋组成(图 5-24)。

镦头的直径应为 $1.40\,d \sim 1.50\,d$($d$ 为钢丝直径),高度应为 $0.95\,d \sim 1.05\,d$。

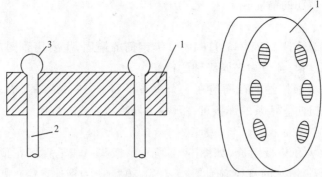

1—固定板；2—预应力筋；3—镦头

图 5-24　镦头锚具

（3）XM 和 QM 型锚具

XM 和 QM 型锚具为大吨位群锚体系锚具，如图 5-25 所示。

XM 和 QM 型锚具结构基本相似，每一组夹片形成一个独立的锚固单元，一副夹片由三个夹片组成，不同点是其夹片开缝不同：XM 为斜开缝；QM 为直开缝。

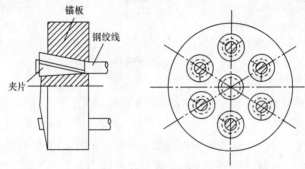

图 5-25　XM 和 QM 型锚具

（4）KT-Z 型锚具

这是一种可锻铸铁锥形锚具，其构造如图 5-26 所示。可用于锚固直径为 12 mm 的钢筋束或钢绞线束。

KT-Z 型锚具由锚环和锚塞组成，预应力钢筋或钢绞线束在锚环小口处形成弯折，钢筋或钢绞线束受力不佳，易咬伤钢筋，同时产生预应力摩擦损失，且对钢筋直径要求较高，但锚具制造、使用简单，制造成本相对独立的夹片式要低。

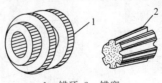

1—锚环；2—锚塞

图 5-26　KT-Z 型锚具

3.钢丝束锚具

（1）锥形螺杆锚具

锥形螺杆锚具由锥形螺杆、套筒、螺帽和垫板组成（图 5-27），适用于锚固 14、16、20、24、28 根直径 5 mm 的碳素钢丝束。

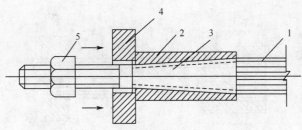

1—钢丝;2—套筒;3—锥形螺杆;4—垫板;5—螺帽

图 5-27　锥形螺杆锚具

锥形螺杆锚具的安装方法:首先把钢丝套上锥形螺杆的锥体部分,使钢丝均匀整齐地贴紧锥体,然后安上套筒,用手锤将套筒均匀地打紧,并使螺杆中心与套筒中心在同一直线上,最后用拉伸机使螺杆锥体通过钢丝挤压套筒,使套筒发生变形,从而使钢丝和锥形螺杆锚具的套筒、锥形螺杆锚成一个整体。

因为锥形锚具外径较大,为了缩小构件孔道直径,一般仅在构件两端将孔道扩大。因此,钢丝束锚具一端可预先安装,另一端则要将钢丝束穿入孔道后进行。图 5-28 是锥形螺杆锚具与拉杆式千斤顶的安装示意图。

(2)钢质锥形锚具

钢质锥形锚具由锚环和锚塞组成(图 5-29)。

锚塞表面刻有细齿槽,以防止被夹紧的预应力钢丝滑动。锚固时,将锚塞塞入锚环,顶紧,钢丝就夹紧在锚塞周围。

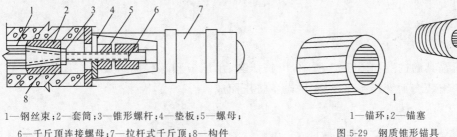

1—钢丝束;2—套筒;3—锥形螺杆;4—垫板;5—螺母;
6—千斤顶连接螺母;7—拉杆式千斤顶;8—构件

图 5-28　锥形螺杆锚具与拉杆式千斤顶安装示意图

1—锚环;2—锚塞

图 5-29　钢质锥形锚具

钢质锥形锚具适用于锚固以锥锚式千斤顶(即双作用或三作用千斤顶)张拉的钢丝束,每束由 12～24 根直径 5 mm 的碳素钢丝组成。**钢质锥形锚具由于钢丝锚固呈辐射状态,弯折处受力较大,钢丝受力状况不佳,易咬伤钢丝;且对钢丝直径要求较高,若直径误差较大,易造成钢丝滑动,严重时钢丝滑脱,若加大顶锚力,过大的顶锚力更易咬伤钢丝,当然还会产生一定的预应力摩擦损失。但锚具制造简单,价格低廉。**

(3)钢丝束镦头锚具

钢丝束镦头锚具一般用以锚固 12～54 根直径 5 mm 的碳素钢丝。

图 5-30 为钢丝束镦头锚具,张拉端由锚杯 1(DM5A 型)和固定锚杯的螺母 2 组成;固定端采用锚板 3(DM5B 型)。

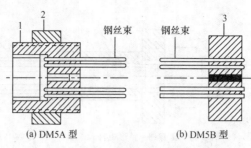

(a) DM5A 型　　　　　　(b) DM5B 型

1—锚杯；2—螺母；3—锚板

图 5-30　钢丝束镦头锚具

锚杯的内外壁均有丝扣,内丝扣用于连接张拉螺杆,外丝扣用于拧紧螺母,以锚固钢丝束。锚杯底部则为钻孔的锚板,以固定带有镦粗头的钢丝,孔数与间距由钢丝根数确定,并在此板中部留一灌浆孔,便于从端部预留孔道灌浆。

钢丝可用液压冷镦器进行镦头,钢丝束一端可在制束时将头镦好,另一端则待穿束后镦头,即钢丝穿过锚杯底部锚板孔眼,冷镦机将钢丝端部镦成圆头与锚杯固定。张拉时,张拉螺杆一端与锚杯内丝扣连接,另一端与拉杆式千斤顶连接,拉杆式千斤顶通过传力架支撑在混凝土构件端部,当张拉达到规定控制应力时,锚杯被拉出,再用螺帽拧紧在锚杯外丝扣上,固定在混凝土构件端部。

当钢丝束两端均采用镦头锚具时,同一束中各根钢丝长度的极差不应大于钢丝长度的 1/5 000,且不应大于 5 mm。当成组张拉长度不大于 10 m 的钢丝时,同组钢丝长度的极差不得大于 2 mm。

4.钢绞线锚具

(1)挤压锚具

挤压锚具的构造如图 5-31 所示,由挤压套、承压板和螺旋筋组成。挤压锚具应将套筒等零件组装在钢绞线端部,经专用设备挤压而成。

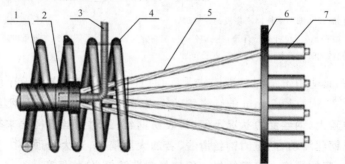

1—波纹管；2—约束圈；3—出浆管；4—螺旋筋；5—钢绞线；6—承压板；7—挤压套

图 5-31　挤压锚具

(2)压花锚具

图 5-32 所示的 H 形压花锚具为钢绞线锚具的一种,由压花端(图 5-33)及螺旋筋组成。压花端应由压花机直接将钢绞线在端部制作而成。

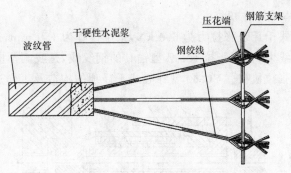

图 5-32　H 形压花锚具

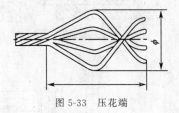

图 5-33　压花端

### 5.2.1.2　张拉机械

1.拉杆式千斤顶

拉杆式千斤顶的构造如图 5-34 所示。

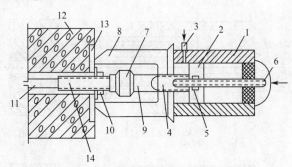

1—主缸;2—主缸活塞;3—主缸油嘴;4—副缸;5—副缸活塞;6—副缸油嘴;

7—连接器;8—顶杆;9—拉杆;10—螺母;11—预应力筋;12—混凝土构件;13—预埋钢板;14—螺丝端杆

图 5-34　拉杆式千斤顶的构造

拉杆式千斤顶适用于张拉以螺丝端杆销具为张拉铺具的粗钢筋、以锥形螺杆锚具为张拉锚具的钢丝束、以镦头锚具为张拉锚具的钢丝束。

拉杆式千斤顶张拉预应力筋时,首先使连接器 7 与预应力筋 11 的螺丝端杆 14 相连接,顶杆 8 支撑在构件端部的预埋钢板 13 上。高压油进入主缸油嘴 3 时,则推动主缸活塞 2 向左移动,并带动拉杆 9 和连接器以及螺丝端杆同时向右移动,对预应力筋进行张拉。达到张拉力时,立即拧紧预应力筋的螺帽,将预应力筋锚固在构件的端部。然后高压油再进入副缸油嘴 6,推动副缸 4 使主缸活塞和拉杆向左移动,使其恢复初始位置。与此同时,主缸 1 的高压油流回高压油泵中去,完成一次张拉。

拉杆式千斤顶构造简单,操作方便,应用范围较广。张拉力有 400 kN、600 kN 和 800 kN 三级,张拉行程为 150 mm,其配套油泵为 2B4/500 型。

**2.YC-60 型穿心式千斤顶**

YC-60 型穿心式千斤顶张拉力为 600 kN,张拉行程为 150 mm,适用于张拉 JM 型锚具的钢筋束或钢绞线束,也可张拉 KT-Z 型锚具的钢绞线,是我国预应力混凝土构件施工中应用最为广泛的张拉机械。YC-60 型穿心式千斤顶的构造及工作过程如图 5-35 所示。

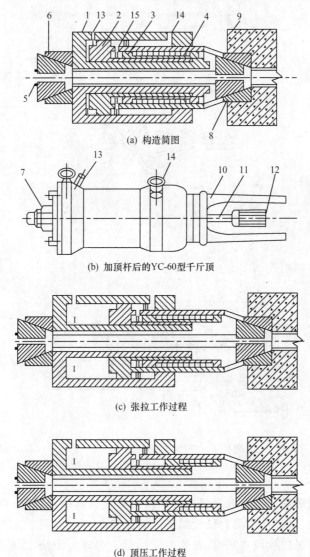

(a) 构造简图

(b) 加顶杆后的YC-60型千斤顶

(c) 张拉工作过程

(d) 顶压工作过程

1—张拉油缸;2—顶压油缸(即张拉活塞);3—顶压活塞;4—弹簧;5—预应力筋;
6—工具式锚具(夹片或锚塞式);7—螺帽;8—工作锚具(夹片或锚塞);9—混凝土构件;
10—撑脚;11—张拉杆;12—连接器;13—张拉缸油嘴;14—顶压缸油嘴;15—油孔
Ⅰ—张拉工作油室;Ⅱ—顶压工作油室;Ⅲ—张拉回程油室

图 5-35　YC-60 型穿心式千斤顶的构造及工作示意图

(1)张拉工作过程

首先将安装好锚具的预应力筋穿过千斤顶的中心孔道,利用工具式锚具 6 将预应力筋锚固在张拉油缸的端部。高压油经张拉缸油嘴 13 进入张拉工作油室,张拉活塞 2 顶住构件 9 端部,使张拉油缸 1 逐渐向左移动,从而对预应力筋进行张拉。

(2)顶压工作过程

预应力筋张拉到规定的张拉力时,关闭张拉油缸油嘴,高压油由顶压缸油嘴 14 进入顶压工作油室,由于张拉活塞即顶压油缸顶住构件端部的垫板,使顶压活塞向右移动,顶住锚具的夹片或锚塞 8 端面,将其压入到锚环内锚固预应力筋。

(3)回程过程

张拉回程在完成张拉和顶压工作后进行,开启张拉油缸油嘴,继续向顶压油缸油嘴进油,使张拉工作油室回油。张拉回程完成后即开始顶压回程,停止高压油泵工作,开启顶压油缸油嘴,在弹簧力的作用下,使顶压活塞回程,并使顶压工作油室回油卸荷。

YC-60 型穿心式千斤顶加装撑脚、张拉杆和连接器后,就可以张拉以螺丝端杆锚具为张拉锚具的单根粗钢筋,张拉以锥形螺杆锚具和 DM5A 型镦头锚具为张拉锚具的钢丝束。

### 5.2.2　后张法施工工艺

后张法施工工艺如图 5-36 所示。

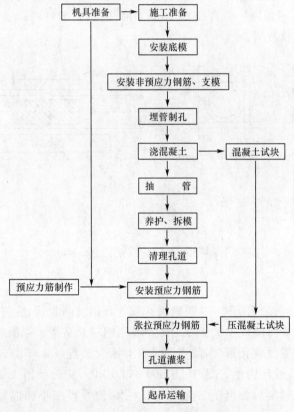

图 5-36　后张法施工工艺

### 5.2.2.1　孔道留设

孔道留设是后张法预应力混凝土构件制作中的关键工序之一。预留孔道的尺寸与位置应正确,孔道应平顺。如果用螺丝端杆,孔道的直径一般应比预应力筋的外径(包括钢筋对焊接头的外径或需穿入孔道的锚具外径)大 10～15 mm,如果用 JM12 型锚具则为 42～50 mm,以利于预应力筋穿入。孔道留设的方法有钢管抽芯法、胶管抽芯法和预埋波纹管法(一般用于曲线孔道或预应力密布构件)等。

1.钢管抽芯法

钢管抽芯法适用于留设直线孔道。钢管抽芯法是预先将钢管敷设在模板的孔道位置上,在混凝土浇筑后每隔一定时间慢慢转动钢管,防止它与混凝土粘住。选用的钢管要求平直、表面光滑,钢管用钢筋井字架固定(图 5-37),间距不宜大于 1.2 m。每根钢管的长度一般不超过 15 m,以便于转动和抽管;构件较长时可采用两根钢管,中间用套筒连接,其连接方法如图 5-37 所示。

抽管时间与水泥品种、气温和养护条件有关。**抽管宜在混凝土初凝后、终凝前进行,以用手指按压混凝土表面不显指纹时为宜。**抽管过早,会造成坍孔事故;抽管太晚,混凝土与钢管黏结牢固,抽管困难,甚至抽不出来。**抽管顺序宜先上后下进行。**

抽管方法可分为人工抽管和卷扬机抽管,抽管时必须速度均匀,边抽边转并与孔道保持在一直线上,抽管后应及时做好孔道清理工作,以防止以后穿筋困难。

留设预留孔道的同时,还要在设计规定位置留设灌浆孔和排气孔。一般在构件两端和中间每隔 12 m 左右留设一个直径 20 mm 的灌浆孔,在构件两端各留一个排气孔。留设方法:用木塞或白铁皮管。

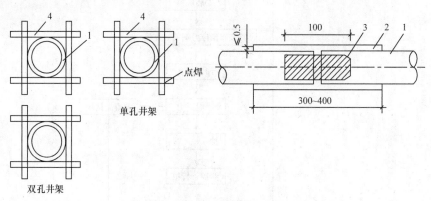

1—钢管;2—白铁皮套管;3—硬木塞;4—井字架

图 5-37 钢管固定与连接方法

2.胶管抽芯法

胶管抽芯法利用的胶管有 5～7 层的夹布胶管和钢丝网胶管,应将它预先敷设在模板中的孔道位置上,胶管每间隔不大于 0.5 m 距离用钢筋井字架予以固定。

(1)采用夹布胶管预留孔道时,胶管两端设有密封装置(图 5-38),混凝土浇筑前夹布胶管内充入压缩空气或压力水,工作压力 600～800 kPa,使管径增大 3 mm 左右,然后浇筑混凝土,待混凝土初凝后放出压缩空气或压力水,使管径缩小和混凝土脱离开,抽出夹布胶管。

(2)采用钢丝网胶管预留孔道时,由于钢丝网胶管质地坚硬,胶管内无须充入压缩空气或压力水,预留孔道的方法和钢管抽芯法相同。并且胶管同时又具有一定的弹性,因此抽管时在拉力作用下管径缩小和混凝土脱离开,即可将钢丝网胶管抽出。

　　胶管抽芯法预留孔道,混凝土浇筑后不需要旋转胶管,抽管的时间一般以 200 ℃·h 为准(例如温度为 25 ℃时,混凝土浇筑后 8 h 即可抽管),**抽管时宜先上后下,先曲后直**。又由于胶管便于弯曲,胶管抽芯法既适用于直线孔道留设,也适用于曲线孔道留设。

　　胶管抽芯法的灌浆孔和排气孔的留设方法同钢管抽芯法。

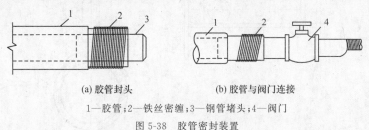

(a) 胶管封头　　　　　(b) 胶管与阀门连接

1—胶管;2—铁丝密缠;3—钢管堵头;4—阀门

图 5-38　胶管密封装置

**3.预埋波纹管法**

　　预埋波纹管法就是利用与孔道直径相同塑料或金属波纹管埋入混凝土构件中,无须抽出,因其省去抽管工序,且孔道留设的位置、形状也易保证,多用于预应力筋密布构件。

　　金属波纹管是由**镀锌薄钢带(厚 0.3 mm)经压波后卷成**,波纹使得波纹管径向具有一定的刚度,轴向又具有一定的弹性,可制作直线或曲线形孔道。波纹管具有重量轻、刚度好、弯折方便、连接简单、摩阻系数小、与混凝土黏结良好等优点。波纹管外形按照每两个相邻的折叠咬口之间波纹的数量分为单波纹和双波纹,如图 5-39 所示。

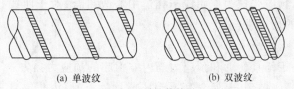

(a) 单波纹　　　　　　(b) 双波纹

图 5-39　波纹管外形

　　圆形金属波纹管接长时,可采用大一规格的同波型波纹管作为接头管,接头管长度可取其直径的 3 倍,且不宜小于 200 mm,两端旋入长度宜相等,且两端应采用防水胶带密封,如图 5-40 所示。同理也可用密封胶带修补开裂或扎漏的波纹管。

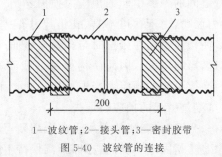

200

1—波纹管;2—接头管;3—密封胶带

图 5-40　波纹管的连接

　　波纹管定位托架(约 1～1.2 m 一个)应焊在箍筋上(图 5-41),箍筋下面要用水泥垫块垫实。扁形管道、塑料波纹管或预应力筋曲线曲率较大处的定位间距宜适当缩小。波纹管安装就位后,必须用铁丝将波纹管与波纹管托架扎牢,以防浇筑混凝土时波纹管上浮而引起的质量事故。

灌浆孔(图 5-42)与波纹管的连接方法:在波纹管上开洞,其上覆盖海绵垫片与带嘴的塑料弧形压板,并用铁丝扎牢,再用增强塑料管插在嘴上,并将其引出梁顶面 400~500 mm。

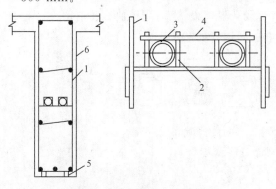

1—箍筋;2—波纹管托架;3—波纹管;
4—后绑的钢筋;5—水泥垫块;6—梁侧模

图 5-41 波纹管的固定

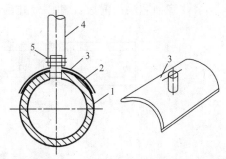

1—波纹管;2—海绵垫片;3—塑料弧形压板;
4—增强塑料管;5—铁丝绑扎

图 5-42 灌浆孔的留设

### 5.2.2.2 预应力筋的张拉

预应力筋张拉时,构件的混凝土强度应符合设计要求;如设计无要求时,**混凝土强度不应低于设计强度等级的 75%。**对于拼装的预应力构件,其拼缝处混凝土或砂浆强度如设计无要求时,不宜低于块体混凝土设计强度等级的 40%,且不低于 15 MPa。

对于直线孔道,预应张拉力作用线与孔道中心线重合;对于曲线孔道,预应张拉力作用线与中心线末端的切线重合。

1.预应力损失

(1)预应力筋由于锚具变形和预应力筋内缩引起的预应力损失 $\sigma_{l1}$

直线预应力筋当张拉到 $\sigma_{con}$ 后锚固在台座或构件上时,由于锚具、垫板与构件之间的缝隙被挤紧,或由于钢筋和楔块在锚具内的滑移,使得被拉紧的钢筋松动回缩而引起预应力损失 $\sigma_{l1}$(N/mm²),该损失主要发生在后张法,先张法中也有发生,但平摊到各个构件后损失值不大,一般情况忽略不计。

(2)预应力筋与孔道壁之间的摩擦引起的预应力损失 $\sigma_{l2}$

后张法张拉直线预应力筋时,由于孔道不直、孔道尺寸偏差、孔壁粗糙,或钢筋不直、预应力筋表面粗糙等原因,使预应力筋在张拉时与孔壁接触而产生摩擦阻力,这种摩擦阻力距离预应力筋张拉端越远,影响越大。因而使构件每一截面上实际建立的预应力逐渐减小,这种应力损失称为因摩擦引起的预应力损失,用 $\sigma_{l2}$ 表示,该损失只发生在后张法。

(3)混凝土蒸汽养护时,温差引起的预应力损失 $\sigma_{l3}$

由于构件进行蒸汽养护,升温时,新浇的混凝土尚未结硬,预应力筋受热自由膨胀,但两端的台座与地面或垫层相连,是固定不动的,亦即距离保持不变,因而,张拉后的预应力筋松弛,产生预应力损失 $\sigma_{l3}$,该损失只发生在先张法。

(4)预应力筋应力松弛引起的预应力损失 $\sigma_{l4}$

预应力筋在高应力作用下具有随时间而增长的塑性变形性质。预应力筋的松弛和徐变均会引起预应力筋中的应力损失,而这两种损失往往又很难区分,故将这两种损失统称为预应力筋松弛损失 $\sigma_{14}$。详情请见先张法 5.1.4.1 预应力筋的张拉。

(5)混凝土收缩、徐变引起预应力筋的预应力损失 $\sigma_{15}$

一般温度条件下,混凝土在结硬时会发生体积收缩,而在预应力作用下,沿压力方向发生徐变。它们均使构件的长度缩短,预应力筋也随之内缩,造成预应力损失。收缩与徐变虽是两种性质完全不同的现象,但二者的影响因素、变化规律较为相似,不易区分,故将这两项预应力损失合在一起考虑。

上述 5 项预应力损失,有的只发生在先张法构件中,有的只发生在后张法构件中,有的在两种构件中均有发生。预应力构件预应力损失值宜按表 5-3 的规定进行组合,以建立预应力那一瞬间为界,以前称为第一批损失,以后称为第二批损失。

表 5-3 预应力损失值组合

| 预应力损失值组合 | 先张法构件 | 后张法构件 |
| --- | --- | --- |
| 第一批损失 $\sigma_1$ | $\sigma_{11}+\sigma_{13}+\sigma_{14}$ | $\sigma_{11}+\sigma_{12}$ |
| 第二批损失 $\sigma_2$ | $\sigma_{15}$ | $\sigma_{14}+\sigma_{15}$ |

2.预应力筋的张拉控制应力

预应力筋的张拉控制应力见先张法。

3.张拉程序

张拉程序见先张法。

4.后张法张拉预应力筋应注意的问题

(1)预应力筋的张拉顺序

预应力筋的张拉顺序是对称张拉,预应力筋的张拉应使混凝土不产生超应力、构件不扭转与侧弯、结构不变位等。图 5-43 为预应力混凝土屋架下弦杆与吊车梁的预应力筋张拉顺序。

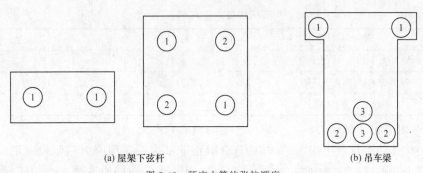

(a) 屋架下弦杆　　　　(b) 吊车梁

图 5-43　预应力筋的张拉顺序

(2)配有多根预应力筋时的张拉顺序

对配有多根预应力筋的预应力混凝土构件,如果多根预应力筋不能同时张拉,则应该分批、对称地进行张拉。

分批张拉时,要考虑后批预应力筋张拉时对混凝土产生的弹性压缩,引起前批已张拉的预应力筋应力值降低,造成预应力损失,所以对前批张拉的预应力筋的张拉应力应相应增加这个损失值($\sigma_s$)。由力相等得

$$\sigma_c A_n = (\sigma_{con} - \sigma_1) A_p$$

$$\sigma_c = (\sigma_{con} - \sigma_1) A_p / A_n \tag{5-3}$$

由变形相等得

$$\sigma_s / E_s = \sigma_c / E_c$$

令

$$n = E_s / E_c$$

所以

$$\sigma_s = n\sigma_c \tag{5-4}$$

从而损失值

$$\sigma_s = E_s / E_c \times (\sigma_{con} - \sigma_1) A_p / A_n \tag{5-5}$$

式中　$E_s$——钢筋的弹性模量，$\text{N}/\text{mm}^2$；

$E_c$——混凝土的弹性模量，$\text{N}/\text{mm}^2$；

$\sigma_1$——预应力筋第一批的应力损失值，$\text{N}/\text{mm}^2$；

$A_p$——后批张拉的预应力筋截面面积，$\text{mm}^2$；

$A_n$——混凝土构件的净截面面积（包括构造钢筋的折算面积），$\text{mm}^2$。

张拉时：

第一批预应力筋张拉应力控制值

$$\sigma_{con}^1 = (\sigma_{con} + n\sigma_c)103\%$$

第二批预应力筋张拉应力控制值

$$\sigma_{con}^2 = 103\%\sigma_{con}$$

若 $\sigma_{con}^1 \leqslant \sigma_{超 conmax}$（表 5-4）时，直接张拉；

若 $\sigma_{con}^1 > \sigma_{超 conmax}$ 时，采取补张拉，即第一批 $\sigma_{con}^1 = 103\%\sigma_{con}$，第二批 $\sigma_{con}^2 = 103\%\sigma_{con}$，第三次在第一批预应力筋上补足 $n\sigma_c$ 即可。

**表 5-4　　　　　　　　　超张拉最大应力** $\sigma_{超 conmax}$

| 钢种 | 先张法 | 后张法 |
|---|---|---|
| 碳素钢丝、刻痕钢丝、钢绞线 | $0.80f_{ptk}$ | $0.75f_{ptk}$ |
| 冷拔低碳钢丝、热处理钢筋 | $0.75f_{ptk}$ | $0.70f_{ptk}$ |
| 冷拉热轧钢筋 | $0.95f_{pyk}$ | $090f_{pyk}$ |

（3）平卧叠浇的预应力混凝土构件产生的预应力损失

上层构件的重量产生的水平摩阻力，会阻止下层构件在预应力筋张拉时混凝土弹性收缩的自由变形，待上层构件起吊后，摩阻力影响的消失会增加混凝土弹性压缩的变形，从而引起预应力损失。该损失值随构件形式、隔离层和张拉方式而不同，其变化差异较大。

为了尽可能地减少这种损失，采取的措施如下：

①在工程实践中可改善隔离层性能、限制重叠层数（3～4 层）；

②逐层加大超张拉力（自上而下）的方式来弥补该预应力损失：

从上至下逐层加大超张拉力时，底层的混凝土构件预应力筋的张拉力不允许超过顶层的预应力筋张拉力：预应力筋为钢丝、钢绞线、热处理钢筋，应小于 **5%**（例如最上一层保持原张拉力、倒数第二层增加 2%、倒数第三层增加 4%、最下层增加 5%);预应力筋为冷拉热轧钢筋,应小于 9%。超张拉最大控制应力 $\sigma_{\text{超conmax}}$ 见表 5-4。

③改善构件之间的隔离层性能(各层之间铺塑料膜或砂)。

(4)预应力筋与预留孔道摩擦引起的损失

为减少预应力筋与预留孔道摩擦引起的损失,采取的张拉方式见表 5-5。

表 5-5 为减少预应力筋与孔道摩擦引起的损失所采取的张拉方式

| 孔道 | 一端张拉 | 两端张拉 |
|---|---|---|
| 抽芯成形孔道 | $L \leqslant 20$ m 的直线形预应力筋 | 曲线形预应力筋 |
| | | $L > 20$ m 的直线形预应力筋 |
| 预埋波纹管孔道 | $L \leqslant 30$ m 的直线形预应力筋 | 曲线形预应力筋 |
| | | $L > 30$ m 的直线形预应力筋 |

注:同一截面中有多根一端张拉的预应力筋时,张拉端宜分别设置在构件的两端;当两端张拉同一根预应力筋时,为减少锚具变形所造成的预应力损失,施工时宜采用先一端锚固,再在另一端补足张拉力后进行锚固。

#### 5.2.2.3 孔道灌浆

预应力筋张拉锚固后,孔道应及时灌浆以防止预应力筋锈蚀,且增加结构的整体性和耐久性。

灌浆用水泥浆的水泥宜采用强度等级不低于 42.5 的普通硅酸盐水泥;外加剂中不应含有对预应力筋或水泥有害的成分。

1.孔的设置

预应力孔道应根据工程特点设置排气孔、泌水孔及灌浆孔,排气孔可兼做泌水孔或灌浆孔,并应将所有最高点的排气孔依次放开和关闭,以保证孔内排气通畅。

当曲线孔道波峰和波谷的高差大于 300 mm 时,应在孔道波峰设置排气孔或泌水管,排气孔间距不宜大于 30 m;当排气孔兼做泌水孔时,其外接管道伸出构件顶面长度不宜小于 300 mm,与灌浆孔对应的另一端封闭,水气由排气孔排出。

2.灌浆顺序

**灌浆顺序应先下后上,以避免上层孔道漏浆流入下层孔道将下层孔道堵塞。灌浆从**构件一端向另一端进行(直线孔道),也可以从两端往中间进行。**曲线孔道可以从中间(最低点)往两端灌浆。**

3.灌浆方式

灌浆前,孔道应用压力水冲刷干净并润湿孔壁,孔道灌浆可采用电动或手动灰浆泵,灌浆压力宜为 1.0 MPa,灌浆应缓慢、均匀地进行,不得中断,逐步增压,灌浆应达到孔道另一端排气孔饱满和冒出浓浆(与规定的稠度相同的水泥浆)为止,然后采用螺栓堵头堵塞出浆口,并保持不小于 0.5 MPa、且不少于 2 min 稳压期。

灌浆后孔道内水泥浆及砂浆强度达到 15 MPa 时,预应力混凝土构件方可进行起吊运输或安装。

#### 5.2.2.4 拆模

对于后张法预应力结构构件,侧模宜在预应力张拉前拆除,承重模板及支架的拆除应该按施工技术方案执行,当无具体要求时,不应该在结构构件建立预应力前拆除。

### 5.2.3 预应力筋的制作

预应力筋的制作与钢筋的直径、钢材的品种、锚具的类型、张拉设备和张拉工艺有关。目前常用的预应力筋有单根钢筋、钢筋束或钢绞线束。

#### 5.2.3.1 单根钢筋的制作

单根钢筋的制作一般包括配料、对焊、冷拉等工序。

锚具与预应力筋的基本组合形式有三种：两端都用螺丝端杆锚具，一端螺丝端杆锚具另一端帮条锚具，一端螺丝端杆锚具另一端镦头锚具，如图 5-44 所示。

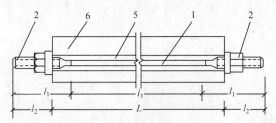

(a) 预应力筋两端采用螺丝端杆锚具

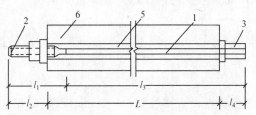

(b) 预应力筋一端采用螺丝端杆锚具，另一端采用帮条锚具

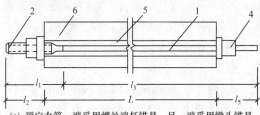

(c) 预应力筋一端采用螺丝端杆锚具，另一端采用镦头锚具

1—预应力筋；2—螺丝端杆锚具；3—帮条锚具；
4—镦头锚具；5—孔道；6—混凝土构件

图 5-44 锚具与预应力筋的基本组合形式

**预应力筋两端采用螺丝端杆锚具的下料长度计算**

如图 5-44(a)所示，预应力筋下料长度 $L$ 近似按下式计算：

因为

$$L + 2l_2 = l_3 + 2l_1$$

预应力筋中钢筋下料并经冷拉完成后的长度

$$l_3 = L + 2l_2 - 2l_1$$

所以

$$l=\frac{L-2l_1+2l_2}{1+\delta-\delta_1}+nd_0 \tag{5-6}$$

式中　$l$——预应力筋中钢筋下料长度；

　　　$L$——构件孔道长度；

　　　$l_1$——螺丝端杆长度；

　　　$l_2$——螺丝端杆外露长度；

　　　$\delta$——钢筋的试验冷拉率；

　　　$\delta_1$——钢筋冷拉的弹性回缩率；

　　　$n$——钢筋与钢筋、钢筋与螺丝端杆的对焊接头总数；

　　　$d_0$——每个对焊接头的压缩量，一般取1倍钢筋直径。

式(5-6)说明：①根据钢筋的品种做冷拉率测定，作为计算钢筋下料长度的依据。②对焊接头的压缩量，包括钢筋与钢筋、钢筋与螺丝端杆的对焊压缩，**一般每个接头的压缩量约等于钢筋的直径。**③螺丝端杆外露在构件孔道外的长度，一般可取120～150 mm；帮条锚具外露长度，一般取70～80 mm；镦头锚具的外露长度，一般为50 mm。

**5.2.3.2　钢筋束(钢绞线束)制作**

钢筋束所用钢筋一般是盘圆状供应，长度较长，不需要对焊接长。钢筋束预应力筋的制作工艺一般是：开盘冷拉→下料→编束。

钢筋束或钢绞线束预应力筋的编束，主要是为了保证穿入构件孔道中的预应力筋束不发生扭结。进行编束工作，首先把钢筋或钢绞线理顺，然后用铅丝每隔1.0 m左右绑扎一道，形成束状，在穿筋时尽可能注意防止扭结。

钢筋束或钢绞线束的下料长度计算与单根粗钢筋下料长度计算的不同点是：单根粗**钢筋下料长度计算不受张拉机械影响，而钢筋束或钢绞线束的下料长度计算受张拉机械影响，同一根预应力筋采用不同的张拉机械，其下料长度不同。**图5-45为钢筋束下料长度计算示意图。

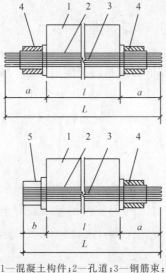

1—混凝土构件；2—孔道；3—钢筋束；
4—JM12型锚具；5—镦头锚具
图5-45　钢筋束下料长度计算示意图

张拉端留量 $a$、固定端留量 $b$ 与锚具和张拉机械有关。对于钢筋束,张拉端采用 JM12 型锚具和 YC-60 型千斤顶张拉时,$a=850$ mm,若固定端采用镦头锚具,$b=80$ mm,也可取 $b=2.25d+15$ mm。

### 5.2.3.3 钢丝束的制作

钢丝束的制作包括下料、编束和安装锚具等工序。

**1.钢丝的下料长度计算**

采用镦头锚具一端张拉时,钢丝的下料长度 $l$,按照预应力筋张拉后螺母位于锚杯中部进行计算(图 5-46)。计算公式为

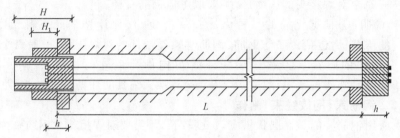

图 5-46 钢丝下料长度计算简图

$$l=L+2h+2\delta-0.5(H-H_1)-\Delta l-C \tag{5-7}$$

式中 $L$——孔道长度,按实际丈量,mm;

$h$——锚杯底厚或锚板厚度,mm;

$\delta$——钢丝镦头预留量,取 10 mm(或取钢丝直径的 2 倍);

$H$——锚杯高度,mm;

$H_1$——螺母厚度,mm;

$\Delta l$——钢丝束张拉伸长值,mm;

$C$——张拉时构件混凝土弹性压缩值,mm。

**2.钢丝的下料**

钢丝束制作时,为了保证每根钢丝长度相等,以使张拉时每根钢丝受力均匀一致:一是要求钢丝在应力状态下切断下料,称为应力下料,应力下料时控制应力取值 300 N/mm²;二是钢管限位法,即将钢丝通过内径略大于钢丝的小直径钢管,在平直的工作台上等长下料。后一种方法比较简单,采用较广泛。

**3.钢丝束的编束**

预应力钢丝束的编束是为了防止钢丝互相扭结。编束工作:在平整的场地把钢丝理顺放平,然后在全长每隔 1 m 用 22 号铅丝将钢丝编成帘子状,最后每隔 1 m 放置一个直径与螺杆直径相一致的钢丝弹簧圈作为衬圈,将编好的钢丝帘绕衬圈形成束,再用铁线绑扎牢固。钢丝编束示意图见图 5-47。

**4.安装锚具**

安装锚具详见后张法 5.2.1.1 锚具中的钢束丝锚具。

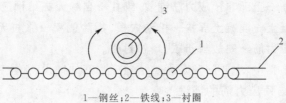

1—钢丝；2—铁线；3—衬圈

图 5-47　钢丝编束示意图

## 5.3　无黏结预应力技术

　　无黏结预应力技术既不同于先张法，也不同于后张法。无黏结预应力混凝土施工时，不需要预留孔道、穿筋、灌浆等工序，而是把预先组装好的表面刷涂油脂并包塑料带（管）的预应力筋，如同普通钢筋一样先铺设在支好的模板内，再浇筑混凝土，待混凝土达到规定的强度后，利用无黏结筋与周围混凝土不黏结、在结构内可纵向滑动的特性，进行预应力筋张拉和锚固。借助两端的锚具，达到对结构产生预加压应力的效果。这种预应力工艺是借助两端的锚具传递预应力，无须埋管和灌浆，施工简便，工期短，摩擦损失小，预应力筋易弯成多跨曲线形状等，但对锚具锚固能力要求较高。

　　无黏结预应力适用于大柱网整体现浇楼盖结构，尤其在双向连续平板和密肋楼板中使用最为合理经济。

### 5.3.1　无黏结预应力筋构造

　　无黏结预应力筋由无黏结筋、涂料层和外包层三部分组成，如图 5-48 所示。

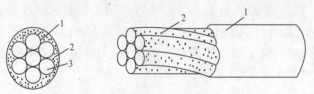

1—塑料外包层；2—防腐润滑脂；3—钢绞线（或碳素钢丝束）

图 5-48　无黏结预应力筋

　　无黏结筋宜采用柔性较好的预应力筋制作，选用 $7\Phi^s4$ 或 $7\Phi^s5$ 钢绞线。

　　涂料层可采用防腐油脂或防腐沥青制作。涂料层的作用是使无黏结筋与混凝土隔离，减少张拉时的摩擦损失，防止无黏结筋腐蚀等。

　　外包层具有一定的抗拉强度、防渗漏性能，可用高压聚乙烯塑料带或塑料管制作。外包层的作用是使无黏结筋在运输、储存、铺设和浇筑混凝土等过程中不会造成损坏。

### 5.3.2　无黏结预应力施工

　　无黏结预应力施工工艺：安装梁或楼板模板→下部非预应力钢筋铺放、绑扎→安装无黏结预应力筋张拉端模板（含打眼、钉焊预埋承压板、螺旋筋、穴模及各部位马凳筋等）→

铺放无黏结预应力筋→上部非预应力筋铺放、绑扎→自检无黏结预应力筋的标高、位置及端部状况→浇灌混凝土→混凝土养护→松动穴模、拆除侧模→张拉无黏结预应力筋→切除超长的无黏结预应力筋→安放封闭罩、端部封闭。

无黏结预应力施工中,主要问题是无黏结预应力筋的铺设、张拉和端部锚头处理。

### 5.3.2.1　无黏结预应力筋的铺设

在单向梁板中,无黏结预应力筋的铺设如同普通钢筋一样,比较简单。

在双向平板中,无黏结预应力筋一般为双向曲线配筋,两个方向的无黏结预应力筋互相穿插,给施工操作带来困难,因此确定铺设顺序很重要。铺设双向配筋的无黏结预应力筋时,应先铺设标高较低的无黏结预应力筋,再铺设标高较高的无黏结预应力筋,并应尽量避免两个方向的无黏结预应力筋相互穿插编结。

无黏结预应力筋应严格按设计要求的曲线形状就位并固定牢靠。铺设无黏结预应力筋时,**无黏结预应力筋的曲率可垫铁马凳控制**。铁马凳高度应根据设计要求的无黏结预应力筋曲率确定,铁马凳间隔不宜大于 2 m,并应用铁丝将其与无黏结预应力筋扎紧。也可以用铁丝将无黏结预应力筋与非预应力筋绑扎牢固。施工顺序为:放置马凳→铺设无黏结预应力筋→调整无黏结预应力筋的曲率→将无黏结预应力筋扎牢。

### 5.3.2.2　无黏结预应力筋的张拉

由于**无黏结预应力筋一般为曲线配筋,为减少摩擦损失,应两端张拉**。

无黏结预应力筋的张拉顺序应与其铺设顺序一致,先铺设的先张拉,后铺设的后张拉。无黏结预应力束一般长度大,往往又是曲线形布置,如何减少其摩阻损失是一个重要问题。成束无黏结预应力筋正式张拉前,宜先用千斤顶往复抽动 1~2 次以降低张拉摩阻损失,或者采取多次重复张拉工艺以降低摩阻损失。

### 5.3.2.3　无黏结预应力筋的端部锚头处理

无黏结预应力筋端部锚头因没有涂层,所以防腐处理应特别重视。采用 XM 型夹片式锚具的钢绞线,张拉端头构造简单,无须另加设施,端头钢绞线预留长度不小于150 mm,多余部分切断并将钢绞线散开打弯,埋设在混凝土中以加强锚固,如图 5-49 所示。如果采用镦头锚具,锚头部位的外径比较大,锚头端部处理常采用在孔道中注入油脂,或者注入环氧树脂水泥砂浆,并将锚头封闭。

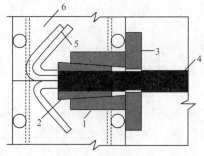

1—锚环;2—夹片;3—埋件;4—钢绞线;5—散开打弯钢丝;6—圈梁

图 5-49　钢绞线张拉端锚头处理

## 本章小结

1.槽式台座由于可自行平衡掉一部分张拉力,能够承受较大的张拉力,同时也易于进行蒸汽养护。

2.由于先张法中混凝土收缩所造成的预应力损失要高于后张法,先张法中的控制应力值要略高于后张法,而实际二者最终建立的预应力值差不多。

3.为了减少温差所造成的预应力损失,应采用二阶段升温养护法,即保证在混凝土强度养护至 7.5 MPa(配粗钢筋)或 10 MPa(钢丝、钢绞线配筋)之前,温差一般不超过 20 ℃,之后则可按一般正常情况继续升温养护。

4.孔道留设的方法有钢管抽芯法、胶管抽芯法和预埋波纹管法等。钢管抽芯法适用于留设立线孔道。胶管抽芯法既适用于直线孔道留设,也适用于曲线孔道留设。预埋波纹管法就是利用与孔道直径相同的金属管埋入混凝土构件中,无须抽出,因其省去抽管工序,且孔道留设的位置、形状也易保证,故多用于预应力筋密布构件。

5.当配有多根预应力筋,分批进行张拉时,要考虑后批预应力筋张拉对混凝土产生的弹性压缩,引起前批已张拉的预应力筋应力值降低,造成预应力损失,所以对前批张拉的预应力筋的张拉应力应相应增加这个损失值。

6.无黏结预应力技术借助两端的锚具传递预应力,施工时不需要预留孔道、穿筋、灌浆等工序,施工简便,工期短,摩擦损失小,预应力筋易弯成多跨曲线形状等,但对锚具锚固能力要求较高。

/////////// 思考题 ///////////

1.试述预应力混凝土先张法与后张法的主要施工工艺及施工过程。

2.试进行墩式台座的稳定性和强度验算(主要搞清台墩倾覆点的位置)。

3.槽式台座为什么能够承受较大的张拉力?

4.试述先张法施工与后张法施工传递预应力的方式有何不同。

5.目前预应力筋的张拉程序有两种,工程中多采用哪一种?为什么?

6.试述温差所造成的预应力损失及为减少这种损失须采取的措施。

7.试述后张法中孔道留设的方式及注意事项。

8.预应力损失值组合的依据是什么?

9.试述在后张法施工中当配有多根预应力筋,分批进行张拉时的预应力损失。

10.试述在后张法施工中对平卧叠浇的预应力混凝土构件所造成的预应力损失。

# 第6章 结构安装工程

**本章概要**

1. 起重机械的类型、性能参数、特点及适用范围。
2. 单层工业厂房构件的吊装工艺。
3. 单层工业厂房结构吊装起重机类型、型号的选择。
4. 单层工业厂房结构吊装方法,起重机开行路线及构件的平面布置。

## 6.1 起重设备

结构安装工程中常用的起重设备有桅杆式起重机、自行杆式起重机和塔式起重机三大类。

### 6.1.1 桅杆式起重机

桅杆式起重机一般多用于使用比较先进的起重工具不能有效合理吊装的情况下,或缺乏比较先进的吊装机械设备时,且安装工程量比较集中,而构件又较重的工程。

桅杆式起重机的结构简单、轻便,具有较大的提升高度和幅度,易于拆卸和安装。缺点是占地较大,移动不便,故在过于狭窄的场所使用受到限制。同时,竖立这种起重机,必须建筑基础,以便起重机的底座下具有足够承受底座轴向支点的压力。此外,移动位置费工费时,故安装位置必须全面考虑,周密安排。

#### 6.1.1.1 牵缆式桅杆起重机

牵缆式桅杆起重机具有制作简单、装拆方便、起重量大的特点,特别是大型构件吊装缺少大型起重机械时,这类起重设备更显示了它的优越性。但这类起重机须设较多的缆风绳(一般需要 6 根),移动较困难,灵活性也较差,同时占地面积也比较大,如图 6-1 所示。

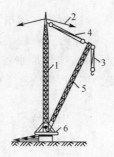

1—拔杆；2—缆风绳；3—起重滑轮组；4—导向装置；5—起重臂；6—回转盘

图 6-1　牵缆式桅杆起重机

牵缆式桅杆起重机起重量一般在 15～40 t，起重臂长度为 27～38 m，桅杆高度为 30～45 m，一般用于工业厂房构件的吊装。

#### 6.1.1.2　斜撑式桅杆起重机

斜撑式桅杆起重机(图 6-2)根据其结构形式可分为固定式和移动式：固定式是装在地面上固定场所的，专门用于起吊装卸物料；移动式则是装在带滚轮底座上的，可移动的独立装置，以适应起重吊装之用。由于斜撑，悬臂起重杆仅能回转 270°，起重臂受轴力较大，使该起重机的起重量和起重高度受到限制。

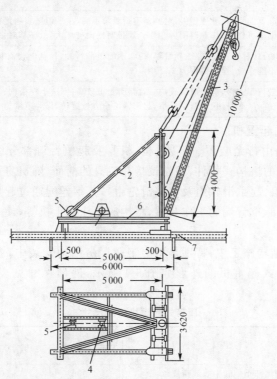

1—桅杆；2—斜撑；3—起重臂；4—手摇起重绞车；5—提升起重臂的电动绞车；6—底座；7—桁架

图 6-2　装有底座的斜撑式桅杆起重机

#### 6.1.1.3　悬臂式桅杆起重机

在桅杆的中部约 2/3 高处，装上一根起重杆，即成悬臂起重杆，故称悬臂式桅杆起重机。悬臂式桅杆起重机一般固定在某一部位进行起吊工作。

悬臂拔杆的构造如图6-3所示,其特点是,有较大的起重高度和相应的起重半径,悬臂起重杆能起伏,且能360°旋转,这给吊装工作带来较大的方便。**但由于起重杆的作用,给桅杆的中部一水平力,对桅杆的受力不利**,使该起重机的起重量受到限制。

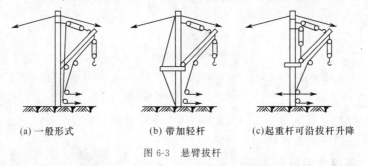

(a) 一般形式　　　(b) 带加轻杆　　　(c)起重杆可沿拔杆升降

图 6-3　悬臂拔杆

## 6.1.2　自行杆式起重机

自行杆式起重机类型及特点见表 6-1。

表 6-1　　　　　　　　　自行杆式起重机类型及特点

| 类型 | 特点 |
|---|---|
| 履带式起重机 | 有较大的起重能力,行驶速度慢,对路面质量要求不高,在平坦坚实的地面上能负荷行驶,在松软、泥泞的地面上可作业,作业范围为360°。履带对地面破坏大,故转移时多用平板拖车装运 |
| 汽车式起重机 | 行驶速度快,转移迅速,对路面质量要求高,不能负荷行驶,作业时设有可伸缩的工作支腿。因驾驶室上方不能作业,作业范围为270° |
| 轮胎式起重机 | 行驶速度较汽车式慢,但较履带式快。对路面要求较高,不适于在松软、泥泞的地面上工作。轮距较宽、稳定性好、车身短、转弯半径小,起重臂可全方位旋转,作业范围为360° |

### 6.1.2.1　履带式起重机

履带式起重机是由行走装置、回转机构、机身及起重臂等部分组成,如图 6-4 所示。起重臂为用角钢组成的格构式杆件,下端铰接在机身的前面,随机身回转。起重臂可分节接长,设有两套滑轮组(起重滑轮组及变幅滑轮组),其钢丝绳通过起重臂顶端连到机身内的卷扬机上。若变换起重臂端的工作装置,将构成单斗挖土机等,使一机多功能以提高设备的工作效率。

目前,在装配式结构施工中,特别是单层工业厂房结构安装中,履带式起重机得到广泛的使用。常用履带式起重机的外形如图 6-4 所示,外形尺寸见表 6-2,其技术规格见表 6-3。

表 6-2　　　　　　　　履带式起重机外形尺寸　　　　　　　　　　　　mm

| 符号 | 参数 | 型号 | | |
|---|---|---|---|---|
| | | $W_1-50$ | $W_1-100$ | $W_1-200$ |
| $A$ | 机身尾部距回转中心的距离 | 2 900 | 3 300 | 4 500 |
| $B$ | 机身宽度 | 2 700 | 3 120 | 3 200 |
| $C$ | 机身顶部距地面高度 | 3 220 | 3 675 | 4 125 |
| $D$ | 机身底部距地面高度 | 1 000 | 1 045 | 1 190 |
| $E$ | 起重臂下铰点中心距地面高度 | 1 555 | 1 700 | 2 100 |

续表

| 符号 | 参数 | 型号 | | |
|---|---|---|---|---|
| | | W₁-50 | W₁-100 | W₁-200 |
| $F$ | 起重臂下绞点中心距回转中心高度 | 1 000 | 1 300 | 1 600 |
| $G$ | 履带长度 | 3 420 | 4 005 | 4 950 |
| $M$ | 履带架宽度 | 2 850 | 3 200 | 4 050 |
| $N$ | 履带板宽度 | 550 | 675 | 800 |
| $J$ | 行走架距地面高度 | 300 | 275 | 390 |
| $K$ | 机身上部支架距地面高度 | 3 480 | 4 170 | 6 300 |

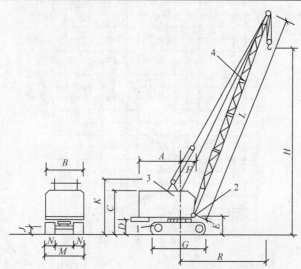

$A$、$B$、……—外形尺寸；$L$—起重臂长；$H$—起重高度；$R$—起重半径；

1—行走装置；2—回转机构；3—机身；4—起重臂

图6-4　履带式起重机外形图

表6-3　　　　　　　　　　　　履带式起重机技术规格

| 参数 | | 型号 | | | | | | |
|---|---|---|---|---|---|---|---|---|
| | | W₁-50 | | | W₁-100 | | W₁-200 | |
| 起重臂长度/m | | 10 | 18 | 18（带鸟嘴） | 13 | 23 | 15 | 30 | 40 |
| 最大起重半径/m | | 10 | 17 | 10 | 12.5 | 17 | 15.5 | 22.5 | 30 |
| 最小起重半径/m | | 3.7 | 4.5 | 6 | 4.23 | 6.5 | 4.5 | 8 | 10 |
| 起重量/kN | 最小起重半径时 | 100 | 75 | 20 | 150 | 80 | 500 | 200 | 80 |
| | 最大起重半径时 | 26 | 10 | 10 | 35 | 17 | 82 | 43 | 15 |
| 起重高度/m | 最小起重半径时 | 9.2 | 17.2 | 17.2 | 11 | 19 | 12 | 26.8 | 36 |
| | 最大起重半径时 | 3.7 | 7.6 | 14 | 5.8 | 16 | 3 | 19 | 25 |

　　履带式起重机主要技术性能包括三个参数：起重量 $Q$、起重半径 $R$ 及起重高度 $H$。其中，起重量 $Q$ 为额定值，指起重机安全工作所允许的最大起重重物的质量（不包括吊钩、滑轮组的质量）；起重半径 $R$ 指起重机回转轴线至吊钩中心的水平距离；起重高度 $H$ 指起重机吊钩中心至停机地面的垂直距离。

起重量 $Q$、超重半径 $R$、起重高度 $H$ 这三个参数之间存在相互制约的关系。每一种型号的起重机都有几种臂长,当起重臂长 $L$ 一定时,随起重臂仰角 $\alpha$ 的增大,起重量 $Q$ 和起重高度 $H$ 增大,而起重半径 $R$ 减小;当起重臂仰角 $\alpha$ 一定时,随着起重臂长 $L$ 增加,起重半径 $R$ 及起重高度 $H$ 增加,而起重量 $Q$ 减小。

履带式起重机主要技术性能可查起重机手册中的起重机性能表或性能曲线。图 6-5 为 $W_1$-50 型履带式起重机工作性能曲线。图中有两类曲线:一类为 $R-H$ 特性曲线,另一类为 $R-Q$ 特性曲线,分别各有三根。

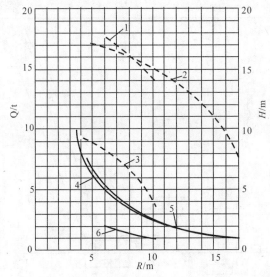

1—$L=18$ m 带鸟嘴时 $R-H$ 曲线;2—$L=18$ m 时 $R-H$ 曲线;

3—$L=10$ m 时 $R-H$ 曲线;4—$L=10$ m 时 $R-Q$ 曲线;

5—$L=18$ m 时 $R-Q$ 曲线;6—$L=18$ m 带鸟嘴时 $R-Q$ 曲线

图 6-5  $W_1$-50 型履带式起重机工作性能曲线

#### 6.1.2.2  汽车式起重机

汽车式起重机是把起重机构安装在普通载重汽车或专用汽车底盘上的一种自行式起重机。起重臂的构造形式有桁架臂和伸缩臂两种。其机动性很好,可以与普通汽车编队行驶。其行驶的驾驶室与起重操纵室是分开的,如图 6-6 所示。

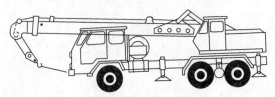

图 6-6  汽车式起重机

#### 6.1.2.3  轮胎式起重机

轮胎式起重机是把起重机构安装在加重型轮胎和轮轴组成的特制底盘上的一种全回转式起重机,是专用起重机。其上部构造与履带式起重机基本相同,为了保证安装作业时机身的稳定性,设有四个可伸缩的支腿。在平坦地面上可不用支腿进行小起重量吊装低速行驶,如图 6-7 所示。

图 6-7　轮胎式起重机

### 6.1.3　塔式起重机

塔式起重机具有竖直的塔身,起重臂安装在塔身顶部与塔身组成"Γ"形,使塔式起重机具有较大的工作空间。塔式起重机的安装位置能够最大限度地靠近施工的建筑物,有效工作半径较其他类型起重机大。

塔式起重机种类繁多,主要用于多层及高层建筑工程施工。塔式起重机按其行走机构、回转方式、变幅方式、起重能力等分为多种类型,各类型起重机的特点参见表 6-4。常用的塔式起重机的类型有轨道式塔式起重机(上旋和下旋式)、爬升式塔式起重机、附着式塔式起重机。

表 6-4　　　　　　　　　　　塔式起重机的类型和特点

| 分类方法 | 类型 | 特点 |
|---|---|---|
| 行走机构 | 固定式 | 整机稳定性好,与轨道行走式比起重量、起重高度较大 |
| | 轨道行走式 | 转移方便、机动性强,较固定式稳定性差 |
| 自升式 | 附着式 | 没有行走机构,安装在靠近修建物的基础上,可随施工的建筑物升高而升高 |
| | 内爬式 | |
| 变幅方式 | 起重臂变幅 | 起重臂与塔身铰接,变幅时调整起重臂的仰角 |
| | 起重小车变幅 | 起重臂处于水平状,下弦装有起重小车,这种起重机变幅简单,操作方便,并能带载变幅,工作幅度大 |
| 回转方式 | 上回转式 | 结构简单,安装方便,但起重机重心高,塔身下部要加配重。固定式、自升式均属塔顶回转式 |
| | 下回转式 | 塔身与起重臂同时旋转,回转机构在塔身下部。由于整机回转,回转惯量较大,起重量和起重高度受到限制 |
| 起重能力 | 轻型 | 起重能力 5~30 kN |
| | 中型 | 起重能力 30~150 kN |
| | 重型 | 起重能力 150~400 kN |

#### 6.1.3.1　轨道式塔式起重机

轨道式塔式起重机是在多层房屋施工中应用广泛的一种起重机。由于它是在轨道上行驶的,又称自行式塔式起重机。这种起重机可负荷行驶,有的只能在直线轨道上行驶,有的可沿"L"形或"U"形轨道行驶。常用的轨道式塔式起重机有 QT$_1$-2 型、QT$_1$-6 型、QT80A 型等。

轨道式塔式起重机由于整机在轨道上行驶,稳定性差,因此起重量、起重高度和起重半径都受到限制。

1.QT$_1$-2 型塔式起重机

QT$_1$-2 型塔式起重机是一种塔身回转式(下回转)轻型塔式起重机,主要由塔身、起重臂和底盘组成,如图 6-8 所示。这种起重机最大的特点就是可以自行折叠与架设,整体施运。起重力矩 160 kN·m,起重量 10~20 kN,轨距 2.8 m。适用于五层以下民用建筑结构安装和预制构件厂装卸作业。

2.QT$_1$-6 型塔式起重机

QT$_1$-6 型塔式起重机是一种中型塔顶旋转式(上回转)塔式起重机,由底座、塔身、起重臂、塔顶及平衡重等组成,如图 6-9 所示。塔顶有齿式回转机构,塔顶通过它围绕塔身回转 360°。底座有两种:一种有 4 个行走轮,只能直线行驶;另一种有 8 个行走轮,能转弯行驶,内轨半径不小于 5 m。QT$_1$-6 型塔式起重机的最大起重力矩 400 kN·m,起重量 20~60 kN,用于一般工业与民用建筑的安装和材料仓库的装卸作业。

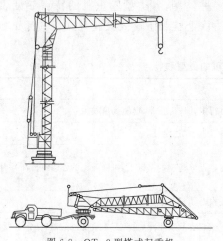

图 6-8　QT$_1$-2 型塔式起重机

图 6-9　QT$_1$-6 型塔式起重机

### 6.1.3.2　爬升式塔式起重机

爬升式塔式起重机是自升式塔式起重机的一种,一般情况下将它安装在高层装配式结构的电梯井、楼梯间或特设开间内,每 2~3 层楼向上爬升一次。这类起重机主要用于高层(10 层以上)框架结构安装,由于整机高只有 20 m 左右,其特点是机身体积小、重量轻、安装简单,适于现场狭窄的高层建筑结构安装,其缺点是安装部位必须最后施工,起重机拆卸困难。

爬升式塔式起重机由底座、套架、塔身、塔顶、行车式起重臂、平衡臂等部分组成。型号有 QT$_5$-4/40 型、QT$_5$-4/60 型、QT$_3$-4 型及用原有 2~6 t(20~60 kN)上旋式塔式起重机改装的爬升式塔式起重机。

塔式起重机的底座及套架上均设有可伸出和收回的活动支腿,在吊装构件过程中及爬升过程中分别将支腿支撑在框架梁上。每层楼的框架梁上均须埋设地脚螺栓,用以固定活动支腿。

爬升式塔式起重机的爬升过程如图6-10所示。即,固定下支座→提升套架→固定套架→下支座脱空→提升塔身→固定下支座。

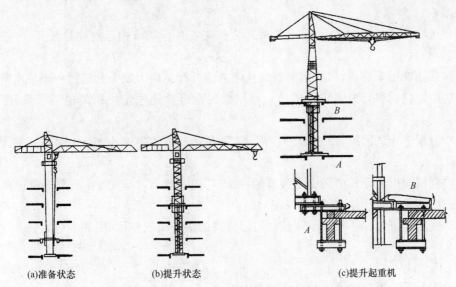

(a)准备状态　　　　　(b)提升状态　　　　　(c)提升起重机

图6-10　QT$_5$-4/40型爬升式塔式起重机的爬升过程

### 6.1.3.3　附着式塔式起重机

附着式塔式起重机是固定在建筑物近旁混凝土基础上的起重机械,它可借助顶升系统随着建筑物的增高而自行向上接高和向下拆卸。为了减小塔身的自由长度,增加其稳定性,规定每隔10～20 m将塔身与建筑物用锚固装置连接起来(图6-11),这种塔式起重机宜用于高层建筑施工。

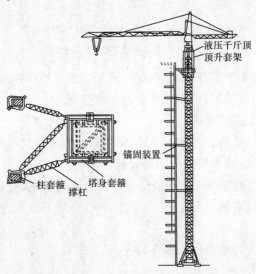

图6-11　附着式塔式起重机

常用的附着式塔式起重机有 QT$_4$-10 型、QT$_1$-4 型等以及由各种上旋式塔式起重机改装的附着式塔式起重机。附着式塔式起重机的液压顶升系统主要包括顶升套架、长行程液压千斤顶、支撑座、顶升横梁及定位销等。液压千斤顶的缸体装在塔吊上部结构的底端承座上,活塞杆通过顶升横梁(扁担梁)支撑在塔身顶部。其顶升过程可分以下五个步骤,如图 6-12 所示。

(1)将标准节吊到摆渡小车上,并将过渡节与塔身标准节相连的螺栓松开,准备顶升(图 6-12(a))。

(2)开动液压千斤顶,将塔吊上部结构包括顶升套架向上顶升到超过一个标准节的高度,然后用定位销将套架固定。塔吊上部结构的重量就通过定位销传递到塔身(图 6-12(b))。

(3)液压千斤顶回缩,形成引进空间,将装有标准节的摆渡小车开到引进空间内(图 6-12(c))。

(4)利用液压千斤顶稍微提起接高的标准节,退出摆渡小车,将标准节平稳地落在下面的塔身上,并用螺栓拧紧(图 6-12(d))。

(5)拔出定位销,下降过渡节,使之与已接高的塔身连成整体(图 6-12(e))。

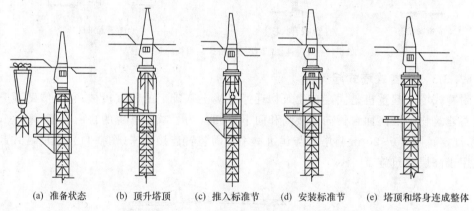

(a) 准备状态　　(b) 顶升塔顶　　(c) 推入标准节　　(d) 安装标准节　　(e) 塔顶和塔身连成整体

图 6-12　附着式塔式起重机的顶升过程

一次一般要接高若干节塔身标准节,则可重复以上工序。在顶升前,必须按规定将平衡重和起重小车移到指定位置,以保证顶升过程的稳定。

### 6.1.3.4　现代化塔式起重机

F$_0$/23B 塔式起重机是从法国 POTAIN 公司引进的先进技术,按照 POTAIN 公司的产品设计、制造工艺、检验技术等生产的塔式起重机。

如图 6-13 所示,F$_0$/23B 塔式起重机是一种综合型起重机,它是上回转、小车变幅、自升式塔式起重机,同时具有轨道行走式、固定附着式、内爬升式三种使用功能,是国际上先进的塔式起重机之一。

F$_0$/23B 塔式起重机的基本技术参数如下:

(1)起重臂长:分别设有 30 m、35 m、40 m、45 m 及 50 m。

(2)工作幅度:$R_{min}$=2.9 m;$R_{max}$=50 m。

(3)额定起重量:$R \leqslant 14.5$ m 时 $Q_{max} = 10$ t;$R_{max} = 50$ m 时 $R_{max} = 2.3$ t。

(4)塔机高度:固定式 $H_{max} = 59.8$ m;附着式 $H_{max} = 203.8$ m;行走式 $H_{max} = 61.6$ m。

(5)最大起重力矩:1 450 kN·m。

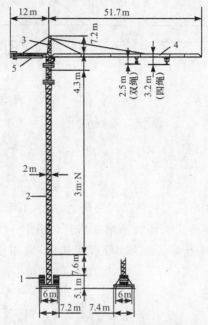

1—底座;2—塔身;3—塔帽;4—起重臂;5—平衡臂

图 6-13  $F_0/23B$ 塔式起重机

$F_0/23B$ 塔式起重机的控制系统采用法国 POTAIN 公司和我国国内先进技术,性能先进、可靠安全,通过联动台对起升、回转、行走、变幅四大机构电气进行集中控制,各机构既可单独动作,又可多项复合动作,大大提高了塔式起重机的工作效率。保护系统为 PO-TAIN 公司引进技术、安装全套的安全装置,包括力矩限制器,最大工作载荷及速度限制器,起升、回转、变幅、行走限位器。

## 6.2 起重吊具及附件

### 6.2.1 吊具

吊具常用的一种是吊索,是用钢丝绳制成的,因此,钢丝绳的允许拉力即为吊索的允许拉力(图 6-14)。在吊装中,吊索的拉力不应超过其允许拉力,吊索拉力取决于所吊构件的重量及吊索的水平夹角,水平夹角应不小于 $30°$,一般用 $45° \sim 60°$。

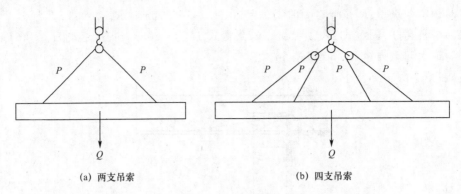

(a) 两支吊索　　　　　　　　(b) 四支吊索

图 6-14　吊索拉力计算简图

## 6.2.2　附件

### 6.2.2.1　卡环

卡环用于吊索与吊索或吊索与构件吊环之间的连接,由弯环和销子两部分组成,按销子与弯环的连接形式分为螺栓式卡环和活络式卡环,如图 6-15(a)、图 6-15(b)所示。活络式卡环的销子端头和弯环孔眼无螺纹,可直接抽出,常用于柱子吊装,如图 6-15(c)所示。

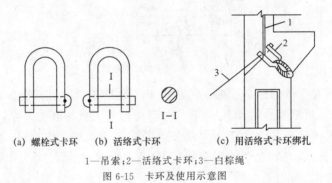

(a) 螺栓式卡环　　(b) 活络式卡环　　(c) 用活络式卡环绑扎

1—吊索;2—活络式卡环;3—白棕绳

图 6-15　卡环及使用示意图

### 6.2.2.2　花篮螺栓

花篮螺栓利用丝杠进行伸缩,能调节钢丝绳的松紧,在安装校正中松、紧缆风绳,如图 6-16 所示。

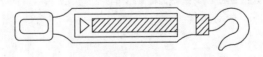

图 6-16　花篮螺栓

### 6.2.2.3　横吊梁

横吊梁又称铁扁担,其作用有二:一是减小吊索高度;二是减小吊索的水平分力对构件的压力。横吊梁常用形式有钢板横吊梁(图 6-17(a))和钢管横吊梁(图 6-17(b))。柱吊装采用直吊法时,用钢板横吊梁(适用于吊 10 t 以下的柱),使柱保持垂直;吊屋架时,用钢管横吊梁(钢管长 6～12 m),可减小索具高度。

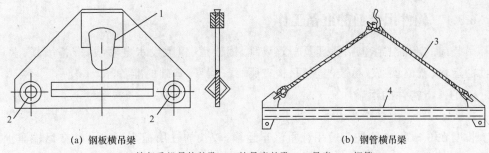

（a）钢板横吊梁　　　　　　　（b）钢管横吊梁

1—挂起重机吊钩的孔；2—挂吊索的孔；3—吊索；4—钢管

图 6-17　横吊梁

# 6.3　单层工业厂房结构吊装

单层工业厂房大多采用装配式钢筋混凝土结构（重型厂房采用钢结构），如图 6-18 所示。其主要承重构件除基础为现浇构件外，其他构件（柱、吊车梁、基础梁、屋架、天窗架、屋面板等）均为预制构件。根据构件尺寸和重量及运输构件的能力，预制构件中较大型的（柱、屋架等）一般在施工现场就地制作；中小型的（吊车梁、过梁、连系梁）多集中在工厂制作，然后运送到现场安装。单层工业厂房施工中的主导工种是结构吊装。

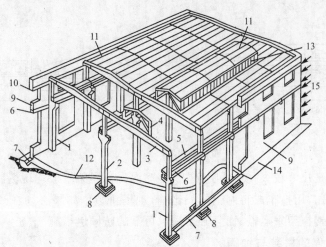

1—边列柱；2—中列柱；3—屋面大梁（或屋架）；4—天窗架；5—吊车梁；

6—连系梁；7—基础梁；8—基础；9—外墙；10—圈梁；

11—屋面板；12—地面；13—天窗扇；14—散水；15—风力

图 6-18　单层工业厂房装配式钢筋混凝土骨架及主要构件

单层工业厂房主要构件有柱、吊车梁、屋架和屋面板。①柱：因一般设置牛腿，又叫牛腿柱，柱底与基础相连，柱顶与屋架焊接连接，与屋架组成排架结构。柱有矩形柱、工字形柱、双肢柱等。②吊车梁：放在柱的牛腿上，与牛腿采用焊接连接。③屋架：与柱顶焊接连接。④屋面板：与屋架焊接连接，多采用 1.5 m×6 m 的大型屋面板。

### 6.3.1 构件吊装前的准备工作

吊装前的准备工作包括清理及平整场地,铺设道路,敷设水电管线,准备吊具、索具,构件的运输、就位、堆放、拼装与加固、检查、弹线、编号,基础的准备等。

#### 6.3.1.1 构件的运输

1.柱的运输

长度在 6 m 以内的柱一般用载重汽车运输,较长的柱用拖车运输。柱在运输车上应立放,并采取稳定措施防止倾倒。柱在运输车上,一般采取两点支撑;较细长的柱,当两点支撑抗弯能力不足时应采用平衡梁三点支撑(图 6-19)。这样缩短了柱的悬臂长度,减少了柱在运输中出现裂缝的可能。

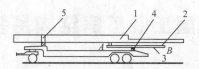

1—柱;2—垫木;3—平衡梁;4—铰;5—稳定柱的支架
图 6-19 用拖车运输柱

2.吊车梁的运输

T 形吊车梁及腹板较厚的鱼腹式吊车梁可以平运,两个支点分别在距梁的两端 1～1.3 m 处(图 6-20);腹板较薄的鱼腹式吊车梁,可将鱼腹朝上,并在预留孔中穿入铁丝将各梁连在一起。

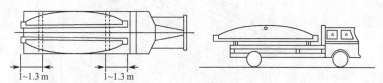

图 6-20 吊车梁的运输

3.屋架的运输

屋架的特点是尺寸较大,侧向刚度差。钢筋混凝土屋架一般均现场制作,也有的在预制厂分两半榀制作,用拖车或特制钢拖架运输,现场拼装。如果必须在预制厂制作,只能用拖车或特制的钢拖架来运输,而且必须采取可靠的防倾倒措施。

#### 6.3.1.2 构件的拼装与加固

天窗架及大跨度屋架一般制成两个半榀,在施工现场拼装成整体。构件的拼装方法有立拼和平拼两种,大跨度屋架不易移动及扶直,常采用在起吊位置立拼的方法,而小跨度的构件如天窗架则多采用平拼,平拼构件在吊装前要临时加固后翻身扶直。

屋架拼装顺序:做好支墩→竖立支架→将两个半榀屋架吊至支墩上→穿预应力筋的预留孔连接处用铁皮管连接,然后用 8 号铁线将屋架与支架绑牢→穿预应力筋→焊接上弦拼板及灌注下弦接头立缝→张拉预应力筋及孔道灌浆→焊接下弦拼板及灌注上弦接头立缝。图 6-21 为屋架拼装示意图。

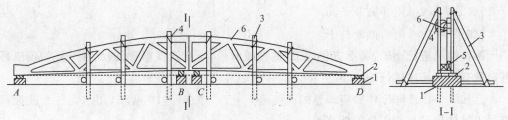

1—砖砌支架；2—方木或钢筋混凝土垫块；3—三角架；

4—钢丝；5—木楔；6—屋架块体；$A \sim D$—砖砌支墩

图 6-21　屋架拼装示意图

### 6.3.1.3　构件的质量检查、弹线及编号

**1.质量检查**

为保证工程质量,在构件吊装前对全部构件要进行一次全面的质量检查。检查的主要内容有:

(1)构件的型号、数量、外形尺寸、预埋件位置及尺寸、构件混凝土的强度以及构件有无损伤、变形、裂缝等。

(2)构件混凝土的强度应不低于设计规定的吊装强度。

**2.弹线**

(1)柱应在柱身的三个面上弹出几何中心线(两个宽面一个窄面),作为吊装基准线。对于工字形截面柱除应弹出几何中心线外,**还应在其翼缘部分弹一条与中心线平行的线,以避免校正时产生观测视差。**此外,在柱顶面和牛腿顶面上要弹出屋架及吊车梁的吊装准线,如图 6-22 所示。

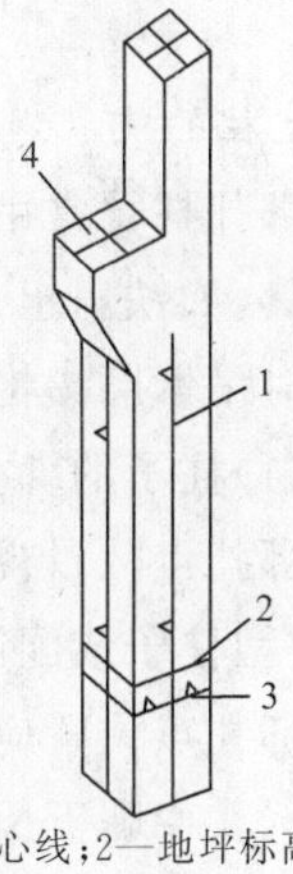

(2)屋架应在上弦顶面弹出几何中心线,并从跨中央向两端分别弹出天窗架、屋面板或檩条的吊装准线;在屋架的两个端头弹出屋架的纵、横吊装准线。

(3)吊车梁应在两端面及顶面弹出几何中心线作为吊装准线。

**3.编号**

在对构件弹线的同时,应按设计图纸将构件逐个编号,并标志在明显部位;对于上下、左右难以分辨的构件应加以注明。

1—柱中心线；2—地坪标高线；

3—基础顶面线；4—吊车梁对位线；5—柱顶中心线

图 6-22　柱子弹线图

### 6.3.1.4　基础的准备

装配式混凝土柱一般为杯形基础,杯形基础是单层工业厂房中唯一现浇的构件,在浇筑杯形基础时,应保证定位轴线及杯口尺寸准确。

杯底找平也叫杯底抄平,如图 6-23 所示。

对杯底找平时,先要测出杯底原有标高(小柱测中间一点,大柱测四个角点),量测柱从柱脚至牛腿顶面的实际长度 $l_1$,以及相应的杯底实际标高,再计算柱牛腿顶面的设计标高与杯底实际标高之间的距离 $l_2$:

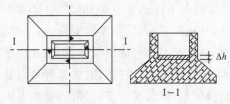

图 6-23　杯底找平

$$\begin{cases} \text{如果 } l_2 > l_1, \text{则杯底要垫高} \\ \text{如果 } l_2 < l_1, \text{则要截断柱子} \end{cases}$$

**两种情况进行比较,考虑方便施工(截柱较麻烦)一般选择前者,因此在一开始现浇杯基时就有意将杯底做低 50 mm。**

已知 $l_1$、$l_2$,计算出杯底应调整的高度值 $l_2 - l_1$,并在杯口内标出,用水泥砂浆或细石混凝土填抹垫平至所需要的标高处。

例如:测出杯底原有标高为 $-1.2$ m,牛腿顶面的设计标高是 $+7.8$ m,故 $l_2 = 7.8 + 1.2 = 9.0$ m,而柱脚至牛腿面的实际长度为 $l_1 = 8.98$ m,则杯底标高的调整值 $\Delta h = 9.0 - 8.98 = 0.02$ m,即杯底应调整加高 20 mm。

### 6.3.2 构件吊装工艺

装配式单层厂房的结构构件有柱、吊车梁、连系梁、地基梁、托架、屋架、天窗架、屋面板、支撑系统等。构件的吊装程序:绑扎、起吊、对位、临时固定、校正及最后固定。

#### 6.3.2.1 柱的吊装

单层工业厂房钢筋混凝土柱一般均为现场预制,其截面形式有矩形、工字形、双肢形等。

*1.柱的绑扎*

绑扎柱子常用的工具为吊索(又称千斤绳)和卡环(又称卸甲)。此外,还有各种专用的吊具,如铁扁担、吊索、卡环等。为使在高空中脱钩方便,尽量采用活络式卡环。为避免起吊时吊索磨损构件表面,要在吊索与构件之间垫以麻袋或木板(薄木片)。

(1)柱子的绑扎点数目和位置

绑扎点数目视柱子的外形、长度、配筋和起重机性能确定:中、小型柱子,可以绑扎一点;重型柱子或配筋少而细长的柱子(如抗风柱),为防止起吊过程中柱身断裂,须绑扎两点。绑扎点位置应使两根吊索的合力作用点高于柱子重心。对于有牛腿的柱,绑扎点位置常选在牛腿下。工字形柱和双肢柱,绑扎点应选在实心处(工字形柱的矩形截面处和双肢柱的平腹杆处),否则应在绑扎位置用方木垫平。

(2)常用的绑扎方法

按柱起吊后柱身是否竖直,分为斜吊法和直吊法。

①斜吊法

当柱子的宽面抗弯能力满足吊装要求,柱身较长,起重杆长度不足时,可采用一点绑扎斜吊法。这种方法的特点是直接把柱子在平卧的状态下,从底模上吊起,不需要翻身,也不用铁扁担,其次,柱身起吊后呈倾斜状态,吊索在柱子宽面的一侧,起重钩可低于柱顶,起重高度可以较小。但因柱身倾斜,就位时对正比较困难,如图 6-24 所示。

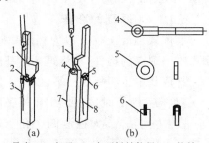

1—吊索;2—卡环;3—卡环插销拉绳;4—柱销;
5—垫圈;6—插销;7—柱销拉绳;8—插销拉绳
图 6-24 一点绑扎斜吊法

②直吊法

当柱平放起吊的抗弯强度不足时,需要将柱翻身,然后起吊,可采取图6-25所示的直吊法。采用这种方法,柱吊起后呈竖直状态,其特点是柱翻身后刚度大,抗弯能力强,起吊后柱与基础杯底垂直,容易对位。直吊法一般应用横吊梁(铁扁担),起重钩超过柱顶,需要起重机的起重高度比较高,起重臂比较长。

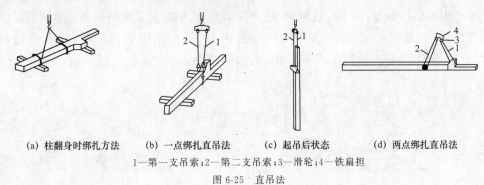

(a) 柱翻身时绑扎方法　　(b) 一点绑扎直吊法　　(c) 起吊后状态　　(d) 两点绑扎直吊法

1—第一支吊索;2—第二支吊索;3—滑轮;4—铁扁担

图6-25 直吊法

2.柱的起吊

当混凝土强度达到75%混凝土强度标准值以上时方可吊装。柱子的吊装方法,根据柱子重量、长度、起重机性能和现场施工条件而定,有单机吊装和双机抬吊,采用单机吊装时有旋转法和滑行法。

(1)单机吊装旋转法

旋转法吊装柱时,柱的平面布置要做到三点共弧,即绑扎点、柱脚中心、杯口中心三点共弧,且在以起重半径 $R$ 为半径的圆弧上,柱脚靠近杯口。

起吊时起重机可不移动,起重臂升高钩,边回转。在柱直立前,柱脚不动,柱绕柱脚旋转,柱顶随起重机回转及吊钩上升而逐渐上升,使柱在柱脚位置竖直。然后,起重机把柱吊离地面20～30 cm,回转起重臂把柱吊至杯口上方,插入杯口(图6-26)。

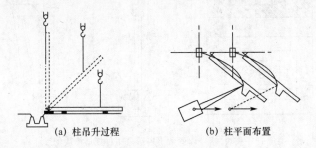

(a) 柱吊升过程　　　　　(b) 柱平面布置

图6-26 单机吊装旋转法

当柱子三点共弧布置有困难时,可采取两点共弧,即绑扎点与杯口中心、杯口中心与柱脚中心两点共弧,圆弧半径即为起重机的起重半径。

注意:旋转法吊装柱时,起重臂仰角不变,起重机位置不变,仅一边旋转起重臂,一边上升吊钩,柱脚的位置在旋转过程中是不移动的。

旋转法吊装柱特点:柱受振动小,生产效率高,但对起重机的机动性要求较高,柱布置时占地面积较大,适用于中小型柱的吊装。

（2）单机吊装滑行法

采用滑行法吊装柱时，柱的平面布置要做到绑扎点、杯口中心两点共弧，且在以起重半径 $R$ 为半径的圆弧上，绑扎点靠近杯口中心。这样，在柱起吊时，起重臂不动，起重钩上升，柱顶上升，柱脚沿地面向杯口中心滑行，直至柱竖直。然后，起重臂旋转，将柱吊至柱杯口上方，插入杯口（图 6-27(a)）。

滑行法吊装柱特点：在滑行过程中，柱子受阻振动，但对起重机的机动性要求较低（起重机只升钩，起重臂不旋转）。为了减少滑行阻力，可在柱脚下面设置托木、滚筒，如图 6-27(b)所示。这种方法宜在不能采用旋转法时采用。

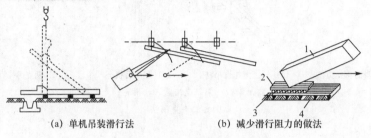

(a) 单机吊装滑行法　　　　　(b) 减少滑行阻力的做法

1—柱子；2—托木；3—滚筒；4—滑行轨道

图 6-27　单机吊装滑行法

3. 柱的对位与临时固定

使柱的吊装准线对准杯口顶面的吊装准线，将柱子插入杯口，柱子插入杯口后，应使柱身大体垂直。在柱脚离杯底 30～50 mm 时开始对位。对位时，先在柱基础四边各放两块楔块（共 8 块），如图 6-28 所示。

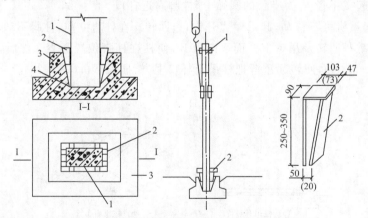

1—柱子；2—楔块（括号内的数字表示另一种规格楔块的尺寸）；
3—杯形基础；4—石子

图 6-28　柱的对位与临时固定

对位后，将 8 块楔块略加打紧，放松吊钩，让柱靠自重沉至杯底。再检查吊装中心线对准的情况，若已符合要求，立即将楔块打紧，将柱临时固定。注意：打紧楔块时，应两人同时在柱子的两侧对称打，以防柱脚移动。

吊装重型、细长柱时，即当柱基础的杯口深度与柱长之比小于 1/20，或柱具有较大牛腿时，仅靠柱脚处的楔块将不能保证临时固定的稳定，这时则应采取增设临时缆风绳或加斜撑等措施来加强柱临时固定的稳定性。

4.柱的校正

柱吊装以后要做平面位置、标高及垂直度的校正。柱的平面位置在柱的对位时已校正好,柱的标高在柱基础杯底找平时已控制在允许范围内,故柱吊装后主要是垂直度的校正。

(1)柱垂直度的检查方法

当有经纬仪时,可用两台经纬仪从柱相邻的两边去检查柱吊装中心线的垂直度,一台设置在横轴线上,另一台设置在与纵轴线成不大于15°角的位置上。如果经纬仪位置合适,一次最多可以检查三根柱子,如图6-29所示。当没有经纬仪时,也可用线锤检查。

(2)柱垂直度的校正方法

当偏差值较小时,可用打紧或稍放松楔块的方法来纠正(适用于校正10 t以下的柱子);当偏差值较大时,则可用螺旋千斤顶平顶法、螺旋千斤顶斜顶法、撑杆校正法、千斤顶立顶法及缆风绳校正法等方法进行校正。

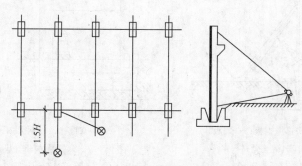

图 6-29　柱垂直度的检查方法

①螺旋千斤顶平顶法

螺旋千斤顶又叫丝杠千斤顶,是在杯口水平放置螺旋千斤顶,操纵千斤顶,给柱身施加一水平力,使柱子绕柱脚转动而垂直,如图6-30所示。

②螺旋千斤顶斜顶法

在杯口放一千斤顶,千斤顶下部坐在用钢板焊成的斜向支座上,头部顶在混凝土柱身的一个预留的或后凿的凹槽上,操作千斤顶,给柱身施加一斜向力,使柱身绕柱脚转动而垂直,如图6-31所示。

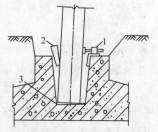

1—螺旋千斤顶;2—楔块;3—石子
图 6-30　螺旋千斤顶平顶法校正柱垂直度

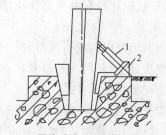

1—螺旋千斤顶;2—斜向支座
图 6-31　螺旋千斤顶斜顶法校正柱垂直度

③撑杆校正法

撑杆校正法又叫钢管支撑斜顶法,是采用撑杆校正器对柱进行校正。撑杆校正器(图 6-32)的撑杆是外径为 75 mm、长约 6 m 的钢管,两端装有螺杆,两端螺杆上的螺纹方向相反,因此,转动钢管时,撑杆可以伸长或缩短。撑杆的上端铰接一块头部摩擦板,头部摩擦板与柱身接触的一面有齿槽,以增大与柱身的摩擦力,下部吊有一个套在柱身上的铁环,即用一根短钢丝绳和一个卡环,将头部摩擦板固定在柱身的一定位置上。

④千斤顶立顶法

通过千斤顶给柱身施加一个竖向力,使柱身绕柱脚转动而垂直,图 6-33 所示为用此法校正双肢柱的情况,在校正前需要对千斤顶顶着的双肢柱横梁进行强度验算。此法可用于校正 300 kN(30 t)以上的重型柱子。

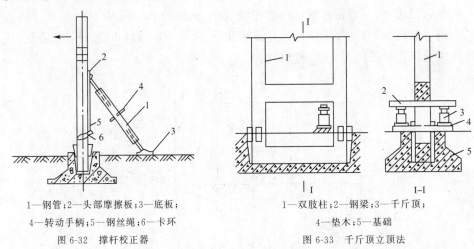

1—钢管;2—头部摩擦板;3—底板;
4—转动手柄;5—钢丝绳;6—卡环
图 6-32　撑杆校正器

1—双肢柱;2—钢梁;3—千斤顶;
4—垫木;5—基础
图 6-33　千斤顶立顶法

⑤缆风绳校正法

如果柱子用缆风绳做临时固定,可用缆风绳来纠正柱的垂直偏差,方法是拉紧柱一边的缆风绳,同时放松另一边的缆风绳。由于柱的回弹影响,用缆风绳来校正柱的偏差时,往往要考虑多拉偏一点。

(3)校正要点及注意事项

①应先校正偏差大的,后校正偏差小的,如果两个方向偏差数字相近,则先校正小面,后校正大面。

②校正时,**不要一次将一个方向的偏差完全校好,因为在校正另一方向时会影响已校正过的那个方向,校正是需要来回多次进行的,**校正好一个方向后,稍打紧两面相对的四个楔块,再校正另一个方向。

③柱子在两个方向的垂直度都校正好后,应再复查平面位置,如偏差在 5 mm 以内,则打紧八个楔块,同时还可在杯口和柱空隙的底部填入部分石块将柱脚卡死,保证柱的平面位置与垂直度不再变动。

④由于阳光照射,使柱子阳面温度较阴面高,柱子向阴面弯曲,使柱顶有一个水平位移,该水平位移值与温差数值、柱子长度及厚度尺寸等因素有关,一般为 3～10 mm,有些特别细长的柱子可达 30 mm 及以上。因此对特别细长柱的校正要考虑温差的影响,小于

10 m 的柱可不考虑。

为了降低这种影响,可以利用阴天、早晚等受阳光影响较小的时候进行柱子的校正工作,也可根据经验,采取预留偏差的办法解决。

5.柱子的最后固定

柱子采用浇灌细石混凝土的方法最后固定,为防止柱子在校正后受大风影响或楔块变形使柱子产生新偏差,灌缝工作应在校正后立即进行,灌缝时应将柱底杂物清理干净,并要洒水湿润。

灌细石混凝土(强度等级比柱强度等级高一级)要分两次进行:第一次灌至楔块底,第二次待细石混凝土强度达到 25% 后,拔去楔块,再灌满混凝土(图 6-34)。

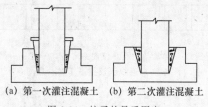

(a) 第一次灌注混凝土　(b) 第二次灌注混凝土

图 6-34　柱子的最后固定

### 6.3.2.2　吊车梁的吊装

由于吊车梁的高度小、长度小,且结构对称,一般采用平吊法。吊车梁的吊装必须在柱子杯口二次灌注混凝土的强度达 75% 设计强度后进行。

1.绑扎、起吊、就位与临时固定

吊车梁吊起后应基本保持水平,因此其绑扎点应对称地设在梁的两侧,吊钩应对准梁的重心,如图 6-35 所示。在梁的两端应绑扎溜绳以控制梁的转动,避免悬空时碰撞柱子。

吊车梁对位时应缓慢降钩,使吊车梁端部与柱牛腿面的横轴线对准。在对位过程中不宜用撬棍顺纵轴方向撬动吊车梁。因为柱子顺纵轴方向的刚度较差,撬动后会使柱顶产生偏移。

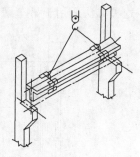

图 6-35　吊车梁的吊装

在吊车梁安装过程中应用经纬仪或线锤校正柱子的垂直度,若产生了竖向偏移,应将吊车梁吊起重新进行对位,以消除柱的竖向偏移。

吊车梁本身的稳定性较好,一般对位后无须采取临时固定措施,起重机即可松钩移走。**当梁高与底宽之比大于 4 时,可用 8 号铁丝将梁捆在柱上,以防倾倒。**

2.校正、最后固定

吊车梁吊装后,需要校正标高、平面位置和垂直度。

在进行杯形基础杯底抄平时,已对牛腿面至柱脚的高度做过测量和调整,如吊车梁的标高存在少许误差,可待安装吊车轨道时,在吊车梁面上抹一层砂浆找平层即可。

吊车梁的平面位置和垂直度的校正,一般不是吊装一根吊车梁后立即加以校正,而是在整个车间的结构构件,即屋盖系统吊装后校正。但较重的吊车梁,由于摘钩后校正困难,则可边吊边校。

检查吊车梁吊装中心线偏差的方法常用的有以下几种。

(1)通线法

根据柱的定位轴线,在车间两端地面定出吊车梁定位轴线的位置,打下木桩,并设置经纬仪。**用经纬仪先将车间两端的四根吊车梁位置校正准确,并用钢尺检查两列吊车梁之间的跨距 $L_K$ 是否符合要求。** 然后在四根已校正的吊车梁端部设置支架(或垫块),约高 200 mm,根据吊车梁的定位轴线拉钢丝通线,并悬重物拉紧,然后逐根检查并拨正(用撬棍)吊车梁(图 6-36),使其中心线与钢丝重合。这种方法适用于吊车梁数量不多的情况。

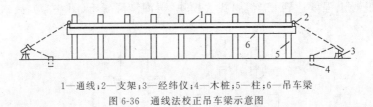

1—通线;2—支架;3—经纬仪;4—木桩;5—柱;6—吊车梁

图 6-36 通线法校正吊车梁示意图

(2)平移轴线法

在柱列边设置经纬仪,逐根将杯口上柱的吊装中心线投影到吊车梁顶面处的柱身上,并做出标记。若柱吊装中心线到定位轴线的距离为 $a$,则标记距吊车梁定位轴线应为 $\lambda-a$($\lambda$ 为柱定位轴线到吊车梁定位轴线之间的距离,一般 $\lambda=750$ mm)。可根据此来逐根拨正吊车梁的吊装中心线,并检查两列吊车梁之间的跨距 $L_K$ 是否符合要求(图 6-37)。这种方法适用于吊车梁数量多、纵轴线长,使用通线法钢丝不易拉紧的情况。

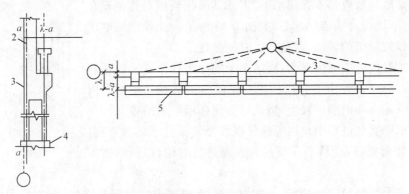

1—经纬仪;2—标记;3—柱;4—柱基础;5—吊车梁

图 6-37 平移轴线法校正吊车梁示意图

(3)边吊边校法

重型吊车梁,由于脱钩后校正比较困难,一般采取边吊边校法。先在厂房跨度一端距吊车梁纵轴线约 40～60 cm 的地面上架设经纬仪,使经纬仪的视线与吊车梁的纵轴中线平行,在一根木尺上弹两条短线 $A$、$B$,两线的间距等于经纬仪视线与吊车梁纵轴中线的距离。吊装时,将木尺上的 $A$ 线与吊车梁中线重合,用经纬仪观测木尺上的另一条 $B$ 线,用撬杠拨动吊车梁,使短线 $B$ 与经纬仪上的十字线重合,如图 6-38 所示。

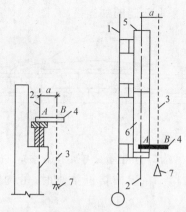

1—柱轴线；2—吊车梁轴线；3—经纬仪视线；4—木尺；
5—已吊装校正的吊车梁；6—正吊装校正的吊车梁；7—经纬仪
图 6-38　重型吊车梁的边吊边校法

### 6.3.2.3　屋架的吊装

中小型单层工业厂房屋架的跨度为 12～24 m，重力为 30～100 kN。钢筋混凝土屋架如果现场预制，它的特殊性一是平卧叠浇预制，二是平面外刚度很低，因此在屋架吊装前要将屋架扶直，然后将屋架吊运到指定地点就位。

1.绑扎

屋架的绑扎点应选在上弦节点处或附近，左右对称，并高于屋架重心，使屋架起吊后基本保持水平，不晃动、不倾翻。在屋架两端下弦应加溜绳，以控制屋架在空中旋转。

绑扎时吊索与水平线的夹角不宜小于 45°，以免屋架承受过大的横向压力导致构件开裂（当吊索与水平线的夹角为 30°时，屋架所受到自身的压力为其重力的 87%，这个力相当大了）。当夹角小于 45°时，为了减小屋架的起吊高度及所受的横向力，可采用横吊梁。

一般来说，屋架跨度小于或等于 18 m 时绑扎两点；当跨度大于 18 m 时需要绑扎四点；当跨度大于 30 m 时，应考虑采用横吊梁，以减小绑扎高度。对三角形组合屋架等刚度较差的屋架，下弦不能承受压力，故绑扎时也应采用横吊梁（图 6-39）。

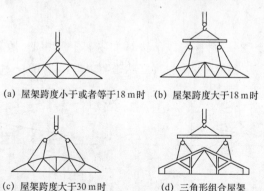

(a) 屋架跨度小于或者等于18 m时　(b) 屋架跨度大于18 m时

(c) 屋架跨度大于30 m时　(d) 三角形组合屋架

图 6-39　屋架绑扎方法示例

2.扶直与就位

钢筋混凝土屋架的侧向刚度较差，扶直时由于自重影响，上弦杆极易扭曲，造成屋架损伤,因此,在屋架扶直时必须采取一定的加固措施,图6-40为用杉杆加固屋架。

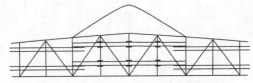

图 6-40 屋架扶直时的临时加固

(1)屋架扶直时应注意的问题

①扶直屋架时,起重机的吊钩应对准屋架中心,吊索应左右对称,为使各吊索受力均匀,吊索可用滑轮串通(图6-41)。在屋架接近扶直时,吊钩应对准下弦中点,防止屋架摆动。

②当屋架数榀在一起叠浇时,为防止屋架在扶直过程中突然下滑造成损伤,应在屋架两端搭设枕木垛,其高度与被扶直屋架的底面齐平。

③叠浇的屋架之间应该有防黏结处理。如果黏结严重,应该消除黏结后再行扶正。

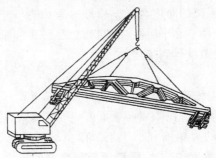

图 6-41 屋架扶直

(2)屋架扶直的方法

①正向扶直

起重机位于屋架下弦一边,首先以吊钩对准屋架上弦中心,收紧吊钩,然后略略提升起重臂使屋架脱模。接着起重机升钩并起臂,使屋架以下弦为轴缓缓转为直立状态,如图6-42(a)所示。

②反向扶直

起重机位于屋架上弦一边,首先以吊钩对准屋架上弦中心,收紧吊钩,接着起重机升钩并降臂,使屋架以下弦为轴缓缓转为直立状态,如图6-42(b)所示。

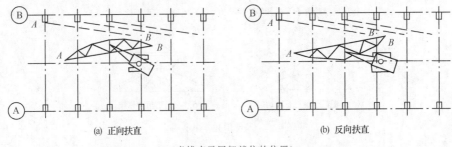

(a) 正向扶直　　　　　　　　　　　(b) 反向扶直

(虚线表示屋架就位的位置)

图 6-42 屋架的扶直

正向扶直与反向扶直主要的不同点是在扶直过程中,正向扶直时,起重机起重半径由大变小,起重臂为升臂;反向扶直时,起重机起重半径由小变大,起重臂为降臂。由于升臂比降臂操作安全,施工时应尽可能采用正向扶直。

(3)屋架的就位(排放)

①同侧就位和异侧就位

同侧就位是屋架预制位置与就位位置在起重机开行线路的同一侧;异侧就位是需要将屋架由预制的一边转至起重机开行路线的另一边排放。如图6-43所示。

②靠柱边斜向就位和靠柱边纵向就位

斜向就位和纵向就位见6.3.3.3起重机开行路线及构件的平面布置中的吊装阶段构件的就位布置及运输堆放。

注意:屋架扶直后应立即进行就位。此时,应注意屋架两侧的朝向及预埋件的位置。屋架就位后,应用8号铁丝、支撑等与已安装的柱或已就位的屋架相互拉牢撑紧,以保持稳定。

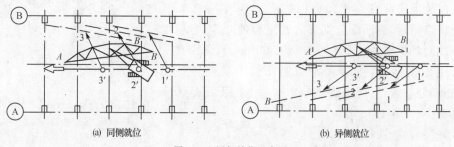

图6-43　屋架就位示意图

### 3.吊升、对位和临时固定

屋架吊升是先将屋架吊离地面约300 mm,并将屋架转运至吊装位置下方,然后再将屋架提升超过柱顶约300 mm,利用屋架端头的溜绳,将屋架调正对准柱头,并缓缓将屋架降至柱头。

屋架对位后,立即进行临时固定,临时固定稳妥后,起重机才可摘钩离去。

第一榀屋架的临时固定十分重要,因为这时它只是单片结构,而且第二榀屋架的临时固定还要以第一榀屋架做支撑。第一榀屋架的临时固定方法,通常是用4根缆风绳,从两边将屋架拉牢,也可将屋架与抗风柱连接作为临时固定。第二榀屋架的临时固定,是用工具式支撑撑牢在第一榀屋架上(图6-44)。

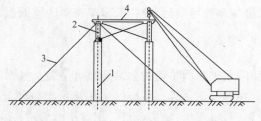

1—柱;2—屋架;3—缆风绳;4—工具式支撑
图6-44　屋架的临时固定

以后各榀屋架的临时固定也都是用工具式支撑撑牢在前一榀屋架上。

工具式支撑(图 6-45)是由 $\phi 50$ 钢管做成,两端各装有两只撑脚,其上有可调节松紧的螺栓,调紧螺栓,校正屋架,故也是屋架校正器。每榀屋架至少要用两个工具式支撑。在屋架经校正,最后固定并安装了若干块大型屋面板以后,才可将支撑取下。

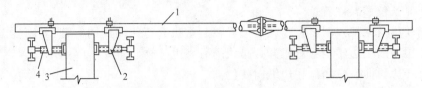

1—钢管;2—撑脚;3—屋架上弦;4—调节螺栓

图 6-45　工具式支撑

4.校正与最后固定

屋架的垂直度偏差可用经纬仪或线锤检查。

(1)经纬仪检查法

在屋架上安装具有相同标记的三个卡尺,一个安装在上弦中点附近,另两个分别安装在屋架的两端,自屋架几何中线向外量出一定距离(一般约 500 mm),分别在三个卡尺上做出标记,然后在距屋架几何中线同样距离(500 mm)处设置经纬仪,观测三个卡尺上的标记是否在同一垂面上(图 6-46)。

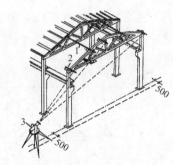

1—屋架校正器;2—卡尺;3—经纬仪

图 6-46　屋架的经纬仪检查法

(2)线锤检查法

在屋架上安装具有相同标记的三个卡尺,但卡尺上标记至屋架几何中线的距离可短些(一般可取 300 mm),在两端头卡尺的标记间连一通线,自屋架顶卡尺的标记处向下挂线锤,检查三个卡尺标记是否在同一垂面上。

若发现卡尺上的标记不在同一垂面上,即表示屋架存在垂直度偏差,可通过转动工具式支撑撑脚上的螺栓加以调整,并在屋架两端的柱顶垫入斜垫铁校正。

屋架校至垂直后,立即用电焊固定。焊接时,先焊接屋架两端成对角线的两侧边,再焊另外两边,避免两端同侧施焊而影响屋架的垂直度。

### 6.3.2.4　天窗架与屋面板的吊装

1.天窗架的吊装

天窗架可以单独吊装,也可以在地面上先与屋架拼装成整体后同时吊装。后者虽然减少了高空作业,但对起重机的起重量及起重高度要求较高。钢筋混凝土天窗架采用单独吊装的方式较多。**天窗架单独吊装时,应在天窗架两侧的屋面板吊装后进行,其吊装过程与屋架基本相同。**

2.屋面板的吊装

屋面板一般埋有吊环,用带钩的吊索钩住吊环即可吊装。根据屋面板平面尺寸大小,吊环的数目为 4~6 个。如图 6-47 所示,吊板时采用横吊梁可使几根吊索受力均匀。为充分发挥起重机的起重能力,提高生产率,也可采用叠吊的方法(图 6-48)。

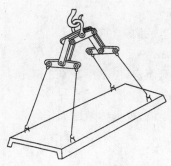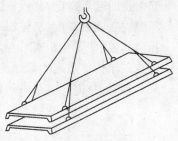

图 6-47　用横吊梁吊大型屋面板　　　　　图 6-48　屋面板叠吊

屋面板的吊装次序,应自两边檐口左右对称地逐块吊向屋脊,避免屋架承受半边荷载。屋面板对位后,立即进行电焊固定。

### 6.3.3　结构吊装方案

单层工业厂房结构的特点是平面尺寸大,承重结构的跨度与柱距大,构件类型少、重量大,厂房内还有各种设备基础(特别是重型厂房)等。因此,**在拟定结构吊装方案时,应着重解决起重机的选择、结构吊装方法、起重机开行路线与构件平面布置等问题。**

#### 6.3.3.1　起重机的选择

起重机的选择包括起重机的类型、型号和数量。起重机的选择要根据施工现场的条件、现有起重设备条件,以及结构吊装方法确定。

1.起重机类型的选择

起重机的类型主要根据厂房的跨度、构件重量、吊装高度等来确定。一般中小型厂房跨度不大,构件的重量及安装高度也不大,可采用自行杆式起重机,即履带式、轮胎式或汽车式起重机一类,其中以履带式起重机应用最普遍。缺乏上述起重设备时,可采用桅杆类起重机。

2.起重机型号的选择

起重机的类型确定之后,还需要进一步选择起重机的型号。起重机的型号应根据吊装构件的尺寸、重量及吊装位置而定。选用起重机型号时,应使所选起重机的三个工作参数(起重量 $Q$、起重高度 $H$、起重半径 $R$)均满足结构吊装的要求。

(1)起重量 $Q$

选择的起重机的起重量,必须大于或等于所吊装构件的重力与索具重力之和,即

$$Q \geqslant Q_1 + Q_2 \tag{6-1}$$

式中　$Q$——起重机的起重量,kN;

　　　$Q_1$——构件的重力,kN;

　　　$Q_2$——索具的重力,kN。

**在自行杆式起重机的设计中,一般是没有包括对索具重力的考虑;而在塔吊的设计中,已包括了对索具重力的考虑。**

(2)起重高度 $H$

选择的起重机的起重高度,必须满足所吊装构件的安装高度要求(图 6-49),即

$$H \geqslant h_1 + h_2 + h_3 + h_4 \tag{6-2}$$

式中  $H$——起重机的起重高度,从停机面算起至吊钩钩口,m;

$h_1$——吊装支座表面高度,从停机面算起,m;

$h_2$——吊装间隙(即安全距离),视具体情况而定,但不小于0.3 m,m;

$h_3$——绑扎点至构件吊起后底面的距离,m;

$h_4$——索具高度,自绑扎点至吊钩钩口的距离,视具体情况而定,m。

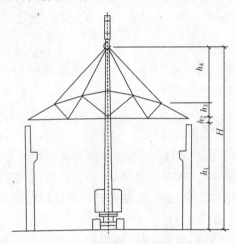

图6-49  起重高度计算简图

(3)起重半径$R$

起重半径的确定一般有两种情况:

①没有起重半径要求

起重机可开到吊装位置附近去吊装构件时,对起重半径$R$没有要求,根据计算的起重量$Q$及起重高度$H$,来选择起重机的型号及起重臂长度$L$,根据$Q$、$H$查得相应的起重半径$R$(如果有两个$R$,请选择小值)作为起吊该构件时的起重半径。

②有起重半径要求

起重机不能开到构件吊装位置附近去吊装构件时,就要根据实际情况确定起吊时的起重半径$R$,并根据此起重半径来选择起重机型号及起重臂长度,及相应的起重量和起重高度,以满足实际起重量和起重高度的要求。

如果起重机在吊装构件时,起重臂要跨越已吊装好的构件上空去吊装(如跨过已安装好的屋架吊装屋面板),还要考虑起重臂是否会与已吊好的构件相碰。依此来选择起吊构件时的最小臂长及相应的起重半径。

A.吊装柱时起重机起重半径的计算(图6-50)

吊装柱时有起重半径要求:一是设备本身的原因不能靠近柱吊装以及吊装柱时安全距离$g$的要求;二是由于基础为现浇构件,基坑开挖后虽经回填压实,但土壤的承载力有所降低,为安全考虑,起重机不允许进入柱基的回填区。

$$R_{min} = F + D + 0.5b$$
$$D = g + (h_1 + h_2 + h_3' - E)\cot\alpha \tag{6-3}$$

式中  $F$——起重臂枢轴中心距回转中心距离,m;

$D$——起重臂枢轴中心距所吊构件边缘距离，m；

$g$——构件上口边缘与起重臂之间的水平空隙（安全间隙），不小于 0.5～1.0 m，m；

$E$——起重臂枢轴中心距地面的高度，m；

$\alpha$——起重臂的仰角，(°)；

$h_1$——吊装支座表面高度，从停机面算起，m；

$h_2$——吊装间隙（安全间隙），视具体情况而定，但不小于 0.3 m，m；

$h_3'$——所吊构件的高度，m；

$b$——所吊构件的宽度，m。

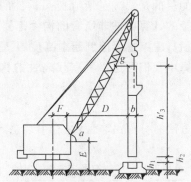

图 6-50　吊装柱时起重半径计算简图

B.吊装屋架时起重机的最小臂长的计算

吊装屋架时起重机的最小臂长可用数解法计算，也可用作图法求出。一般情况均用数解法，故本书只介绍数解法。图 6-51 为数解法求起重机最小臂长计算示意图。最小臂长 $L_{\min}$ 可按下式计算：

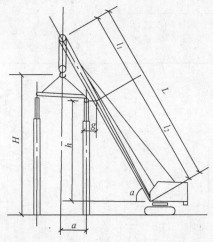

图 6-51　起重机最小臂长计算示意图

$$L = l_1 + l_2 = (a + g)/\cos\alpha + h/\sin\alpha \tag{6-4}$$

式中　$L_{\min}$——起重机最小臂长，m；

$h$——起重臂底铰至构件吊装支座（屋架上弦顶面）的高度，m；

$a$——起重钩需要跨过已吊装结构的距离，m；

$g$——起重臂轴线与已吊装屋架轴线间的水平距离（至少取 1 m），m；

$\alpha$——起重臂仰角，可按式(6-5)计算。

为了求出最小臂长，对式(6-4)进行微分求偏导，并令$\partial L /\partial \alpha = 0$

求得
$$\alpha = \arctan \sqrt[3]{\frac{h}{a+g}} \qquad (6-5)$$

将 $\alpha$ 代入式(6-4)，求得 $L_{\min}$，然后计算相应的起重半径 $R = F + L_{\min} \cos \alpha$，该起重半径 $R$ 就作为吊装屋面板时的工作半径。

3.起重机型号(参数)选择的技巧

起重机型号(参数)选择的目的是要满足所有所吊构件的要求，有效并经济地完成厂房的吊装。**但在具体参数选择的计算中并非所有的构件都要进行计算，一般牛腿柱(特别是双牛腿柱)主要控制起重量 $Q$，屋架主要控制起重高度 $H$，屋面板主要控制起重半径 $R$。** 因此在起重机参数选择的计算中我们可选择具有代表性的构件进行计算，这样可大大减少计算工作量。

### 6.3.3.2　结构吊装方法

单层工业厂房结构吊装方法有分件吊装法、综合吊装法和混合吊装法，吊装方法及特点见表 6-5。

表 6-5　　　　　　　　　　单层工业厂房结构吊装方法及特点

| 吊装方法 | 吊装作业 | 特点 |
|---|---|---|
| 分件吊装法 (图 6-52) | 第一次开行吊装柱；第二次开行吊装吊车梁、连系梁及柱间支撑；第三次开行吊装屋架、天窗架及屋面板等 | 索具更换次数少，工人操作熟练，吊装进度快，起重机工作效率高，构件校正时间充分，构件供应及平面布置比较容易 |
| 综合吊装法 (图 6-53) | 起重机一次开行，以节间为单位吊装所有的结构构件 | 起重机开行路线短，停机次数少，同时吊装各种类型的构件，索具更换频繁，工作效率低，校正和养护时间短，构件的供应及平面布置也比较复杂 |
| 混合吊装法 | 第一次开行吊装所有的柱；第二次开行吊装其他所有构件；吊车梁、连系梁、柱间支撑、屋架、屋面板等 | 这种吊装方法既吸收了分件吊装法和综合吊装法的优点，又克服了它们的缺点 |

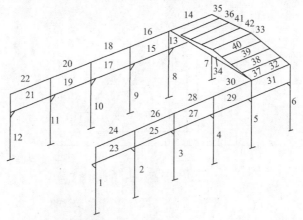

图中数字表示构件吊装顺序，其中 1~12—柱；

13~32—单数是吊车梁，双数是连系梁；33、34—屋架；35~42—屋面板

图 6-52　分件吊装时的构件吊装顺序

分件吊装法是装配式单层工业厂房结构安装中经常采用的方法;综合吊装法在厂房结构安装过程中一般不宜采用,只有在轻型车间(结构构件重量相差不大)结构吊装时,或采用移动困难的起重机(如桅杆式起重机)吊装时才采用。混合吊装法是实际工程中较常使用的方法,但要注意:第二次吊装须在杯形基础二次所灌细石混凝土达到设计强度的70%时方可进行。

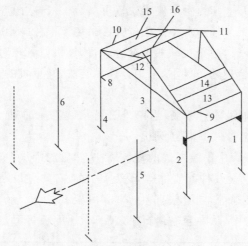

图中数字表示构件吊装顺序,其中1~6—柱;7、8—吊车梁;

9、10—连系梁;11、12—屋架;13~16—屋面板

图6-53　综合吊装时的构件吊装顺序

#### 6.3.3.3　起重机开行路线及构件的平面布置

起重机开行路线及构件的平面布置与起重机的性能、结构的吊装方法、构件尺寸及重量、构件的供应方式等多种因素有关。

1.起重机开行路线及停机位置

吊装屋架时,起重机大多沿跨中开行。

吊装柱子时,视厂房的跨度大小、柱的尺寸、柱的重量及起重机性能,可沿跨中开行或跨边开行(图6-54)。

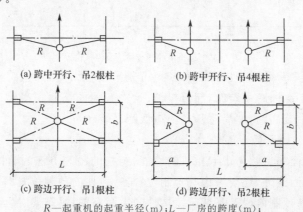

$R$—起重机的起重半径(m);$L$—厂房的跨度(m);

$b$—柱的间距(m);$a$—起重机开行路线到跨边的距离(m)

图6-54　起重机吊装柱时的开行路线及停机位置

(1)当柱布置在跨内时,有以下两种情况:

①若 $R \geqslant L/2$,则起重机可沿跨中开行

$$\begin{cases} \text{当 } R < [(L/2)^2+(b/2)^2]^{1/2} \text{ 时,每个停机位置可吊装 2 根柱(图 6-55(a));} \\ \text{当 } R \geqslant [(L/2)^2+(b/2)^2]^{1/2} \text{ 时,每个停机位置可吊装 4 根柱(图 6-55(b))。} \end{cases}$$

②若 $R < L/2$,则起重机可沿跨边开行

$$\begin{cases} \text{当 } R < [a^2+(b/2)^2]^{1/2} \text{ 时,每个停机位置可吊装 1 根柱(图 6-55(c));} \\ \text{当 } R \geqslant [a^2+(b/2)^2]^{1/2} \text{ 时,每个停机位置可吊装 2 根柱(图 6-55(d))。} \end{cases}$$

(2)当柱布置在跨外时,起重机一般沿跨外开行,停机位置与跨边开行类似。

在构件布置可行且合理的条件下,采用分件吊装法,起重机的开行路线及停机位置如图 6-55 所示。

第一步:跨外自 $A$ 轴线前行进场,沿跨外开行吊装①~⑩轴 $A$ 列柱,厂房右侧进入跨中,沿 $B$ 轴线跨内吊装⑩~①轴 $B$ 列柱;

第二步:起重机左侧跨中吊装左边两根抗风柱,然后跨中从左至右开行吊装①~⑩轴 $A$ 列柱上的吊车梁、连系梁及柱间支撑等,然后跨中从右向左吊装⑩~①轴 $B$ 列柱上的吊车梁、连系梁及柱间支撑等,同时扶直屋架并将屋架就位;

第三步:最后转到跨中,从左至右退行吊装屋架、屋面板等屋盖系统构件。

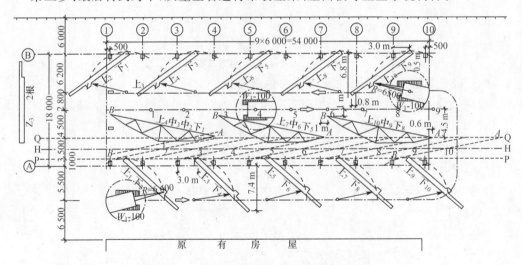

图 6-55 起重机的开行路线及停机位置

当建筑物具有多跨并列,且有纵横跨时,可先吊装各纵向跨(主跨),然后吊装横向跨(附跨),以保证在各纵向跨吊装时,起重机械、运输车辆的畅通。当建筑物各纵向跨具有高低跨时,则应先吊装高跨,然后逐步向两边低跨吊装。

2.预制阶段构件的平面布置

预制构件的平面布置除考虑起重机的性能、结构的吊装方法、构件尺寸及重量、构件的供应方式等多种因素外,还要考虑其预制位置:一般柱的预制位置即为吊装前就位的位置;而屋架则要考虑预制阶段及吊装阶段构件的平面布置;吊车梁、屋面板等构件,只需要按其供应方式,确定其堆放位置即可。

（1）柱预制阶段的平面布置

①柱的斜向布置

柱如用旋转法起吊，可按三点共弧的作图法确定其斜向布置的位置（图6-56），其步骤如下：

A.确定起重机开行路线到柱基中线的距离 $a$

起重机开行路线到柱基中线的距离 $a$ 与基坑大小、起重机的性能、构件的尺寸和重量有关。$a$ 的最大值不要超过起重机吊装该柱时的最大起重半径；$a$ 的最小值也不要取得过小，由于柱基施工一般采取放坡开挖，虽经回填压实，土的密实度仍难承受较大荷载，起重机太近基坑边而致失稳（有时柱脚的摆放区域也要考虑此因素）；此外，还应注意检查当起重机回转时，其尾部不致与周围构件或建筑物相碰。

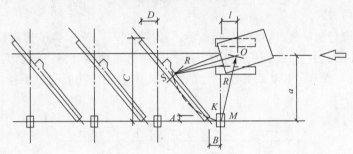

图6-56　柱的斜向布置

B.确定起重机的停机位置

以所吊装柱的柱基中心 $M$ 为圆心，以所选吊装该柱的起重半径 $R$ 为半径，画弧交起重机开行路线于 $O$ 点，则 $O$ 点即为起重机的停机点位置，标定 $O$ 点与横轴线的距离为 $l$。

C.确定柱在地面上的预制位置

a.三点共弧

当预制场地不受限制时，柱可按三点共弧来布置，即按旋转法吊装柱的平面布置要求，使柱吊点、柱脚和柱基三者都在以停机点 $O$ 为圆心，以起重机起重半径 $R$ 为半径的圆弧上，且柱脚靠近基础。据此，以停机点 $O$ 为圆心，以吊装该柱的起重半径 $R$ 为半径画弧，在靠近柱基的弧上选一点 $K$，作为预制时柱脚的位置。又以 $K$ 为圆心，以绑扎点至柱脚的距离为半径画弧，两弧相交于 $S$。再以 $KS$ 为中心线画出柱的外形尺寸，此即为柱的预制位置图。标出柱顶、柱脚与柱列纵横轴线的距离（$A$、$B$、$C$、$D$），以其外形尺寸作为预制柱支模的依据。

布置柱时尚需要注意牛腿的朝向问题，要使柱吊装后，其牛腿的朝向符合设计要求：**当柱布置在跨内预制或就位时，牛腿应朝向起重机；当柱布置在跨外预制或就位时，则牛腿应背向起重机。**

b.两点共弧

在布置柱时，当场地限制或柱过长，很难做到三点共弧，则可安排两点共弧，这又有两种做法：

（a）将柱脚与柱基安排在起重机起重半径 $R$ 的圆弧上（该两点共弧），而将吊点放在起重机起重半径 $R$ 之外（图6-57（a））。吊装时先用较大的起重半径 $R'$ 吊起柱子，并升起重臂。当起重半径由 $R'$ 变为 $R$ 后，停升起重臂，再按旋转法吊装柱。

（b）将吊点与柱基安排在起重半径 $R$ 的圆弧上（该两点共弧），而柱脚可斜向任意方向（图 6-57(b)）。吊装时，柱可用旋转法吊升，也可用滑行法吊升。

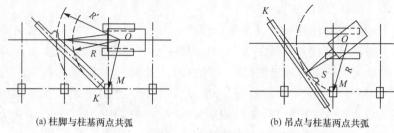

(a) 柱脚与柱基两点共弧　　　　(b) 吊点与柱基两点共弧

图 6-57　两点共弧

②柱的纵向布置

当柱采用滑行法吊装时，可以纵向布置。若柱长小于 12 m，为节约模板及施工场地，两柱可以叠浇，排成一行；若柱长大于 12 m，则需要排成两行叠浇。起重机宜停在两柱基的中间，每停机一次可吊装 2 根柱子。柱的吊点应考虑安排在以起重半径 $R$ 为半径的圆弧上（图 6-58）。

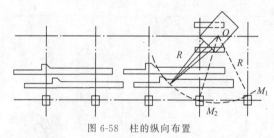

图 6-58　柱的纵向布置

（2）屋架预制阶段的平面布置

现场预制屋架一般安排在跨内平卧叠浇预制，每叠 3~4 榀。屋架的布置方式有三种：斜向布置、正反斜向布置及正反纵向布置，如图 6-59 所示。

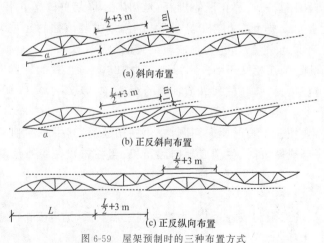

(a) 斜向布置

(b) 正反斜向布置

(c) 正反纵向布置

图 6-59　屋架预制时的三种布置方式

在上述三种布置方式中，应优先考虑采用斜向布置，因为它便于屋架的扶直就位。只有当场地受限制时，才考虑采用其他两种方式。

若为预应力混凝土屋架,下弦为预应力筋张拉,在屋架一端或两端需要留出抽管及穿筋所必需的长度,如图6-59所示。

①若屋架采用钢管抽芯法预留孔道,当一端抽管时需要留出的长度为屋架全长另加抽管时所需工作场地,即$L+3$ m;当两端抽管时需要留出的长度为二分之一屋架长度另加抽管时所需工作场地,即$L/2+3$ m。

②若屋架采用胶管抽芯法预留孔道,则屋架两端的预留长度可以适当减少。每两垛屋架之间的间隙可取1 m左右,以便支模板及浇筑混凝土。

在布置屋架的预制位置时,还应考虑到先扶直的屋架放在上面(层);屋架两端间的朝向要符合屋架吊装时对朝向的要求;屋架上预埋铁件的位置不要搞错,以免影响结构吊装工作。

(3)吊车梁预制阶段的平面布置

吊车梁一般在预制厂预制,然后运到工地。当吊车梁安排在现场预制时,可靠近柱基顺纵向轴线或略做倾斜布置,也可插在柱子的空当中预制。如具有运输条件,也可另行在场外集中布置预制。

3.吊装阶段构件的就位布置及运输堆放

吊装阶段构件的就位布置一般是指柱已吊装完毕,其他构件如屋架的扶直就位、吊车梁和屋面板的运输就位等。

(1)屋架的扶直就位

①屋架的扶直

由于屋架一般都平卧叠浇预制,为防止屋架扶直过程中的碰撞损坏,可选用以下两种措施:

A.在屋架端头搭设道木墩法(图6-60)

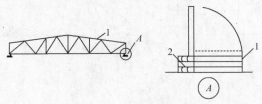

1—屋架;2—道木墩(交叉搭设)
图6-60　屋架扶直时防碰损措施——搭设道木墩法

B.放钢筋棍法(图6-61)

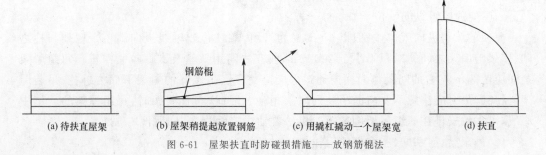

(a)待扶直屋架　(b)屋架稍提起放置钢筋　(c)用撬杠撬动一个屋架宽　(d)扶直
图6-61　屋架扶直时防碰损措施——放钢筋棍法

②屋架的就位

A.屋架的斜向就位(图6-62)

可采用作图法确定就位位置,其步骤如下:

a.确定起重机吊装屋架时的开行路线及停机点。起重机吊装屋架时一般沿跨中开行,也可根据吊装需要稍偏于跨度的一边开行,在图上先画出平行于纵轴线的开行路线,然后以欲吊装的某轴线(例如②轴线)的屋架中点 $M_2$ 为圆心,以所选择吊装屋架的起重半径 $R$ 为半径画弧,与开行路线相交于 $O_2$,$O_2$ 即为吊②轴线屋架的停机位置。

b.确定屋架的就位范围。屋架一般靠柱边就位,但屋架离开柱边的净距不小于200 mm(在跨内),并可利用柱作为屋架的临时支撑。这样,**可定出屋架就位的外边界线 $P$-$P$**。另外,起重机在吊装屋架及屋面板时需要回转,若起重机尾部至回转中心的距离为 $A$,则在距起重机开行路线 $A+0.5$ m 的范围内也不宜布置屋架及其他构件,以此为就位范围的内边界线 $Q$-$Q$,在 $P$-$P$ 及 $Q$-$Q$ 两边界线的范围内可布置屋架就位。

c.确定屋架的就位位置。当定出屋架就位范围 $P$-$Q$ 后,在图上画出 $P$-$P$ 与 $Q$-$Q$ 的中线 $H$-$H$。屋架就位后的中点均应在 $H$-$H$ 线上。因此,以吊②轴线屋架的停机点 $O_2$ 为圆心,以吊屋架的起重半径 $R$ 为半径,画弧交 $H$-$H$ 线于 $G$ 点,则 $G$ 点即为②轴线屋架就位后的中点。再以 $G$ 点为圆心,以屋架跨度的一半为半径,画弧交 $P$-$P$ 及 $Q$-$Q$ 两线于 $E$、$F$ 两点,连 $E$、$F$,即为②轴线屋架就位的位置。其他屋架的就位位置均平行于此屋架,端点相距 6 m(即柱距)。唯独①轴线屋架由于已安装了抗风柱,为避免因吊装而碰坏已安装好的抗风柱需要后退至②轴线屋架就位位置附近就位。

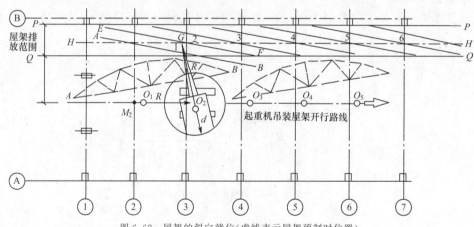

图 6-62　屋架的斜向就位(虚线表示屋架预制时位置)

B.屋架的成组纵向就位

屋架的成组纵向就位,一般以 4~5 榀为一组,靠柱边顺轴线纵向就位。屋架与柱之间、屋架与屋架之间的净距不小于 200 mm,相互之间用铁丝及支撑拉紧撑牢。每组屋架之间应留 3 m 左右的间距作为横向通道。应避免在已吊装好的屋架下面去绑扎、吊装屋架,屋架起吊时应注意不要与已吊装的屋架相碰。因此,布置屋架时,每组屋架的就位中心线,可大致安排在该组屋架倒数第二榀吊装轴线之后约 2 m 处(图6-63)。

(2)吊车梁、连系梁、屋面板的运输、堆放与就位

单层工业厂房除了柱和屋架一般在施工现场制作外,其他构件,如吊车梁、连系梁、屋

面板等,均在预制厂制作,然后运至工地吊装。

吊车梁、连系梁的就位位置,一般在其吊装位置的柱列附近,跨内、跨外均可,有时也可不用就位,而从运输车辆上直接吊至牛腿上。

屋面板的就位位置,可布置在跨内或跨外,主要根据起重机吊装屋面板时所需的起重半径而定。

若吊车梁、屋面板等构件,在吊装时已集中堆放在吊装现场附近,也可不用就位,而采用随吊随运的办法。

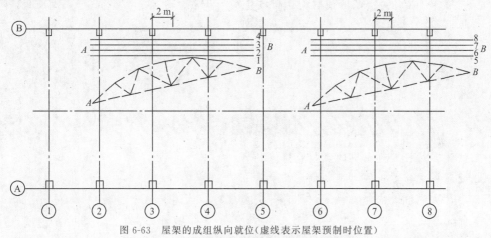

图 6-63　屋架的成组纵向就位(虚线表示屋架预制时位置)

## 本章小结

1.起重机的起重量 $Q$、起重半径 $R$、起重高度 $H$ 这三个参数之间存在相互制约的关系:当起重臂长 $L$ 一定时,随起重臂仰角 $\alpha$ 的增大,起重量 $Q$ 和起重高度 $H$ 增大,而起重半径 $R$ 减小;当起重臂仰角 $\alpha$ 一定时,随着起重臂长 $L$ 增加,起重半径 $R$ 和起重高度 $H$ 增加,而起重量 $Q$ 减小。

2.$F_0/23B$ 塔式起重机是一种综合型起重机,它是上回转、小车变幅、自升式塔式起重机,同时具有轨道行走式、固定附着式、内爬升式三种使用功能,是目前国际上比较先进的塔式起重机之一。

3.单层工业厂房中除基础为现浇构件外,其他构件(柱、吊车梁、基础梁、屋架、天窗架、屋面板等)均为预制构件。

4.柱的吊装方法,按柱起吊后柱身是否竖直,分为直吊法和斜吊法;按柱在吊升过程中柱身运动的特点,分为旋转法和滑行法。

5.起重机具体参数选择的计算中并非所有的构件都要进行计算,一般牛腿柱(特别是双牛腿柱)主要控制起重量 $Q$,屋架主要控制起重高度 $H$,屋面板主要控制起重半径 $R$。

6.分件吊装法是装配式单层工业厂房结构安装中经常采用的方法;综合吊装法在厂房结构安装过程中一般不宜采取,只有在轻型车间(结构构件重力相差不大)结构吊装时,或采用移动困难的起重机(如桅杆式起重机)吊装时才采用。混合吊装法是目前实际工程中较常采用的方法。

7.装配式框架结构的主导工程是结构吊装工程,其主要内容有起重机械的选择与布置、预制构件的供应、现场预制构件的布置及结构吊装方法。

## 思考题

1.试述自行杆式起重机的类型及特点。

2.试述塔式起重机的类型和特点。

3.为什么说附着式起重机是一种自升式起重机? 试述其顶升过程。

4.何为杯底找平?

5.柱的吊装方法按照什么原则分为旋转法和滑行法?

6.旋转法吊装柱时,何为三点共弧和两点共弧,其中两点共弧的要点是什么?

7.试述柱的临时固定与最后固定的方式与要点。

8.屋架的吊装中为何吊索与水平线的夹角不宜小于 45°?

9.试述屋架的扶直就位的方式及特点。

10.何为起重机的额定起重量?

11.起重机的起重量 $Q$、起重高度 $H$、起重半径 $R$ 主要受哪些构件控制?

12.试述单层工业厂房结构吊装方法及各自特点。

13.试述屋架就位位置的设计要点。

# 第7章 路桥工程

## 本章概要

1. 路基开挖与填筑的基本要求和方案。
2. 路基压实与压实设备的选择。
3. 路面工程各结构层使用的材料以及对材料的要求。
4. 路面工程各结构层的施工方式。
5. 路面面层摊铺设备的种类、设备的功能和使用注意要点。
6. 桥梁工程施工的内容与一般程序。
7. 桥梁基础的类型及施工方式。
8. 桥墩的类型及施工方式。
9. 梁桥的类型及相应的施工方法。
10. 拱桥的类型及相应的施工方法。

## 7.1 道路工程

道路是由路面和路基组成。路基是按照道路的线形设计和一定技术要求修筑的作为路面基础的带状构造物,是路面的基础,承受由路面传递下来的行车荷载;路面则是在路基表面上用不同材料或混合料分层铺筑而成的供汽车行驶的一种层状结构物。路面和路基共同承受着行车荷载和自然因素的作用。

### 7.1.1 路基工程施工

#### 7.1.1.1 概述

1. 路基基本构造

路基基本构造是指路基填挖高度、路基宽度、路肩宽度、路基边坡等,如图 7-1 所示。

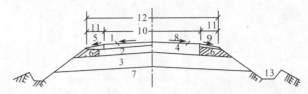

1—面层;2—基层;3—垫层;4—水泥混凝土路面板;5—路肩面层;6—路肩基层;7—路基;
8—路拱横坡;9—路肩横坡;10—行车道宽度;11—路肩宽度;12—路基顶宽;13—排水沟

图 7-1　路面路基结构组成

2.路基的作用

路基作为道路工程的重要组成部分,是路面的基础,是路面的支撑结构物。高于原地面的填方路基称为路堤,低于原地面的挖方路基称为路堑。路面底面以下 80 cm 范围内的路基部分称为路床。

3.路基的基本要求

(1)路基结构物的整体必须具有足够的稳定性。

(2)路基必须具有足够的强度、刚度和水温稳定性。水温稳定性是指路基强度和刚度在自然因素影响下的变化幅度。

4.路基的基本形式

一般情况下,路基的基本形式有三种:填方路基(路堤),如图 7-2(a)所示;挖方路基(路堑),如图 7-2(b)所示;半填半挖路基,如图 7-2(c)所示。

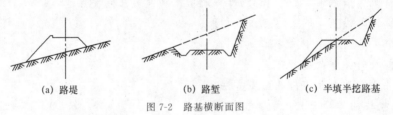

(a) 路堤　　　　　　(b) 路堑　　　　　(c) 半填半挖路基

图 7-2　路基横断面图

### 7.1.1.2　路基的开挖与填筑

路基施工的内容主要包括填筑与开挖、取土与弃土、护坡道、路基综合排水修筑,路基防护与加固,特殊工程地质地区的路基修筑,冬季与雨季的施工。路基施工程序如图 7-3 所示。

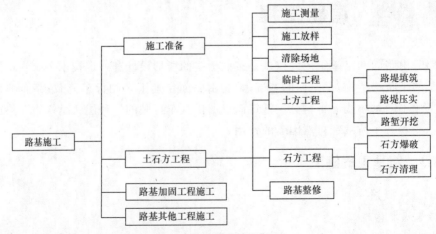

图 7-3　路基施工程序框图

路基施工又分挖方路基施工与填方路基施工。路基材料为土或石料。

1.路堤填筑

**路堤填筑包括填料的选择、填筑的基本要求和填筑方案。**

(1)填料的选择

路堤填料应有一定的强度,不得使用淤泥、沼泽土、冻土、有机土、含草皮土、生活垃圾、树根和含有腐朽物质的土。钢渣、粉煤灰等材料可用作路堤填料,但在使用前应进行有害物含量的试验,避免污染环境。捣碎后的种植土可用于路堤边坡表层。

(2)填筑的基本要求

①路堤填土宽度每侧应宽于填层设计宽度,压实宽度不得小于设计宽度,最后削坡。

②土方路堤必须根据设计断面分层填筑、分层压实。填筑路堤宜采用水平分层填筑法施工,原地面纵坡大于12%的地段,可采用纵向(沿道路方向为纵向,垂直道路方向为横向)分层法施工,沿纵坡分层,逐层填压密实。

③**山坡路堤地面横坡不陡于1:5,且基底符合规定要求时,路堤可直接修筑在天然的土基上。地面横坡陡于1:5时**,原地面应挖成台阶,台阶宽度不小于1 m,并加以夯实。填筑应由最低一层台阶填起,逐台向上填筑,分层夯实,所有台阶填完之后,即可按一般填土进行。

④高速公路和一级公路,横坡陡峻地段的半填半挖路基,必须在山坡上从填方坡脚向上挖成向内倾斜的台阶,台阶宽度不应小于1 m。

⑤不同性质的土应分别填筑,不得混填,每种填料层累计总厚不宜小于0.5 m。不同土质混合填筑路堤时,以透水性较小的土、强度低的土填筑于路堤下层,并做成4%的双向向外横坡。

(3)填筑方案

施工程序:取土→运输→推土机初平→平地机整平→压路机碾压。

①水平分层填筑

如图7-4所示,水平分层填筑即按照横断面全宽水平分层,逐层向上填筑,它可以将不同土质的土,有规则地分层填筑和压实,以获得规定的压实度。

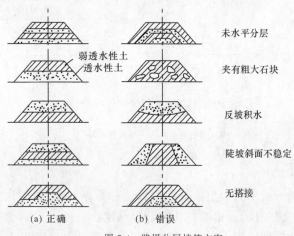

图7-4 路堤分层填筑方案

②竖向填筑

竖向填筑法指沿路中心线方向逐步向前深填的施工方法,当路线跨越深谷陡坡地形,难以用分层填筑时使用,如图7-5所示。

③混合填筑

受地形限制或堤深较高,不能用前两种方法自始至终填筑时,可采用混合填筑法,即路堤下层用竖向填筑,而上层用水平分层填筑压实,如图7-6所示。

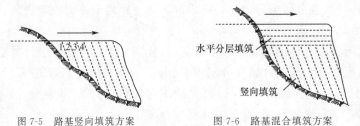

图7-5　路基竖向填筑方案　　　　图7-6　路基混合填筑方案

2.路堑开挖

①横挖法

横挖法即横向全宽挖掘法,以路堑整个横断面的宽度和深度,全宽沿纵向从一端或两端逐渐向前开挖,该法适用于短而深的路堑。横挖法分为单层横向全宽挖掘法和多层横向全宽挖掘法。路堑深度不大时,可一次挖到设计标高,路堑深度较大时,可以分几个台阶进行开挖,各层要有独立的出土道和临时排水设施,以免相互干扰,影响工效,如图7-7所示。

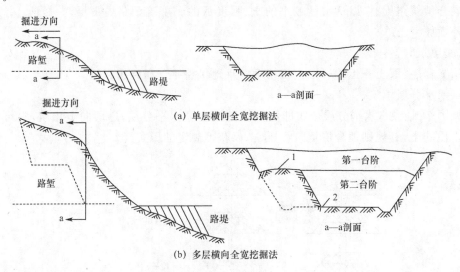

1—第一台阶运土道；2—临时排水沟

图7-7　横挖法

②纵挖法

沿路堑纵向将高度分成不大的层次开挖的方法称为纵挖法,该挖法适用于较长的路堑开挖。纵挖法有分层纵挖法、通道纵挖法和分段纵挖法三种,如图7-8所示。

如果路堑的宽度和深度均不大,可以按照横断面全宽纵向分层开挖,该方法称为分层纵挖法;如果路堑的宽度和深度均比较大,可以沿纵向分层,每层先挖出一条通道,然后开挖两旁,这种方法称为通道纵挖法;如果路堑很长,可以在适当位置将路堑一侧横向挖穿,将路堑分为几段,各段再采用上述方法纵向开挖,称为分段纵挖法,分段纵挖法适用于傍山长路堑。

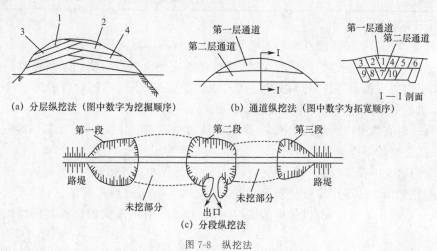

(a) 分层纵挖法(图中数字为挖掘顺序)    (b) 通道纵挖法(图中数字为拓宽顺序)

(c) 分段纵挖法

图 7-8 纵挖法

③混合挖掘法

当路堑纵向长度和挖掘深度都很大时,宜采用混合挖掘法,即将横挖法和通道纵挖法结合使用,先沿路堑纵向挖通道,然后沿横向坡面挖掘,以增加开挖面,如图 7-9 所示。

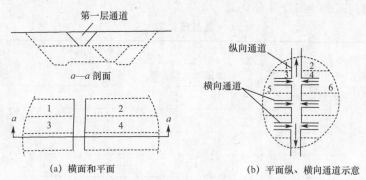

(a) 横面和平面    (b) 平面纵、横向通道示意

注:箭头表示运土与排水方向,数字表示工作面号数。

图 7-9 混合挖掘法

3.路基压实

(1)压实设备

路基取土与压实设备的选择见表 7-1 和表 7-2。

表 7-1                            取土与压实

| 取土距离 | 施工设备 | |
| --- | --- | --- |
| 短距离取土 | 推土机和铲运机运土 | 平地机整平 |
| 远距离取土 | 装载机或挖掘机取土,自卸车运土 | 压路机压实 |

表 7-2 压实设备的选择

| 土质 | 适用的压实机 |
|---|---|
| 砂性土 | 振动压路机最佳,夯实机次之,静力压路机最差 |
| 黏性土 | 夯实机最好,振动式压路机稍差 |

（2）压实施工

依据碾压土层松铺厚度及碾压遍数、土的含水量等正确选择压实机具。

①采用的压路机应遵循先轻后重的原则,碾压速度应先慢后快。采用振动压路机碾压时,第一遍应不振动静压,然后先慢后快、由弱至强振;碾压机械的行驶速度应从慢到快,碾压机械的最大行驶速度不宜超过 4 km/h。

②碾压时直线段由两边向中间,小半径曲线段由内侧向外侧,纵向碾压路线应先边缘后中间,超高路段则应先低后高。

③横向接头的轮迹应有一部分重叠,对振动式压路机一般重叠 0.4～0.5 m,对三轮压路机一般相邻两次的碾压轮迹应重叠后轮宽的 1/2～1/3;前后相邻两区段（碾压区段之间）宜纵向重叠 1.0～1.5 m,以保证压实均匀而不漏压,对压不到的边角辅助以人力及小型机具夯实。

（3）路基压实度标准

通常采用干密度作为表征土基密实程度的指标,在路基施工中,压实度为表征土基密实度的重要指标,压实度是指压实后土的干密度与该种土室内标准击实试验下所得的最大干密度之比。路基压实度见表 7-3。

表 7-3 路基压实度

| 填挖类别 | 路床顶面以下深度/m | 路基压实度 % | | |
|---|---|---|---|---|
| | | 高速公路、一级公路 | 二级公路 | 三、四级公路 |
| 零填及挖方 | 0～0.30 | — | — | ≥94 |
| | 0～0.80 | ≥96 | ≥95 | — |
| 填方 | 0～0.80 | ≥96 | ≥95 | ≥94 |
| | 0.80～1.50 | ≥94 | ≥94 | ≥93 |
| | >1.50 | ≥93 | ≥92 | ≥90 |

注:①表列数值以重型击实试验法为准。

②特殊干旱或特殊潮湿地区的路基压实度,表列数据可适当降低。

③三级公路修筑沥青混凝土或水泥混凝土路面时,其路基压实度应采用二级公路标准。

## 7.1.2 路面工程施工

路面由面层、基层、底基层、垫层组成。基层是位于路面面层之下,主要起承重和扩散荷载应力作用的结构层;底基层是位于基层之下,辅助基层起承重和扩散荷载应力作用的结构层;垫层则是位于基层或底基层之下,主要起改善路面水温状况作用的结构层。

### 7.1.2.1 路面垫层施工

垫层主要作用是隔水、排水、防冻或改善基层和土基的工作条件。根据需要设置,一般可采用水稳定性好的粗粒料或各种稳定类材料铺筑。垫层要求密实均匀,铺筑平整,施工方法与土基施工基本相同。

路面垫层的选材见表 7-4。

表 7-4　　　　　　　　　　　　　　路面垫层的选材

| 目的 | 选材类型 | 材料 |
| --- | --- | --- |
| 起排水作用 | 透水性良好的 | 砂性土 |
| 起隔水作用 | 采用不透水的 | 黏土 |
| 起防冻作用 | 导温性低的 | 砂粒、炉渣、灰土 |

### 7.1.2.2 路面基层(底基层)施工

**基层是主要起承重和扩散荷载应力作用的结构层**,其铺筑宽度每边宜比面层宽出 25 cm。基层可用不同的材料做成一层或两层(基层和底基层)。底基层是辅助基层起承重和扩散应力作用的结构层,宜比基层宽 15 cm,也可以用不同的材料做成一层或两层。

高速公路、一般公路应该采用水泥或石灰、粉煤灰稳定粒料类半刚性基层,以增加基层的强度稳定性,减少低温收缩裂缝。当采用半刚性基层有困难时,可选用级配型粒料基层、嵌锁型粒料基层、沥青碎石混合料或沥青贯入碎石做柔性基层。

我国目前常用的基层(底基层)有**水泥稳定类、石灰稳定类、石灰工业废渣稳定类基层,级配碎石、级配砾石、砂砾和填隙碎石基层。**

1.粒料类基层(底基层)施工

(1)级配碎、砾石基层施工

级配碎、砾石施工应做到集料级配满足要求,配料要准确,细料的塑性指数要符合规定,掌握好松铺厚度,路拱横坡符合规定,拌和均匀,避免粗细颗粒离析。级配碎、砾石施工有路拌法和集中拌和法两种施工方法。这里我们只介绍路拌法,路拌法施工如图 7-10 和图 7-11 所示。

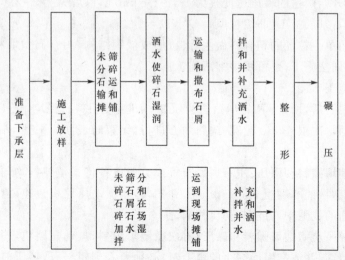

图 7-10　级配碎石路拌法施工工艺流程图

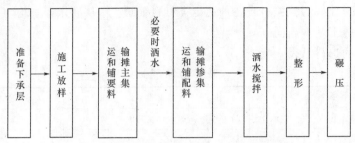

图 7-11 级配砾石路拌法施工工艺流程图

①计算材料用量:根据各路段基层或底基层的宽度、厚度及规定的干密度,计算所需要的未筛分碎石和石屑(砾石)的数量或不同粒级碎石和石屑(砾石)的数量,并推算每车材料的堆放距离。

②运输和摊铺集料:同一料场的路段,运输应由远到近按计算的间距堆放,堆放的时间不宜过长,一般仅提前数天。料堆间每隔一定距离应留缺口用以排水。应事先通过试验确定集料的松铺系数并确定松铺厚度。人工摊铺混合料时,其松铺系数为 1.40～1.50;平地机摊铺混合料时,其松铺系数为 1.25～1.35。

③拌和:稳定土拌和机应拌 2 遍以上,且深度应到级配碎石底层,最后一遍拌和前,可先用拌和机贴底面翻拌一遍。用平地机进行拌和时,宜翻拌 5～6 遍,使石屑均匀分布于碎石料中,作业长度每段宜为 300～500 m。拌和结束时,混合料的含水量应均匀,并较最佳含水量大 1% 左右,且不应出现离析现象。

④整形及碾压:用平地机整平并具有一定的路拱后,用压路机快速初压一遍,再用平地机进行整平和整形,然后应立即用 12 t 以上三轮压路机、振动压路机或轮胎压路机进行碾压。碾压应由两侧路肩向路中心、由曲线内侧向外侧进行,后轮应重叠 1/2 轮宽,且须超过两段的接缝处。一般需要碾压 6～8 遍,并使表面没有明显轮迹,路面两侧区域应多压 2～3 遍。开始两遍的碾压速度宜为 1.5～1.7 km/h,以后为 2.0～2.5 km/h。

(2)填隙碎石基层施工(非级配型)

填隙碎石用单一粒径的粗骨料做主骨料,形成嵌锁结构,用石屑做填料,填满碎石间的空隙,可用干铺法施工,也可用湿铺法施工。

①干铺法施工

摊铺好粗料石后,用 8 t 两轮压路机初压 3～4 遍,使粗料石稳定,碾压从两侧路肩开始,逐渐错轮(即每次重叠 1/3 轮宽)向路中心进行,结束时表面应平整,并具有规定的路拱和纵坡。

**第一次撒铺填隙料和碾压**:用石屑撒布机或类似设备将干填隙料均匀地撒布在已初压的粗料石层上,松铺厚度为 2.5～3.0 cm,并扫匀,用振动压路机慢速碾压,将全部填隙料振入粗料石间的孔隙中,方法与初压相同。

**第二、三、……次撒铺填隙料和碾压**:再次撒铺填隙料,振动压路机经补料再次碾压,直至全部孔隙填满,并清扫表面多余的填隙料,必须要看到粗料石,碾压前在表面先洒水约 3 kg/m²,用 12～15 t 三轮压路机再碾压 1～2 遍。

**厚度过大时,宜多分几层摊铺和碾压。每次撒铺填隙料前,经压实后的下层表面应清**

扫干净,使粗料石外露 5~10 mm,再摊铺和碾压上层。

②湿铺法施工

初压、撒铺填隙料、碾压、再撒铺填隙料、再碾压……

粗料石表面孔隙全部填满后,应立即用洒水车洒水,直至饱和。用 12~15 t 三轮压路机跟在洒水车后进行碾压,碾压过程中,将湿填隙料扫入孔隙中,直至细集料和水形成粉砂浆为止,粉砂浆应填塞全部孔隙,并在压路机轮前形成微波纹状。停留一段时间,结构层水分散失变干后,将表面清扫干净。

当需要分层铺筑时,应待结构层变干后,将已压实的填隙碎石层表面的填隙料扫除一些,使表面粗碎石外露 5~10 mm,然后在摊铺第二层粗碎石,继续施工。

2.结合料稳定类基层施工

(1)水泥稳定土基层

水泥稳定土可用于各种交通类别道路的基层和底基层,但水泥土只能用于底基层。

**水泥稳定土基层可采用路拌法施工和中心站集中厂拌法施工。**

在中心站用厂拌设备进行集中拌和,可用强制式拌和机、双转轴桨叶式拌和机(一般工地多用连续式拌和机),还有专用稳定土拌和机拌和混合料,稳定土厂拌设备如图 7-12 所示。

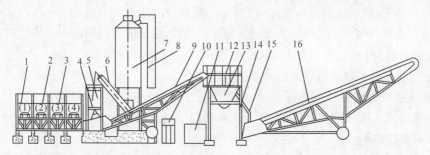

1—配料斗;2—皮带供料机;3—水平皮带输送机;4—小仓;5—叶轮供料器;6—螺旋送料器;
7—大仓;8—垂直提升机;9—斜皮带输送机;10—控制柜;11—水箱水泵;12—拌和筒;
13—混合料储仓;14—拌和筒立柱;15—溢料管;16—大输料皮带机

图 7-12　稳定土厂拌设备主要结构简图

水泥稳定土基层的路拌法施工工艺如图 7-13 所示。

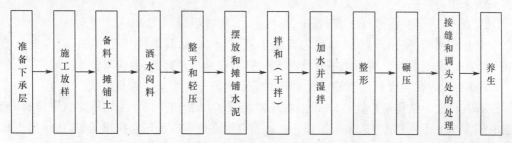

图 7-13　路拌法施工水泥稳定土的工艺流程

①备料:根据各路段水泥稳定土层的宽度、厚度及预定的干密度,计算各路段需要的干燥土的数量,并计算每车料的堆放距离。根据水泥稳定土层的厚度和预定的干密度及水泥剂量,计算每一平方米水泥稳定土需要的水泥用量,并确定水泥摆放的纵横间距。在同一料场供料的路段内,由远到近将料按上述计算距离卸置于下承层表面。

②摊铺土料:摊铺土料应在摊铺水泥的前一天进行,将土均匀地摊铺在预定的宽度上,表面应力求平整,并有规定的路拱。摊料过程中,应将土块、超尺寸颗粒及其他杂物筛除。

如已整平的土(含粉碎的老路面)含水量过小,应在土层上洒水闷料。洒水应均匀,防止出现局部水分过多的现象。细粒土应经一夜闷料,如为综合稳定土,应先将石灰和土拌和后一起进行闷料。

人工摊铺的土层基本整平后,用6~8 t两轮压路机碾压1~2遍,使其表面平整,并有一定的压实度。

③摆放和摊铺水泥:将水泥当日直接送到摊铺路段,卸在做标记的地点,并检查有无遗漏和多余,用刮板将水泥均匀摊开,并注意使每袋水泥的摊铺面积相等。水泥摊铺完后,表面应没有空白位置,也没有水泥过分集中的地点。

④拌料:先是干拌,然后加水并进行湿拌。宜采用专用稳定土拌和机进行拌和并设专人跟随拌和机。

⑤整形与碾压:混合料拌和均匀后,应立即用平地机初步整形。直线段平地机由两侧向路中心进行刮平;平曲线段平地机由内侧向外侧进行刮平。

整形后,当混合料达到最佳含水量时,应立即用轻型压路机并配合12 t以上压路机在结构层全宽内进行碾压。直线和不设超高的平曲线段,由两侧路肩向路中心碾压时,应重叠1/2轮宽,后轮必须超过两段的接缝处,后轮压完路面全宽时,即为一遍。一般需要碾压6~8遍。压路机开始两遍以采用1.5~1.7 km/h为宜,以后宜采用2.0~2.5 km/h。

采用人工摊铺和整形的稳定土层,宜先用拖拉机或6~8 t两轮压路机或轮胎压路机碾压1~2遍,然后再用重型压路机碾压。路面的两侧应多压2~3遍。

(2)石灰稳定土基层

石灰稳定土主要用于各级公路的底基层,以及二级和二级以下公路的基层,但石灰土不得用作二级公路的基层和二级以下公路高级路面的基层。在冰冻地区的潮湿路段及其他地区的过分潮湿路段,不宜采用石灰土做基层。

石灰稳定土施工应避免在雨季进行。石灰稳定土施工可采用路拌法和集中拌和法,但一般采用路拌法。

①备料:混合料由沙砾土、碎石土、黏性土、石灰等组成。

②拌和摊铺:采用合适机具均匀摊铺土料,拌和机由两侧向中心拌和,每次应重叠10~20 cm,防止漏拌。然后用平地机进行整平,在平曲线超高段,由内侧向外侧刮平。

③压实:应在混合料处于最佳含水量或略小于最佳含水量时进行碾压。

石灰稳定土结构层应用12 t以上的压路机碾压。用12~15 t三轮压路机碾压时,每层的压实厚度不应超过15 cm;用18~20 t三轮压路机和振动压路机碾压时,每层的压实厚度不应超过20 cm,碾压时应先轻后重。

④养生:石灰稳定土层宜在当天碾压完成,碾压完成后必须保温养生,不使稳定土层表面干燥,也不应过分潮湿。稳定土层宜经历半月以上温暖的气候养生。

(3)石灰工业废渣基层

可利用的工业废渣包括粉煤灰、煤渣、高炉矿渣、钢渣及其他冶金矿渣、煤矸石等。石灰工业废渣稳定土可分为石灰粉煤灰类和石灰其他废渣类两大类。但二灰(石灰、粉煤灰)、二灰土和二灰砂不应用作二级和二级以上公路高级路面的基层。

石灰粉煤灰稳定土可以利用常规的施工设备进行拌和、摊铺和碾压。目前多采用集中拌和法与路拌法。

### 7.1.2.3 路面面层施工

1.沥青路面面层施工(以下简称沥青路面)

沥青路面是采用沥青材料做结合料,黏结矿料或混合料修筑面层的路面结构。沥青路面具有平整、耐磨、不扬尘、不透水、耐久等特点。在汽车通过时,震动小、噪声低、略有弹性、平稳舒适,是高级公路的主要路面。

沥青路面的缺点是易被履带车辆和坚硬物体所破坏,表面易被磨光而影响安全,温度稳定性差,铺筑沥青路面受气候和季节的限制。

**沥青路面属于柔性路面,其力学强度和稳定性主要依赖于基层与土基的特性。**

(1)沥青路面的分类与选择

沥青路面主要有沥青表面处置、沥青贯入式、沥青碎石、沥青混凝土等,各路面适用范围见表7-5。沥青路面按强度构成原理可分为嵌挤类和密实类,按施工工艺的不同可分为层铺法和拌和法。

表 7-5 路面面层及适用范围

| 面层类型 | 适用范围 |
|---|---|
| 沥青混凝土 | 高速公路、一级公路、二级公路、三级公路、四级公路 |
| 水泥混凝土 | 高速公路、一级公路、二级公路、三级公路、四级公路 |
| 沥青贯入式、沥青碎石、沥青表面处置 | 三级公路、四级公路 |
| 砂石路面 | 四级公路 |

(2)材料的基本要求

①沥青:沥青路面所用的沥青材料有石油沥青、煤沥青等,沥青标号宜按照公路等级、气候条件、交通条件、路面类型及在结构层中的层位及受力特点、施工方法和矿料性质尺寸等,结合当地的使用经验,经技术论证后确定。**当高温要求与低温要求发生矛盾时应优先考虑满足高温性能的要求。**

②粗集料:沥青层用粗集料包括碎石、破碎砾石、筛选砾石、钢渣、矿渣等,碎石及破碎砾石由天然石料(砾石)轧制并经筛选而得,一般应用于交通量较大的高等级路面;筛选砾石和矿渣仅适用于交通量较小的路面下层、基层或连接层的沥青混合料中。应选用同沥青材料有良好黏附性的碱性粗集料,粗集料应洁净、干燥、无风化,而且应具有足够的强度和耐磨性以及良好的颗粒形状。

③细集料:沥青路面的细集料是指粒径小于 5 mm 的天然砂、机制砂、石屑。天然砂可采用河砂或海砂,通常宜采用粗、中砂;机制砂宜采用专用的制砂机制造,并选用优质石料生产;石屑是采石场破碎石料时通过 4.75 mm 或 2.36 mm 的筛下部分。细集料均要求坚硬、清洁、干燥、无风化、不含杂质,并且具有适当的级配。

④填料:填料一般是采用石灰岩、岩浆岩或白云岩中的强基性岩石等憎水性石料经磨细而得到的矿粉。

（3）沥青路面施工要点

高等级公路在施工前应铺筑试验段，其他等级公路在缺乏施工经验或初次使用重大设备时也应铺筑试验段。试验段的长度应根据试验目的确定，宜为 100～200 m，试验段宜在直线段上铺筑。

**根据沥青路面各种施工机械相匹配的原则，依据不同的沥青路面确定合理的施工机械、机械数量及组合方式。**

（4）沥青表面处治路面施工

沥青表面处治路面是用沥青和细粒料按层铺或拌和方法施工，厚度不超过 3 cm 的薄层路面面层。由于处治层很薄，一般不起提高强度作用，其主要作用是抵抗行车的磨耗和大气作用，增强防水性，提高平整度，改善路面的行车条件。

①材料规格和用量

沥青表面处治可采用道路石油沥青、乳化沥青、煤沥青铺筑，各层用量宜根据施工气温、沥青标号、基层等情况，在总用量不变的原则下酌情调整。

**在寒冷地带，施工季节气温较低，沥青针入度较小，基层空隙较大时，沥青用量宜采用并可超出高限，反之宜采用低限。**旧沥青路面、清扫干净的碎（砾）石路面、水泥混凝土路面、块石路面等不用透层油，但宜对第一次沥青用量酌情增加 10%～20%。

沥青表面处治采用的矿料，其最大粒径应与处治层的厚度相等，矿料的最大与最小粒径之比不宜大于 2。

②施工及要求

**沥青表面处治路面宜采用沥青洒布车及集料撒布机联合作业。**

按照洒布沥青及铺撒矿料的层次多少，沥青表面处治可分为单层式、双层式和三层式三种。层铺法沥青表面处治施工，有先油后料和先料后油两种方法，其中以前者使用较多。

A.施工顺序

单层式：为洒布一次沥青，铺撒一次矿料，厚度为 1.0～1.5 cm，一般用作交通量 300～500 辆/昼夜的道路面层和原沥青路面的防滑层。

**双层式（或三层式）为备料→清扫基层、放样和安装路缘石→浇洒透层沥青→洒布第一次沥青→铺撒第一次矿料→第一次碾压→洒布第二层沥青→铺撒第二层矿料→第二次碾压→……→初期养护。**

B.碾压

第一层撒布主集料后，不必等全段撒布完，立即用 6～8 t 钢筒双轮压路机从路边向路中心碾压 3～4 遍，每次轮迹重叠约 300 mm。碾压速度开始不宜超过 2 km/h，以后可适当增加。第二、三层可以采用 8 t 以上的压路机碾压。

沥青表面处治应注意初期养护。当发现有泛油时，应在泛油处补撒与最后一层石料规格相同的嵌缝料并扫匀，过多的浮料应扫出路外。

C.上封层和下封层

上封层根据情况可选择乳化沥青稀浆封层；下封层宜采用层铺法表面处治或稀浆封层法施工，稀浆封层可采用乳化沥青或改性乳化沥青做结合料，下封层的厚度不宜小于

6 mm,且做到完全密封。

(5)沥青贯入式路面施工

沥青贯入式路面除了可以作为路面面层,还可作为沥青路面的联结层或基层。沥青贯入式路面是在初步碾压的矿料(碎石或破碎砾石)上,分层洒布沥青,撒布嵌缝料,或再在上部铺筑热拌沥青混合料层,经压实而成的沥青路面。

沥青贯入式路面的厚度宜为 4～8 cm;乳化沥青贯入式路面的厚度不宜超过 5 cm;当贯入层上部加铺拌和的沥青混合料面层成为上拌下贯式路面时,拌和层的厚度宜不小于 1.5 cm。由于沥青贯入式路面是一种多孔隙结构,作为面层的最上层**必须加铺拌和层或封层**,同时做好排水。

根据沥青材料贯入深度的不同,贯入式路面可分为深贯入式(6～8 cm)和浅贯入式(4～5 cm)两种。

①材料规格和用量

集料应选用有棱角、嵌挤性好的坚硬石料,其集料中大于粒径中值的数量不得少于50%。**沥青贯入层的主层集料最大粒径宜与贯入层厚度相当**,城市道路主层骨料最大粒径宜采用厚度的 80%～85%,数量按压实系数 1.25～1.30 计算。

沥青材料:沥青材料可采用黏稠石油沥青、煤沥青或乳化沥青。其分次用量宜根据施工气温及沥青标号等在总量不变的原则下酌情调整。**在寒冷地带或施工季节气温较低、沥青针入度较小时**,用量宜用高限,反之宜用低限。高寒地区及干旱风沙大的地区宜根据需要酌情调整,增加用量。

②施工顺序和施工要求

**沥青贯入式面层的施工顺序为备料→放样和安放路缘石→清扫基层→浇洒透层或黏层沥青→铺撒主层集料→第一次碾压→洒布第一次沥青→铺撒第一次嵌缝料→第二次碾压→洒布第二次沥青→铺撒第二次嵌缝料→第三次碾压→洒布第三次沥青→铺撒封面集料→最后碾压→初期养护→封层。**

主层集料撒布后应采用 6～8 t 的轻型钢筒式压路机自路两侧向路中心碾压,碾压速度宜为 2 km/h,每次轮迹重叠约 30 cm,碾压一遍后检验路拱和纵向坡度,然后用重型的钢轮压路机碾压,每次轮迹重叠 1/2 左右,宜碾压 4～6 遍,直至主层集料嵌挤稳定,无显著轮迹为止。

铺撒第一层嵌缝料后尽量扫匀,不足处应找补,后即用 8～12 t 钢筒式压路机碾压嵌缝料,轮迹重叠轮宽的 1/2 左右,宜碾压 4～6 遍,直至稳定为止,碾压时随压随扫,使嵌缝料均匀嵌入。因气温较高使碾压过程中发生较大推移现象时,应立即停止碾压,待气温稍低时再继续碾压。

(6)热拌沥青混合料路面施工

热拌沥青混合料是由矿料与沥青在热态下拌和而成的混合料的总称。热拌沥青混合料在热态下铺筑施工成形的路面,即称热拌沥青混合料路面。热拌沥青混合料**按性质分为沥青混凝土混合料、沥青碎石混合料及抗滑表层沥青混合料,见表 7-6。**

表 7-6　　　　　　　　　　　　　　热拌沥青混合料分类

| 热拌沥青混合料分类 | 基本组分 |
| --- | --- |
| 沥青混凝土混合料 | 由适当比例的粗集料、细集料及填料组成的符合规定级配的矿料,与沥青拌和而成的符合技术标准的沥青混合料,属密实级配沥青混合料 |
| 沥青碎石混合料 | 由适当比例的粗集料、细集料及少量填料(或不加填料)与沥青拌和而成的沥青混合料,属嵌挤类沥青混合料,也称半开级配沥青混合料 |
| 抗滑表层沥青混合料 | 由适当比例的中、细集料及填料与沥青拌和而成的沥青混合料 |

①沥青混合料的试配与试拌铺筑

依据设计,经试验室试配所得到的配合比还需要结合生产实际,针对现场实际情况,通过试拌进行必要的调整后,方可作为生产配合比。

通过试铺确定以下各项:摊铺机的摊铺温度、摊铺速度、摊铺厚度等操作工艺参数;压路机的碾压温度、碾压遍数等压实工艺参数;确定松铺系数、接缝方法;确定施工产量及作业段的长度等。

②热拌沥青混合料路面施工

沥青混合料必须在沥青拌和厂采用拌和机械拌制,集料和沥青均在拌和机内进行加热与拌和,并在加热的状态下摊铺碾压成型。其工艺过程主要有沥青混合料的拌和、运输、摊铺与碾压。

A.拌制:拌制沥青混合料可采用间歇式拌和机或连续式拌和机拌制。

高速公路和一级公路宜采用配备计算机设备的间歇式拌和机拌和,拌和过程中有效控制材料用量、沥青混合料拌和量、拌和温度等各种参数。

连续式拌和机使用的集料必须稳定不变,一个工程从多处进料、料源或质量不稳定时,不得采用连续式拌和机。

沥青混合料拌和时间根据具体情况经试拌确定,以沥青均匀裹覆集料为度。间歇式拌和机每盘的生产周期不宜少于 45 s(其中干拌时间不少于 5～10 s),改性沥青和沥青玛蹄脂碎石混合料的拌和时间应适当延长。

B.运输:沥青混合料宜采用吨位较大的自卸汽车运输;混合料运料车的运输能力应比拌和机拌和或摊铺机摊铺能力略有富余;运至摊铺地点的沥青混合料温度不宜低于130 ℃(煤沥青混合料不低于 90 ℃);运输中尽量避免急刹车,以减少混合料离析现象;运料车应用篷布覆盖以保温、防雨、防污染。

C.摊铺:热拌沥青混合料应采用沥青摊铺机摊铺。

铺筑高速公路、一级公路沥青混合料时,一台摊铺机的铺筑宽度,双车道不宜超过6 m,三车道不宜超过 7.5 m,通常宜采用两台或更多台数的摊铺机前后错开 10 ～20 m 成梯队方式同步摊铺,相邻两幅之间应有 30～60 mm 左右宽度的搭接,并躲开车道轮迹带,上、下层的搭接位置宜错开 200 mm 以上。

摊铺机开工前应提前 0.5～1 h 预热熨平板温度不低于 100 ℃。**摊铺机必须缓慢、均匀、连续不间断地摊铺,不得随意变换速度或中途停顿**,以提高平整度,减少混合料的离析。摊铺速度宜控制在 2～6 m/min 的范围内。

D.压实:碾压工作包括碾压机械的选型与组合,碾压温度、碾压速度的控制,碾压遍数、碾压方式及压实质量检查等。

沥青混合料的压实包括初压、复压和终压:

初压一般采用轻型钢筒压路机或关闭振动装置的振动压路机碾压两遍,其线压力不宜小于 35 N/cm,应在沥青混合料摊铺后温度较高时进行初压,主要为了获得最佳压实温度。温度过高引起混合料隆起,碾压后的摊铺层出现裂纹,碾轮上粘起沥青混合料;温度过低将引起混合料黏性增大,导致压实困难。**厚度越小、散热越快、温度越难掌握。**

复压应在初压后紧接着进行,一般采用重型压路机,碾压温度符合规定,碾压遍数经试压确定,并不少于 4~6 遍,达到要求的压实度为止。用于复压的轮胎式压路机的压实质量应不小于 15 t,用于碾压较厚的沥青混合料时,总质量应不小于 22 t,轮胎充气压力不小于 0.5 MPa,相邻轮带重叠 1/3~1/2 轮宽。

终压应紧接在复压后进行,用 6~8 t 的静力压路机进行,碾压不少于两遍,直至无轮迹为止,终压温度应符合要求。

2.水泥混凝土路面面层施工(以下简称水泥混凝土路面)

由于水泥混凝土路面的强度高,耐久性好(一般能使用 20~40 年),能适应重载、高速而繁密的汽车运输要求,在我国一些城市道路、工矿道路、停车场和机场跑道上采用较多。由于它的水稳性及能见度好,特别适用于修筑隧道内的路面,且水泥混凝土路面的养护费用较低。但是修筑水泥混凝土路面要耗费大量的水泥和一定数量的钢材,建筑投资较大。而且路面有接缝、开放交通较迟、一旦损坏修复困难。因此,在我国公路路面目前采用得还不是很多。

(1)水泥混凝土路面对基垫层的基本要求

①路基:水泥混凝土面板具有很高的刚度和扩散荷载的能力,通过面层板传到路基顶面的荷载压应力值很小,水泥混凝土路面并不要求强度大或承载力高的路基。然而,如果路基的稳定性不足,产生不均匀沉陷,则仍将给混凝土面层带来不利的影响。

路基支撑不均匀主要是由于填料的土质不均、湿度不均、膨胀土冻胀、湿软地基未达充分固结、排水设施不良、压实不足或不当,以及新老路基交接处、填挖交接处处理不当等多种原因所造成的。

②基层和垫层

随着交通繁重程度的增加,对水泥混凝土面层下基层和垫层的刚度要求也逐渐提高,以限制板的弯沉量,从而减少淤泥的影响。在季节性冰冻地区,路面结构的总厚度(包括面层、基层和垫层)应占当地最大冰冻深度的一定比例,以防止或减轻路基不均匀冻胀对混凝土路面的不利影响。基层和垫层的宽度应大于面层宽度,以便有足够的位置供立侧模用,同时,较宽的基层和垫层也有利于改善面层板边缘的受荷条件。

(2)水泥混凝土路面基本要求

①混凝土的技术要求

A.质量标准:**水泥混凝土路面质量检验评定标准中是以抗弯拉强度、板厚、平整度作为水泥混凝土路面三大主要质量指标。**

路面混凝土的抗弯拉强度是以标准试件、标养 28 d 的抗折强度为标准;混凝土路面的厚度应以行车反复荷载产生的应力不超过混凝土路面设计使用年限末期的疲劳抗弯拉强度为依据。混凝土路面的平整度则是以混凝土有效的配合比为依据。

B.和易性：混凝土在拌和操作中要求混合料有较大的流动性，以易于拌和均匀，在运输和浇灌时不允许发生离析现象，在浇筑混凝土后及时振捣密实，不致发生麻面蜂窝等。

C.耐久性：由于路面混凝土直接受到行驶车辆的磨损，寒冷积雪地区又受到防滑链轮胎和带钉轮胎的冲击，同时长年经受风吹日晒、雨水冲刷及冰雪冻融的侵蚀，因此，要求混凝土路面必须具有良好的耐久性。

D.表面特性：混凝土路面要求具有足够的抗滑、耐磨及平整性。一般采用坚硬、耐磨、表面粗糙的集料，可提高路面的抗滑能力；选用优质材料（包括填缝料）进行合理组成，可提高路面的耐磨性；依靠控制混合料的均匀性、和易性，可提高表面的平整度。

②对材料的要求

A.水泥：通常应选用强度高、干缩性小、抗磨性能及耐久性能好的水泥。通常使用硅酸盐水泥或普通硅酸盐水泥，中、轻交通的路面可采用矿渣硅酸盐水泥。采用机械化铺筑时，宜选用散装水泥。

B.粗集料：粗集料（碎石或砾石）必须质地坚硬、耐久、干净，有良好的级配。

粗集料的粒状以接近正方体为佳，表面粗糙且多棱角的粗集料，同水泥浆的黏附性好，配制的混凝土有较好的强度；在相同水泥浆用量条件下，砾石配制的混凝土具有较好的和易性。

粗集料级配可采用连续级配或间断级配。连续级配的优点是所配制的混凝土较密实，具有优良的和易性，不易产生离析现象；间断级配配制相同强度混凝土所需的水泥用量可少些，但容易产生离析现象，并需要采用强力振捣。

C.细集料：分为天然砂和人工轧制石料得到的人工砂（如石屑等）和混合砂三种。人工砂具有较多棱角，其和易性不及天然砂。

路面混凝土用砂除了要求细集料质地坚硬、具有良好级配，还要求细集料具有高密度和小比表面积，以保证新拌混凝土有适宜的和易性，硬化后应有足够的强度和耐久性，同时又达到节约水泥的目的。

D.水：清洗集料、拌和混凝土及养生所用的水，不应含有影响混凝土质量的油、酸、碱、盐类、有机物等。

E.外加剂：为改善水泥混凝土的技术性能，往往在混凝土拌制过程中加入适宜的外加剂。其用量一般不超过水泥用量的 5%，**常用的外加剂有流变剂，调凝剂及引气剂三大类。**

F.填缝料：填缝料应选用与混凝土面板缝壁黏结力强、回弹性好、能适应混凝土面板收缩、不溶于水和不渗水、高温时不溢出、低温时不脆裂和耐久性好的材料，如沥青橡胶类、聚氯乙烯胶泥类、沥青玛蹄脂类等加热施工式填缝料和聚氨酯焦油类、氯丁橡胶类、乳化沥青橡胶类等常温施工式填缝料。

③配合比设计

路面混凝土配合比设计是根据**设计弯拉强度、耐久性、耐磨性、工作性等要求和经济合理的原则**，依据设计配合比，通过试验、根据现场实际情况进行适当调整，最终确定路面混凝土的实际配合比。

（3）混凝土的铺筑

①小型机具施工

小型机具施工混凝土板的施工程序一般是**边模的安装→传力杆设置→制备与运送混凝土混合料→摊铺和振捣→表面整修→养生与填缝→开放交通**，是传统的施工方式，它已经不适用于高等级公路，只能用于中、轻交通的低等级路面。

②三辊轴机组施工

三辊轴机组是一种中型施工设备，比较适用于我国二、三、四级公路，近年来有取代小型机具的趋势。

其施工配套机具包括三辊轴整平机、搅拌设备、振捣机、拉杆插入机、饰面工具、运输车等。其中三辊轴整平机为三辊轴机组的主导设备，其主体部分为一根起振密、摊铺、提浆作用的偏心振动轴和两根起驱动整平作用的圆心轴。振动轴始终向后旋转，而其他两根轴可以前后旋转，三辊轴机组工作时，机械向前运动，实现摊铺、振密和提浆。

三辊轴机组施工的工艺流程：**拌和物的拌和与运输→布料机布料→排式振捣机振捣→拉杆安装→人工找补→三辊轴整平→（真空脱水）→精平饰面→拉毛→切缝→养生→（硬刻槽）→填缝**。

③轨道式摊铺机施工

轨道式摊铺机施工是机械化施工中最普通的一种方法。摊铺机的轨道与模板是连在一起的（图7-14），由支撑在平底型轨道上的摊铺机将混凝土拌和物摊铺在基层上。**轨道式摊铺机施工包括施工准备、拌和与运输混凝土、摊铺与振捣、表面整修及养护等工作。主要工序是混凝土的拌和与摊铺成型，混凝土摊铺机作为第一主导机械，拌和机作为第二主导机械。**

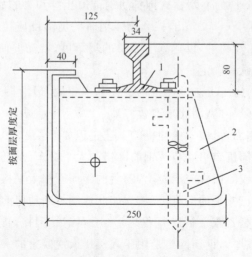

1—轨道；2—模板；3—钢钎
图7-14 轨道模板（尺寸单位：mm）

轨道式摊铺机的整套机械在轨道模板上前后移动，并以轨道模板为基准控制路面的高程。摊铺机的轨道与模板同时进行安装，轨道固定在模板上，然后统一调整定位，形成的轨道模板既是路面边模又是摊铺机的行走轨道。轨道模板应能承受机组的重量，横向要有足够的刚度,轨道模板的数量应根据施工进度配备并能满足周转要求,连续施工时至少需要配备三套全工作量的轨道模板。

轨道式摊铺机有刮板式、箱式或螺旋式三种类型。以螺旋式摊铺机为多见,作业时由可以正反方向旋转的螺旋杆(直径约 50 cm)将混凝土摊开,螺旋杆后面有刮板,可以准确调整高度。这种摊铺机的摊铺能力大,其松铺系数一般在 1.15～1.30 之间。

轨道式摊铺机还配备振捣棒组,振捣方式有斜插连续拖行及间歇垂直插入两种,当面板厚度超过 150 mm、坍落度小于 30 mm 时,必须插入振捣;轨道摊铺机还配备振动板或振动梁对混凝土表面进行振捣和修整;整平梁在混凝土表面纵向往返移动,通过机身的移动将混凝土表面整平;制作纹理时,用纹理制作机在路面上拉毛、压槽或刻纹。

混凝土板的养护,可根据施工工地情况及条件,选用洒水养护、喷洒成膜材料养护等方法,养护时间按混凝土抗弯拉强度达到 3.5 MPa 以上的要求试验确定。

④滑模式摊铺机施工

滑模式摊铺机比轨道式摊铺机机械化程度更高,其自带模板,无须另配模板,整机性能好,操纵方便和采用电子导向,因此生产效率高。但对原材料、混凝土拌和物的要求更严格,设备费用更高。

A.自动导向、自动找平:滑模式摊铺机施工时,摊铺机支撑在四个液压缸上,两侧设置有随机移动的固定滑模。摊铺机一侧有导向传感器,另一侧有高程传感器,导向传感器接触导向绳,导向绳的位置沿路面的前进方向安装;高程传感器接触高程导向绳,导向绳的空间位置根据路线高程的相对位置来安装,使得滑模式摊铺机可实现自动导向、自动找平,滑模式摊铺机的摊铺高度和厚度可实现自动控制。

B.混凝土配合比与外加剂:滑模式摊铺机对混凝土拌和物的品质要求十分严格,集料的最大集料粒径应小于 30～40 mm,拌和物摊铺时的坍落度应控制在 4～6 cm。为了增加混凝土拌和物的施工和易性,以达到所需要的坍落度,常需要使用外加剂,所掺外加剂的品种、数量应先通过试验确定。

C.滑模式摊铺机的施工工艺过程与轨道式基本相同,但滑模式摊铺机由于整机性能好,操纵方便和采用电子导向,因此生产效率高。

铺筑钢筋混凝土路面,滑模式摊铺机的工艺过程如下:

第一作业行程:摊铺机牵引着装载钢筋网格的大平板车,从已整平的基层地段起点开始摊铺,此时可从正面或侧面供应混凝土,随后的钢筋网格大平板车按规定位置将钢筋网格自动卸下,并铺压在已摊平的混凝土层上,如此连续不断地向前铺筑。

第二作业行程:它是紧跟在第一行程之后,压入钢筋网格,进行混凝土面层摊铺、振实、整平、光面等作业程序。钢筋网格是用压入机压入混凝土的。压入机是摊铺机的一个附属装置,不用时可以卸下,使用时安装在摊铺机的前面。施工开始时,摊铺机推着压入机前行,并将第一行程已铺入的钢筋网格压入混凝土内,摊铺机则进行摊铺、振捣、整平、光面等工作,最后进行切缝,喷洒养护剂和防滑处理。滑模式摊铺机如图 7-15 所示。

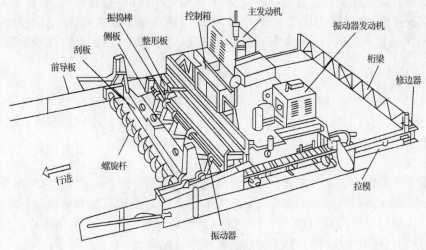

图 7-15　滑模式摊铺机构造

（4）接缝施工

混凝土路面在温度变化时会产生较大的温度变形,如混凝土板产生胀缩和翘曲等,为消除温度变形受到约束时产生的温度应力,避免混凝土路面出现不规则开裂,必须在混凝土路面的纵横方向上设置胀缝和缩缝。

①胀缝施工

如图 7-16 所示,普通混凝土路面的胀缝应设置胀缝补强钢筋支架、胀缝板和传力杆。胀缝应与混凝土路面中心线垂直,缝壁垂直于板面,宽度均匀一致,缝中不得有黏浆或坚硬杂物,相邻板的胀缝应设在同一横断面上。胀缝传力杆的固定端可设在缝的一侧或交错布置。施工过程中固定传力杆位置的支架应准确、可靠地固定在基层上,使固定后的传力杆平行于板面和路中线,误差不大于 5 mm。铺筑混凝土拌和物时,严禁造成传力杆位移,否则将导致混凝土路面接缝区的破坏。

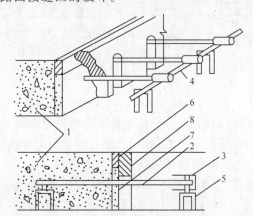

1—现浇的混凝土;2—传力杆;3—金属套管;4—钢筋;5—支架;
6—压缝板条;7—嵌缝板;8—胀缝板
图 7-16　胀缝板和传力杆的架设(钢筋支架法)

②缩缝施工

混凝土面板的缩缝一般采用锯缝的办法形成。混凝土结硬后应适时锯缝,合适的锯缝时间应控制在混凝土已达到足够的强度、而收缩变形受到约束时产生的拉应力仍未将混凝土面板拉断的时间范围内。经验表明,锯缝时间以施工温度与施工后时间的乘积为200～300个温度小时或混凝土抗压强度为5～10 MPa较为合适。缝的深度一般为板厚的1/4～1/3。

③纵缝施工

纵缝施工应符合设计规定的构造,保持顺直、美观。纵缝为平缝带拉杆时,应根据设计要求,预先在模板上制作拉杆置放孔,模板内侧涂刷隔离剂,拉杆采用螺纹钢筋制作。缝槽顶面采用锯缝机切割,深度为3～4 cm,并用填缝料灌缝。

④灌缝

混凝土养护期满应及时灌缝。填缝时接缝必须清洁、干燥。填缝料应与缝壁黏附紧密,不渗水,灌注高度一般比板面低2 mm左右。使用常温聚氨酯和硅树脂等填缝料时,应按规定比例将两组份材料按1 h灌缝量混拌均匀后使用。当使用加热施工型填缝料时,应加热到规定的温度并搅匀,采用灌缝机或灌缝枪灌缝。

## 7.2 桥梁工程

### 7.2.1 桥梁工程基本知识

#### 7.2.1.1 桥梁的基本组成与体系

桥梁主要由上部结构和下部结构组成,如图7-17所示。

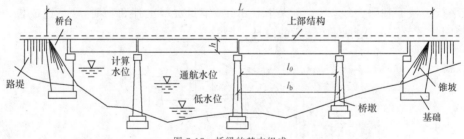

图7-17 桥梁的基本组成

(1)上部结构又称桥跨结构。上部结构是在线路中断时跨越障碍的主要承重结构,是桥梁支座以上(无铰拱起拱线或刚架主梁以上)跨越桥孔的总称,当跨越幅度越大时,上部结构的构造也就越复杂,施工难度也相应增加。

(2)下部结构是桥墩、台台和基础的统称。桥墩和桥台是支撑上部结构并将其传来的永久荷载和车辆荷载传至基础的结构物。桥墩和桥台底部称为基础,基础承担从桥墩和桥台传来的全部荷载。由于基础深埋于水下地基中,是桥梁施工中难度较大的部分,也是确保桥梁施工安全的关键。

桥梁工程体系如图7-18所示。

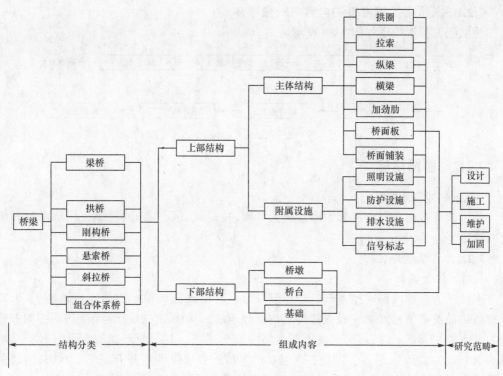

图 7-18　桥梁工程体系

### 7.2.1.2　桥梁的主要类型

桥梁按照受力体系分为梁、拱、吊三大基本体系,桥梁的主要类型见表 7-7,如图 7-19 所示。

表 7-7　桥梁的主要类型

| 分类方式 | 类型 |
|---|---|
| 按结构受力特点 | 悬索桥(吊桥)、斜拉桥、拱桥、梁桥、刚构桥 |
| 按建造材料 | 刚构桥、钢筋混凝土桥、预应力混凝土桥、圬工桥 |

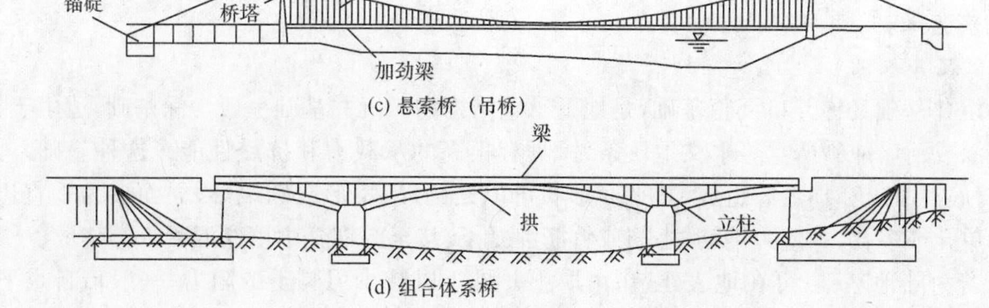

(a) 拱桥　　　　　　　　　　　　　　(b) 刚构桥

(c) 悬索桥（吊桥）

(d) 组合体系桥

图 7-19　桥梁类型

267

#### 7.2.1.3 桥梁工程施工的内容与一般程序

桥梁施工基本程序如图 7-20 所示。

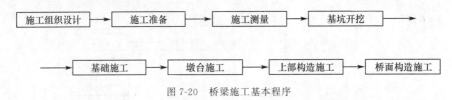

图 7-20 桥梁施工基本程序

### 7.2.2 桥梁基础

#### 7.2.2.1 基础类型

桥梁基础按施工方法可分为刚性扩大基础、桩基础、沉井基础、地下连续墙基础和组合基础等。

#### 7.2.2.2 基础施工

1.刚性扩大基础

刚性扩大基础或称明挖基础,属直接基础,是将基础底板设在直接承载地基上,来自上部结构的荷载通过基础底板直接传递给承载地基。其施工方法通常是采用明挖的方式进行。刚性扩大基础以石砌、混凝土或钢筋混凝土建造。其平面形状有圆形、圆端形、矩形、八角形、T 形和 U 形等。刚性扩大基础的厚度除要求保证地基有足够承载力外,还要求基础底面低于冲刷线和土壤冻结线,以保证桥梁不受冲刷和冻害影响。

2.桩基础

当地基浅层土质较差,持力土层埋藏较深,需要采用深基础才能满足结构物对地基强度、变形和稳定性要求时,可采用桩基础。这种基础由承台和桩群组成。承台是连接桩群和桥墩的平台,多用钢筋混凝土建造,桩群是若干根埋入地基的桩。

桩基按材料分类,在桥梁基础中用得较多的是钢筋混凝土桩、预应力混凝土桩与钢桩。钢桩品种很多,常用的有型钢、钢管以及型钢组合桩。钢筋混凝土桩和预应力混凝土桩使用很广,截面形状有多种,最常用的是空心圆形桩。预应力混凝土桩较钢筋混凝土桩强度高,受锤击不易开裂,水密性好,可防止钢筋生锈,且能节约钢材。

桩基按制作工艺分为预制桩和就地灌注桩。就地灌注桩可分为钻孔桩和挖孔桩,其基本施工方法是先钻孔或挖孔,孔成形后,下钢筋笼和灌注混凝土。这种方法施工快、工费低、设备简单,但施工工艺复杂。

**桩基类型应根据地质条件、设计荷载、施工设备、工期限制及对附近建筑物产生的影响等来选择。**

3.沉井基础

沉井基础又称开口沉箱基础,是地下承重结构物。沉井基础一般为深基础,适用于持力层较深或河床冲刷严重等水文地质条件,具有很高的承载力和抗震性能。这种基础系由井壁、封底混凝土和顶盖等组成,其平面形状可以是圆形、矩形或圆端形,立面多为垂直边,井孔为单孔或多孔,井壁为钢筋、木筋或竹筋混凝土,甚至由钢壳中填充混凝土等建成。

若为陆地基础,可在地表建造,由取土井排土以减少刃脚土的阻力,一般借自重下沉;若为水中基础,可用筑岛法或浮运法建造。在下沉过程中,如侧摩阻力过大,可采用高压射水法、泥浆套法或井壁后压气法等加速下沉。

4.地下连续墙基础

用槽壁法施工筑成的地下连续墙体作为土中支撑单元的桥梁基础。它的形式大致可分为两种：一种是采用分散的板墙，平面上根据墩台外形和荷载状态将它们排列成适当形式，墙顶接筑钢筋混凝土承台；另一种是用板墙围成闭合结构，其平面呈四边形或多边形，墙顶接筑钢筋混凝土盖板。后者在大型桥基中使用较多，与其他形式的深基础相比，它的用材省，施工速度快，而且具有较大的刚度，是目前发展较快的一种新型基础。

### 7.2.3　桥梁墩、台

桥梁墩、台是桥墩和桥台的合称，是支撑桥梁上部结构的构筑物。桥墩位于相邻桥跨之间；桥台位于桥梁两端，后端伸入路基，兼有挡住桥头路基填土以及连接路基和桥跨的作用。**桥墩、桥台和桥梁基础又统称为桥梁下部结构。**

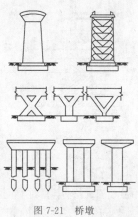

桥墩主要由顶帽、墩身组成。桥台主要由顶帽、台身组成（图 7-21）。

顶帽的作用是把桥跨支座传来的较大而集中的力，分散而匀称地传给墩身和台身。顶帽还须有较大的平面尺寸，为施工架梁及养护维修提供必要的工作面。墩身和台身是支撑桥跨的主体结构，不仅承受桥跨结构传来的全部荷载，而且还直接承受土压力、水流冲击力、冰压力、船舶撞击力等多种荷载，所以墩身和台身都须具有足够的强度、刚度和稳定性。

图 7-21　桥墩

#### 7.2.3.1　钢筋混凝土墩、台的施工

1.现场浇筑墩、台

混凝土墩、台的施工与普通混凝土构件的施工方法相似，主要施工过程有支模、绑筋和浇混凝土。

（1）模板

常用的模板类型有拼装式模板、整体吊装大模板、滑动钢模板。根据施工经验，只有当高度大于等于 30 m 时才采用滑动模板施工。

模板安装前应对模板尺寸进行检查，安装时要坚实牢固，以免振捣混凝土时引起跑模漏浆，安装位置要符合结构设计要求。

（2）混凝土浇筑

墩身、台身混凝土施工前，应将基础顶面冲洗干净，凿除表面浮浆，整修连接钢筋。浇筑混凝土时，应经常检查模板、钢筋及预埋件的位置和保护层的尺寸，确保位置正确，不发生因模板位移造成墩台变形。混凝土施工中，应切实保证混凝土的配合比、水灰比和坍落度等技术性能指标满足规范要求。

2.装配式墩、台

装配式墩、台施工适用于山谷架桥、跨越平缓无漂流物的河沟、河滩等的桥梁，特别是在工地干扰多、施工场地狭窄、缺水与沙石供应困难地区，其效果更为显著。

装配式墩、台的优点是结构形式轻便，建桥速度快，圬工省，预制构件质量有保证等。

（1）装配式柱式墩系将桥墩分解成若干轻型部件，在工厂或工地集中预制，再运送到

现场装配成桥墩。

（2）装配式预应力钢筋混凝土墩分为基础、实体墩身和装配墩身三大部分。装配墩身由基本构件、隔板、顶板及顶帽四种不同形状的构件组成,用高强钢丝穿入预留的上下贯通的孔道内,张拉锚固而成,如图 7-22 所示。

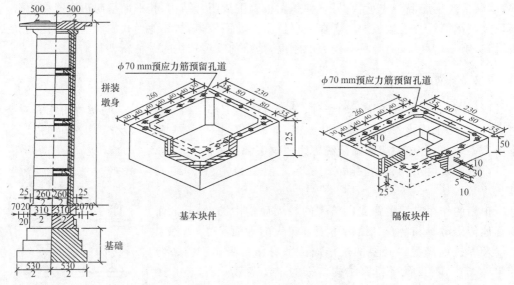

图 7-22　装配式预应力钢筋混凝土墩

### 7.2.3.2　石砌墩、台施工

石砌墩、台是用片石、块石及粗料石以水泥砂浆砌筑的,具有就地取材和经久耐用等优点,在石料丰富地区建造墩、台时,应优先考虑石砌墩、台方案。

砌石时所采用的施工脚手架应环绕墩、台搭设,以便堆放材料、支撑施工工人砌镶面及勾缝。脚手架的类型根据墩、台高度的不同选用,6 m 以下的墩、台一般采用固定式轻型脚手架,25 m 以下的墩、台选用简易活动脚手架,墩、台较高时则多采用悬吊脚手架。

砌筑墩、台施工时应注意:

（1）砌体所用各项材料类别、规格及质量符合要求,墩、台表面常用块石砌筑,内部用片石填腹。

（2）石料砌筑前应洗净湿润,砌筑表面应勾缝砌完后按自然法进行养护。

（3）砌缝砂浆或小石子混凝土铺填饱满、强度符合要求,砌缝宽度、错缝距离符合规定,勾缝坚固、整齐,深度和形式符合要求。

（4）同一层砌筑的顺序应正确:桥墩先砌上下游圆石或分水尖,桥台先砌四个转角,然后挂线砌筑中部表层,最后砌筑腹部。

## 7.2.4　桥梁上部结构施工方法

### 7.2.4.1　梁桥的施工

梁桥分为简支梁桥、连续梁桥、悬臂梁桥(单悬臂和双悬臂)、钢桥。

1.简支梁桥施工方法

（1）现场浇筑法

国内一般采用支架法或移动模架法施工。

①支架法:在桥位处搭设支架,在支架上浇筑桥体混凝土,达到强度后拆除模板和支架。**由于桥墩的刚度比临时支架的刚度大很多,加之垫基不太可能完全做到均匀,临时支架存在着难以预见的不均匀沉降。**如果每次浇筑的梁段较长,混凝土的收缩又可能会受到桥墩、支座摩阻力和已浇部分的阻碍,也容易引起主梁开裂,因此一般采用留施工缝、分段浇筑的方法,如图 7-23 所示。

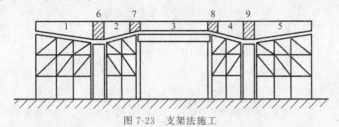

图 7-23   支架法施工

支架和模板的检查,钢筋和钢索位置的检查,以及混凝土浇筑方案的决定等都是支架法施工的重要工作。混凝土的浇筑方法见表 7-8。

表 7-8                                   简支梁桥混凝土的浇筑方法

| 水平分层浇筑法 | 在一跨全长内分层浇筑,在跨中合拢,适用于跨径不大的简支梁桥 |
|---|---|
| 斜面分层浇筑法 | 混凝土从主梁的两端用斜面分层法向跨中浇筑,在跨中合拢 |
| 单元浇筑法 | 当桥面较宽且混凝土数量较大时,可分为若干纵横向单元分别浇筑 |

支架法的优点是无须预制场地,而且不需要大型起吊、运输设备,梁体的主筋可不中断,桥梁整体性好。它的主要缺点是工期长,施工质量不容易控制;对预应力混凝土梁由于混凝土的收缩、徐变引起的应力损失比较大;施工中的支架、模板耗用量大,施工费用高;搭设支架影响排洪、通航,施工期间可能受到洪水和漂流物的威胁。

②移动模架法

移动模架法是在两桥墩间架设支撑托架及主梁钢模,浇筑混凝土,并施加预应力后,再将整跨支撑钢梁向前推移至下一跨,继续进行构筑作业,如此重复推移支撑钢架,逐跨构筑直到对岸。移动模架可以分为上行式和下行式两大类。

采用移动模架逐孔施工的主要特点:

不需要设置地面支架,不影响通航和桥下交通,施工安全、可靠;有良好的施工环境,保证施工质量,一套模架可多次周转使用,具有在预制场生产的优点;机械化、自动化程度高,节省劳力,降低劳动强度,上下部结构可以平行作业,缩短工期;通常每一施工梁段的长度取用一孔梁长,接头位置一般可选在桥梁受力较小的部位;移动模架设备投资大,施工准备和操作都较复杂;宜在桥梁跨径小于 50 m 的多跨长桥上使用。

(2)预制安装法

在预制工厂或在运输方便的桥址附近设置预制场进行梁的预制工作,然后采用一定的架设方法进行安装。预制安装法施工一般是指钢筋混凝土或预应力混凝土简支梁的预制安装,分预制、运输和安装三部分。

①预制安装法的主要特点

由于是工厂生产制作,构件质量好,有利于确保构件的质量和尺寸精度,并尽可能多地采用机械化施工;上下部结构可以平行作业,因而可缩短现场工期;能有效地利用劳动力,并由此降低了工程造价;由于施工速度快,可适用于紧急工程施工;将构件预制后由于要存放一段时间,在安装时已有一定龄期,可减少混凝土收缩、徐变引起的变形。

②预制梁桥的架设方法及相应设备

架桥设备是一种将预制钢筋混凝土(或预应力混凝土)梁片(或梁段)吊装在桥梁支座上的专用施工机械。我国的公路架桥设备虽说形式各异,但概括起来可以分为导梁式架桥设备、缆索式架桥设备和专用架桥机三类,见表7-9。

表7-9                              预制梁桥的架设方法及相应设备

| 导梁式架桥设备 | 利用贝雷架(或万能杆件、战备军用桁梁)拼装成的钢桁架导梁作为承载移动支架,再配置部分起重装置与移动机具来实现架梁 |
|---|---|
| 缆索式架桥设备 | 利用万能杆件,或者圆木拼成索塔架式人字形扒杆,用架设的钢丝绳组成吊装设备和行走装置,将梁架设在墩台上,用缆索吊起构件进行纵向或横向就位 |
| 专用架桥机 | 在导梁式架桥设备的基础上,通过对其结构和起吊、行走设备进行改善而发展起来的专用桥梁施工机械 |

③预制梁桥常用的安装方法

A.陆地架设法(图7-24)

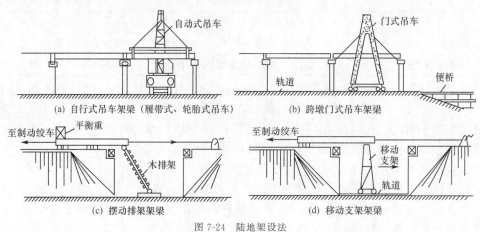

(a) 自行式吊车架梁(履带式、轮胎式吊车)          (b) 跨墩门式吊车架梁

(c) 摆动排架架梁          (d) 移动支架架梁

图7-24  陆地架设法

B.浮吊架设法(图7-25)

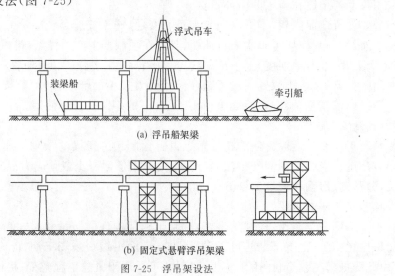

(a) 浮吊船架梁

(b) 固定式悬臂浮吊架梁

图7-25  浮吊架设法

C.高空架设法

高空架设法可分为联合架桥机架梁、闸门式架桥机架梁和穿巷式架桥机架梁。

a.联合架桥机架梁(图 7-26)

这种方法适用于架设中、小跨径的多跨简支梁桥,其优点是不受水深和墩高的影响,且在作业过程中不阻塞通航。

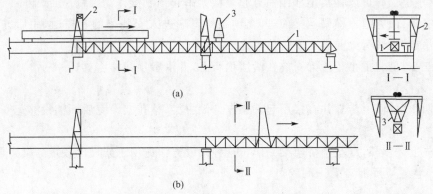

(a)

(b)

1—钢导梁;2—门式吊机;3—托架(运送门式吊机用)

图 7-26　联合架桥机架梁

联合架桥机由一根总长大于两倍桥跨的钢导梁、两套门式吊机和一个托架(又称蝴蝶架)三部分组成。导梁顶面铺设轨道供运梁平车和托架行走,门式吊机顶横梁上设有吊梁用的行走小车,为了不影响架设的净空位置,其立柱底部还可以做成在横向内倾斜的小斜腿,这样的吊车俗称拐脚龙门吊。

架梁操作步骤:

第一步:在桥头拼装钢导梁,铺设轨道,并用绞车纵移就位。

第二步:拼装托架和门式吊机,用托架将两个门式吊机运至架梁孔的桥墩(台)上。

第三步:由平车轨道运送预制梁至架梁孔位,将导梁两侧可以安装的预制梁用两个门式吊机起吊、横移并落梁就位。

第四步:将导梁所占位置的预制梁临时安放在已经架设的梁上。

第五步:用绞车纵向拖拉导梁至下一孔后,将临时安装的梁架设完毕。

第六步:在已架设的梁上铺接钢轨后,用托架顺次将两个门式吊机托起并运至前一孔的桥墩上。

b.闸门式架桥机架梁(图 7-27)

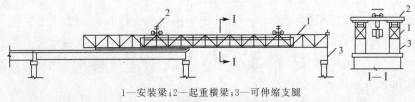

1—安装梁;2—起重横梁;3—可伸缩支腿

图 7-27　闸门式架桥机架梁

该法可用于桥高、水深的情况。(单导梁式)闸门式架桥机可用来架设多孔中、小跨径的装配式梁桥。该架桥机主要由两根分离布置的安装梁、两根起重横梁和可伸缩的钢支腿三部分组成。安装梁由四片钢桁架或贝雷桁架拼组而成,其下设有可以沿铺在已架设梁顶面轨道上行走的移梁平车。两根型钢组成的起重横梁支撑在能沿安装梁顶面轨道行走的平车上,横梁上设有带复式滑车的起重小车。

闸门式架桥机架梁的步骤如下:

第一步:将拼装好的安装梁用绞车纵向拖拉就位,使可伸缩支腿支撑在架梁孔前墩上(安装梁不够长时可以在其尾部用前方起重横梁吊起预制梁作为平衡压重)。

第二步:前方起重横梁运梁前进,当预制梁尾端进入安装梁的巷道时,用后方起重横梁将梁吊起,继续运梁前进至安装位置之后,固定起重横梁。

第三步:借起重小车落梁安放在滑道垫板上,并沿墩顶横移将梁(除一片中梁外)安装就位。

第四步:按以上步骤并直接用起重小车架设中梁,整孔架设完后即铺设移运安装梁的轨道。

重复上述步骤,直至全桥架梁完毕。这种架设方法适用于架设比较重的梁。

c.穿巷式架桥机架梁(图7-28)

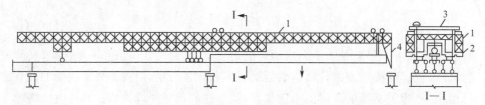

1—安装梁;2—支撑横梁;3—起重横梁;4—可伸缩支腿
图7-28　穿巷式架桥机架梁

穿巷式架桥机可以进行边梁的吊起并横移就位。穿巷式架桥机的导梁主桁架净距小于两边T梁梁肋之间的距离,因此,边梁要先吊放在墩顶托板上,然后再横移就位。

穿巷式架桥机由主梁(分左、右两个独立的箱形梁)、水平活动绞、主梁横向调节装置、主柱和桁车(包括大、小桁车)组成。这种架桥机前、后两个方向均能架梁,梁可直接送入后机臂内,不需要换装,机臂左右摆动幅度较大,适应性强,可在曲线半径大于或等于300 m的地段架梁,架梁时可一次就位。

穿巷式架桥机可以进行梁体的垂直提升、顺桥向移动、横桥向移动和吊机纵向移动等四种作业。吊机构造虽然较复杂,但工效却较高,且横移就位也较安全。

穿巷式架桥机架设步骤如下:

第一步:一孔完成,前后横梁移至尾部(做平衡重)。

第二步:穿巷式架桥机向前移动一孔,并使用前支腿支撑在前一墩顶上。

第三步:吊机前横梁吊起预制梁前移(此时预制梁的后端仍放置在运梁平车上)。

第四步:吊机后横梁吊起预制梁前移,对位后固定前、后横梁,并将预制梁放置就位。

2.悬臂体系和连续体系梁桥的施工

(1)普通钢筋混凝土悬臂体系和连续体系梁桥的施工

普通钢筋混凝土悬臂梁桥和连续梁桥,由于主梁的长度和重量大,一般很难像简支梁那样将整根梁一次架设,施工方法可以采用分段(6～8 m/段)预制,再浇筑接头,但受力截面的主钢筋都被截断,接头工作复杂,强度也不易保证。目前主要还是采用搭设支架模板、绑钢筋、浇混凝土的就地浇筑的施工法。

(2)预应力混凝土悬臂体系和连续体系桥梁的施工

**通常采用悬臂施工法和顶推施工法。**

①悬臂施工法

悬臂施工法也称分段施工法,是从桥墩开始,两侧对称进行现浇梁段的浇筑或将预制节段对称进行拼装,**前者称悬臂浇筑施工,后者称悬臂拼装施工,有时也将两种方法结合使用。即从已建墩台顶部逐段向跨径方向延伸施工,每延伸一段就施加预应力使其与已完成部分连接成整体。悬臂施工法可不用或少用支架,施工不影响通航或桥下交通。**

悬臂施工法的主要特点:桥梁在施工过程中会产生负弯矩,桥墩也要承受由施工产生的弯矩,因此悬臂施工法宜用在运行状态与施工状态的受力状况比较接近的桥梁中,例如预应力混凝土 T 形刚构桥、变截面连续梁桥、悬臂梁桥和斜拉桥等;**非墩桥固接的预应力混凝土梁桥,采用悬臂施工时应采取措施,使墩、梁临时固结,因而在施工过程中有结构体系的转换存在。**

悬臂浇筑施工简便,结构整体性好,施工中可不断调整位置,常在跨径大于 100 m 的桥梁上选用;悬臂拼装施工速度快,桥梁上、下部结构可平行作业,但施工精度要求比较高,可在跨径 100 m 以下的桥梁上选用。

A.悬臂拼装施工(图 7-29)

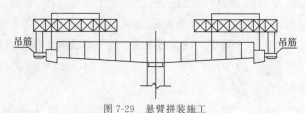

图 7-29　悬臂拼装施工

**悬臂拼装施工包括块件的预制、运输、拼装及合龙。**

悬臂拼装施工是主梁在预制场地分段预制,留好预应力孔道,下部结构施工完成后,把梁段运到工地拼装,利用移动式悬臂吊机或连续桁架(闸式吊机)拼装法将预制梁段吊起至桥位,然后采用环氧树脂胶及钢丝束施加预应力连接成整体。采用逐段拼装,即一个节段张拉锚固后,再拼装下一节段,同时张拉所需的钢束。整个过程的结构体系为先悬臂结构,合龙后形成连续体系。

悬臂拼装施工程序:**梁段提升→梁段定位→接缝端涂胶→穿预应力束→梁段胶合→张拉定位粗钢筋和预应力钢绞线→悬臂吊机前移→进行下一梁段的施工。**

a.预应力筋的布置

**节段桥梁的配束由悬臂预应力筋和连续预应力筋两部分组成。**

**悬臂预应力筋**布置在顶板、腹板及上梗肋内。顶板内钢束常布置成直线形,直接锚固在节段拼装面上,腹板内钢束一般为曲线形状,使钢束承担部分剪力。但有的大跨度桥梁只在顶板布束而不弯入腹板内,这给施工带来极大便利。

**连续预应力筋**布置在底板内,在箱内底板上留锯齿块张拉锚固钢束。

b.接口处理

节段的拼装常做成企口缝。腹板企口缝用于调整高程,顶板企口缝可控制节段的水平位置,使拼装迅速就位,并能提高结构的抗剪能力。有的在预制节段的底板处设预埋件,用以固定拼装时的临时筋;也有的在腹板拼装面设连续的凹凸榫,顶板上仅留有 2 个水平半圆形和 2 个垂直梯形槽口的接榫供安装定位用。

节段拼装块间接缝的处理方式有湿接缝、干接缝(较少使用)、半干接缝、胶结缝等,如图 7-30 所示。图中(a)为将伸出钢筋焊接后灌混凝土的湿接缝。(c)为半干接缝,顶板和底板作为支托,腹板伸出钢筋焊接后灌混凝土。(b)、(d)、(e)、(f)为应用环氧树脂等胶结材料使相邻块件粘接的胶结缝,(f)为平面形,(b)为多齿胶结缝,(d)为单阶型,(e)为单齿型。

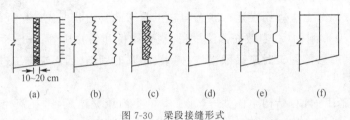

图 7-30  梁段接缝形式

c.挠度控制

挠度控制往往是设计和施工的关键问题,所设的预拱度必须根据施工情况及徐变情况做精确分析和计算,并及时调整,一般可通过张拉力筋或控制力筋张拉力调整,必要时可用千斤顶调整,接触面的接缝间可嵌入较软金属(如铜)。城市桥梁由于搭移支架方便,也可在局部布置临时支架进行调整。**挠度控制不好,不仅影响线形,而且合龙难度较大。**

B.悬臂浇筑施工(图 7-31)

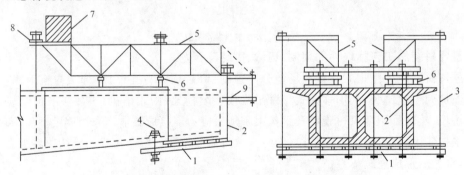

1—底架模;2、3、4—悬吊系统;5—承重结构;6—行走系统;
7—平衡重;8—锚固系统;9—工作平台

图 7-31  悬臂浇筑施工

悬臂浇筑施工采用移动式挂篮作为主要施工设备,以桥墩为中心,对称向跨中或两岸利用挂篮逐段浇筑梁段混凝土,待混凝土达到要求强度后,张拉预应力束,再移动挂篮,进行下一节梁段的施工。

悬臂浇筑施工程序:**0♯块施工→梁墩临时固结→挂篮部位梁段施工→移动挂篮施工下一节梁段……直至该悬臂全部梁段施工完毕。**

a.施工挂篮

挂篮是悬臂浇筑施工的主要机具，是一个沿着轨道行走的活动支架，挂篮悬挂在已经张拉锚固的箱梁梁段上，悬臂浇筑时箱梁梁段的模板安装、钢筋绑扎、管道安装、混凝土浇筑、预应力张拉、压浆等工作均在挂篮上进行，当一个梁段施工程序完成后，挂篮解除后锚，将挂篮移向下一个梁段施工。

b.结构体系临时固结

根据悬臂梁桥和连续梁桥的结构特点，在悬臂施工前，为了承受施工过程中出现的不平衡力矩，确保施工期间的结构稳定，必须先进行结构体系的临时转换，即在悬臂施工前，先对墩顶0♯块与桥墩进行临时固结，形成 T 构，再开始逐段平衡进行悬臂施工。临时固结采用临时混凝土垫块加竖向预应力筋，如图 7-32 所示。

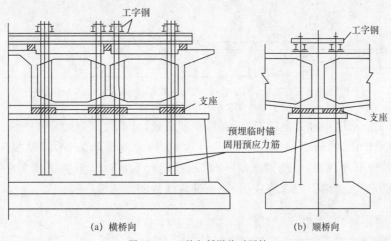

图 7-32　0♯块与桥墩临时固结

c.结构体系转换

悬臂施工结束后，先进行边跨合龙段施工，然后释放临时固结，即放松临时预应力筋，将混凝土垫块凿除，恢复支座原设计受力形式，完成结构受力体系的转换，逐跨完成后，在最后一个中跨合龙段进行合龙施工，桥梁的主体结构施工完毕。

悬臂施工法的结构体系转换程序，例如三跨梁桥，如图 7-33 所示：**两边跨合龙（浇筑靠近桥台一端最后梁段混凝土，形成单悬臂）→释放两墩临时固结（结构受力体系转换）→中部合龙段合龙施工。**

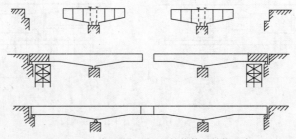

图 7-33　三跨悬臂施工法的结构体系转换程序

结构体系转换中应注意以下几点：

a)结构由双悬臂受力状态转换成单悬臂受力状态时，梁体某些部位的弯矩方向发生转换。所以,在拆除梁墩锚固前,应按设计要求,张拉部分或全部布置在梁体下缘的正弯矩预应力束,对活动支座还需要保证解除临时固结后的结构稳定,如控制和采取措施,以限制单悬臂梁发生过大纵向水平位移等。

b)梁墩临时锚固的放松,应均匀对称进行,确保逐渐均匀地释放。在放松前应测量各梁段高,在放松过程中,注意各梁段的高程变化,有异常情况,应立即停止作业,找出原因,确保施工安全。

c)对转换为超静定结构的,需要考虑钢束张拉、支座变形、温度变化等因素引起结构的次内力。若按设计要求,需要进行内力调整时,应以标高、反力等多因素控制,相互校核。

d)在结构体系转换中,临时固结解除后,将梁落于正式支座上,并按标高调整支座高度及反力。支座反力的调整,应以标高控制为主,反力作为校核。

②顶推施工法(图 7-34)

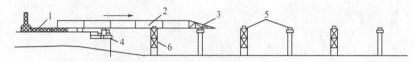

1—预制场地;2—梁段;3—导梁;4—千斤顶装置;5—滑道支撑;6—临时墩

图 7-34　顶推施工法

顶推施工法是沿桥轴方向,在台后开辟预制场地,分节段预制梁身并用纵向预应力筋将各节段连成整体,然后通过水平液压千斤顶施力,借助滑动装置,将梁段向对岸推进(图 7-35)。这样分段预制,逐段顶推,待全部顶推就位后,落梁、更换正式支座,完成桥梁施工。顶推施工法适用于中等跨径、等截面的直线或曲线桥梁。

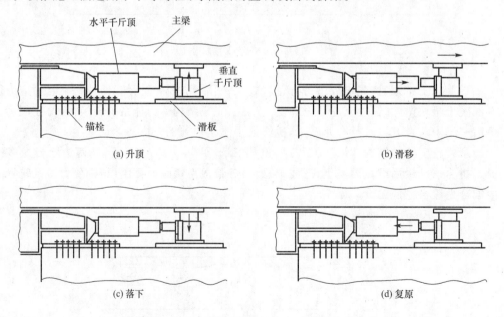

图 7-35　水平千斤顶与垂直千斤顶联用顶推

A.单点顶推和多点顶推

a.单点顶推:顶推的装置集中在主梁预制场地附近的桥台或桥墩上,前方墩各支点上设置滑动支撑。

b.多点顶推:在每个墩台上设置一对小吨位的水平千斤顶,将集中的顶推力分散到各墩上。由于可利用水平千斤顶传给墩台的反力来平衡梁体滑移时在桥墩上产生的摩阻力,从而使桥墩在顶推过程中承受较小的水平力,因此可以在柔性墩上采用多点顶推法。同时多点顶推所需要的顶推设备吨位小,容易获得,也比较安全。

B.顶推施工法的特点

a.可以使用简单的设备建造长大桥梁,施工费用低,施工平稳无噪声,可在深水、山谷和高桥墩上采用,也可在曲率相同的弯桥和坡桥上采用。

b.分段预制,连续作业,结构整体性好;由于不需要大型起重设备,施工节段的长度一般可取用 10～20 m。

c.节段固定在一个场地预制,便于施工管理,改善施工条件,避免高空作业。同时,模板、设备可多次周转使用,在正常情况下,节段的预制周期为 7～10 天。

d.施工时,梁的受力状态变化很大,施工阶段的梁的受力状态与使用时期的受力状态差别较大,因此在梁截面设计和布索时要同时满足施工与使用的要求,由此而造成用钢量较高;在施工时也可采取加设临时墩、设置前导梁和其他措施,以减少施工内力。

e.宜在等截面梁上使用,当桥梁跨径较大时,选用等截面梁会造成材料用量的不经济,也增加施工难度,因此以中等跨径的桥梁为宜,桥梁的总长也以 500～600 m 为宜。

#### 7.2.4.2 拱桥的施工

1.概述

根据拱状受力构件的材料特点,拱桥可分为**石拱桥、钢筋混凝土拱桥、钢管混凝土拱桥、钢拱桥**等主要类型。根据外观形状,主要是拱状结构与桥面的相对位置,可分为**上承式拱桥、中承式拱桥、下承式拱桥**,如图 7-36 所示。

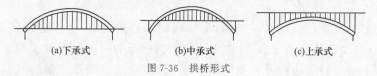

(a)下承式　　(b)中承式　　(c)上承式

图 7-36　拱桥形式

2.拱桥的施工方式

拱桥的施工方式分为有支架施工和无支架施工。

有支架施工
- 现场砌筑:满堂支架、拱架
- 现场浇筑:拱架、梁式支架
- 预制安装:简易排架＋吊装设备

无支架施工
- 悬臂法:悬拼法、悬浇法
- 缆索吊装法
- 旋转法:竖转、平转、平竖组合

(1)有支架施工(利用脚手架施工)

石拱桥和钢筋混凝土拱桥(现浇混凝土拱桥和混凝土预制块砌筑的拱桥)都采用有支架(图 7-37)的施工方法修筑,其他多采用无支架施工。

其主要施工工序有材料的准备、拱圈放样(包括石拱桥拱石的放样)、拱架制作与安装、拱圈及拱上建筑的施工等。

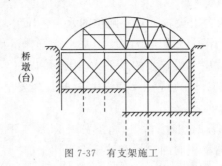

图 7-37　有支架施工

①拱架制作与安装

其中拱架最重要,拱架支撑全部或部分拱圈和拱上建筑的重量,并保证拱圈的形状符合设计要求,拱架要有足够的强度、刚度和稳定性。同时,拱架又是一种临时结构,故要求构造简单,装拆方便并能重复使用,以加快施工进度,减少施工费用。

拱架类型很多,按使用材料不同可分为**木拱架、钢拱架、竹拱架、竹木拱架等**形式,目前常采用的拱架形式是木拱架和钢拱架。木拱架制作简单,架设方便,但耗用木材较多,不环保。钢拱架有多种形式,工字梁式拱架适用跨度可达 40 m,桁架式拱架可达 100 m 跨径及以上,钢拱架大多做成万能式构件,可以在现场按照要求快速拼装成所需的构造形式,因此拆装容易,适用范围广,尽管它具有一次性投资大,钢材用量较多的缺点,但在我国仍然得到推广采用。

②拱圈及拱上建筑的施工

A.拱圈施工

通常,跨径在 10～15 m 的拱圈,可按拱的全宽和全厚,由两侧拱脚同时对称地向拱顶砌筑,并使在拱顶合龙时,拱脚处的混凝土未初凝或石拱桥拱石砌缝中的砂浆尚未凝结。

稍大跨径时,最好在拱脚预留空缝,由拱脚向拱顶按全宽、全厚进行砌筑(或浇混凝土),为了防止拱架的拱顶部分上翘(由于两侧的构件压力引起),可在拱顶区段适当预先压重,待拱圈砌缝的砂浆达到设计强度的 70%(或混凝土达到设计强度)后,再将拱脚预留空缝用砂浆(或混凝土)填塞。

大、中跨径的拱桥,采用分段施工或分环(分层)与分段相结合的施工方式,分段施工可使拱架变形比较均匀,并可避免拱圈的反复变形。

B.拱上建筑的施工

拱上建筑的施工应在拱圈合龙、混凝土或砂浆达到设计强度的 30%后进行。对于石拱桥,一般不少于合龙后的三个昼夜。

(2)无支架施工(缆索吊装施工)

缆索吊装设备的布置如图 7-38 所示,拱桥的构件在河滩上或桥头岸边预制,预拼后送到缆索下,由起重小车起吊牵引至指定位置安装。吊装应自一孔桥的两端向中间对称进行。在最后一节段吊装就位,并将各接头位置调整到规定标高以后,才能放松吊索并将各接头接整合龙。

**装配式的混凝土、钢筋混凝土拱圈、钢管混凝土拱肋(桁架)以及装配式的桁架拱和刚构拱都可以采用无支架缆索吊装施工法进行架设安装。**

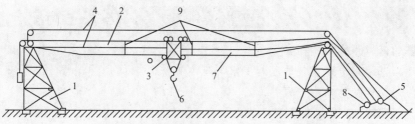

1—支柱；2—缆索；3—起重小车；4—牵引索；5—牵引绞车；
6—起重吊钩；7—起重索；8—起重绞车；9—防垂器

图7-38 缆索起重机

（3）转体施工

转体施工是将桥梁构件先在桥位处岸边（或路边及适当位置）进行预制，待混凝土达到设计强度后以桥梁结构本身为转动体，使用特定的机具设备，分别将两个半桥转动到桥的轴线位置合龙成桥。转体施工的静力组合不变，其支座位置就是施工时的旋转支撑和旋转轴，桥梁完工后，按设计要求改变支撑情况。

转体施工可分为平转、竖转和平竖结合的转体施工。

**转体施工现已应用在拱桥、梁桥、斜拉桥、斜腿钢架桥等不同桥型上部结构的施工。**优点是可减少支架费用，把高空作业和水上作业转变为岸边陆上作业，从而保证安全和质量，而且施工中可不影响桥孔下的交通或航行。

转体施工的主要特点：①可以利用地形，方便预制构件；②施工设备少，装置简单，施工迅速；③减少高空作业；④主要构件先期合龙，给以后施工带来方便；⑤转体施工适合于单跨和三跨桥梁，主要用于在深水、峡谷中建桥。

## 本章小结

1.道路路基施工的内容主要包括填筑与开挖、取土与弃土，护坡道、路基综合排水的修筑，路基防护与加固，特殊工程地质地区的路基修筑、冬季与雨季的施工。

2.沥青路面面层的主要形式有沥青表面处治、贯入式、沥青碎石、沥青混凝土等。这几种沥青路面面层按强度构成原理可分为嵌挤类和密实类，按施工工艺的不同可分为层铺法和拌和法两种形式。

3.水泥混凝土路面的铺筑设备常用的有轨道式摊铺机和滑模式摊铺机。

4.桥梁工程施工的主要内容与程序有施工准备、施工测量、基坑开挖、基础施工、墩台施工、上部构造施工、桥面构造施工。

5.简支梁桥施工现场浇筑一般采用支架法和移动模架法；预制构件的架设则采用导梁式架桥设备、缆索式架桥设备和专用架桥机架设。

6.悬臂体系和连续体系梁桥的施工采用悬臂施工法和顶推施工法，其中悬臂施工法又分为悬臂浇筑施工和悬臂拼装施工。

7.拱桥施工的关键是拱圈结构的形成，拱圈结构的形成可以采用拱架法、支架法、缆索吊装架设法、扣索悬拼法、钢桁架拱悬拼法、转体法、劲性骨架法等方式施工。

//////////////////////////// 思考题 ////////////////////////////

1.路基的基本形式有哪些?

2.试述路基水平分层填筑的基本要求与基本方法。

3.何为路堑开挖的基本方式?

4.何为级配碎、砾石和填隙碎、砾石?

5.试述沥青路面的主要形式以及施工特点。

6.试述水泥混凝土路面的技术要求和配合比设计要求。

7.试述水泥混凝土路面的铺筑方式与设备。

8.何为水泥混凝土路面的胀缝和缩缝?试述胀缝和缩缝的设计与施工。

9.作为桥梁基础的地下连续墙组合形式有哪些?

10.简述简支梁桥高空架设法。

11.简述当梁桥的施工采用悬臂施工法时,结构体系的转换方法和要点。

# 第8章 施工组织概论

## 8.1 工程建设的基本概念

工程建设又称基本建设,是指横贯于国民经济各部门、各单位之中,并为其形成新的固定资产的综合性经济活动过程。简单地讲,形成新增固定资产的经济活动即为基本建设。

### 8.1.1 工程建设项目分类

工程建设项目分类见表 8-1 和表 8-2。

表 8-1 工程建设项目分类(1)

| 分类法 | 类型 | 定义或特点 |
|---|---|---|
| 用途 | 生产性建设项目 | 直接用于物质生产或为满足物质生产需要而进行的建设项目 |
| | 非生产性建设项目 | 用于满足人民的物质和文化生活福利需要而建设的项目 |
| 建设性质 | 新建项目 | 从无到有,"平地起家",新开始建设的项目 |
| | 扩建项目 | 在原有规模上增加生产能力或建筑面积而新建主要车间或工程的项目 |
| | 改建项目 | 为改变产品方向、改进产品质量或现有设施的功能而对原有固定资产进行整体性技术改造的项目 |
| | 恢复项目 | 专指因自然灾害、战争或人为的损害等,造成原有固定资产全部或部分报废,而后又按原来规模重建恢复的项目 |
| | 迁建项目 | 原有企业、事业单位,由于各种原因迁移到另地而进行建设的项目 |

表 8-2 工程建设项目分类(2)

| 分类法 | 类型 |
|---|---|
| 建设项目的规模 | 大型建设项目 |
| | 中型建设项目 |
| | 小型建设项目 |
| 建设阶段与过程 | 筹建项目 |
| | 在建项目 |
| | 竣工项目 |
| | 投产使用项目 |
| 建设项目的资金来源和投资渠道 | 政府投资项目 |
| | 自筹资金项目 |

### 8.1.2 工程建设程序

工程建设程序是指项目建设从决策、设计、施工到竣工验收整个建设过程中各个阶段及其先后顺序。

工程建设程序主要由**项目建议书→可行性研究→编制设计文件→建设准备→施工安装→竣工验收**等六个阶段组成。每个阶段又包含着若干环节,各有不同的工作内容。上一阶段的工作为开展下一阶段创造条件,而下一阶段的实践,又检验上一阶段的设想;前后、左右、上下之间有着不容分割的联系,但不同的阶段有着不同的内容,既不能相互代替,也不允许颠倒或跳越。

## 8.2 土木工程产品及其施工

### 8.2.1 土木工程产品的特点

土木工程产品的特点见表 8-3。

表 8-3 土木工程产品的特点

| 产品的特点 | 造成因素 |
|---|---|
| 产品的固定性 | 任何土木工程产品(如建筑物、构筑物、公路等)都是在建设单位所选定的地点上建造和使用,它与所选定地点的土地是不可分割的 |
| 产品的多样性 | 每一产品不但需要满足用户对其使用功能和质量的要求,而且还要按照当地特定的社会环境、自然条件来设计和建造,因此没有完全相同的土木工程产品 |
| 产品体形庞大 | 为了满足特定的使用功能,必然占据广阔的地面与空间,因而土木工程产品的体形庞大 |
| 大产品的综合性 | 土木工程产品由各种材料、构配件和设备组装而成 |
| 产品的高投入性和一次性 | 土木工程产品的体形庞大,一般投资都比较高,不能说质量不合格再重新施工,因此它是一次性的 |

## 8.2.2　土木工程施工的特点

土木工程产品的特点决定了土木工程施工的特点,见表 8-4。

表 8-4　　　　　　　　　　　土木工程施工的特点

| 施工的特点 | 造成因素 |
|---|---|
| 施工的流动性、管理的特殊性 | 土木工程产品的固定性,决定了产品生产的流动性。施工所需的大量劳动力、材料、机械设备必须围绕其固定性产品开展活动,而且在完成一个固定性产品以后,又要流动到另一个固定性产品上去,由此造成管理的特殊性 |
| 施工的单件性 | 土木工程产品的固定性和多样性决定了产品生产的单件性。每一个土木工程产品必须按照当地的规划和用户的需要,在选定的地点上单独设计和单独施工 |
| 施工的周期长 | 按施工顺序进行流动性露天作业,受季节气候和不良劳动条件的影响,造成施工周期长 |
| 施工的复杂性、风险性 | 由于土木工程产品的固定性、多样性和综合性以及施工的流动性、地区性、露天作业多、高空作业多,再加上要在不同的时期、地点、产品上,组织多专业、多工种的人员综合作业,土木工程施工变得更加复杂,风险更大 |

## 8.2.3　施工对象分析

为了便于科学地制定施工组织设计和进行工程管理,将施工对象进行科学的分解与分析是十分必要的。

施工对象可以划分为以下层次(表 8-5):建设项目由许多单项工程组成;一个单项工程由一个或多个单位工程组成;一个单位工程由多个分部工程组成;分部工程由许多分项工程组成,分项工程由专业或材料等决定。

表 8-5　　　　　　　　　　　施工对象的层次划分

| 施工对象 | 定义 | 举例 |
|---|---|---|
| 建设项目 | 建设项目是指在一个场地或多个场地上按一个总体设计进行施工的各个工程项目的总和 | 工业建筑中,一座工厂就是一个建设项目;民用建筑中,一个住宅小区或一所学校就是一个建设项目 |
| 单项工程 | 单项工程是指在一个建设项目中具有独立而完整的设计文件,建成后可以独立发挥生产能力或效益的工程 | 非生产性建设项目:一所学校的办公楼、图书馆等;生产性建设项目:能独立生产的车间 |
| 单位工程 | 单位工程是指具有专业独立设计、可以独立组织施工,建成后能形成独立使用功能的工程 | 一个车间的建造可以分为厂房建造和生产设备的安装等单位工程 |
| 分部工程 | 分部工程一般是按专业性质、所在单位工程的部位确定的 | 建筑工程:地基与基础、主体结构、建筑装饰装修、建筑屋面、建筑给水排水及采暖、建筑电气、智能建筑、通风与空调、电梯等九个分部 |
| 分项工程 | 分项工程一般是按主要工种、材料、施工工艺、设备类别等进行划分的 | 混凝土结构工程中,按工种主要可分为模板工程、钢筋工程、混凝土工程等分项工程 |

## 8.2.4　施工程序

总的施工程序是指拟建工程项目在整个施工承包阶段必须遵守的先后工作次序。它主要包括承接施工任务及签订施工合同→施工准备→组织施工→竣工验收→保修服务等五个环节或阶段。

施工程序受制于工程建设程序,必须服从于工程建设程序的安排,但同时也影响着工程建设程序。

#### 8.2.4.1　承接施工任务及签订施工合同

承接施工任务的主要渠道是参加投标,中标;除此之外,还有一些特殊项目由上级主管部门直接下达给施工单位或者直接受建设单位委托而承建。无论通过何种方式接受工程任务,施工单位与建设单位都必须按照《合同法》和《建设施工合同(示范文本)》的有关规定,结合具体工程的特点,签订施工合同,以明确双方的权利和义务。

#### 8.2.4.2　施工准备

施工准备是保证工程施工和安装按计划顺利完成的关键和前提,其基本任务是为工程建设创造必要的组织、技术和物质条件。

#### 8.2.4.3　组织施工

组织施工是实施施工组织设计,完成整个施工任务的实践活动过程。其目的是把投入施工过程中的各项资源,如人、材、机、方法、环境、资金在时间与空间上有机地结合起来,有计划、有组织、有节奏地均衡施工,以期达到工期短、质量高、成本低的最佳效果。一般要做好以下四个方面的工作:①做好技术管理工作;②按施工组织设计,优化组织施工;③抓好施工过程中的跟踪控制;④加强施工现场管理,搞好文明施工。

#### 8.2.4.4　竣工验收、交付使用

竣工验收是工程建设的最后阶段,是工程建设向生产、使用转移的必要环节,也是全面考核工程建设是否符合设计要求和施工质量的重要环节。

正式验收前,施工单位内部先进行预验收,内部预验收是顺利通过正式验收的可靠保证。通过预验收对技术资料和实体质量进行全面彻底的清查和评定,对不符合要求的项目及时处理。然后提交验收申请报告,经监理工程师审验后,组织业主、设计单位、施工单位正式验收,验收合格后,才能交付使用。

#### 8.2.4.5　保修服务

建设工程正式移交使用后,施工单位应该按照施工合同和有关法规的规定,在保修期内,主动对建设单位或用户进行质量回访,做好保修服务工作。

### 8.2.5　土木工程施工组织的任务

土木工程施工组织就是针对工程施工的复杂性,讨论与研究土木工程的施工过程,为了达到最优效果,寻求最合理的统筹安排与系统管理的一门学科。

施工组织的任务就是根据土木工程施工的技术经济的特点、国家的建设方针政策和法规、业主的计划与要求,对耗用的大量人力、资金、材料、机械和施工方法等进行合理的安排,协调各种关系,使之在一定的时间和空间内,得以实现有组织、有计划、有秩序的施工,以期在整个工程施工上达到最优效果。即进度上耗工少,工期短;质量上精度高,功能好;经济上资金省,成本低。

### 8.2.6　施工组织的基本原则

施工组织的基本原则：①贯彻执行建设工程的相关法规，坚持建设程序；②保证重点、统筹安排、信守合同期；③合理安排施工顺序；④组织流水施工，合理使用人力、物力和财力；⑤尽量采用先进的科学技术，提高建筑工业化程度；⑥注重工程质量，确保施工安全；⑦合理布置施工现场，尽量减少暂设工程，努力提高文明施工的水平。

## 8.3　施工组织设计概述

### 8.3.1　施工组织设计的概念

施工组织设计是规划和指导拟建工程从施工准备到竣工验收的全面性的技术经济文件。它是整个施工活动实施科学管理的有力手段和统筹规划设计。

### 8.3.2　施工组织设计的基本任务

施工组织设计的基本任务是根据国家和政府的有关技术规定、业主对建设项目的各项要求、设计图纸和施工组织的基本原则，选择经济、合理、有效的施工方案；确定紧凑、均衡、可行的施工进度；拟定有效的技术组织措施；采用最佳的部署和组织，确定施工中的劳动力、材料、机械设备等的需要量；合理利用施工现场的空间，以确保全面、高效、优质地完成最终建筑产品。

### 8.3.3　施工组织设计的作用

施工组织设计是规划和指导拟建工程从施工准备到竣工验收的一个综合性的技术经济文件，是用以规划部署施工生产活动，制订先进合理的施工方案和技术组织措施的依据。它的主要作用如下：①施工组织设计既是施工准备工作的一项重要内容，又是整个施工准备工作的核心；②施工组织设计是沟通工程设计和施工之间的桥梁；③施工组织设计具有重要的规划、组织和指导作用；④施工组织设计是检查工程施工进度、质量、成本三大目标的依据；⑤施工组织设计是建设单位与施工单位之间履行合同的主要依据。

### 8.3.4　施工组织设计的分类

#### 8.3.4.1　按编制的对象和范围分类

施工组织设计按编制的对象和范围分类见表8-6。它们的不同点：编制的对象和范围不同；编制的依据不同；参与编制的人员不同；编制的时间不同；所起的作用不同。它们的相同点：目标、编制原则是一致的，主要内容是相通的。

**表 8-6**  按编制的对象和范围分类

| 类型 | 特点 |
|---|---|
| 施工组织总设计 | 施工组织总设计是以整个建设项目或民用建筑群为对象编制的,是对整个建设工程的施工全过程和施工活动进行全面规划、统筹安排和战略部署,是指导全局性施工的技术经济性文件 |
| 单位工程施工组织设计 | 单位工程施工组织设计是以一个单位工程(如一个建筑物或构筑物)为对象,用于直接指导单位工程施工全过程的各项施工活动的技术经济性文件 |
| 分部分项工程组织设计 | 分部分项工程施工组织设计或作业设计是针对某些较重要、技术复杂、施工难度大,或采用新工艺、新技术施工的分部分项工程 |

### 8.3.4.2 按中标前后分类

施工组织设计按中标前后分类见表 8-7。它们的区别:编制的依据和条件不同;编制的时间不同;参与的人员及范围不同;编制的目的和立足点不同;作用及特点不同;编制的深度不同;审核的人员不同;编制的内容不同。

**表 8-7**  按中标前后分类

| 类型 | 编制者 | 主要目标 | 特点 |
|---|---|---|---|
| 标前设计 | 经营管理层 | 中标和经济效益 | 是对招标的响应与承诺,是投标文件的基本要素和技术保证,是评标、签订合同的依据 |
| 标后设计 | 项目管理层 | 施工效率和效益 | 以保证要约和承诺的落实为目的 |

### 8.3.4.3 按设计阶段的不同分类

施工组织设计按设计阶段的不同分类见表 8-8。大中型项目的施工组织设计的编制是随着项目设计的深入而深入,因此,施工组织设计要与设计阶段相配合,按设计阶段的要求编制不同作用、不同广度和深度的施工组织设计。

**表 8-8**  按设计阶段的不同分类

| 分类依据 | 类型 | 特点 |
|---|---|---|
| 设计按两阶段进行 | 施工组织总设计(扩大施工组织条件设计) | 技术设计之后,可以编制施工组织总设计;施工图设计完成后,可以编制单位工程施工组织设计 |
| | 单位工程施工组织设计 | |
| 设计按三阶段进行 | 施工组织设计大纲(初步施工组织条件设计) | 初步设计完成,可以编制施工组织设计大纲;技术设计之后,可以编制施工组织总设计;施工图设计完成后,可以编制单位工程施工组织设计 |
| | 施工组织总设计 | |
| | 单位工程施工组织设计 | |

### 8.3.4.4 按编制内容繁简程度的不同分类

施工组织设计按编制内容繁简程度的不同分类见表 8-9。

**表 8-9**  按编制内容繁简程度的不同分类

| 类型 | 特点 |
|---|---|
| 完整的施工组织设计 | 对于重点工程,规模大、结构复杂、技术要求高,采用新结构、新技术、新工艺的拟建工程项目,必须编制内容详尽的完整的施工组织设计 |
| 简明的施工组织设计 | 对于非重点工程,规模小、结构简单、技术不复杂而且是以常规施工为主的拟建工程项目,通常可以编制仅包括施工方案、施工进度计划和施工平面图的简明的施工组织设计 |

### 8.3.5　施工组织设计的内容

#### 8.3.5.1　工程概况及特点分析

施工组织设计应首先对拟建工程的概况及特点进行分析并加以简述,目的在于搞清工程任务的基本情况是怎样的。这样做可以使编制者掌握工程概况;对使用者来说,也可以做到心中有数;对审批者来说,可以使其对工程有一个总的认识。

**工程概况包括拟建工程的建筑、结构特点,工程规模及用途,建设地点的特征,施工条件,施工力量,施工期限,技术复杂程度,资源供应情况,上级建设单位提供的条件及要求等。**

#### 8.3.5.2　施工部署和施工方案

施工部署是对整个建设项目施工安装的总体规划和安排,包括施工任务的组织与分工、工期规划、各期应完成的内容、施工段的划分、施工场地的划分与安排、全场性的技术组织措施等。

施工方案的选择是根据对上述情况的分析,结合人力、材料、机械、资金和可采用的施工方法等可变因素与时空优化组合,全面布置任务,安排施工顺序和施工流向,确定施工方法和施工机械。对承建工程可能采用的几个方案进行分析,通过技术经济比较、评价,选择出最佳方案。

#### 8.3.5.3　施工准备工作计划

施工准备工作计划主要是明确施工前应完成的施工准备工作的内容、起止期限、质量要求等,主要包括施工项目部的建立,技术资料的准备,现场"三通一平",临建设施,测量控制网准备,材料、构件、机械的组织与进场,劳动组织等。

#### 8.3.5.4　施工进度计划

施工进度计划是施工组织设计在时间上的体现。进度计划是组织与控制整个工程进展的依据,是施工组织设计中的关键内容。因此,施工进度计划的编制要采用先进的流水施工、网络计划理论以及计算方法(如各项参数、资源量、评价指标计算等),综合平衡进度计划,合理规定施工的步骤和时间,以期达到各项资源在时间、空间上的科学合理利用,满足既定目标。

施工进度计划的编制包括**划分施工过程、计算工程量、计算工程劳动量、确定工作天数和人数或机械台班数、编制进度计划表及检查与调整等工作。**

#### 8.3.5.5　各项资源的需要量计划

各项资源的需要量计划是在施工进度计划的基础上提供资源(劳动力、材料、机械)保证的依据和前提。为确保进度计划的实现,必须编制与其进度计划相适应的各项资源需要量计划,以落实劳动力、材料、机械等资源的需要量和进场时间。

#### 8.3.5.6　施工现场平面布置图

施工现场平面布置图是施工组织设计在空间上的体现。它是以合理利用可供施工使用的现场空间,本着方便生产、有利生活、文明安全施工为目的,把投入的各项资源(材料、构件、机械、运输、动力等)和工人的生产、生活活动场地,做出合理的现场施工平面布置。

#### 8.3.5.7 技术措施和主要技术经济指标

完成一项工程,除了合理地选择施工方案,科学地安排进度计划之外,还应该充分地注意采取各项技术措施,确保质量、工期、文明安全以及降低成本。

主要技术经济指标是在施工组织设计的最后反映,用来对确定的施工方案、施工进度计划及施工(总)平面图的技术经济效益进行全面的评价,用来衡量组织施工的水平。一般用施工工期、全员劳动生产率、资源利用系数、质量、成本、安全、节约材料及机械化程度等指标表示。

### 8.3.6 施工组织设计的贯彻、检查和调整

#### 8.3.6.1 施工组织设计的贯彻

编制施工组织设计,是为了给施工过程提供一个指导性文件,在贯彻中要做好以下几个方面的工作:①做好施工组织设计的交底;②制定各项管理制度;③实行技术经济承包责任制;④搞好统筹安排的综合平衡,组织连续施工。

#### 8.3.6.2 施工组织设计的检查

对施工组织设计的检查,应着重从以下几个方面进行:①任务落实及准备工作情况的检查;②完成各项主要指标情况的检查;③施工现场布置合理性的检查。

#### 8.3.6.3 施工组织设计的调整

施工组织设计的调整就是针对检查中发现的问题,通过分析其原因,拟订其改进措施或修订方案;对实际进度偏离计划进度的情况,在分析其影响工期和后续工作的基础上,调整原计划以保证工期;对施工(总)平面图中的不合理地方进行修改。通过调整,使施工组织设计更切合实际,更趋合理,以实现在新的施工条件下达到施工组织设计的目标。

应当指出,施工组织设计的贯彻、检查和调整是贯穿工程施工全过程的经常性工作,又是全面完成施工任务的控制系统。

## 8.4 施工准备工作

### 8.4.1 施工准备工作的重要性

施工准备工作是指施工前为了整个工程能够按计划顺利地施工,事先必须做好的各项准备工作。俗话说"预则立,不预则废",它是施工程序中的重要环节。

### 8.4.2 施工准备工作的分类

施工准备工作按规模范围分类见表 8-10。

表 8-10　　　　　　　　　　　施工准备工作按规模范围分类

| 阶段 | 准备工作 | 说明 |
|---|---|---|
| 施工前 | 施工总准备 | 它是以整个建设项目为对象而进行的需要统一部署的各项施工准备 |
| | 单位工程施工条件准备 | 它是以建设一栋建筑物或构筑物(即单位工程)为对象而进行的施工条件准备工作 |
| | 分部分项工程作业条件准备 | 它是以一个分部(或分项)工程为对象而进行的作业条件准备 |
| 施工阶段 | 开工前施工准备 | 它是在拟建工程正式开工之前所进行的一切施工准备工作,包括施工总准备和单位工程施工条件准备 |
| | 各施工阶段施工前准备 | 它是拟建工程正式开工之后,在每一个施工阶段施工之前所进行的一切施工准备工作,既带有局部性和短期性,又带有经常性 |

### 8.4.3　施工准备工作的内容

#### 8.4.3.1　建设地区的自然条件调查

建设地区的自然条件调查内容见表 8-11。

表 8-11　　　　　　　　　　　建设地区的自然条件调查内容

| 调查点 | | 内容 |
|---|---|---|
| 地形勘查 | 建设区域地形图 | 标明邻近的居民区、工业企业、车站、码头、铁路、公路、河流、湖泊、电力网路、给排水管网、采砂(石)场、建筑材料基地等,以及其他公共福利设施的位置 |
| | 建设地点地形图 | 标明现有的一切房屋,地上地下管道、线路和构筑物,绿化地带,河流周界线及水面标高,最高洪水位警戒线等 |
| 工程地质勘查 | | 建设地区钻孔布置图,工程地质剖面图,土壤物理力学性质,土壤压缩试验和承载力报告,古墓、溶洞探测报告等 |
| 水文地质勘查 | 地下水文资料 | 地下水位高度及变化范围,地下水的流向、流速及流量;地下水的水质分析;地下水对基础有无冲刷、侵蚀影响 |
| | 地面水文资料 | 最高、最低水位;流量及流速;洪水期及山洪情况;水温及冰冻情况;航运情况;湖泊的贮水量;水质分析等 |
| 气象勘查 | 降雨、降水资料 | 全年降雨量、降雪量;一日最大降雨量;雨季起止日期;年雷暴日数等 |
| | 气温资料 | 年平均、最高、最低气温;最冷、最热月的逐月平均气温 |
| | 风象资料 | 主导风向、风速、风的频率;大于或等于 8 级风全年天数 |

#### 8.4.3.2　建设地区的技术经济条件

建设地区的技术经济条件:①地方建材生产企业情况,如钢筋混凝土构件、钢结构、门窗、水泥制品的加工条件;②地方资源情况,如地方材料,砖、砂、石灰等的供应情况;③三大材料、特殊材料、装饰材料的调查;④地区交通运输条件,包括铁路、公路、水路;⑤机械设备的供应情况;⑥市政公共服务设施;⑦社会劳动力和生活设施情况;⑧环境保护与防治公害的标准。

#### 8.4.3.3　技术准备

技术准备工作,即通常所说的"内业"工作,它为施工生产提供了各种指导性的数据文件,是整个施工准备工作的基础和核心。

技术准备主要包括五方面内容:①熟悉和审查施工图及有关设计技术资料;②熟悉技术规范、规程和有关规定,建立质量检验和技术管理工作流程;③学习建筑法规,签订工程承包合同;④编制施工组织设计;⑤编制施工图预算和施工预算。

#### 8.4.3.4 施工物资准备

施工物资准备是指施工中必需的劳动手段(施工机械、工具、临时设施)和劳动对象(材料、构配件、制品)等的准备,它是保证施工顺利进行的物质基础。物资准备必须在开工之前,根据各种物资计划,分别落实货源,组织运输和安排储备,使其保证连续施工的需要。物资准备的主要内容见表8-12。

表 8-12　　　　　　　　　　　　物资准备的主要内容

| 物资类型 | 主要内容 |
| --- | --- |
| 建筑材料准备 | ①按工程进度合理确定分期分批进场的时间和数量<br>②合理确定现场材料的堆放<br>③做好现场的抽检与保管工作 |
| 各种预制构件和配件准备 | 预制混凝土和钢筋混凝土构件、门窗、金属构件、水泥制品及卫生洁具等 |
| 施工机具准备 | 施工中确定选用的各种土方机械,混凝土、砂浆搅拌机械,垂直及水平运输机械,吊装机械,动力机具,钢筋加工机械,木工机械,焊接机械,打夯机,抽水设备等 |
| 模板及架设工具准备 | 模板和架设工具(是施工现场使用量大、堆放占地面积大的周转材料) |
| 安装设备准备 | 工艺设备的名称、型号和需要量,按照设备安装计划,确定分期分批的进场时间和保管方式 |

#### 8.4.3.5 施工现场准备

施工现场准备应按施工组织设计的要求和安排进行,主要应完成以下工作。

1.“三通一平”

场地内“三通一平”的内容见表8-13。

表 8-13　　　　　　　　　　　　场地内“三通一平”的内容

| “三通一平” | 内容 |
| --- | --- |
| 施工场地平整 | 施工现场的场地平整工作,包括拆迁旧建筑物、构筑物;清理地面上的各种障碍物,如建筑垃圾、树根等 |
| 路通 | 施工现场的道路,是组织大量物资进场的运输动脉 |
| 水通 | 施工现场的水通,包括给水和排水两个方面 |
| 电通 | 各种施工机械的用电量及照明用电量 |

除了以上“三通一平”外,有些建设项目,还要求有“热通”(供蒸汽或热水)、“气通”(煤气、天然气)、“通话”(通电话)等。

2.现场测量放线

测量放线,就是将图纸上所设计的建筑物、构筑物及管线等测设到地面上或实物上,并用各种标志表现出来,以作为施工的依据。它是确定整个工程平面位置和高程的关键环节,必须保证精度,杜绝错误。

**开工前的测量放线是在土方开挖之前,在施工场地内设置坐标控制网和高程控制点**

来实现的。施工时,则以此为标准,反复引测和控制各层各点的位置。每次测量放线经过自检合格后,还必须经甲方或监理人员和有关技术部门验线确认,以保证其准确性。

3.搭建临时设施

为了施工方便和安全,对于指定的施工用地的周界,应该用围栏挡起来,围栏的形式和材料应符合市容管理的要求。在主要出入口处应设标志牌,标明工程名称、施工单位、工地负责人等。

各种生产、生活需要用的临时设施,包括**各种仓库、混凝土搅拌站、预制构件场、机修站、各种生产作业棚、办公用房、宿舍、食堂、文化生活设施等**,均应按批准的施工组织设计规定的数量、标准、面积、位置等要求组织修建。此外,在考虑施工现场临时设施的搭设时,应尽可能减少临时设施的数量,以便节约用地和省省投资。

### 8.4.3.6　管理机构与劳动组织准备

施工的一切结果都是靠人创造的,选好人、用好人是整个工程的关键。

1.施工项目管理机构的建立

施工项目管理机构的建立应遵循以下原则:①根据工程的规模、结构特点和复杂程度,确定管理机构名额和人选;②坚持合理分工与密切协作相结合;③认真执行因事设职,因职选人的原则;④将富有经验、有工作效率、有创新意识的人选入管理机构。

2.建立、健全各项管理制度

制度通常包括施工交底制度,工程技术档案管理制度,材料、主要构配件和制品的检查验收制度,材料出入库制度,机具使用保养制度,职工考勤考核制度,安全操作制度,工程质量检查与验收制度,工程项目及班组经济核算制度等。

3.建立精干的基本施工队伍

施工队伍的建立,应根据工程的特点、劳动力需要量计划确定,并应认真考虑专业工种合理的配合、技工和普工的比例等。建筑施工队伍要坚持合理、精干的原则。按不同结构类型和组织施工方式的要求,确定建立混合施工队伍还是专业施工队伍。

4.施工队伍的教育和技术交底

施工前,项目部要对施工队伍进行劳动纪律、施工质量和安全教育,要求职工和外包施工队人员必须做到遵守劳动时间、坚守工作岗位、遵守操作规程、保证产品质量、保证施工工期、保证安全生产、服从调动、爱护公物。

技术交底应在每一分部分项工程开工之前及时进行,应把拟建工程的设计内容、施工方法、施工计划和施工技术要求以及安全操作规程等,详尽地向施工班组工人讲述清楚。可以采用书面、口头和现场示范等多种形式进行技术交底。

5.做好施工人员的生活后勤保障准备

对施工人员的衣、食、住、行、医、文化生活等,应在施工队伍集结前做好充分的准备。这是稳定职工队伍、保障生活供给、调动职工生活和工作积极性,使他们劳动好、休息好的一项极为重要的准备工作。

### 8.4.3.7　施工现场外部准备工作

施工现场外部准备工作主要内容如下:

1.做好分包工作和签订分包合同

由于施工单位本身的力量有限,有些专业工程的施工、安装和运输等均需要向外单位委托。因此,应选择好分包单位。根据工程量、完成日期、工程质量和工程造价等内容,与分包单位签订分包合同,并控制其保质保量按时完成。

2.创造良好的施工外部环境

施工是在固定的地点进行的,必然要与当地部门和单位打交道,并应该服从当地政府部门的管理。因此,应积极与有关部门和单位取得联系,办好有关手续,为正常施工创造良好的外部环境。

3.做好外购材料及构配件的加工和订货

建筑材料、构配件和建筑制品大部分需要外购,工艺设备更是如此。因此,应该及早与供应单位签订供货合同,并督促其按时供货。另外,还需要做大量的调查、看样、取证、洽谈等有关工作。

4.向主管部门或监理部门提交开工申请报告

在各项施工准备达到开工条件时,应及时填写开工申请报告,报上级和监理方审查批准。

## 本章小结

1.工程建设程序主要由项目建议书→可行性研究→编制设计文件→建设准备→施工安装→竣工验收等六个阶段组成。

2.土木工程产品的特点:固定性、多样性、体形庞大、综合性、高投入性和一次性。

3.土木工程施工的特点:施工的流动性、管理的特殊性,施工的单件性,施工的周期长,施工的复杂性、风险性。

4.施工程序:承接施工任务及签订施工合同→施工准备→组织施工→竣工验收→保修服务等。

5.施工方案、施工进度计划、施工现场平面布置图是施工组织设计的核心内容。

## 思考题

1.什么是施工程序?

2.什么是施工组织?组织施工的原则有哪些?

3.什么是施工组织设计?其基本任务是什么?

4.试述施工组织设计的分类。

5.施工组织设计的基本内容有哪些?其中哪几项是核心内容?

6.施工组织设计的编制应注意哪些问题?

7.什么是施工准备工作?其基本任务是什么?

8.施工准备工作分为哪些内容?

# 第9章 流水施工原理

**本章概要**

1.流水施工的基本概念。
2.组织流水施工的基本原则。
3.组织流水施工的基本参数。
4.流水施工的基本形式。
5.其他特殊形式的流水施工。

工业生产的经验表明,流水作业法是组织生产的有效方法。在建筑安装施工中,由于建筑产品固定性和施工流动性的特点,应用流水作业法组织施工,和一般工业生产相比,具有不同的特点和要求。

## 9.1 流水施工的基本概念

### 9.1.1 线条形施工图表

施工图表是生产建筑产品(工程)时用以表达工程展开、工艺顺序和施工进度安排的工具。线条形施工图表具有直观、易懂、一目了然的优点,常用的两种形式为横道图和斜线图。

#### 9.1.1.1 横道图

横道图的纵坐标按照施工的先后顺序列出施工对象(或各项工作)的名称,横坐标是时间,用水平线段在时间坐标下画出工作进度线而得到的,如图 9-1、图 9-2 所示(4 个施工对象、3 个施工过程)。

图 9-1 横道图(1)

图 9-2 横道图(2)

#### 9.1.1.2 斜线图

斜线图是将横道图中的工作进度线改为斜线表达的一种形式。一般是在图的左边列出施工对象名称,右边在时间坐标下画出工作进度线。斜线图一般只用于表达各项工作连续作业,即流水施工的进度计划,它可以直接反映出两相邻施工过程之间的流水步距,如图 9-3 所示(4 个施工对象、3 个施工过程)。

**斜线图的优势是直观,可通过它的工作进度线是直线还是折线、是平行还是不平行来判断它的专业流水形式。**

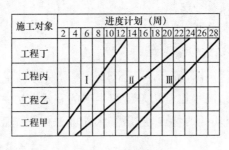

图 9-3 斜线图

### 9.1.2 施工展开的基本方式

如果要建造 $m$ 幢相同的房屋,在施工时可以采用依次施工、平行施工、搭接施工和流水施工等不同的展开方式,它们的特点和效果是不同的。

#### 9.1.2.1 依次施工

依次施工是指在第一幢房屋竣工后才开始第二幢房屋的施工,即按照次序一幢一幢地进行施工。这种方法虽然同时投入的劳动力和物资资源较少,但建筑工人专业工作队(组)的工作有间歇性,工地物资资源的消耗也有间断性,工期显然拉得很长,如图 9-4(a)所示。

#### 9.1.2.2 平行施工

平行施工是指所有 $m$ 幢房屋同时开工,同时竣工。这样工期虽然可以大大缩短,但建筑工人专业工作队(组)数目却大大增加,物资资源的消耗集中,这些情况都会给施工带来不良的经济效果,如图 9-4(b)所示。

### 9.1.2.3　搭接施工

最常见的施工方法就是搭接施工,它既不是将 $m$ 幢房屋依次进行施工,也不是平行施工,而是陆续开工,陆续竣工。就是把房屋的施工搭接起来,使其中的若干幢房屋处在同时施工状态。

### 9.1.2.4　流水施工

在各施工过程连续施工的条件下,把各幢房屋的建造过程最大限度地搭接起来,就是流水施工。流水施工保证了各个工作队(组)的工作和物资资源的消耗具有连续性和均衡性。如图 9-4(c)所示,流水施工方法消除了依次施工和平行施工方法的缺点,且保留了它们的优点。

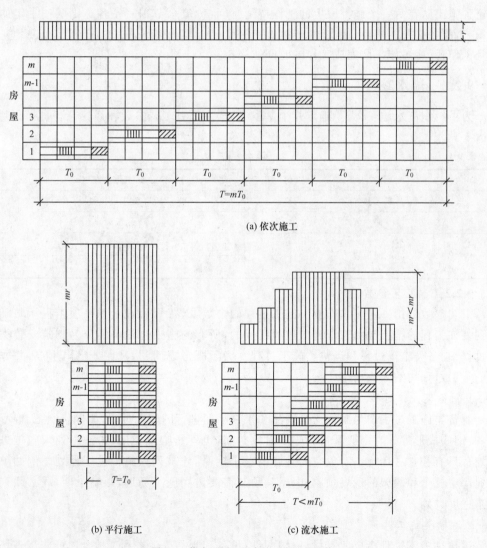

图 9-4　依次、平行、流水施工方法的比较

## 9.2　组织流水施工的基本原则和参数

### 9.2.1　基本原则

　　流水施工是以流水作业为基础,流水作业是一种科学组织生产的方法,它建立在分工、协作和大批量生产的基础上,它的基本原理是保证施工的均衡性、连续性和专业化施工。将其应用于施工,可以**使施工具有鲜明的节奏性、均衡性和连续性**。组织流水施工的基本原则:①把建筑物的整个建造过程按照工艺分解为若干个施工过程,每个施工过程分别由固定的施工队完成;②把建筑物按空间尽可能地划分为劳动量大致相等的施工段;③确定各施工队在每一个施工段上的工作持续时间(称流水节拍);④各施工队按一定的施工工艺,配备必要的机具,依次地、连续地由一个施工段转移到另一个施工段,反复地完成同类工作;⑤将各施工队完成工作的时间适当搭接。

### 9.2.2　流水参数

　　为了组织流水施工,需要确定几个基本参数,主要有工艺参数、时间参数和空间参数,见表 9-1。

表 9-1　　　　　　　　　　　　　　　　流水参数

| 分类法 | 主要参数 |
| --- | --- |
| 工艺参数 | 施工过程数 |
| 空间参数 | 施工段数 |
| 时间参数 | 流水步距 |
| | 流水节拍 |

#### 9.2.2.1　工艺参数

　　工艺参数是指一组流水作业中施工过程的个数,以符号 $n$ 表示。一项工程从基础开始到装饰工程的施工是由若干施工过程组成的,所有的施工过程可划分为砌筑安装类施工过程、制备类施工过程和运输类施工过程。为了既考虑周到,又保证突出重点,并非所有的施工过程均纳入流水。

　　1.制备类施工过程

　　制备类施工过程即为制造建筑制品和半制品而进行的施工过程,如砂浆制备、混凝土制备、钢筋成形等。它一般不占用施工对象空间,也不影响总工期,通常不列入施工进度计划。只有在它占用施工对象空间并影响总工期时,才被列入施工进度计划。例如单层工业厂房柱子和屋架的现场预制,由于其预制需要占用施工场地,影响工期,故必须列入施工进度计划。

　　2.运输类施工过程

　　运输类施工过程指把建筑材料、构配件、设备和制品等运送到工地仓库或施工现场使用地点而形成的施工过程。它一般不占用施工对象空间,也不影响总工期,通常不列入施工进度计划。只有在它占用施工对象空间并影响总工期时，才被列入施工进度计划。如结构吊装工程中的构件随吊随运，在编制施工进度计划时要考虑运输问题。

3.砌筑安装类施工过程

砌筑安装类施工过程指在施工对象空间上直接进行加工而形成建筑产品的施工过程。如基础工程、主体工程、屋面工程、装修工程等。它占用施工对象空间，并影响工期的长短，因此必须列入施工进度计划。

施工过程可以是一个施工工序，也可以由几个施工工序组成，一般一个施工过程由一个专业施工队施工。

### 9.2.2.2　空间参数

组织流水施工时，通常将施工对象划分为劳动量相等或大致相等的若干个段，这些段就叫作施工段，空间参数就是指施工段数（用 $m$ 表示）。组织流水施工的首要条件就是划分施工段，在划分施工段时，应考虑以下几点：

（1）施工段的分界同施工对象的结构界限（温度缝、沉降缝和建筑单元等）尽可能一致。

（2）各施工段上所消耗的劳动量尽可能相近。

（3）**划分的段数不宜过多，过多势必使工期延长。**

（4）要有足够的工作面。

（5）当房屋有楼层关系，分段又分层时，各层的施工段数一致时，为保证施工队连续施工，应该满足 $m \geqslant n$，**注意当没有楼层关系时只需要 $m \geqslant 2$（例如土方基础工程施工时）**。

**例**　一个二层现浇钢筋混凝土框架工程，施工过程数 $n = 4$，各施工队在各施工段上的工作时间 $t = 1$，则施工段数与施工过程数之间有下列三种情况，如图 9-5、图 9-6、图 9-7所示（①、②、③、④、⑤表示施工段）。

当 $m = n$ 时，施工队（组）连续施工，施工段上无间歇，工期 11 天，比较理想。

当 $m > n$ 时，施工队（组）仍能连续施工，但每层混凝土浇筑完毕后不能立即进行扎柱钢筋，因为第一层第⑤施工段的扎柱钢筋尚未完成，施工队（组）不能及时进入第二层第①施工段进行施工，施工段上出现停歇，致使工期延至 13 天。但不一定有害，这时可利用停歇的工作面作为养护、备料、放线等准备工作，所以这种组织方式也常被采用。

| 分层 | 施工过程 | 施工进度（天） | | | | | | | | | | | |
|---|---|---|---|---|---|---|---|---|---|---|---|---|---|
| | | 1 | 2 | 3 | 4 | 5 | 6 | 7 | 8 | 9 | 10 | 11 | 12 |
| 第一层 | 扎柱钢筋 | ① | ② | ③ | ④ | | | | | | | | |
| | 支模板 | | ① | ② | ③ | ④ | | | | | | | |
| | 扎梁板钢筋 | | | ① | ② | ③ | ④ | | | | | | |
| | 浇筑混凝土 | | | | ① | ② | ③ | ④ | | | | | |
| 第二层 | 扎柱钢筋 | | | | | ① | ② | ③ | ④ | | | | |
| | 支模板 | | | | | | ① | ② | ③ | ④ | | | |
| | 扎梁板钢筋 | | | | | | | ① | ② | ③ | ④ | | |
| | 浇筑混凝土 | | | | | | | | ① | ② | ③ | ④ | |

图 9-5　当 $m = n$ 时的流水作业

| 分层 | 施工过程 | 施工进度（天） | | | | | | | | | | | | |
|---|---|---|---|---|---|---|---|---|---|---|---|---|---|---|
| | | 1 | 2 | 3 | 4 | 5 | 6 | 7 | 8 | 9 | 10 | 11 | 12 | 13 |
| 第一层 | 扎柱钢筋 | ① | ② | ③ | ④ | ⑤ | | | | | | | | |
| | 支模板 | | ① | ② | ③ | ④ | ⑤ | | | | | | | |
| | 扎梁板钢筋 | | | ① | ② | ③ | ④ | ⑤ | | | | | | |
| | 浇筑混凝土 | | | | ① | ② | ③ | ④ | ⑤ | | | | | |
| 第二层 | 扎柱钢筋 | | | | | | ① | ② | ③ | ④ | ⑤ | | | |
| | 支模板 | | | | | | | ① | ② | ③ | ④ | ⑤ | | |
| | 扎梁板钢筋 | | | | | | | | ① | ② | ③ | ④ | ⑤ | |
| | 浇筑混凝土 | | | | | | | | | ① | ② | ③ | ④ | ⑤ |

图 9-6　当 $m > n$ 时的流水作业

| 分层 | 施工过程 | 施工进度（天） | | | | | | | | | | | |
|---|---|---|---|---|---|---|---|---|---|---|---|---|---|
| | | 1 | 2 | 3 | 4 | 5 | 6 | 7 | 8 | 9 | 10 | 11 | 12 |
| 第一层 | 扎柱钢筋 | ① | ② | | | | | | | | | | |
| | 支模板 | | ① | ② | | | | | | | | | |
| | 扎梁板钢筋 | | | ① | ② | | | | | | | | |
| | 浇筑混凝土 | | | | ① | ② | | | | | | | |
| 第二层 | 扎柱钢筋 | | | | | ① | ② | | | | | | |
| | 支模板 | | | | | | ① | ② | | | | | |
| | 扎梁板钢筋 | | | | | | | ① | ② | | | | |
| | 浇筑混凝土 | | | | | | | | ① | ② | | | |

图 9-7　当 $m < n$ 时的流水作业

当 $m < n$ 时，尽管施工段上未出现停歇，但因施工队（组）不能及时投入第二层施工段进行施工，则各施工队（组）不能保持连续施工而造成窝工。**因此，采用这种方式对一个建筑物组织流水作业是不合适的，一般我们不称其为流水**，但是在建筑群中可与另一些建筑物组织大流水，从而消除窝工现象。

综上所述，当有层高关系组织流水作业时，每层 $m_{min} \geqslant n$。对于组织一个施工过程有多个施工队（组）的加快成倍节拍流水时，则每层 $m_{min} \geqslant \sum b$，即每层最少施工段数至少应等于完成各施工过程的工作队数之和。当有技术间歇要求时，每层最少施工段数为

$$m_{min} = n + \frac{\sum Z}{B} \tag{9-1}$$

式中　　$\sum Z$——每层各施工过程间要求的技术间歇时间的总和；

　　　　$B$——流水步距（详见 10.2.2.3）；

　　　　$n$——施工过程数，当组织加快成倍节拍流水时，则为各施工队（组）数的总和 $\sum b$。

### 9.2.2.3　时间参数

流水施工的时间参数包括流水节拍和流水步距。

**1. 流水节拍**

流水节拍是指某个施工过程在一个施工段上的施工作业时间,用符号 $t_i$ 表示。流水节拍(用在流水施工里)的计算公式与持续时间(用在网络计划里)的计算公式是相同的,即

$$t_i = \frac{Q_i}{S_i R_i C_i} = \frac{P_i}{R_i C_i} \tag{9-2}$$

式中　$Q_i$——施工过程在某一施工段上的工程量;

　　　$P_i$——施工过程在某一施工段上的劳动量;

　　　$S_i$——该工种的施工定额;

　　　$R_i$——该专业施工队的人数;

　　　$C_i$——该施工过程每日工作班数。

**例题**　某施工段土方工程量 100 m³,每人每班可挖 2.5 m³ 的土方,土方专业施工队共 10 人,每天工作一班,经计算持续时间为 4 d。

(1)一般情况,已知 $Q_i$、$S_i$ 或 $P_i$,选择 $R_i$、$C_i$,计算 $t_i$,施工班组人数要适宜,既要满足最小劳动组合,又要满足最小工作面的要求。

**最小劳动组合就是指某一施工过程进行正常施工所需的最低限度的班组人数及其合理组合;所谓最小工作面就是指施工班组为保证安全生产和有效地操作所必需的工作面,它决定了最高限度可安排多少工人。**

(2)当工期较紧时,已知 $t_i$、$Q_i$、$S_i$ 或 $t_i$、$P_i$,计算 $C_i$ 和 $R_i$,同理施工班组人数要适宜,既要满足最小劳动组合,又要满足最小工作面的要求。

在流水节拍的计算中,还要注意:首先应确定主导施工过程的流水节拍,并以它为依据确定其他施工过程的流水节拍,主导施工过程的流水节拍应是施工过程流水节拍的最大值,应尽可能是有节奏的,以便组织节奏流水施工。

流水节拍至少应为一个工作班或半个工作班的时间。

**2. 流水步距**

流水步距是指两个相邻专业施工队开始进入流水作业的时间间隔(不含间歇时间、搭接时间),一般用 B 表示,符号 $B_{i,i+1}$ 即表示 $i$ 施工队和 $i+1$ 施工队之间开始进入流水作业的时间间隔。有 $n$ 个施工过程时,就有 $(n-1)$ 个流水步距。

流水步距的大小对工期的影响很大,在施工段不变的情况下,流水步距小即平行搭接多,则工期短,反之,则工期长。同流水节拍一样,流水步距也至少应为一个工作班或半个工作班的时间。

确定流水步距时应该考虑如下原则:①流水步距要满足相邻两个施工过程在施工顺序上的制约关系;②流水步距要保证相邻两个施工过程在各施工段上都能够连续作业;③流水步距要保证相邻两个施工过程在开工时间上实现最大限度地合理搭接。

**3. 间歇时间**

在组织流水施工中,相邻施工过程之间除了要考虑流水步距外,有时还需要考虑合理的间歇时间,如混凝土的养护时间、钢筋隐蔽验收所需的时间等。间歇时间包括工艺间歇时间和组织间歇时间。

工艺间歇时间(用 $G$ 表示)是指为了保证工程质量由施工工艺要求的或规范规定的两相邻施工过程在同一施工段上的施工间隔时间。例如,混凝土的养护时间、砂浆抹面的干燥时间、油漆面的干燥时间等。

组织间歇时间(用 $Z$ 表示)是指由于施工组织的因素,两相邻施工过程在同一施工段上的施工间隔时间。例如,砌筑墙身前的弹线时间、钢筋隐蔽验收时间等。

在组织流水施工时,工艺间歇时间和组织间歇时间可以统一考虑,但是二者的概念、作用和内涵是不同的,施工组织者必须清楚。特别地,对于同一施工段上前一层的最后一个施工过程和后一层的第一个施工过程之间的间歇时间,称为层间间歇时间。

## 9.3  流水施工的基本形式

### 9.3.1  施工过程

节奏流水施工过程:该施工过程在各个施工段上的流水节拍均相等。

非节奏流水施工过程:该施工过程在各个施工段上的流水节拍不一定相等。

### 9.3.2  组织

节奏流水施工:均由节奏流水施工过程组成,又分为等节奏流水施工和异节奏流水施工。其中等节奏流水施工指各施工过程之间的流水节拍相等;异节奏流水施工指各施工过程之间的流水节拍不一定相等。

非节奏流水施工:由非节奏流水施工过程组成。

#### 9.3.2.1  流水步距的计算原理

无论是组织节奏流水施工还是组织非节奏流水施工,流水的特点是允许施工面有空闲,但必须保证各施工过程连续施工,且保证在每一个施工段上只有一个施工队在施工。为保证这一点,除了特殊情况外,组织流水的第一步是计算流水步距,一般计算流水步距通常采用取大差法,即**累加→错位→相减→取大值**。

$n$ 个施工过程在 $m$ 个施工段上的流水节拍见表 9-2。

表 9-2                                    $n$ 个施工过程在 $m$ 个施工段上的流水节拍

| 施工过程 施工段 | 1 | 2 | 3 | ... | $j$ | ... | $m$ |
|---|---|---|---|---|---|---|---|
| 1 | $t_{11}$ | $t_{12}$ | $t_{13}$ | | $t_{1j}$ | | $t_{1m}$ |
| 2 | $t_{21}$ | | | | | | |
| 3 | $t_{31}$ | | | | | | |
| ... | | | | | | | |
| $i$ | | | | | $t_{ij}$ | | $t_{im}$ |
| ... | | | | | | | |
| $n$ | $t_{n1}$ | | | | $t_{nj}$ | | $t_{nm}$ |

具体计算方法：先将各施工过程的第 $i$ 和第 $i+1$ 个施工过程在各施工段上的流水节拍逐个累加，得到几组横向数列，将第 $i+1$ 个施工过程对应的累加数列向后错开一位与前一个累加数列对齐，上下相减，得到一个差值数列，取出其中最大的数值作为第 $i$ 和第 $i+1$ 个施工过程的流水步距 $B_{i,i+1}$，即

$$
\begin{array}{ccccc}
t_{i1} & t_{i1}+t_{i2} & t_{i1}+t_{i2}+t_{i3} & \cdots & \sum_{j=1}^{m} t_{ij} \\
t_{(i+1)1} & t_{(i+1)1}+t_{(i+1)2} & t_{(i+1)1}+t_{(i+1)2}+t_{(i+1)3} \cdots & \sum_{j=1}^{m-1} t_{(i+1)j} & \sum_{j=1}^{m} t_{(i+1)j}
\end{array}
$$

$$
\begin{array}{ccccc}
t_{i1} & (t_{i1}+t_{i2})-t_{(i+1)1} & \cdots & \sum_{j=1}^{m} t_{ij}-\sum_{j=1}^{m-1} t_{(i+1)j} & -
\end{array}
$$

其中 $t_{ij}$ 表示第 $i$ 个施工过程在 $j$ 个施工段上的流水节拍；$m$ 为施工段数。

选择流水节拍

$$
B_{i,i+1} = \max\left\{ \sum_{j=1}^{m} t_{ij} - \sum_{j=1}^{m-1} t_{(i+1)j} \right\} \tag{9-3}
$$

### 9.3.2.2 非节奏流水施工

有时由于各段工程量的差异或受工作面的限制，所能安排的人数不相同，致使某施工过程在各施工段的流水节拍不相等，即有非节奏流水施工过程，导致整个流水无规律性。因此只能是先计算各施工过程之间的流水步距，才能够计算工期和绘制流水施工图。举例说明：以某一砖混结构条形基础施工为例，主要施工过程为挖土→垫层→砌条基→防潮层→回填土共五个施工过程，每一个施工层划分为六个施工段，各施工过程的流水节拍见表 9-3。

表 9-3　　　　　　　　各施工过程在各施工段上的流水节拍（非节奏流水施工）

| 施工段<br>施工过程 | ① | ② | ③ | ④ | ⑤ | ⑥ |
|---|---|---|---|---|---|---|
| 挖土 | 2 | 3 | 4 | 3 | 2 | 2 |
| 垫层 | 1 | 2 | 3 | 2 | 1 | 1 |
| 砌条基 | 2 | 2 | 3 | 3 | 1 | 1 |
| 防潮层 | 1 | 1 | 1 | 1 | 1 | 1 |
| 回填土 | 1 | 1 | 1 | 1 | 1 | 1 |

第一步：计算流水步距

①累加。将每一施工过程的持续时间累加如下：

| | | | | | | |
|---|---|---|---|---|---|---|
| 挖土 | 2 | 5 | 9 | 12 | 14 | 16 |
| 垫层 | 1 | 3 | 6 | 8 | 9 | 10 |
| 砌条基 | 2 | 4 | 7 | 10 | 11 | 12 |
| 防潮层 | 1 | 2 | 3 | 4 | 5 | 6 |
| 回填土 | 1 | 2 | 3 | 4 | 5 | 6 |

②错位。注意错开一位,如下所示:

| | | | | | | |
|---|---|---|---|---|---|---|
| 挖土 | 2 | 5 | 9 | 12 | 14 | 16 |
| 垫层 | 1 | 3 | 6 | 8 | 9 | 10 |
| 砌条基 | | 2 | 4 | 7 | 10 | 11 | 12 |
| 防潮层 | | | 1 | 2 | 3 | 4 | 5 | 6 |
| 回填土 | | | 1 | 2 | 3 | 4 | 5 | 6 |

③相减。在每组累加数据的下方画上一条横线,挖土施工过程减垫层施工过程,差值写在第一条线的下方,粗体字所示;垫层施工过程减砌条基施工过程,差值写在第二条线的下方,粗体字所示;依次类推…

挖土　　2　　5　　9　　12　　14　　16

垫层　　　　1　　3　　6　　8　　9　　10
　　　　――――――――――――――――――
　　　　**2**　**4**　**6**　**6**　**6**　**⑦**　**—**

砌条基　　　　2　　4　　7　　10　　11　　12
　　　　　　――――――――――――――――――
　　　　**1**　**1**　**②**　**1**　**—**　**—**　**—**

防潮层　　　　　　1　　2　　3　　4　　5　　6
　　　　　　　　――――――――――――――――――
　　　　**2**　**3**　**5**　**⑦**　**7**　**7**　**—**

回填土　　　　　　1　　2　　3　　4　　5　　6
　　　　　　　　――――――――――――――――――
　　　　**①**　**1**　**1**　**1**　**1**　**1**　**—**

④取大值。取上面每组数据中的最大值,见带圈的数值。

挖土施工过程与垫层施工过程之间的流水步距 $B_{1-2}=7$;垫层施工过程与砌条基施工过程之间的流水步距 $B_{2-3}=2$;同理 $B_{3-4}=7$;$B_{4-5}=1$。

第二步:绘制流水施工进度图(横道图),如图9-8所示,斜线图为不平行折线(略)。

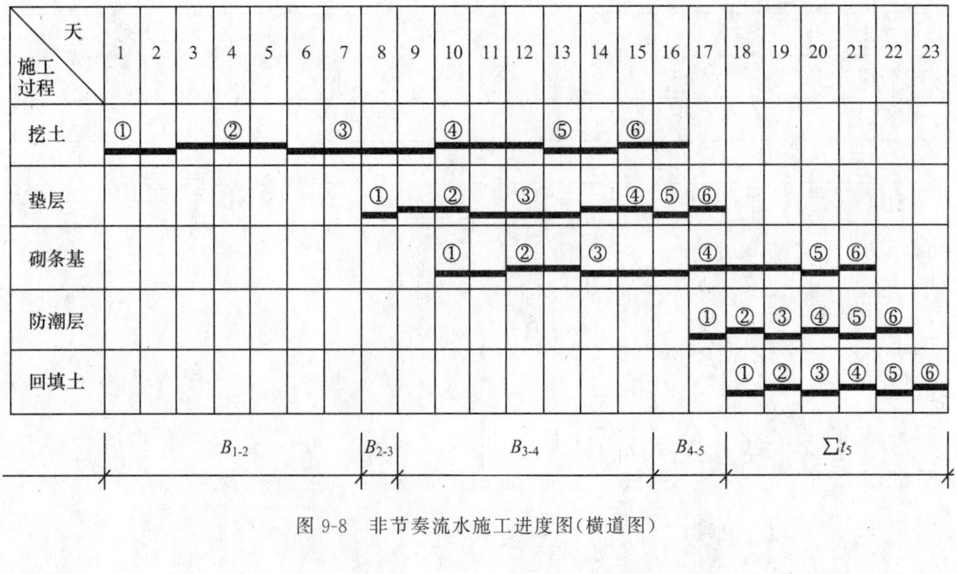

图9-8　非节奏流水施工进度图(横道图)

第三步:计算工期

非节奏流水施工总工期计算公式为

$$T = \sum B + \sum t(最后一个施工过程在各施工段的流水节拍)$$

$$= B_{1-2} + B_{2-3} + B_{3-4} + B_{4-5} + m \cdot t_5$$

$$T = 7 + 2 + 7 + 1 + 6 \times 1 = 23(天)$$

### 9.3.2.3　异节奏流水施工

异节奏流水施工的特征是在组织流水的范围里,每一个施工队在各段上的流水节拍相等,即均由节奏流水施工过程组成,但各施工队之间的流水节拍却不一定相等。当几个施工过程的流水节拍成为某一个常数的倍数,无工期要求时,可组织一般成倍节拍流水。因异节奏流水施工是有规律的,故也可先绘图。

与上面例题相同,同样是砖混结构条形基础的施工,同样的主要施工过程和施工段数,但各施工过程的持续时间不同,各施工过程的持续时间见表9-4。

表 9-4　　　　　　　各施工过程在各施工段上的流水节拍(异节奏流水施工)

| 施工过程 ＼ 施工段 | ① | ② | ③ | ④ | ⑤ | ⑥ |
|---|---|---|---|---|---|---|
| 挖土 | 3 | 3 | 3 | 3 | 3 | 3 |
| 垫层 | 1 | 1 | 1 | 1 | 1 | 1 |
| 砌条基 | 2 | 2 | 2 | 2 | 2 | 2 |
| 防潮层 | 1 | 1 | 1 | 1 | 1 | 1 |
| 回填土 | 1 | 1 | 1 | 1 | 1 | 1 |

第一步:计算流水步距

累加→错位→相减→取大值,计算如下:

| 挖土 | 3 | 6 | 9 | 12 | 15 | 18 | |
|---|---|---|---|---|---|---|---|
| 垫层 | | 1 | 2 | 3 | 4 | 5 | 6 |
| | **3** | **5** | **7** | **9** | **11** | ⑬ | — |

| 砌条基 | | 2 | 4 | 6 | 8 | 10 | 12 |
|---|---|---|---|---|---|---|---|
| | | ① | 0 | — | — | — | — |

| 防潮层 | | | 1 | 2 | 3 | 4 | 5 | 6 |
|---|---|---|---|---|---|---|---|---|
| | | **2** | **3** | **4** | **5** | **6** | ⑦ | — |

| 回填土 | | | 1 | 2 | 3 | 4 | 5 | 6 |
|---|---|---|---|---|---|---|---|---|
| | | | ① | 1 | 1 | 1 | 1 | 1 | — |

流水步距:$B_{1-2} = 13$;$B_{2-3} = 1$;$B_{3-4} = 7$;$B_{4-5} = 1$。

第二步:绘制流水施工进度图

横道图、斜线图分别如图9-9、图9-10所示,斜线图为不平行直线。

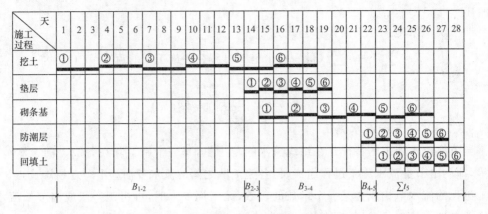

图 9-9　异节奏流水施工进度图（横道图）

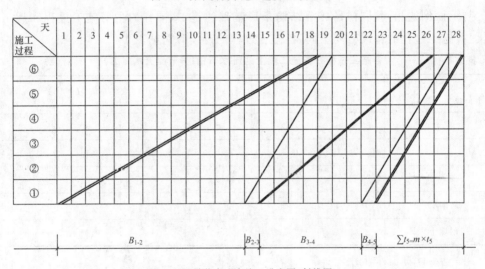

图 9-10　异节奏流水施工进度图（斜线图）

第三步：计算工期

异节奏流水施工的工期计算公式为

$$T = \sum B + \sum t \text{（最后一个施工过程在各施工段的流水节拍）}$$

$$= B_{1-2} + B_{2-3} + B_{3-4} + B_{4-5} + \sum t_5$$

故

$$T = B_{1-2} + B_{2-3} + B_{3-4} + B_{4-5} + m \times t_5$$
$$= 13 + 1 + 7 + 1 + 6 \times 1$$
$$= 28（天）$$

### 9.3.2.4　等节奏流水施工

等节奏流水施工的特征是在组织流水施工的范围里，每一个施工队在各段上的流水节拍相等，各施工队之间的流水节拍也相等。在可能的情况下，要尽量采用这种流水方式，因为这种流水方式能保证各施工队的施工连续、均衡、有节奏。等节奏流水施工是有规律的，故也是可先绘图，再进行工期的计算。

同样是砖混结构条形基础施工，主要施工过程和每一个施工层划分的施工段数均相等。各施工过程的持续时间见表 9-5。分别对垫层和砌条基之间没有工艺间歇和有工艺间歇 1 天组织流水。

表 9-5　　　　各施工过程在各施工段上的流水节拍（等节奏流水施工）

| 施工过程 ＼ 施工段 | ① | ② | ③ | ④ | ⑤ | ⑥ |
|---|---|---|---|---|---|---|
| 挖土 | 2 | 2 | 2 | 2 | 2 | 2 |
| 垫层 | 2 | 2 | 2 | 2 | 2 | 2 |
| 砌条基 | 2 | 2 | 2 | 2 | 2 | 2 |
| 防潮层 | 2 | 2 | 2 | 2 | 2 | 2 |
| 回填土 | 2 | 2 | 2 | 2 | 2 | 2 |

第一步：计算流水步距

累加→错位→相减→取大值，计算如下：

| 挖土 | 2 | 4 | 6 | 8 | 10 | 12 | |
|---|---|---|---|---|---|---|---|
| 垫层 | | 2 | 4 | 6 | 8 | 10 | 12 |
| ② | 2 | 2 | 2 | 2 | 2 | — | |

| 砌条基 | | 2 | 4 | 6 | 8 | 10 | 12 |
|---|---|---|---|---|---|---|---|
| ② | 2 | 2 | 2 | 2 | 2 | — | |

| 防潮层 | | 2 | 4 | 6 | 8 | 10 | 12 |
|---|---|---|---|---|---|---|---|
| ② | 2 | 2 | 2 | 2 | 2 | — | |

| 回填土 | | 2 | 4 | 6 | 8 | 10 | 12 |
|---|---|---|---|---|---|---|---|
| ② | 2 | 2 | 2 | 2 | 2 | — | |

流水步距：$B_{1-2}=2$；$B_{2-3}=2$；$B_{3-4}=2$；$B_{4-5}=2$

第二步：绘制流水施工进度图（横道图），斜线图为平行直线（略）。

无工艺间歇横道图如图 9-11 所示，有工艺间歇横道图如图 9-12 所示。

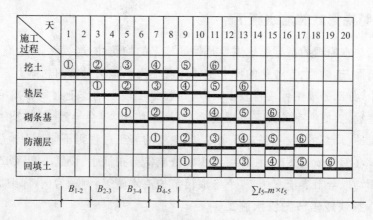

图 9-11　无工艺间歇等节奏流水施工进度图（横道图）

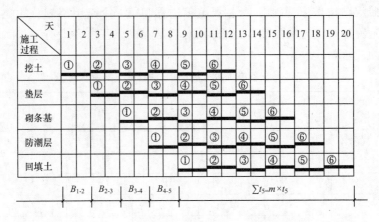

图 9-12　有工艺间歇等节奏流水施工进度图（横道图）

第三步：计算工期

等节奏流水施工的工期计算公式如下：

①无工艺间歇

$$T = \sum B + m \times t (\text{最后一个施工过程在各施工段的流水节拍})$$
$$= (m + n - 1)t$$

故

$$T = B_{1-2} + B_{2-3} + B_{3-4} + B_{4-5} + m \times t_5 = 2 + 2 + 2 + 2 + 6 \times 2 = 20(\text{天})$$

或

$$T = (m + n - 1)t = (6 + 5 - 1) \times 2 = 20(\text{天})$$

②有工艺间歇

$$T = \sum B + G + m \times t (\text{最后一个施工过程在各施工段的流水节拍})$$
$$= (m + n - 1)t + G$$

故

$$T = B_{1-2} + B_{2-3} + G + B_{3-4} + B_{4-5} + m \times t_5 = 2 + 2 + 1 + 2 + 2 + 6 \times 2 = 21(\text{天})$$

或

$$T = (m + n - 1)t + G = (6 + 5 - 1) \times 2 + 1 = 21(\text{天})$$

### 9.3.3　特殊形式的流水施工

流水施工基本原理的指导思想主要是保证施工的均衡性、连续性、专业化。但这种流水施工的均衡性、连续性、专业化的特点主要体现在流水施工对象的总体上。在实际进度计划的编制中，分部分项工程项目较多，各项目在施工段上的作业时间很难完全相等，有时甚至相差甚远，要使所有的施工过程连续、均衡地施工，将会导致工期较长。因此对个别有特殊要求的、局部的、技术要求不高的、非主要的施工过程则不能片面地强调均衡、连续和专业化。在编制横道图时，往往可组织加快成倍节拍流水、设置平衡区域或组织搭接施工等。下面均以异节奏流水施工（一般成倍节拍流水施工）例题为例，详细加以说明。

#### 9.3.3.1　加快成倍节拍流水施工

见前述异节奏流水施工，当工程无工期要求时，组织一般成倍节拍流水；当工程有工期要求时,可组织加快成倍节拍流水。与一般成倍节拍流水例题相同,但此时有工期要求,计划工期 $T_p=15$ 天,因此可组织加快成倍节拍流水。

第一步:计算流水步距

因 $t_1=3,t_2=1,t_3=2,t_4=1,t_5=1$,这五个数的最大公约数是 $K_0=1$,故各施工队的流水步距为 $B=K_0=1$。

第二步:计算施工队数

某施工过程派 $\dfrac{t_i}{K_0}$ 个施工队

第一个施工过程派 $\dfrac{t_1}{K_0}=\dfrac{3}{1}=3$ 个施工队,即甲/乙/丙三个施工队

第二个施工过程派 $\dfrac{t_2}{K_0}=\dfrac{1}{1}=1$ 个施工队,即一个施工队

第三个施工过程派 $\dfrac{t_3}{K_0}=\dfrac{2}{1}=2$ 个施工队,即甲/乙两个施工队

第四个施工过程派 $\dfrac{t_4}{K_0}=\dfrac{1}{1}=1$ 个施工队,即一个施工队

第五个施工过程派 $\dfrac{t_5}{K_0}=\dfrac{1}{1}=1$ 个施工队,即一个施工队

施工队总数为 $N=8$ 个

第三步:绘制流水施工进度图(横道图),如图 9-13 所示

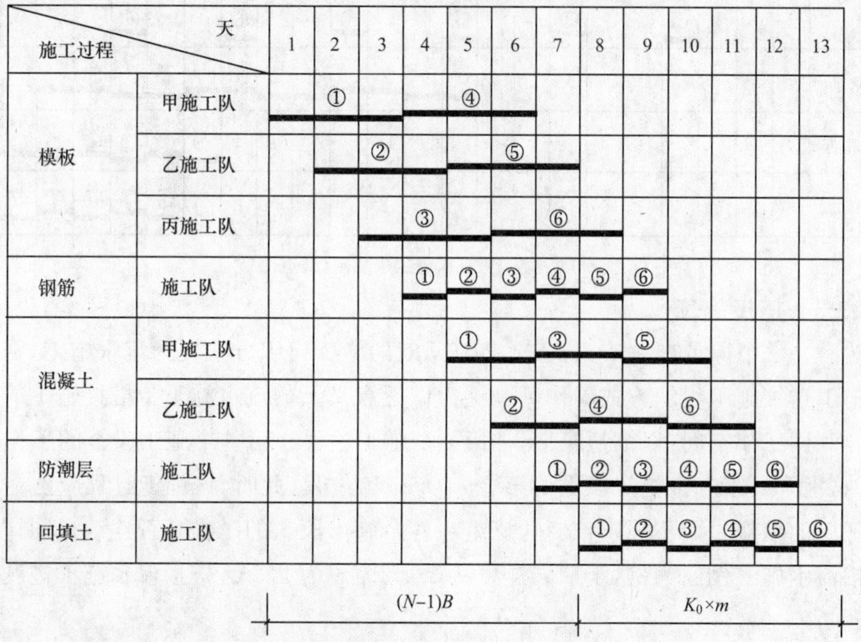

图 9-13　某工程加快成倍节拍流水施工进度图(横道图)

第四步：计算工期

计算公式为

$$T=(N-1)B+K_0\times m=(N+m-1)\times K_0$$

因为 $B=K_0$，所以

$$T=(N-1)B+K_0\times m=K_0(m+N-1)=1\times(6+8-1)=13(天)$$

### 9.3.3.2 设置平衡区域的流水施工

在一些节奏流水施工中，如果施工过程之间的流水节拍相差比较大，可允许某些专业施工队间断施工，当他们在一个流水段内工作完成，而未进入下一流水段前的一段时间内，可有计划地安排他们做场外加工备料或到本工程流水范围以外的某个施工对象（平衡工作区域）去工作，使这些在工程流水上间断作业的专业队组不至于窝工。

同样以上面的一般成倍节拍流水为例，大家可看到它的第一个施工过程的持续时间和第二个施工过程的持续时间相差较大，为保证施工队连续施工组织一般成倍节拍流水的做法将导致工期较长，这在实际施工时是不经济的，也是不允许的。因此，在实际施工时我们采取设置"平衡区"的方式来组织另外一种流水施工，工期可从 28 天缩短为 23 天，如图 9-14 所示，此时虽然施工队的施工间断，但仍视为流水施工。

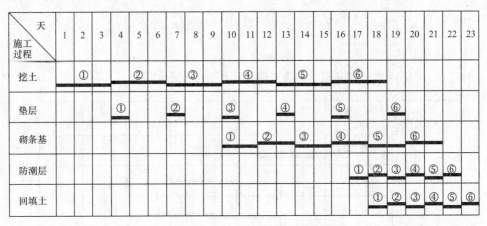

图 9-14　某工程流水施工进度图（横道图）

### 9.3.3.3 搭接施工

既然有办法消除或减少工人窝工，将有间断的施工组织方式视为流水施工，则也可以把搭接施工这种施工组织方式看作一种更为广泛意义上的流水施工。搭接施工的组织原则是充分利用工作空间，以缩短工期，如第 $i$ 个施工过程在第一个施工段上的工作已经结束，则可马上开始第一个施工段上的第 $i+1$ 个施工过程（此时，该施工过程应已结束在前一个施工层的工作），而不强求该专业班组在各个施工段上的工作是否连续。同样以一般成倍节拍流水施工例题为例，工期同样可从 28 天缩短为 23 天，搭接流水施工进度图如图 9-15 所示。

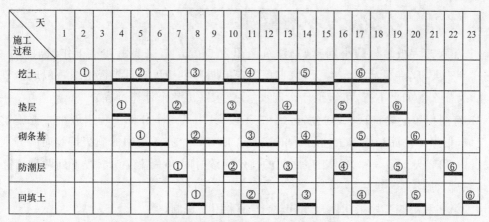

图 9-15　某工程搭接流水施工进度图(横道图)

## 本章小结

1. 流水施工的基本形式有横线图和斜线图,斜线图优势是直观,可通过它的工作进度线是直线还是折线、是平行还是不平行来判断它的专业流水形式。

2. 在各施工过程连续施工的条件下,把各幢房屋的建造过程最大限度地搭接起来,就是流水施工。

3. 流水参数主要有工艺参数(施工过程数)、空间参数(施工段数)和时间参数(流水步距和流水节拍)。

4. 当有楼层关系时,组织流水作业,每层施工段数 $m_{min} \geqslant$ 施工过程数 $n$。

5. 所有施工过程可划分为节奏流水施工过程和非节奏流水施工过程,流水施工分为节奏流水施工和非节奏流水施工,节奏流水施工又分为等节奏流水施工和异节奏流水施工。其中等节奏流水施工指各施工过程之间的流水节拍相等;异节奏流水施工指各施工过程之间的流水节拍不一定相等。

6. 流水步距的计算原则是累加、错位、相减、取大值,它适用于所有的流水施工。

## 思考题

1. 流水施工与搭接施工的区别是什么?

2. 横道图与斜线图纵坐标的不同点有哪些,斜线图的优势有哪些?

3. 简述流水施工主要参数类型及其基本参数。

4. 何为最小劳动组合与最小工作面?

5. 何为流水步距的确定原则?为什么?其基本原理是什么?

6. 组织流水施工时,何为设置平衡区?

7. 在实际工程中,一般组织搭接施工,为什么?

1.有六栋大板结构的小别墅(总建筑面积为 240 m²),主要由四项工作组成,$B_1 = 4$ 天,$B_2 = 8$ 天,$B_3 = 4$ 天,$B_4 = 4$ 天,该工程规定工期为 44 天,请问能否组织一般成倍节拍流水,为什么? 如果不行,可组织什么流水?(要求写出整个计算过程)

2.有同型单层建筑六栋,划分为六个施工段,其中某一个分部工程由五个主要施工过程组成,根据工作面和施工工艺的要求,各施工队在每个施工段中的施工持续时间分别为 1、1、2、1 和 2 天。第 3 和第 4 工序之间的技术间歇时间为一昼夜。试按下列两种情况分别组织流水施工:

①第 3 和第 5 工序采用两班制,其余工序采用一班制。

②按表 9-6 变更题设条件(二栋/段)。

**表 9-6**                各施工段的持续时间

| 持续时间 ＼ 施工段 | ① | ② | ③ |
|---|---|---|---|
| $t_1$ | 5 | 3 | 2 |
| $t_2$ | 4 | 2 | 3 |
| $t_3$ | 3 | 3 | 4 |
| $t_4$ | 2 | 5 | 4 |
| $t_5$ | 3 | 3 | 2 |

# 第 10 章　网络计划技术

## 本章概要

1. 网络计划的基本原理、基本概念、基本要素、基本表现形式。
2. 双代号网络图绘制的基本规则和方法。
3. 双代号网络图中虚箭杆的作用和判断。
4. 双代号网络计划时间参数的图上计算法。
5. 双代号网络计划关键线路的快速判定方法。
6. 单代号网络计划的构成、基本概念以及绘制规则。
7. 单代号网络计划时间参数的计算方式。
8. 双代号时标网络计划的概念与特点。
9. 网络计划的工期优化、费用优化以及资源优化。

## 10.1　概　述

### 10.1.1　网络计划的基本原理

利用网络图的形式表达一项工程中各项工作的先后顺序及逻辑关系,经过计算分析,找出关键工作和关键线路,并按照一定目标使网络计划不断完善,以选择最优方案;在计划执行过程中进行有效的控制和调整,力求以较小的消耗取得最佳的经济效益和社会效益。

### 10.1.2　网络计划的优点

网络计划的优点是把施工过程中的各有关工作组成了一个有机的整体,能全面而明确地反映出各项工作之间的相互制约和相互依赖的关系。

根据网络计划可以进行各种时间参数的计算,能在工作繁多、错综复杂的计划中找出影响工程进度的关键工作和关键线路,便于管理人员抓住主要矛盾,集中精力确保工期,避免盲目抢工。

通过对各项工作机动时间(时差)的计算,可以更好地运用和调配人员与设备,节约人力、物力,达到降低成本的目的;在计划执行过程中,当某一项工作因故提前或拖后时,能从网络计划中预见到它对其后续工作及总工期的影响程度,便于采取措施;可利用计算机进行计划的编制、计算、优化和调整。

### 10.1.3 网络计划的几个基本概念

#### 10.1.3.1 网络图

网络图是由箭线和节点按照一定规则组成的、用来表示工作流程、有向有序的网状图形。网络图分为双代号网络图和单代号网络图两种形式:由一条箭线与其前后两个节点来表示一项工作的网络图称为双代号网络图;由一个节点表示一项工作,以箭线表示工作顺序的网络图称为单代号网络图。

#### 10.1.3.2 网络计划与网络计划技术

用网络图表达任务构成、工作顺序并加注工作的时间参数的进度计划,称为网络计划。用网络计划对任务的工作进度进行安排和控制(增加了时间参数的计算),以保证实现预定目标的科学的计划管理技术,称为网络计划技术。

## 10.2 双代号网络计划

### 10.2.1 双代号网络图的构成

双代号网络图由箭线、节点、线路三个基本要素构成。对于每一项工作而言,其基本表现形式如图 10-1 所示。

图 10-1 双代号网络图的基本表现形式

#### 10.2.1.1 箭线

1.实箭线

用一条箭线表示一项工作(又称工序、作业或活动),如砌墙、抹灰、混凝土养护等,它既消耗时间,也可能消耗资源(原则上消耗时间)。工作所包括的范围可大可小,既可以是一道工序,也可以是一个分项工程或一个分部工程,甚至是一个单位工程。

如图 10-1 所示,工作名称标注在箭线上方;工作所消耗的时间或资源用数字标注在箭线的下方;箭线的方向表示该工作进行的方向和前进的路线。

注意:在无时标的网络图中,箭线的长短并不反映该工作占用时间的长短;箭线的尾端表示该项工作的开始,箭头端则表示该项工作的结束。

2.虚箭线

虚箭线(图 10-2 中的④┄┄▶⑤工作)又称虚工作,它不是一项工作,在网络图中仅表示一种逻辑关系,用带箭头的虚线表示,或用工作持续时间为 0 来表示。虚工作的特点是既不消耗时间,也不消耗资源(原则上是不消耗时间)。

### 10.2.1.2　节点(又称结点、事件)

在双代号网络图中,节点代表一项工作的开始或结束,常用圆圈表示。箭线尾部的节点称为该箭线所示工作的开始节点,箭头端的节点称为该工作的完成节点。在一个完整的网络图中,除了最前的起点节点和最后的终点节点外,其余任何一个节点都具有双重含义——既是前面工作的完成节点,又是后面工作的开始节点。**节点仅为前后两项工作的交接点,只是一个"瞬间"概念,因此它既不消耗时间,也不消耗资源。**

在双代号网络图中,一项工作可以用其箭线两端节点内的号码来表示,以方便网络图的检查、计算与使用以及电脑的识别,所以称为双代号网络图。

对一个网络图中的所有节点应进行统一编号,不得有缺号和重号现象。对于每一项工作而言,其箭头节点的号码应大于箭尾节点的号码,如图 10-2 所示,顺箭线方向节点编号由小到大。

### 10.2.1.3　线路

在网络图中,从起点节点开始,沿箭线方向顺序通过一系列箭线与节点,最后到达终点节点所经过的通路叫线路。图 10-2 中,线路 $C \rightarrow E \rightarrow G$ 耗时最长(14 天),对整个工程的完工起着决定性的作用,称为关键线路;其余线路均称为非关键线路。处于关键线路上的各项工作称为关键工作。关键工作完成的快慢将直接影响整个计划工期的实现。关键线路上的箭线常采用粗线、双线或其他颜色的箭线突出表示。

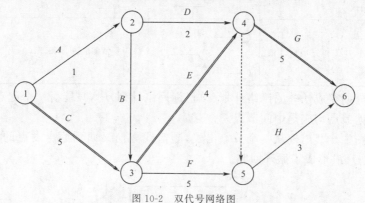

图 10-2　双代号网络图

位于非关键线路上的工作除关键工作外,都称为非关键工作,它们都有机动时间(即时差);非关键工作也不是一成不变的,它可以转化成关键工作;利用非关键工作的机动时间可以科学地、合理地调配资源和对网络计划进行优化。

## 10.2.2　双代号网络图的绘制

### 10.2.2.1　绘图的基本规则和方法

(1)必须正确表达已定的逻辑关系。逻辑关系是指工作进行时客观上存在的一种先后顺序关系,也是根据施工工艺和组织的要求,正确反映各道工序之间的相互依赖和相互制约的关系。要正确反映工程逻辑关系，就要具体搞清楚该工作必须在哪些工作之前，在哪些工作之后，可以与哪些工作平行，如图 10-3 所示。

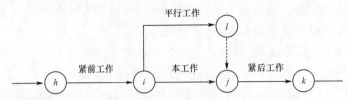

图 10-3　本工作的紧前、紧后工作

在双代号网络图中常见的工作逻辑关系见表 10-1。

表 10-1　　　　　　　双代号网络图中常见的工作逻辑关系的表示方法

| 序号 | 工作之间的逻辑关系 | 网络图中的表示方法 | 说明 |
|---|---|---|---|
| 1 | A 工作完成后进行 B 工作 | （图） | A 工作制约着 B 工作的开始，B 工作依赖着 A 工作 |
| 2 | A、B、C 三项工作同时开始 | （图） | A、B、C 三项工作称为平行工作 |
| 3 | A、B、C 三项工作同时结束 | （图） | A、B、C 三项工作称为平行工作 |
| 4 | 有 A、B、C 三项工作。只有 A 工作完成后，B、C 工作才能开始 | （图） | A 工作制约着 B、C 工作的开始，B、C 工作为平行工作 |
| 5 | 有 A、B、C 三项工作。C 工作只有在 A、B 工作完成后才能开始 | （图） | C 工作依赖着 A、B 工作，A、B 工作为平行工作 |

（2）在不分期完成任务的网络计划（单目标网络计划）中，只能有一个起点节点和一个终点节点，其他节点均应是中间节点。

（3）网络图中严禁出现从一个节点出发，顺箭线方向又回到原出发点的循环回路，如图 10-4 中 B、D、E 形成了循环回路。

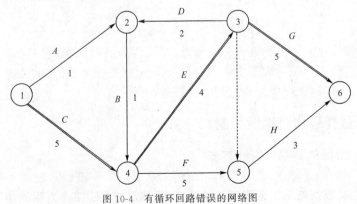

图 10-4　有循环回路错误的网络图

（4）网络图中不允许出现相同编号的节点或工作。

（5）严禁在箭线上引出或引入箭线，即不允许出现无开始节点或无完成节点的工作，如图 10-5 所示。

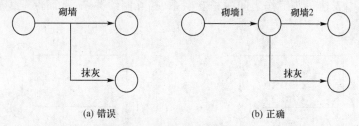

图 10-5　无开始节点工作示意图

（6）网络图中严禁出现带双向箭头或无箭头的连线。

（7）绘制网络图时，应避免出现箭杆交叉，可采取如图 10-6 所示的处理方法；当不可避免地出现箭杆交叉时，可采取如图 10-7 所示的过桥、断线或指向法。

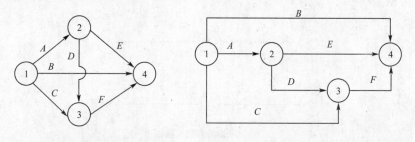

图 10-6　箭线交叉及其调整

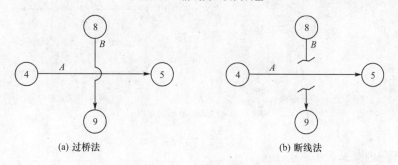

图 10-7　箭杆交叉时的绘图方法

（8）尽量减少不必要的箭线和节点，如图 10-8 所示。

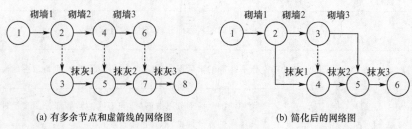

图 10-8　网络图的简化

### 10.2.2.2 虚箭杆的作用和判断

**1.虚箭杆的作用**

**虚箭杆可起到区分**(图10-9)、**联系**(连接逻辑关系)和**断路**(断掉逻辑关系)作用,是双代号网络图中表达一些工作之间的相互联系、相互制约关系,从而保证逻辑关系正确的必要手段。

图10-9　虚箭杆的区分作用

如图 **10-10** 所示,连接一个逻辑关系只需要加一个虚箭杆:连接 A 与 D 之间的逻辑关系;如图 **10-11** 所示,断掉一个逻辑关系需要加一个节点和一个虚箭杆:断掉 C 与 B 之间的逻辑关系。

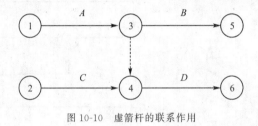

图10-10　虚箭杆的联系作用

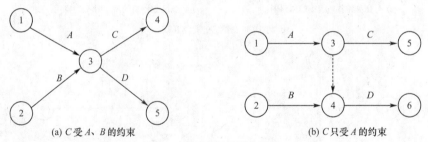

图10-11　虚箭杆的断路作用

**2.虚箭杆的判断**

虚箭杆的判断见表10-2。

表 10-2　　　　　　　　　　　　　虚箭杆的判断

| 序号 | 逻辑关系 | 图例 | 结论 |
|---|---|---|---|
| 1 | A→C、D<br>B→C、D | 图 10-11(a) | 只有相同的紧后部分,则肯定没有虚箭线 |
| 2 | A→C、D<br>B→D | 图 10-11(b) | 既有相同的紧后部分,又有不同的紧后部分,则肯定有虚箭线 |
| 3 | A→C、D<br>B→D、E | 图 10-12 | 到相同的紧后部分用虚箭杆,到不同的紧后部分用实箭杆。虚箭杆从不同的部分伸出,指向相同的紧后 |

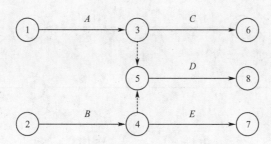

图 10-12　既有相同的紧后，又有不同的紧后

### 10.2.2.3　双代号网络图绘图示例

**例 1**　某分部工程各施工过程逻辑关系见表 10-3，请绘制网络计划图。

表 10-3　　　　　　　　　　某分部工程各施工过程逻辑关系

| 施工过程 | A | B | C | D | E | F | G | H |
|---|---|---|---|---|---|---|---|---|
| 紧前工作 | — | A | B | B | B | C、D | C、E | F、G |

**解**　首先判断本施工过程的紧后工作，见表 10-4。

表 10-4　　　　　　　　　　某分部工程各施工过程的紧后工作

| 施工过程 | A | B | C | D | E | F | G | H |
|---|---|---|---|---|---|---|---|---|
| 紧后工作 | B | C、D、E | F、G | F | G | H | H | — |

$C$ 和 $D$ 之间有虚箭杆，虚箭杆是从既有相同的紧后又有不同的紧后 $C$ 伸出，指向共同的紧后 $F$；$C$ 和 $E$ 之间有虚箭杆，虚箭杆是从既有相同的紧后又有不同的紧后 $C$ 伸出，指向共同的紧后 $G$，因此 $C$ 到 $F$、$G$ 均为虚箭杆。如图 **10-13** 所示。

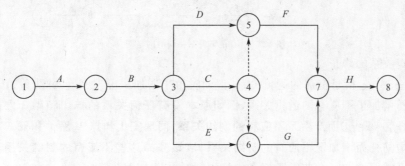

图 10-13　某分部工程双代号网络图

**例 2**　某装饰装修工程分为三个施工段，施工过程及其延续时间如下：砌围护墙及隔墙 12 天，内外抹灰 15 天，安铝合金门窗 9 天，喷刷涂料 6 天。拟组织瓦工、抹灰工、木工和油工四个专业施工队进行施工。试绘制双代号网络图。

**解**　①绘制工艺网络图

三个施工段的工艺顺序：砌墙→抹灰→安门窗→喷涂，据此绘出工艺网络图，如图 10-14 所示。

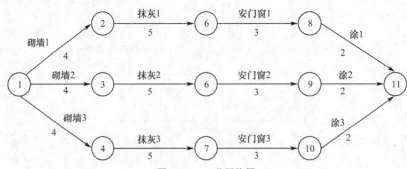

图 10-14　工艺网络图

②表达工作之间的组织关系

在图 10-14 中,各施工过程均为平行作业的施工方式,而我们要求组织流水施工并且各施工过程均为专业施工队。因此,除准确表达施工过程之间的工艺逻辑关系外,还必须准确表达各施工过程之间的组织逻辑关系,即在图 10-14 中需要增加各施工过程之间的组织逻辑关系。各施工过程之间的组织逻辑关系是指各施工段的施工顺序,即各施工过程在第一施工段施工完毕,转移到第二施工段,做完第二施工段再转移到第三施工段。如图 10-15 所示。

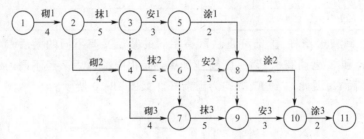

图 10-15　有逻辑关系错误的网络图

③逻辑关系的修正

图 10-15 中包括了全部的逻辑关系,但同时由于增加了虚工序,使原先没有逻辑关系的某些工作增加了不应有的逻辑关系,例如原本没有任何关系的抹 1 和砌 3 之间由于增加了虚箭杆③⋯▶④而产生了不应有的制约关系,同理安 1 和抹 3、涂 1 和安 3 之间都因为增加了虚箭杆而增加了不应有的制约关系,应该去掉这些不应有的制约关系。去掉一个逻辑关系需要增加一个节点和一个虚箭杆,如图 10-16 所示。

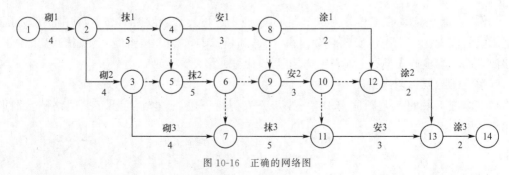

图 10-16　正确的网络图

### 10.2.3　双代号网络计划时间参数的计算

#### 10.2.3.1　概述

网络图绘制,只是用网络的形式表达出了工作之间的逻辑关系。还必须通过一定的时间参数计算,得到工期,才能成为网络进度计划(简称网络计划)。**对这种标了时间参数的双代号网络进度计划图,我们又称为双代号标时网络进度计划(注意区别于双代号时标网络进度计划)。**

1.计算目的

(1)找出关键线路和关键工作,便于施工中抓住重点,向关键线路要时间。

(2)计算出时差,明确非关键线路工作及其在施工时间上有多大的机动性,便于部署资源。

(3)求出工期,做到工程进度心中有数。

2.计算内容

时间参数计算包括以下六个方面的内容:①工作最早开始时间 $ES$;②工作最早完成时间 $EF$;③工作最迟开始时间 $LS$;④工作最迟完成时间 $LF$;⑤总时差 $TF$;⑥自由时差 $FF$。

3.计算手段与方法

(1)分析计算法

根据各项时间参数的相应计算公式,列式计算时间参数的方法。

(2)图上计算法

按照分析计算法的计算程序,直接在网络图上计算时间参数的方法,又可以分为两种:①节点计算法。在双代号网络计划中先计算各节点的时间参数,再根据节点的时间参数计算各项工作的时间参数;②工作计算法。直接计算各项工作的时间参数。

(3)表上计算法

为了保持网络图的清晰和计算数据的条理化,用表格形式进行计算的一种方法。

(4)电算法

根据网络图提供的网络逻辑关系和数据,采用相应的算法语言,编制网络计划的相应计算程序,利用电子计算机进行各项时间参数计算的方法。

#### 10.2.3.2　图上计算法

图上计算法的表示方式如图 10-17 所示,当然也可以有其他的表示方式。

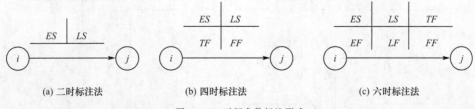

(a) 二时标注法　　　(b) 四时标注法　　　(c) 六时标注法

图 10-17　时间参数标注形式

1.工作最早时间的计算

工作最早时间参数包括工作最早开始时间($ES$)和工作最早完成时间($EF$),它是限制本工作提前开始和完成的时间,它与紧前工作的时间参数有紧密的关系,因此它首先受开始节点开始时间的限制。

(1)工作最早开始时间

工作最早开始时间亦称工作最早可能开始时间。**它是指紧前工作全都完成,具备了本工作开始的必要条件的最早时刻。**工作 $i-j$ 的最早开始时间用 $ES_{i-j}$ 表示。

①计算顺序

由于最早开始时间是以紧前工作的最早开始或最早完成时间为依据的,它的计算必须在各紧前工作都计算后才能进行。因此该种参数的计算,必须从网络图的起点节点开始,顺箭线方向逐项进行,直到终点节点为止。

②计算方法

凡与起点节点相连的工作都是计划的起始工作,当未规定其最早开始时间 $ES_{i-j}$ 时,其值都定为零。即

$$ES_{i-j}=0 \quad (i=1) \tag{10-1}$$

所有其他工作的最早开始时间的计算方法:将其所有紧前工作 $h-i$ 的最早开始时间 $ES_{h-i}$ 分别与各工作的持续时间 $D_{h-i}$ 相加,取和数中的最大值;当采用六参数法计算时,可取各紧前工作最早完成时间的最大值。计算公式如下:

$$ES_{i-j}=\max\{ES_{h-i}+D_{h-i}\}=\max\{EF_{h-i}\} \tag{10-2}$$

式中　$ES_{h-i}$——工作 $i-j$ 的紧前工作 $h-i$ 的最早开始时间;

$D_{h-i}$——工作 $i-j$ 的紧前工作 $h-i$ 的持续时间;

$EF_{h-i}$——工作 $i-j$ 的紧前工作 $h-i$ 的最早完成时间。

(2)工作最早完成时间

工作最早完成时间亦称工作最早可能完成时间。**它是指一项工作如果按最早开始时间开始,该工作可能完成的最早时刻。**工作 $i-j$ 的最早完成时间用 $EF_{i-j}$ 表示,其值等于该工作最早开始时间与其持续时间之和。计算公式如下:

$$EF_{i-j}=ES_{i-j}+D_{i-j} \tag{10-3}$$

在采用六参数法计算时,某项工作的最早开始时间计算后,应立即将其最早完成时间计算出来,以便于其紧后工作的计算。

(3)工作最早时间计算示例

采用图上计算法,如图10-18所示。

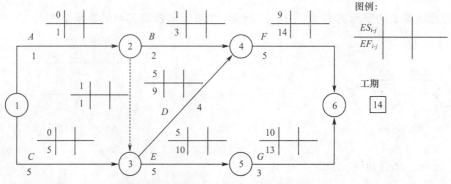

图10-18　用图上计算法计算工作最早时间

2.工作最迟时间的计算

工作最迟时间参数包括工作最迟开始时间($LS$)和工作最迟完成时间($LF$),它是在不影响任务的前提下,本工作最迟必须完成或开始的时间。因此,它受到终点节点完成时间的约束,每个工作的最迟时间也都受到它们紧后工作最迟时间的限制。

(1)工作最迟完成时间

工作最迟完成时间亦称工作最迟必须完成时间。它是指在不影响整个工程任务按期完成的条件下,一项工作必须完成的最迟时刻,工作$i-j$的最迟完成时间用$LF_{i-j}$表示。

①计算顺序

工作最迟完成时间的计算需要依据计划工期或紧后工作的要求进行。因此,应从网络图的终点节点开始,逆着箭线方向朝起点节点依次逐项计算,从而使整个计算工作形成一个逆箭线方向的减法过程。

②计算方法

网络计划中最后(结束)工作$i-n$的最迟完成时间$LF_{i-n}$应按计划工期$T_p$确定。其他工作$i-j$的最迟完成时间的计算方法:从其所有紧后工作$j-k$的最迟完成时间$LF_{j-k}$分别减去各自的持续时间$D_{j-k}$,取差值中的最小值;当采用六参数法计算时,本工作的最迟完成时间等于各紧后工作最迟开始时间的最小值。就是说,本工作的最迟完成时间不得影响任何紧后工作,进而不影响工期。计算公式如下:

$$LF_{i-j}=\min\{LF_{j-k}-D_{j-k}\}=\min\{LS_{j-k}\} \qquad (10\text{-}4)$$

$$LF_{i-n}=T_p \qquad (10\text{-}5)$$

**当有 $T_r$ 时,取 $T_p \leqslant T_r$;当没有 $T_r$ 时,取 $T_p=T_c$。$T_c$ 为计算工期,$T_r$ 为要求工期。**

(2)工作最迟开始时间

工作最迟开始时间亦称工作最迟必须开始时间。它是在保证工作按最迟完成时间完成的条件下,该工作必须开始的最迟时刻。本工作的最迟开始时间用$LS_{i-j}$表示,计算公式如下:

$$LS_{i-j}=LF_{i-j}-D_{i-j}=\min\{LS_{j-k}\}-D_{i-j} \qquad (10\text{-}6)$$

(3)工作最迟时间计算示例

采用图上计算法,如图10-19所示。

假设该工程没有 $T_r$,故取 $T_p=T_c=14$。

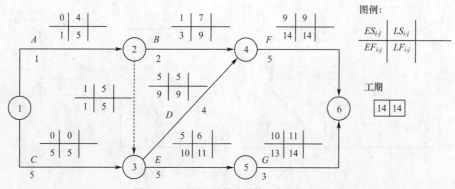

图10-19　用图上计算法计算工作最迟时间

3.工作时差的计算

工作时差是指在网络图的非关键工作中存在的机动时间,或者说是在不影响工期或下一项工作开始的情况下,一项工作最多允许推迟的时间。它表明工作有多大的机动时间可以利用,时差越大,工作的时间潜力也越大。常用的时差有工作总时差($TF$)和工作自由时差($FF$),它们的关系如图 10-20 所示。

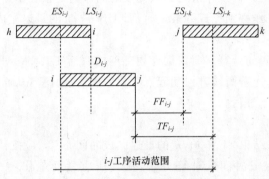

图 10-20　各工作时差之间的相互关系

(1)总时差

总时差是指在不影响工期的前提下,一项工作所拥有机动时间的最大值。工作 $i-j$ 的总时差用 $TF_{i-j}$ 表示。

①计算方法

工作总时差等于工作最早开始时间到最迟完成时间这段极限活动范围,再扣除工作本身必需的持续时间所剩余的差值。用公式表达如下:

$$TF_{i-j}=LS_{j-k}-ES_{i-j}-D_{i-j}=LF_{i-j}-ES_{i-j}-D_{i-j} \tag{10-7}$$

经稍加变换可得

$$TF_{i-j}=LF_{i-j}-(ES_{i-j}+D_{i-j})=LF_{i-j}-EF_{i-j} \tag{10-8}$$

或　　　　　　　$$TF_{i-j}=(LF_{i-j}-D_{i-j})-ES_{i-j}=LS_{i-j}-ES_{i-j} \tag{10-9}$$

工作总时差计算示例如图 10-21 所示。

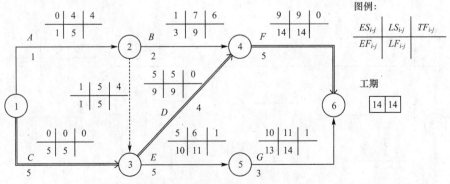

图 10-21　用图上计算法计算工作总时差

②计算目的

通过工作总时差的计算,可以方便地找出网络图中的关键工作和关键线路。

**关键工作**:①当计划工期等于计算工期时,总时差为 **0** 者,意味着这些工作没有机动时间,即为关键工作;②当计划工期不等于计算工期时,关键工作总时差相等,但不为 **0**。

**关键线路的定义**:总时差最小的工作为关键工作,由关键工作组成的线路,就是关键线路。关键线路至少有一条,可以不止一条。工作总时差是网络计划调整与优化的基础,是控制施工进度、确保工期的重要依据。

（2）自由时差

自由时差是总时差的一部分,是指一项工作在不影响其紧后工作最早开始时间的前提下,可以灵活使用的机动时间。工作 $i-j$ 的自由时差用符号 $FF_{i-j}$ 表示。

自由时差等于本工作最早开始时间到紧后工作最早开始时间这段极限活动范围,再扣除工作本身必需的持续时间所剩余的差值。用公式表达如下:

$$FF_{i-j}=ES_{j-k}-ES_{i-j}-D_{i-j} \tag{10-10}$$

经稍加变换可得

$$FF_{i-j}=ES_{i-k}-(ES_{i-j}+D_{i-j})=ES_{i-k}-EF_{i-j} \tag{10-11}$$

采用六参数法计算时,用紧后工作的最早开始时间减本工作的最早完成时间即可。对于网络计划的结束工作,应将计划工期看作紧后工作的最早开始时间进行计算。

工作自由时差计算示例如图 10-22 所示。

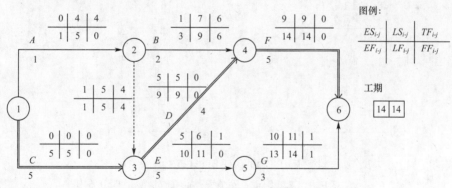

图 10-22　用图上计算法计算工作自由时差

自由时差是一种局部时差,总时差是一种线路时差,自由时差是总时差的一部分,即 $FF \leqslant TF$,$TF=0$,一定 $FF=0$。

4.时差的利用

自由时差是一种局部时差,自由时差的利用不会对其紧后工作产生影响,因此常利用它来变动工作的开始时间或增加持续时间,以达到工期调整和资源优化的目的。**总时差是一种线路时差,总时差的利用对紧前和紧后工作均有影响。**

如图 10-23 所示,③→⑤工作有 $FF=1$ 天和 $TF=3$ 天,我们利用该工作的时差,观察其对紧后工作和计划工期的影响。

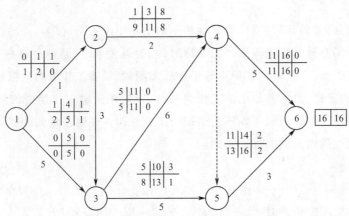

图 10-23　某工程网络进度计划

$\Delta$ 为由于各种原因造成③→⑤工作开工的延误时间。

当 $\Delta=1$ 时

| 6 | 11 | 2 |
|---|---|---|
| 8 | 13 | 0 |

③ ——————→ ⑤
　　　　5

| 11 | 14 | 2 |
|---|---|---|
| 13 | 16 | 2 |

⑤ ——————→ ⑥ | 16 | 16 |
　　　　3

当 $\Delta=3$ 时

| 8 | 13 | 0 |
|---|---|---|
| 8 | 13 | 0 |

③ ——————→ ⑤
　　　　5

| 13 | 16 | 0 |
|---|---|---|
| 13 | 16 | 0 |

⑤ ——————→ ⑥ | 16 | 16 |
　　　　3

当 $\Delta=4$ 时

| 9 | 14 | 0 |
|---|---|---|
| 9 | 14 | 0 |

③ ——————→ ⑤
　　　　5

| 14 | 17 | 0 |
|---|---|---|
| 14 | 17 | 0 |

⑤ ——————→ ⑥ | 17 | 17 |
　　　　3

结论：①当 $\Delta \leqslant FF$ 时，对紧后工作没有任何影响。

②当 $FF < \Delta \leqslant TF$ 时，对紧后工作有影响，但对总工期没有影响。

③当 $\Delta > TF$ 时，不仅会影响紧后工作，而且还会影响总工期。

### 10.2.4　双代号网络计划关键线路的快速判定方法

#### 10.2.4.1　节点标号法

节点标号法的步骤如下：

(1)设网络计划起点节点的标号值为零，即 $b_1 = 0$。

(2)顺箭线方向逐个计算节点的标号值。每个节点的标号值等于以该节点为完成节点的各工作的开始节点标号值与相应工作持续时间之和的最大值，即

$$b_j = \max\{b_i + D_{i-j}\} \tag{10-12}$$

将标号值的来源节点及得出的标号值标注在节点上方。

（3）节点标号完成后,终点节点的标号值即为计算工期。

（4）从网络计划终点节点开始,逆箭线方向按源节点找出关键线路。

**例**　如图 10-24 所示,某已知网络计划,试用节点标号法求出工期并找出关键线路。

**解**　$b_1 = 0$

$b_2 = b_1 + D_{1-2} = 0 + 5 = 5$

$b_3 = b_1 + D_{1-3} = 0 + 2 = 2$

$b_4 = \max\{b_2 + D_{2-4}, b_1 + D_{1-4}, b_3 + D_{3-4}\} = \max\{5+0, 0+3, 2+3\} = 5$

$b_5 = b_4 + D_{4-5} = 5 + 5 = 10$

$b_6 = \max\{b_2 + D_{2-6}, b_5 + D_{5-6}\} = \max\{5+4, 10+4\} = 14$

$b_7 = \max\{b_5 + D_{5-7}, b_3 + D_{3-7}\} = \max\{10+0, 2+7\} = 10$

$b_8 = \max\{b_6 + D_{6-8}, b_5 + D_{5-8}, b_7 + D_{7-8}\} = \max\{14+3, 10+4, 10+5\} = 17$

各节点的源节点号及标号值如图 10-25 所示,关键线路如图 10-26 所示。

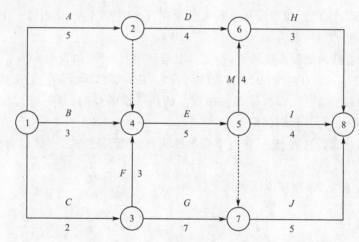

图 10-24　某工程网络图（节点标号法）

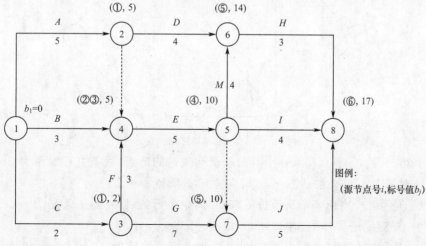

图 10-25　对节点进行标号

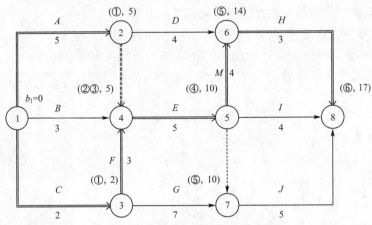

图 10-26　根据源节点逆箭线找出关键线路

### 10.2.4.2　破圈法

破圈法的步骤如下：

(1)从起点节点开始,按编号从小到大的顺序逐个考查节点,找出第一个有两条或两条以上箭头流进的节点,设为 $i$ 。

(2)从 $i$ 逆着这两条箭头往回走,一定可以走到相同的节点,设为 $h$ 。

(3)从 $h$ 到 $i$ ,一定有两条以上的线路,比较它们的长度,即线路上的工作所需时间之和。把较短的线路上流进 $i$ 的,或者说靠近 $i$ 的那一根断掉(只断一根),保留最长的线路。如几条线路时间相同,则保留不动。

(4)用破圈法直到结束,能从起点节点顺箭头方向走到终点节点的所有线路,便是关键线路。

如图 10-27 所示,采用破圈法找出关键线路:

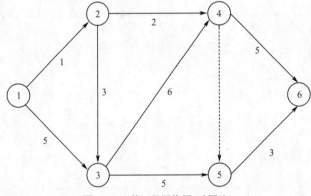

图 10-27　某工程网络图(破圈法)

从①节点开始,③节点是第一个有两条箭头流进的节点,两条可行线路为:一条是①→②→③,时间为 4；另一条是①→③,时间为 5,故断掉②→③。

节点④是第二个有两条箭头流进的节点,两条可行的线路为:一条是①→②→④,时间为 3；另一条是①→③→④,时间为 11,故断掉②→④。

节点⑤是第三个有两条箭头流进的节点,两条可行线路为:③→④→⑤,时间为 6；另一条是③→⑤,时间为5,故断掉③→⑤。

节点⑥是最后一个有两条箭头流进的节点,两条可行线路为:一条是④→⑥,时间为5;另一条是④→⑤→⑥,时间为3,故断掉⑤→⑥。

破圈后,能走通的线路为①→③→④→⑥,即为关键线路,用双箭线表示,如图10-28所示。

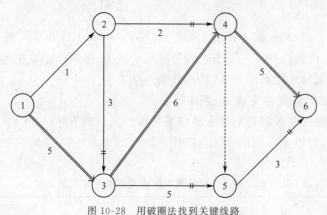

图10-28　用破圈法找到关键线路

## 10.3　单代号网络计划

由一个节点表示一项工作,以箭线表示工作顺序的网络图称为单代号网络图。与双代号网络图比较,单代号网络图绘图简便,逻辑关系容易表达,且不用虚箭线,因此,产生逻辑错误的可能性较小,而且,单代号网络图具有便于说明,容易被非专业人员所理解,便于检查和修改的优点。特别是随着计算机在网络计划中的应用不断扩大,近年来国内外对单代号网络图逐渐重视起来。但是单代号网络图不易绘制成时标网络计划,使用不直观。

### 10.3.1　单代号网络图的绘制

#### 10.3.1.1　构成与基本概念

1.节点

在单代号网络图中,一个节点代表一项工作或工序,用圆圈或方框表示。节点所表示工作的名称、持续时间和编号一般都标注在圆圈或方框内,有时甚至将时间参数也标注在节点内,如图10-29所示为单代号网络图的几种表示方法。

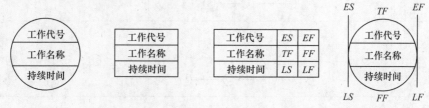

图10-29　单代号网络图的表示方法

2.箭线

箭线在单代号网络图中仅表示工作之间的逻辑关系。它既不占用时间,也不消耗资源,这一点与双代号网络图的意义完全不同。箭线的箭头表示工作的前进方向,箭尾节点表示的工作是箭头节点的紧前工作。另外,在单代号网络图中不用虚箭线,但可能会引进虚工作。

3.编号

每个节点都必须编号,作为该节点工作的代号。一项工作只能有唯一的一个节点和唯一的一个代号,严禁出现重号。节点编号要由小到大,即箭头节点的号码要大于箭尾节点的号码。节点编号是按水平或垂直方向、从左到右。

### 10.3.1.2 单代号网络图绘制规则

单代号网络图绘制规则与双代号网络图相似。具体如下:

(1)正确表达逻辑关系。单代号与双代号网络图中常见的逻辑关系表达形式的比较见表 10-5。

表 10-5　　　　　　　　单代号与双代号网络图中逻辑关系表达形式的比较

| 序号 | 工序逻辑 | | 双代号网络图 | 单代号网络图 |
|---|---|---|---|---|
| | 紧前 | 紧后 | | |
| 1 | A<br>B | B<br>C | 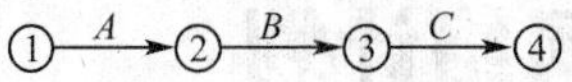 | 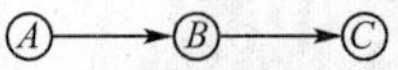 |
| 2 | A | B<br>C | 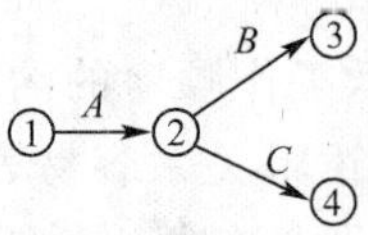 | 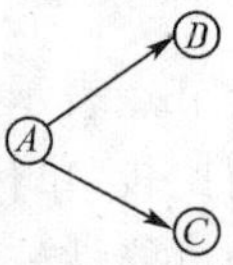 |
| 3 | A<br>B | C | 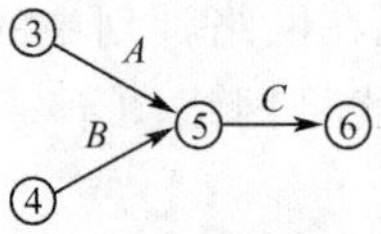 | 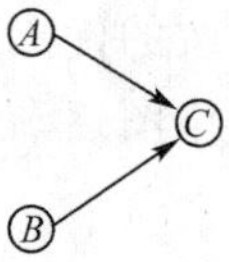 |
| 4 | —<br>A<br>B | A,B<br>C<br>D | 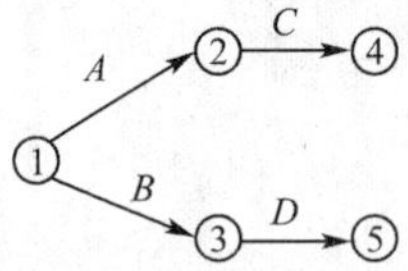 | 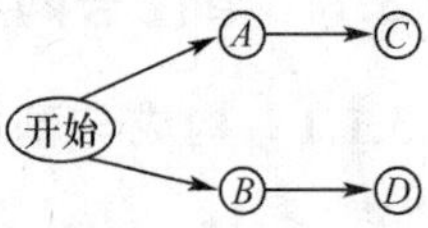 |
| 5 | A<br>B | C,D<br>D | 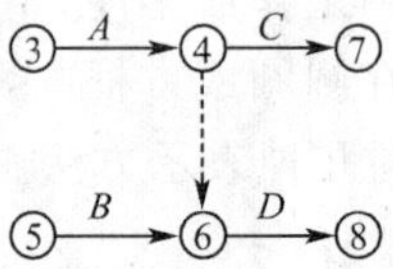 | 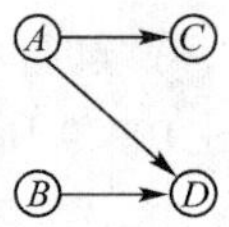 |
| 6 | A<br>B,C | B,C<br>D | 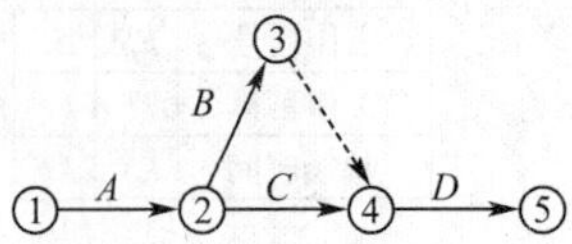 | 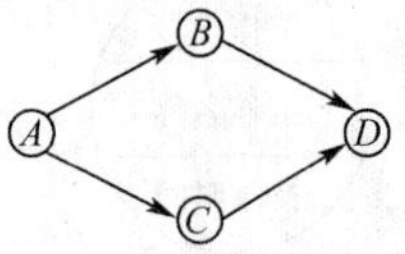 |

续表

| 序号 | 工序逻辑 | | 双代号网络图 | 单代号网络图 |
|---|---|---|---|---|
| | 紧前 | 紧后 | | |
| 7 | $A,B$ | $C,D$ | | |
| 8 | $A$<br>$B$<br>$C$<br>$D,E$ | $B,C$<br>$D,E$<br>$E$<br>$F$ | | |
| 9 | $A$<br>$B$<br>$C$<br>$D$<br>$E$<br>$F$<br>$G,H$ | $B,C$<br>$E,F$<br>$D,E$<br>$G$<br>$G,H$<br>$H$<br>$I$ | | |
| 10 | $A,B,C$ | $D,E,F$ | | |
| 11 | $A_1$<br>$A_2$<br>$A_3$<br>$B_1$<br>$B_2$<br>$B_3$<br>$C_1$<br>$C_2$ | $A_2,B_1$<br>$A_3,B_2$<br>$B_3$<br>$B_2,C_1$<br>$B_3,C_2$<br>$C_3$<br>$C_2$<br>$C_3$ | | |

（2）严禁出现循环回路。

（3）严禁出现无箭尾节点或无箭头节点的箭线。

（4）只能有一个起点节点和一个终点节点。当开始的工作或结束的工作不止一项时，应虚拟开始节点（$S_t$）或结束节点（$F_{in}$），如图 10-30 所示，以避免出现多个起点节点或多个终点节点。

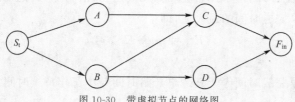

图 10-30　带虚拟节点的网络图

### 10.3.1.3 单代号网络图绘制示例

**例** 某工程分为三个施工段,施工过程及其延续时间如下:砌围护墙及隔墙12天,内外抹灰15天,安铝合金门窗9天,喷刷涂料12天。拟组织瓦工、抹灰工、木工和油工四个专业队组进行施工。试绘制单代号网络图。

绘制的单代号网络图如图10-31所示。

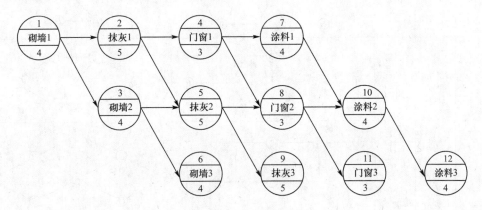

图10-31 单代号网络图

## 10.3.2 单代号网络计划时间参数的计算

### 10.3.2.1 表示形式

单代号网络计划时间参数的概念与双代号网络计划相同,其表示形式如图10-32所示。

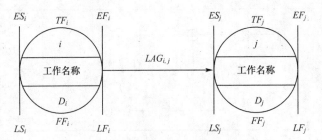

图10-32 单代号网络计划时间参数的标注形式

### 10.3.2.2 计算步骤与方法

1.工作最早时间的计算

(1)最早开始时间

起点节点(起始工作)的最早开始时间如无规定,其值为零;其他工作的最早开始时间等于其紧前工作最早完成时间的最大值,即

$$ES_i = \max\{EF_h\} \tag{10-13}$$

(2)最早完成时间

一项工作的最早完成时间等于其最早开始时间与本工作持续时间之和,即

$$EF_i = ES_i + D_i \tag{10-14}$$

2.相邻两项工作时间间隔的计算

相邻两项工作存在着时间间隔,$i$ 工作与 $j$ 工作的时间间隔记为 $LAG_{i,j}$。时间间隔是指相邻两项工作之间,后项工作的最早开始时间与前项工作的最早完成时间之差。计算公式为

$$LAG_{i,j} = ES_j - EF_i \tag{10-15}$$

按式(10-15)计算图 10-31 的时间间隔如下:

$LAG_{11,12} = ES_{12} - EF_{11} = 22 - 22 = 0$

$LAG_{10,12} = ES_{12} - EF_{10} = 22 - 21 = 1$

$LAG_{9,11} = ES_{11} - EF_9 = 19 - 19 = 0$

$LAG_{8,11} = ES_{11} - EF_8 = 19 - 17 = 2$

3.工作总时差的计算

工作总时差应从网络计划的终点节点开始,逆着箭线方向依次逐项计算。

(1)终点节点所代表工作 $n$ 的总时差 $TF_n$ 应为

$$TF_n = T_p - EF_n \tag{10-16}$$

(2)其他工作 $i$ 的总时差 $TF_i$ 应为

$$TF_i = \min\{TF_j + LAG_{i,j}\} \tag{10-17}$$

4.工作自由时差的计算

工作自由时差的计算没有顺序要求,按以下规定进行:

(1)终点节点所代表工作 $n$ 的自由时差 $FF_n$ 值应为

$$FF_n = T_p - EF_n \tag{10-18}$$

(2)其他工作 $i$ 的自由时差 $FF_i$ 应为

$$FF_i = \min\{LAG_{i,j}\} \tag{10-19}$$

5.工作最迟时间的计算

(1)最迟完成时间

①终点节点的最迟完成时间等于计划工期,即

$$LF_n = T_p \tag{10-20}$$

②其他工作的最迟完成时间等于其各紧后工作最迟开始时间的最小值,即

$$LF_i = \min\{LS_j\} \tag{10-21}$$

或等于本工作最早完成时间与总时差之和,即

$$LF_i = EF_i + TF_i \tag{10-22}$$

(2)最迟开始时间

工作的最迟开始时间等于其最迟完成时间减去本工作的持续时间,即

$$LS_i = LF_i - D_i \tag{10-23}$$

或等于本工作最早开始时间与总时差之和,即

$$LS_i = ES_i + TF_i \tag{10-24}$$

以上各项时间参数的计算方式有:

①$ES_i \rightarrow EF_i \rightarrow T_c \rightarrow T_p \rightarrow LAG_{i,j} \rightarrow TF_i \rightarrow FF_i \rightarrow LF_i \rightarrow LS_i$（依据单代号网络图的特点）。

②$ES_i \rightarrow EF_i \rightarrow T_c \rightarrow T_p \rightarrow LF_i \rightarrow LS_i \rightarrow TF_i \rightarrow FF_i \rightarrow LAG_{i,j}$（按双代号网络图的方法）。

6.关键工作和关键线路的确定

同双代号网络图一样,总时差为最小值的工作是关键工作。当计划工期等于计算工期时,总时差最小值为零,则总时差为零的工作就是关键工作。

单代号网络图关键线路的确定方法:①通过工作之间的时间间隔 $LAG_{i,j}$ 来判断,即自终点节点至起点节点的全部 $LAG_{i,j}=0$ 的且自始至终能够连通成线路的为关键线路;②从起点节点开始至终点节点的所有工作都是关键工作的线路为关键线路。

### 10.3.2.3 计算示例

以图 10-31 所示网络图为例,其时间参数计算的结果如图 10-33 所示。

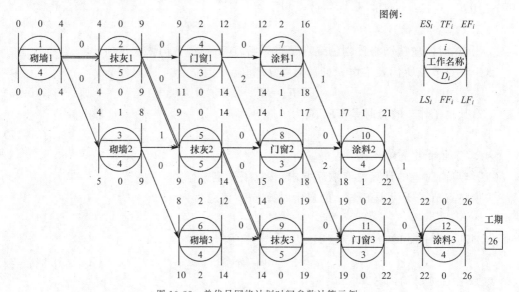

图 10-33　单代号网络计划时间参数计算示例

# 10.4 双代号时标网络计划

## 10.4.1 双代号时标网络计划的概念与特点

### 10.4.1.1 双代号时标网络计划的概念

横道图带有时间坐标,具有直观、简明等优点;双代号标时网络图逻辑关系、关键工作、关键线路清晰。双代号时标网络计划(以下简称为时标网络计划)吸收了横道图以及双代号标时网络图的优势,是以时间坐标为尺度编制的双代号网络进度计划。它以实箭线表示工作,以虚箭线表示虚工作,以波形线表示工作与其紧后工作之间的时间间隔;它可明确表达工作的持续时间及工作之间恰当的时间关系,是工程中常用的一种网络计划形式。

#### 10.4.1.2　双代号时标网络计划的特点

(1)在时标网络图中,各条工作箭线的水平投影长度即为各项工作的持续时间,能明确表示各项工作的起止时间、工作的自由时差和关键线路。

(2)可以通过时标网络直接统计材料、机具、设备及人力等资源的需要,以便进行资源优化和调整,并对进度计划的实施进行控制和监督。

(3)由于有时标的限制,在绘制时标网络计划时,不会出现循环回路之类的逻辑错误。

(4)由于箭线的长度受到时间坐标的制约,绘图比较麻烦,修改也比较困难;但使用计算机编制、修改时标网络图则比较方便。

### 10.4.2　双代号时标网络计划的绘制

#### 10.4.2.1　绘制基本要求

(1)时标网络计划中所有符号在时间坐标上的水平投影位置,都必须与其时间参数相对应。

(2)节点中心必须对准相应的时标位置,它在时间坐标上的水平投影长度视为零。

(3)以实箭线表示工作,以虚箭线表示虚工作,以水平波形线表示自由时差或与紧后工作之间的时间间隔。

(4)箭线宜采用水平箭线或水平段与垂直段组成的箭线形式,不宜用斜箭线。虚工作必须用垂直虚箭线表示,其自由时差应用水平波形线表示。

(5)时标网络计划宜按最早时间编制,以保证实施的可靠性。

#### 10.4.2.2　绘制方法

在编制时标网络计划前,应该先绘制非时标网络计划草图,绘制方法有直接和间接法。一般多用直接法。

1.间接法

间接法是先计算网络计划的时间参数,再根据时间参数按草图在时标网络计划表上绘制的方法。其步骤如下:

(1)绘制时标表。

(2)将每项工作的箭尾节点按最早开始时间定位在时标表上,其布局应与无时标网络计划基本相当,然后编号。

(3)用实箭线形式绘制出工作箭线,当某些工作箭线的长度不足以达到该工作的完成节点时,用波形线补足,箭头画在波形线与节点连接处。

(4)用垂直虚箭线绘制虚工作,虚工作的自由时差也用水平波形线补足。

2.直接法

直接法绘制时标网络计划的步骤如下:

(1)绘制时标表。

(2)将起点节点定位于时标表的起始刻度线上。

(3)按工作的持续时间在时标表上绘制起点节点的外向箭线。

(4)工作的箭头节点必须在其所有的内向箭线绘出以后,定位在这些内向箭线中最晚完成的时间刻度处。

（5）某些内向实箭线长度不足以达到该箭头节点时，用波形线补足，虚箭线应垂直绘制，如果虚箭线的开始节点和结束节点之间有水平距离，也以波形线补足。

（6）用上述方法自左至右依次确定其他节点的位置。

#### 10.4.2.3 绘制示例

如图 10-34 所示，某装修工程有三个楼层，有吊顶、顶墙涂料和铺木地板三个施工过程。其中每层吊顶确定为三周、顶墙涂料定为两周、铺木地板定为一周完成。试绘制时标网络计划。

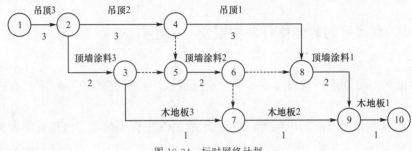

图 10-34 标时网络计划

节点①、②、③、④、⑥、⑩只有一个流进箭线，故直接定位在前面工作完成时刻，紧后工作立即紧跟着开始；⑤、⑦、⑧、⑨节点均有两个以上的流进箭线，这些节点需要待**所有的内向箭线均绘出后，定位在这些内向箭线中最晚完成的时间刻度处**，如图 **10-35** 所示。

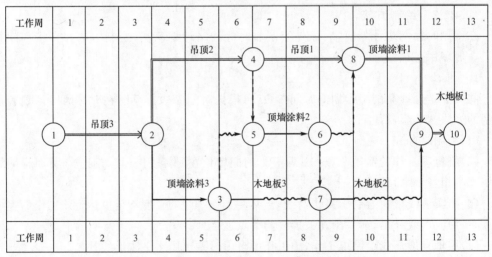

图 10-35 据图 10-34 绘制的时标网络计划

## 10.4.3 双代号时标网络计划关键线路和时间参数的判定

### 10.4.3.1 关键线路的判定与表达

自时标网络计划图的终点节点至起点节点逆箭线方向观察，自始至终无波形线的线路即为关键线路。在图 10-35 中，①→②→④→⑧→⑨→⑩为关键线路。关键线路要用粗线、双线或彩色线明确表达。

#### 10.4.3.2  时间参数的判定与推算

1.计划工期的判定

终点节点与起点节点所在位置的时标差值,即为时标网络计划的计划工期。当起点节点处于时标表的零点时,终点节点所处的时标点即是计划工期。图 10-35 所示网络计划的计划工期为 12 周。

2.最早时间的判定

工作箭线箭尾节点中心所对应的时标值,为该工作的最早开始时间。箭头节点中心或与波形线相连接的实箭线右端的时标值,为该工作的最早完成时间。

3.自由时差的判定

在时标网络计划中,工作的自由时差等于其波形线的水平投影长度。

**4.总时差的推算**

在时标网络计划中,工作的总时差应自右向左逐个推算。

(1)以终点节点为完成节点的工作,其总时差为计划工期与本工作最早完成时间之差。即

$$TF_{i-n} = T_p - EF_{i-n} \tag{10-25}$$

(2)其他工作的总时差,等于诸紧后工作总时差的最小值与本工作自由时差之和。即

$$TF_{i-j} = \min\{TF_{j-k}\} + FF_{i-j} \tag{10-26}$$

5.最迟时间的推算

由于已知最早开始时间和最早完成时间,且知道总时差,工作的最迟完成和最迟开始时间可分别用以下两公式计算:

$$LF_{i-j} = TF_{i-j} + EF_{i-j} \tag{10-27}$$

$$LS_{i-j} = TF_{i-j} + ES_{i-j} \tag{10-28}$$

#### 10.4.3.3  关键节点的基本规律

如图 10-36 所示,关键节点的基本规律有:

(1)关键工作两端的节点必为关键节点,但两关键节点间的工作不一定是关键工作。

(2)以关键节点为完成节点的工作的总时差和自由时差相等。

(3)当关键节点间有多项工作,且工作间的非关键节点无其他内向箭线和外向箭线时,则该线路上的各项工作的总时差皆相等,它们的自由时差除以关键节点为完成节点的工作的自由时差等于总时差外,其他工作的自由时差皆为零。

(4)当关键节点间有多项工作,且工作间的非关键节点只有外向箭线而无内向箭线时,则该线路上的各项工作的总时差不一定相等,它们的自由时差除以关键节点为完成节点的工作的自由时差等于总时差外,其他工作的自由时差皆为零。

(5)当关键节点之间有多项工作,且工作间的非关键节点有内向箭线时,则该线路上的各项工作的总时差不一定相等,它们的自由时差也不一定为零。

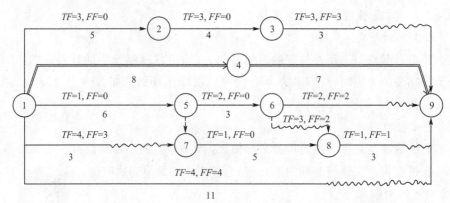

图 10-36　某工程时标网络图

## 10.5　网络计划的优化

网络计划的优化,就是在满足既定的约束条件下,按照某一衡量指标(工期、资源、成本),对网络计划进行不断检查、评价、调整和完善,以寻求最优网络计划方案的过程。网络计划的优化有工期优化、费用优化和资源优化三种。

### 10.5.1　工期优化

#### 10.5.1.1　工期优化的概念

工期优化,也称时间优化,是在网络计划的工期不满足要求时,即计算工期大于要求工期时,通过压缩关键线路上工作的持续时间或调整工作关系以达到要求工期目标,或在一定约束条件下使工期最短的过程。

工期优化一般通过压缩关键工作来达到优化目标,在缩短关键线路时,会使一些时差较小的非关键线路上升为关键线路,于是又进一步缩短新的关键线路,逐次逼近,直至达到规定的目标为止。当在优化过程中出现多条关键线路时,必须将各条关键线路的持续时间压缩到同一数值,否则不能有效地将工期缩短。

#### 10.5.1.2　工期优化的步骤

(1)找出网络图中的关键线路并求出计算工期。

(2)按要求工期计算出工期应缩短的时间目标 $\Delta T$:

$$\Delta T = T_c - T_r \tag{10-29}$$

式中　$T_c$——计算工期;

　　　$T_r$——要求工期。

(3)确定各关键工作能缩短的持续时间。在确定需要缩短持续时间的关键工作时,应按以下几个方面进行选择:

①缩短持续时间对质量和安全影响不大的关键工作。

②有充足备用资源的关键工作。

③缩短持续时间所需增加的工人或材料最少的工作。

④缩短持续时间所需增加的费用最少的工作。

(4)将应优先缩短的关键工作压缩至最短持续时间,并找出新关键线路。若此时被压缩的工作变成了非关键工作,则应将其持续时间延长,使之仍为关键工作。

(5)若计算工期仍超过要求工期,则重复以上步骤,直到满足工期要求或工期已不能再缩短为止。

### 10.5.1.3　工期优化示例

已知网络计划如图 10-37 所示,图中箭线下方为正常持续时间,括号内为最短持续时间,箭线上方括号内为优选系数,优选系数愈小愈应该优先选择,若同时缩短多个关键工作,则该多个关键工作的优选系数之和(称为组合优选系数)最小者也应优先选择。假定要求工期为 15 天,试对其进行工期优化。

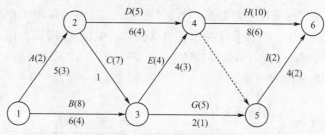

图 10-37　某工程的网络计划图

(1)用标号法求出在正常持续时间下的关键路线及计算工期,如图 10-38 所示。

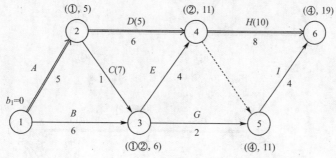

图 10-38　初始网络计划

(2)计算应缩短的时间:

$$\Delta T = T_c - T_r = 19 - 15 = 4(天)$$

(3)应优先缩短的工作为优选系数最小的工作 $A$。

(4)将应优先缩短的关键工作 $A$ 压缩至最短持续时间 3 天,用标号法找出关键线路,如图 10-39 所示。此时关键工作 $A$ 压缩后成了非关键工作,故需要将其松弛,使之成为关键工作,现将其松弛至 4 天,找出关键线路,如图 10-40 所示,此时 $A$ 成了关键工作。图中有两条关键线路,即 $ADH$ 和 $BEH$。此时计算工期 $T_c = 18$ 天,$\Delta T_1 = 18 - 15 = 3(天)$。

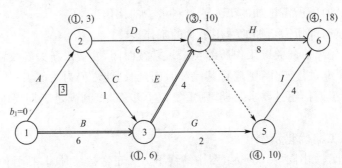

图 10-39　将 A 缩短至极限工期

(5)由于计算工期仍大于要求工期,故需要继续压缩。如图 10-40 所示,有 5 个压缩方案:①压缩 A、B,组合优选系数为 2+8=10;②压缩 A、E,组合优选系数为 2+4=6;③压缩 D、E,组合优选系数为 5+4=9;④压缩 H,优选系数为 10;⑤压缩 D、B,优选系数为 5+8=13。决定压缩优选系数最小者,即压缩 A、E,将这两项工作都压缩至最短持续时间 3,即各压缩 1 天。用标号法找出关键线路,如图 10-41 所示。此时关键线路只有两条,即 ADH 和 BEH。此时计算工期 $T_c=17$ 天,$\Delta T_2=17-15=2$(天)。由于 A 和 E 已达最短持续时间,不能被压缩。

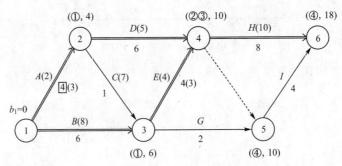

图 10-40　第一次压缩后的网络计划

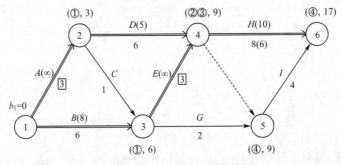

图 10-41　第二次压缩后的网络计划

(6)由于计算工期仍大于要求工期,故需要继续压缩。前述的 5 个压缩方案中前 3 个方案的优选系数都已变为无穷大,现还有两个压缩方案:压缩 B、D,优选系数为 13;压缩 H,优选系数为 10。采取压缩 H 的方案,将 H 压缩 2 天,持续时间变为 6 天。得出计算工期 $T_c=15$ 天,要求工期的优化方案如图 10-42 所示。

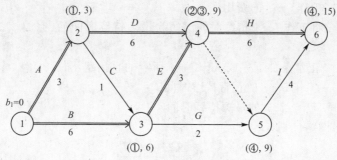

图 10-42 优化网络计划

## 10.5.2 费用优化

在一定范围内,工程的施工费用随着工期的变化而变化,在工期与费用之间存在着最优解的平衡点。费用优化就是寻求最低成本时的最优工期及其相应进度计划,或按要求工期寻求最低成本及其相应进度计划的过程。因此费用优化又叫工期-成本优化。

### 10.5.2.1 工期与成本的关系

工程的成本包括工程直接费和间接费两部分。在一定时间范围内,工程直接费随着工期的增加而减少,而间接费则随着工期的增加而增加,它们与工期的关系曲线如图10-43 所示。工程的总成本曲线是将不同工期的直接费和间接费叠加而成的,其最低点就是费用优化所寻求的目标。该点所对应的工期,就是网络计划成本最低时的最优工期。

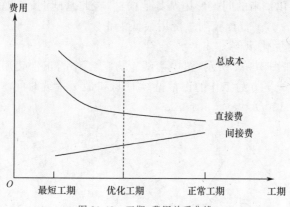

图 10-43 工期-费用关系曲线

### 10.5.2.2 费用优化的方法

费用优化的基本方法是不断地从时间和费用的关系中,找出能使工期缩短且直接费用增加最少的工作,缩短其持续时间,同时考虑间接费用叠加,便可以求出费用最低相应的最优工期和工期规定时相应的最低费用。

### 10.5.2.3 费用优化的步骤

(1)按工作正常持续时间找出关键工作及关键线路。

(2)按下列公式计算各项工作的费用率:

①对双代号网络计划

$$\Delta C_{i-j} = \frac{CC_{i-j} - CN_{i-j}}{DN_{i-j} - DC_{i-j}} \qquad (10\text{-}30)$$

式中　$\Delta C_{i-j}$——工作 $i-j$ 的费用率；

$CC_{i-j}$——将工作 $i-j$ 持续时间缩短为最短持续时间后,完成该工作所需的直接费用；

$CN_{i-j}$——正常条件下完成工作 $i-j$ 所需的直接费用；

$DN_{i-j}$——工作 $i-j$ 的正常持续时间；

$DC_{i-j}$——工作 $i-j$ 的最短持续时间。

②对单代号网络计划

$$\Delta C_i = \frac{CC_i - CN_i}{DN_i - DC_i} \tag{10-31}$$

式中　$\Delta C_i$——工作 $i$ 的费用率；

$CC_i$——将工作 $i$ 持续时间缩短为最短持续时间后,完成该工作所需的直接费用；

$CN_i$——在正常条件下完成工作 $i$ 所需的直接费用；

$DN_i$——工作 $i$ 的正常持续时间；

$DC_i$——工作 $i$ 的最短持续时间。

（3）在网络计划中找出费用率（或组合费用率）最低的一项关键工作或一组关键工作作为缩短持续时间的对象。

（4）缩短找出的关键工作或一组关键工作的持续时间,其缩短值必须符合不能压缩成非关键工作和缩短后其持续时间不小于最短持续时间的原则。

（5）计算相应增加的直接费用 $C_i$。

（6）考虑工期变化带来的间接费用及其他损益,在此基础上计算总费用。

（7）重复步骤 3~6,一直计算到总费用最低为止。

### 10.5.2.4　费用优化示例

已知网络计划如图 10-44 所示,图中箭线上方为工作的正常费用和最短时间的费用（以千元为单位）,箭线下方为工作的正常持续时间和最短持续时间。试对其进行费用优化（已知间接费率为 120 元/天）。

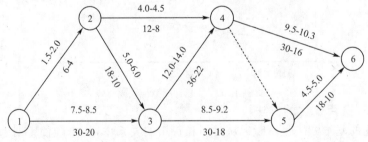

图 10-44　初始网络计划（费用优化）

1.简化网络图

简化网络图的目的是在缩短工期过程中,删除那些不能变成关键工作的非关键工作,使网络图及其计算简化。

首先按持续时间计算,找出关键线路及关键工作,如图 10-45 所示。关键线路为①→③→④→⑥,关键工作为①→③、③→④、④→⑥。用最短的持续时间置换那些关键工作的正常持续时间,重新计算,找出关键线路及关键工作。重复本步骤,直至不能增加新的关键线路为止。

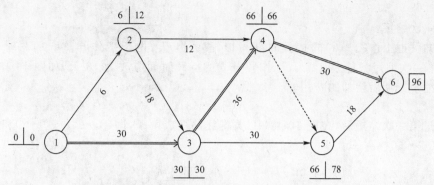

图 10-45　按正常持续时间计算的网络计划

经计算,图 10-45 中的工作②→④不能转变为关键工作,故删去它,重新整理成新的网络计划,如图 10-46 所示。

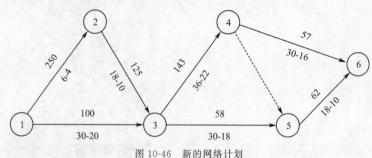

图 10-46　新的网络计划

2.计算各工作费用率

$$\Delta C_{1-2}=\frac{CC_{1-2}-CN_{1-2}}{DN_{1-2}-DC_{1-2}}=\frac{2\ 000-1\ 500}{6-4}=250(元/天)$$

其他工作费用率同理均按式(10-30)计算,将计算结果标注在图 10-46 中的箭线上方。

3.找出关键线路上工作费用率最低的关键工作

在图 10-47 中,关键线路为①→③→④→⑥,工作费用率最低的关键工作是④→⑥。

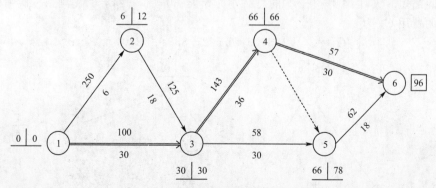

图 10-47　按新的网络计划确定关键线路

4.缩短工作的持续时间

原则是关键线路不能变为非关键线路,并且工作缩短后的持续时间不小于最短持续

343

时间。

第一次缩短：

已知关键工作④→⑥的持续时间可以缩短 14 天，由于工作⑤→⑥的总时差只有 12 天，第一次缩短只能是 12 天，工作④→⑥的持续时间应改为 18 天，如图 10-48 所示。第一次缩短工期后增加的费用 $C_1$ 为

$$C_1 = 57 \times 12 = 684(元)$$

通过第一次缩短后，在图 10-48 中，关键线路变成两条，即①→③→④→⑥和①→③→④→⑤→⑥。

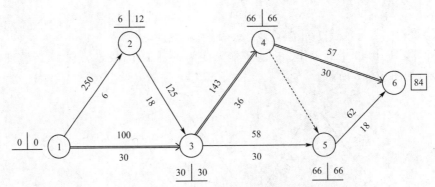

图 10-48　第一次工期缩短的网络计划

第二次缩短：

为了减少计算次数，关键工作①→③、④→⑥、⑤→⑥都缩短时间，工作④→⑥的持续时间只允许再缩短 2 天，故将工作④→⑥和⑤→⑥的持续时间同时缩短 2 天。工作①→③的持续时间可以允许缩短 10 天，但考虑到工作①→②和②→③的总时差有 6 天（12−0−6=6 或 30−18−6=6），因此工作①→③的持续时间缩短 6 天，共计缩短 8 天。则第二次缩短工期后增加的费用 $C_2$ 为

$$C_2 = C_1 + 100 \times 6 + (57 + 62) \times 2 = 684 + 600 + 238 = 1\ 522(元)$$

第三次缩短：

如图 10-49 所示，工作④→⑥不能再压缩，工作费用率用∞表示，关键工作③→④的持续时间缩短 6 天，因工作③→⑤的总时差为 6 天（60−30−24=6）。则第三次缩短工期后增加的费用 $C_3$ 为

$$C_3 = C_2 + 143 \times 6 = 1\ 522 + 858 = 2\ 380(元)$$

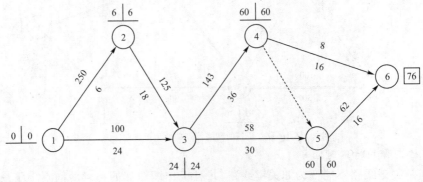

图 10-49　第二次工期缩短的网络计划

第四次缩短：

如图 10-50 所示，因为工作③→④最短持续时间为 22 天，所以工作③→④和③→⑤的持续时间可以同时缩短 8 天。则第四次缩短工期后增加的费用 $C_4$ 为

$$C_4 = C_3 + (143 + 58) \times 8 = 2\ 380 + 201 \times 8 = 3\ 988(元)$$

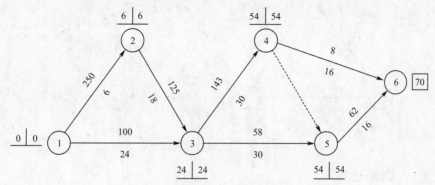

图 10-50　第三次工期缩短的网络计划

第五次缩短：

如图 10-51 所示，关键线路有 4 条，只能在关键工作①→②、①→③、②→③中选择，只有缩短工作①→③和②→③持续时间 4 天。工作①→③的持续时间已经达到最短，不能再缩短，经过五次缩短工期，不能再减少了。则第五次缩短工期后共增加费用 $C_5$ 为

$$C_5 = C_4 + (125 + 100) \times 4 = 3\ 988 + 900 = 4\ 888(元)$$

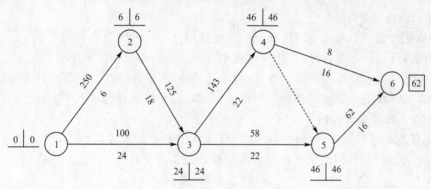

图 10-51　第四次工期缩短的网络计划

考虑到不同工期增加费用及间接费用的影响（表 10-6），选择其中费用最低的工期作为优化的最佳方案。

表 10-6　　　　　　　　　　　　　　　　不同工期组合费用

| 工期 | 96 | 84 | 76 | 70 | 62 | 58 |
|---|---|---|---|---|---|---|
| 增加直接费用 | 0 | 684 | 1 522 | 2 380 | 3 988 | 4 888 |
| 间接费用 | 11 520 | 10 080 | 9 120 | 8 400 | 7 440 | 6 960 |
| 合计费用 | 11 520 | 10 764 | 10 642 | 10 780 | 11 428 | 11 848 |

从表 10-6 中可以看出，工期为 76 天时增加费用最少，为费用优化最佳方案，如图 10-52 所示。

单代号网络计划进行费用优化计算时,除了各工作费用率按式(10-31)计算外,其他步骤与双代号网络计划一样。

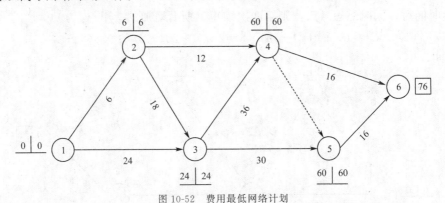

图 10-52  费用最低网络计划

### 10.5.3  资源优化

资源是为完成施工任务所需的人力、材料、机械设备和资金等的统称。完成一项工程任务所需的资源量基本上是不变的,不可能通过资源优化将其减少。资源优化是通过改变工作的开始时间,使资源按时间的分布符合优化目标。**如在资源有限时如何使工期最短,当工期一定时如何使资源均衡。**

#### 10.5.3.1  "资源有限,工期最短"的优化

该优化是通过调整计划安排,以满足资源限制条件,并使工期增加最少的过程。

1.优化的前提条件

(1)优化过程中不能改变网络计划的逻辑结构。

(2)网络计划已经制订好,在优化过程中各个活动的持续时间不予变动。

(3)各活动除规定可以中断的外,一般不允许中断,应保持活动的持续性。

(4)各活动每天的资源需要量是均衡的、合理的,在优化过程中不予变更。

2.资源优化分配的原则

资源优化的过程是按照各种活动在网络计划中的重要程度,把有限的资源进行科学分配(表 10-7)的过程,因此资源优化分配的原则是资源优化的关键。

表 10-7　　　　　　　　　　　　　资源优化分配的原则

| 重要程度 | 分配内容 |
|---|---|
| 第一级 | 关键工作,按每日资源需要量的大小,由大到小的顺序依次供应 |
| 第二级 | 非关键工作按总时差的大小,由小到大的顺序供应资源,总时差相等以叠加量不超过资源限量的活动优先供应资源,在优化过程中,已被供应资源而不允许中断的活动在本级优先供应 |
| 第三级 | 已被供应资源,而时差较大的,允许中断的活动 |

3.资源优化步骤

(1)从网络计划开始的第 1 天起,从左至右计算资源需要量 $R_t$,并检查其是否超过资源限量 $R_a$。

①如检查至网络计划最后 1 天都是 $R_t \leqslant R_a$,则该网络计划就符合优化要求。

②如发现 $R_t > R_a$,就停止检查而进行调整。

③调整网络计划。将 $R_t > R_a$ 处的工作进行调整,调整的方法是将该处的一个工作移到该处的另一个工作之后,以减少该处资源需要量。如该处有两个工作 $\alpha$、$\beta$,则有 $\alpha$ 移 $\beta$ 后和 $\beta$ 移 $\alpha$ 后两个调整方案。

(2)计算调整后的工期增量。调整后的工期增量等于前面工作的最早完成时间减移到后面工作的最早开始时间再减移到后面的工作的总时差。$\beta$ 在移动之前的最迟完成时间为 $LF_{\beta}$,在移动之后的完成时间为 $ES_{\alpha} + D_{\beta}$,两者之差即为工期增量,如 $\beta$ 移后,则其工期增量

$$\Delta T_{\alpha-\beta} = (EF_{\alpha} + D_{\beta}) - LF_{\beta} = EF_{\alpha} - (LF_{\beta} - D_{\beta})$$
$$= EF_{\alpha} - LS_{\beta} = EF\alpha - ES_{\beta} - TF_{\beta}$$

即

$$\Delta T_{\alpha-\beta} = EF_{\alpha} - ES_{\beta} - TF_{\beta} \tag{10-32}$$

(3)重复以上步骤,直至出现优化方案。

**4.优化示例**

已知网络计划如图 10-53 所示。图中箭线上方为资源强度,箭线下方为持续时间,若资源限量 $R_a = 12$,试对其进行"资源有限,工期最短"的优化。

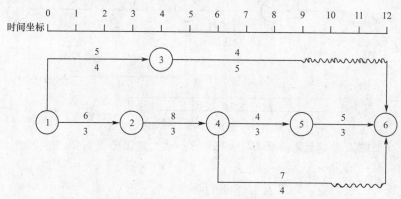

图 10-53　初始网络计划(资源有限,工期最短)

(1)计算资源需要量。如图 10-54 所示,至第 4 天,$R_4 = 13 > R_a = 12$,故需要进行调整。

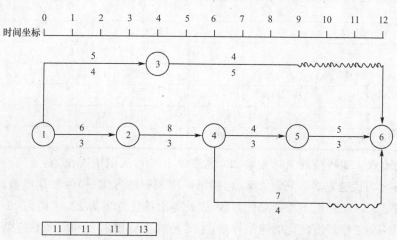

图 10-54　计算 $R_t$ 至 $R_4 = 13 > R_a = 12$ 为止

（2）进行调整，有如下两个方案：

方案一

①→③移②→④后；$EF_{2-4}=6$；$ES_{1-3}=0$；$TF_{1-3}=3$

$$\Delta T_{2-4,1-3}=6-0-3=3$$

方案二

②→④移①→③后；$EF_{1-3}=4$；$ES_{2-4}=3$；$TF_{2-4}=0$

$$\Delta T_{1-3,2-4}=4-3-0=1$$

（3）决定先考虑工期增量较小的方案二，绘出其网络计划如图 10-55 所示。

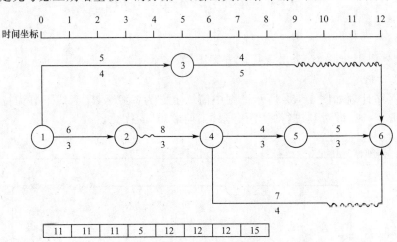

图 10-55　第一次调整后的网络计划

（4）计算资源需要量至第 8 天，$R_8=15>R_a=12$，故需要进行第二次调整。被考虑调整的工作有③→⑥、④→⑤、④→⑥三项。

（5）进行第二次调整。列出表 10-8 进行调整。

**表 10-8**　　　　　　　　　　　　**第二次调整**

| 方案编号 | 前面工作 $\alpha$ | 后面工作 $\beta$ | $EF_\alpha$ | $ES_\beta$ | $TF_\beta$ | $\Delta T_{\alpha,\beta}$ | $T$ |
|---|---|---|---|---|---|---|---|
| ① | ② | ③ | ④ | ⑤ | ⑥ | ⑦=④-⑤-⑥ | ⑧ |
| 21 | ③→⑥ | ④→⑤ | 9 | 7 | 0 | 2 | 15 |
| 22 | ③→⑥ | ④→⑥ | 9 | 7 | 2 | 0 | 13 |
| 23 | ④→⑤ | ③→⑥ | 10 | 4 | 4 | 2 | 15 |
| 24 | ④→⑤ | ④→⑥ | 10 | 7 | 2 | 1 | 14 |
| 25 | ④→⑥ | ③→⑥ | 11 | 4 | 4 | 3 | 16 |
| 26 | ④→⑥ | ④→⑤ | 11 | 7 | 0 | 4 | 17 |

（6）先检查工期增量最少的方案 22，绘出图 10-56，从图中看出，自始至终都是 $R_t\leqslant R_a$，故该方案为优选方案。其他方案（包括第一次调整的方案一）的工期增量皆大于此方案，即使满足 $R_t<R_a$，也不能是最优方案，故此得出最优方案为 22，工期为 13 天。

资源有限、工期最短优化的网络计划，主要是解决资源需要和资源供应两者的矛盾。资源需要量曲线高峰的压低，在一定程度上解决了资源的均衡问题，但它还不能完全解决资源的均衡问题。为解决这一问题,还需要进行资源均衡的优化。

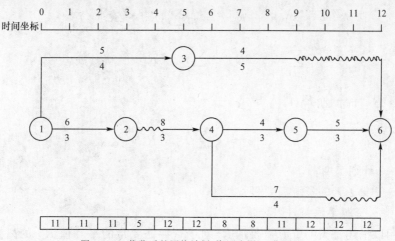

图 10-56　优化后的网络计划(资源有限,工期最短)

#### 10.5.3.2 "工期固定,资源均衡"的优化

该优化是调整计划安排,在保持工期不变的条件下,使资源需要量尽可能均衡的过程。资源均衡也就是使各种资源需要量动态曲线尽可能不出现短时期高峰或低谷,因而可以大大减少施工现场各种临时设施的规模,从而节省施工费用。

资源需要量曲线表明了在计划期内资源数量的分布状态。而最理想的状态就是保持一条水平直线(即单位时间内的资源需要量不变)。但这在实际上是不可能的。资源需要量曲线总是在一个平均水平线上下波动。波动的幅度越大就说明资源需要量越不均衡,反之则越均衡。

资源均衡可以大大减少施工现场各种临时设施(如仓库、堆场、加工厂、临时供水供电设施等生产设施和工人临时住房、办公室房屋、食堂、浴室等生活设施)的规模,减少因需要量的较大变化带来的对施工组织过程的冲击和影响,从而可以节省施工费用。

1.衡量资源均衡的指标

①不均衡系数 $K$

$$K = \frac{R_{\max}}{R_{\mathrm{m}}}\tag{10-33}$$

式中　$R_{\max}$——最大资源需要量;

$R_{\mathrm{m}}$——资源需要量的平均值。

$$R_{\mathrm{m}} = \frac{1}{T}(R_1 + R_2 + \cdots + R_T) = \frac{1}{T}\sum_{t=1}^{T}R_t\tag{10-34}$$

资源需要量不均衡系数越小,表明资源需要量均衡性越好。

② 极差 $\Delta R$

$$\Delta R = \max\{|R_t - R_{\mathrm{m}}|\}\tag{10-35}$$

③ 方差 $\sigma^2$

$$\sigma^2 = \frac{1}{T}\sum_{t=1}^{T}(R_t - R_{\mathrm{m}})^2\tag{10-36}$$

为使计算简单,上式常做以下变换:

$$\sigma^2 = \frac{1}{T}\sum_{t=1}^{T}(R_t - R_m)^2 = \frac{1}{T}\sum_{t=1}^{T}(R_t^2 - 2R_t R_m) + R_m^2$$

$$= \frac{1}{T}\sum_{t=1}^{T}R_t^2 - 2R_m\frac{1}{T}\sum_{t=1}^{T}R_t + R_m^2$$

将式(10-34)$R_m = \frac{1}{T}\sum_{t=1}^{T}R_t$ 代入得

$$\sigma^2 = \frac{1}{T}\sum_{t=1}^{T}R_t^2 - R_m^2 \tag{10-37}$$

式中　$T$——计划工期;

　　　$R_t$——第 $t$ 天的资源需要量;

　　　$R_m$——资源平均每日需要量。

方差用以描述每天的资源需要量 $R_t$ 对于资源需要量的平均值 $R_m$ 的离散程度。方差 $\sigma^2$ 越大,其离散程度越大,资源需要量越不均衡;$\sigma^2$ 越小,其离散程度越小,资源需要量越均衡。根据方差大小就可以判定资源需要总量和工期相等的两个资源需要量分布图何者为优。因为计划工期 $T$ 是固定的,所以要求解 $\sigma^2$ 为最小值问题,只能在各工序总时差范围内调整其开始完成时间,从中找出一个 $\sigma^2$ 最小的计划方案,即为最优方案。

2.优化方法和步骤

(1)确定关键线路及非关键工作总时差

根据工期固定条件,按最早时间绘制时间坐标网络计划及资源需要量动态曲线,从中明确关键线路和非关键工作的总时差。为了满足工期固定的条件,在优化过程中不考虑关键工作开始或完成时间的调整。

(2)按节点最早时间的后先顺序,自右向左进行优化

自终点节点开始,逆箭头方向逐个调整非关键工作的开始和完成时间。假设节点 $j$ 为最后的一个节点,应首先对以节点 $j$ 为完成点的工作进行调整,若以节点 $j$ 为完成点的非关键工作不止一个,应首先考虑开始时间为最晚的那项工作。

假定开始时间最晚的一项工作为 $i-j$,若 $i-j$ 工作在第 $k$ 天开始,到 $l$ 天完成,如果工作 $i-j$ 向右移一天,那么第 $k$ 天需要的资源量将减少 $r_{i-j}$,而 $l+1$ 天需要的资源数将增加 $r_{i-j}$,即

$$R'_k = R_k - r_{i-j}$$
$$R'_{l+1} = R_{l+1} + r_{i-j}$$

工作 $i-j$ 向右移一天后,$R_1^2 + R_2^2 + \cdots + R_T^2$ 的变化值为

$$\Delta W = [(R_{l+1} + r_{i-j})^2 - R_{l+1}^2] - [R_k^2 - (R_k - r_{i-j})^2]$$

上式简化后得

$$\Delta W = 2r_{i-j}[R_{l+1} - (R_k - r_{i-j})] \tag{10-38}$$

显然,$\Delta W < 0$ 时,表示 $\sigma^2$ 减小,工作 $i-j$ 可向右移动一天。在新的动态曲线上,按上述同样的方法继续考虑 $i-j$ 是否还能再右移一天,如果能右移一天,那么就再移动,直至不能移动为止。

$\Delta W > 0$ 时,表示 $\sigma^2$ 增加,不能向右移一天,那么就考虑 $i-j$ 能否向右移两天(在总时差允许的范围内)。此时,如果 $R_{l+2} - (R_{l+1} - r_{i-j})$ 为负值,那么就计算

$$[R_{l+1} - (R_k - r_{i-j})] + [R_{l+2} - (R_{k+1} - r_{i-j})] \tag{10-39}$$

如果结果为负值,即表示工作 $i-j$ 可右移两天;反之,则考虑工作 $i-j$ 能否有移三天的可能(在总时差允许的范围内)。

当工作 $i-j$ 的右移确定以后,按上述顺序继续考虑其他工作的右移。

(3)按节点最早时间的后先顺序,自右向左继续优化

在所有工作都按节点最早时间的后先顺序,自右向左进行了一次调整之后,再按节点最早时间的后先顺序,自右向左进行第二次调整。反复循环,直至所有工作的位置都不能再移动为止。

**3.计算示例**

已知网络计划如图 10-57 所示。图中箭线上方为资源强度,箭线下方为持续时间,网络图下方为资源需要量,试对其进行工期固定,资源均衡的优化。

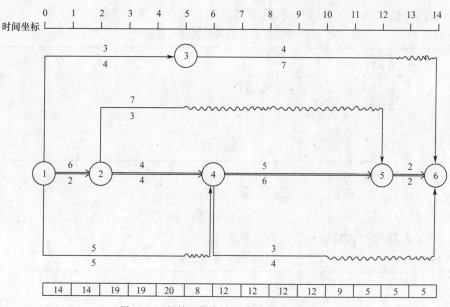

图 10-57 初始网络计划(工期固定,资源均衡)

(1)资源均衡指标的计算

①每天资源平均需要量

$$R_m = \frac{14 \times 2 + 19 \times 2 + 20 + 8 + 12 \times 4 + 9 + 5 \times 3}{14} = \frac{166}{14} = 11.86$$

②资源需要量的不均衡系数

$$K = \frac{R_{max}}{R_m} = \frac{20}{11.86} = 1.69$$

③极差

$$\Delta R = \max\{|R_5 - R_m|, |R_{12} - R_m|\} = \max\{|20 - 11.86|, |5 - 11.86|\} = 8.14$$

④方差

$$\sigma^2 = \frac{1}{14}[14^2 \times 2 + 19^2 \times 2 + 20^2 \times 1 + 8^2 \times 1 + 12^2 \times 4 + 9^2 \times 1 + 5^2 \times 3] - 11.86^2$$

$$= \frac{1}{14} \times 2\,310 - 140.66$$

$$= 24.34$$

(2)进行调整

A.对以节点⑥为完成点的两项工作③→⑥和④→⑥进行调整(⑤→⑥为关键工作,不考虑它的调整)。从图 10-57 中可知,工作④→⑥的开始时间较工作③→⑥迟,因此先考虑调整工作④→⑥,使它右移。

$R_{11} - (R_7 - r_{4-6}) = 9 - (12 - 3) = 0$　可右移一天

$R_{12} - (R_8 - r_{4-6}) = 5 - (12 - 3) = -4 < 0$　可右移一天

$R_{13} - (R_9 - r_{4-6}) = 5 - (12 - 3) = -4 < 0$　可右移一天

$R_{14} - (R_{10} - r_{4-6}) = 5 - (12 - 3) = -4 < 0$　可右移一天

至此已移至网络计划最后一天,移后资源需要量变化情况见表 10-9。

表 10-9　④→⑥右移后资源需要量变化调整表

| 1 | 2 | 3 | 4 | 5 | 6 | 7 | 8 | 9 | 10 | 11 | 12 | 13 | 14 |
|---|---|---|---|---|---|---|---|---|---|---|---|---|---|
| 14 | 14 | 19 | 19 | 20 | 8 | 12 | 12 | 12 | 12 | 9 | 5 | 5 | 5 |
|  |  |  |  |  |  | −3 | −3 | −3 | −3 | +3 | +3 | +3 | +3 |
| 14 | 14 | 19 | 19 | 20 | 8 | 9 | 9 | 9 | 9 | 12 | 8 | 8 | 8 |

B.向右移③→⑥

$R_{12} - (R_5 - r_{3-6}) = 8 - (20 - 4) = -8 < 0$　可右移一天

$R_{13} - (R_6 - r_{3-6}) = 8 - (8 - 4) = 4 > 0$　不可右移

③→⑥右移后资源需要量变化情况见表 10-10。

表 10-10　③→⑥右移后资源需要量变化调整表

| 1 | 2 | 3 | 4 | 5 | 6 | 7 | 8 | 9 | 10 | 11 | 12 | 13 | 14 |
|---|---|---|---|---|---|---|---|---|---|---|---|---|---|
| 14 | 14 | 19 | 19 | 20 | 8 | 9 | 9 | 9 | 9 | 12 | 8 | 8 | 8 |
|  |  |  |  | −4 |  |  |  |  |  |  | +4 |  |  |
| 14 | 14 | 19 | 19 | 16 | 8 | 9 | 9 | 9 | 9 | 12 | 12 | 8 | 8 |

C.向右移②→⑤

$R_6 - (R_3 - r_{2-5}) = 8 - (19 - 7) = -4 < 0$　可右移一天

$R_7 - (R_4 - r_{2-5}) = 9 - (19 - 7) = -3 < 0$　可再右移一天

$R_8 - (R_5 - r_{2-5}) = 9 - (16 - 7) = 0$　可再右移一天

$R_9 - (R_6 - r_{2-5}) = 9 - (8 - 7) = 8 > 0$　不可再右移

②→⑤右移后资源需要量变化情况见表10-11。

表 10-11　　　　　　　②→⑤右移后资源需要量变化调整表

| 1 | 2 | 3 | 4 | 5 | 6 | 7 | 8 | 9 | 10 | 11 | 12 | 13 | 14 |
|---|---|---|---|---|---|---|---|---|---|---|---|---|---|
| 14 | 14 | 19 | 19 | 16 | 8 | 9 | 9 | 9 | 9 | 12 | 12 | 8 | 8 |
| | | −7 | −7 | −7 | +7 | +7 | +7 | | | | | | |
| 14 | 14 | 12 | 12 | 9 | 15 | 16 | 16 | 9 | 9 | 12 | 12 | 8 | 8 |

D.向右移动①→③

$R_5-(R_1-r_{1-3})=9-(14-3)=-2<0$　可右移一天

因③→⑥只右移一天,故①→③暂只能右移一天

对于①→④有 $R_6-(R_1-r_{1-4})=15-(11-5)=9>0$　不可向右移动

E.第二次右移③→⑥

$R_{13}-(R_6-r_{3-6})=8-(15-4)=-3<0$　可右移一天

$R_{14}-(R_7-r_{3-6})=8-(16-4)=-4<0$　可再向右移一天

至此已移至网络计划最后一天。

其他工作向右或向左移都不能满足要求。至此已得出优化网络计划如图 10-58 所示。

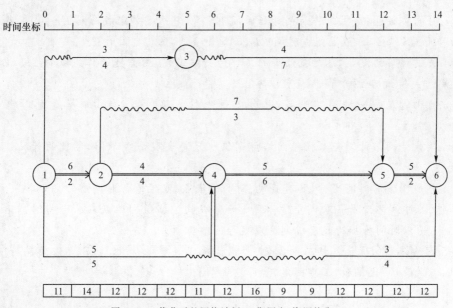

图 10-58　优化后的网络计划(工期固定,资源均衡)

(3)比较优化前后网络计划的三项指标

①不均衡系数

$$K=\frac{R_{\max}}{R_{\mathrm{m}}}=\frac{16}{11.86}=1.35$$

比优化前降低

$$\frac{1.69-1.35}{1.69}\times100\%=20.12\%$$

②极差

$$\Delta R = \max\{|R_8 - R_m|, |R_9 - R_m|\} = \{|16-11.86|, |9-11.86|\} = 4.14$$

比优化前降低

$$\frac{8.14-4.14}{8.14} \times 100\% = 49.14\%$$

③方差

$$\sigma^2 = \frac{1}{14} \times (11^2 \times 2 + 14^2 \times 1 + 12^2 \times 8 + 16^2 \times 1 + 9^2 \times 2) - 11.86^2 = 2.77$$

比优化前降低

$$\frac{24.34-2.77}{24.34} \times 100\% = 88.62\%$$

## 本章小结

1.双代号网络图由箭线、节点、线路三个基本要素构成。

2.双代号网络图中虚箭线可起到区分、联系和断路的作用,虚箭杆的正确判断非常重要。

3.时间参数包括:①工作最早开始时间 $ES$;②工作最早完成时间 $EF$;③工作最迟开始时间 $LS$;④工作最迟完成时间 $LF$;⑤总时差 $TF$;⑥自由时差 $FF$。

4.关键线路的定义:总时差最小的工作为关键工作,由关键工作组成的线路就是关键线路。关键线路至少有一条,可以不止一条。

5.自由时差是一种局部时差,总时差是一种线路时差,自由时差是总时差的一部分。

6.单代号网络计划与双代号网络计划仅仅只是表现形式不同,参数的计算结果是一致的。

7.横道图带有时间坐标,具有直观、简明等优点;双代号标时网络计划逻辑关系、关键工作、关键线路清晰。双代号时标网络计划吸收了横道图以及双代号标时网络计划的优势,是以时间坐标为尺度编制的双代号网络计划。

8.网络计划的优化包括工期优化、费用优化以及资源优化,资源优化又包括"资源有限,工期最短"优化和"工期固定,资源均衡"优化。

## 思考题

1.网络图的基本表示方式有哪些?相应由哪些基本符号组成?

2.何为双代号网络图、双代号标时网络图、双代号时标网络图?

3.双代号和单代号网络图在时间参数的计算顺序上有什么不同?

4.双代号网络图中虚工作的主要作用有哪些?试述虚工作的判断方法。

5.什么叫工作的总时差和自由时差,它们之间有何关系?

6.试述双代号时标网络计划的绘制方法、绘制规则。

7.试述双代号时标网络计划中各时间参数的判定方法。

8.什么是网络计划的优化,网络计划优化目标有哪几种?

9.试述资源优化中,"资源有限,工期最短"和"工期固定,资源均衡"的本质区别。

////////////////////////// 练习题 //////////////////////////

1.在双代号网络图 10-59 中,将 B 工作压缩 2 天,E 工作压缩 1 天,则总工期可缩短几天。

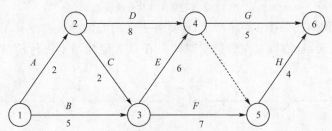

图 10-59 练习题 1 双代号网络图

2.某工程的甲、乙、丙三个施工过程的施工队先后在四个施工段上连续施工,有关资料见表 10-12,分别组织并绘制流水施工进度计划和双代号网络进度计划。

问:①流水图和双代号网络图都可用来编制施工进度计划,请分析它们各自的特点。

②依据该题,请分析为什么流水施工进度计划的工期和双代号网络图进度计划的工期不一致。

表 10-12

| 施工段　　施工队 | ① | ② | ③ | ④ |
|---|---|---|---|---|
| 甲 | 2 | 3 | 3 | 2 |
| 乙 | 2 | 2 | 3 | 3 |
| 丙 | 3 | 3 | 3 | 2 |

3.请依据逻辑关系(表 10-13)绘制双代号网络图。

表 10-13

| 本工作 | A | B | C | D | E | F | G | H | I | J |
|---|---|---|---|---|---|---|---|---|---|---|
| 紧前工作 | — | A | B,E | A | D | E | C,H | A | C,F | H |

4.用单代号网络图表达表 10-14 中各活动的逻辑关系。

表 10-14

| 本工作 | A | B | C | D | E | F | G | H | I | J | K | L | M | N |
|---|---|---|---|---|---|---|---|---|---|---|---|---|---|---|
| 紧前工作 | F | D | D,E | F,G,I,J | I,J | H | H | K,M | K,M | — | L | N | N | — |

5.某双代号网络图如图 10-60 的所示,施工中如果工作①→③、工作②→⑤、工作③→⑥分别都拖延了 3 天,试分析这些工作的拖延分别对其紧后工作和计划工期的影响。

如果 3 个工作的延误同时发生,计划总工期将拖延几天?

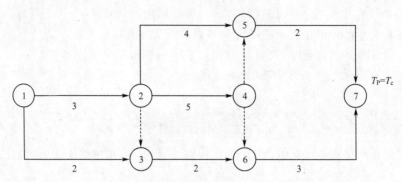

图 10-60 练习题 5 双代号网络图

6.某双代号网络图如图 10-61 所示,计算各工作的时间参数并计算工期,标出关键线路。若 $T_r$ 为 11 天,且缩短工作的持续时间只在原关键线路上进行,有哪些可行的缩短工期的方案?

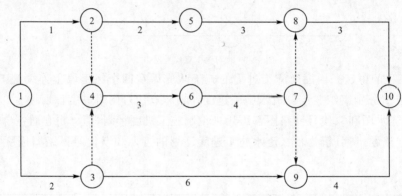

图 10-61 练习题 6 双代号网络图

# 第11章 单位工程施工组织设计

## 本章概要

1.施工方案的施工流向、施工程序、施工顺序,确定主要分部分项工程的施工方法,选择施工机械等。

2.施工前单独编制安全专项施工方案的危险性较大的分部分项工程。

3.施工进度计划的主要编制步骤和内容。

4.劳动力需要量计划,主要材料及构件、半成品需要量计划,施工机械需要量计划的编制。

5.施工平面图的设计要点及主要内容。

6.材料、构件、半成品的堆场及仓库面积的计算。

7.施工方案、进度计划、施工平面图的技术经济评价。

## 11.1 单位工程施工组织设计程序

单位工程施工组织设计程序见图 11-1。**其核心内容是拟定施工方案、编制施工进度计划和设计施工平面图。**

施工方案是在认真熟悉施工图纸、分析工程特点和明确施工任务、充分研究施工条件、提出几个可行方案并正确进行技术经济比较的基础上做出的,施工方案是编制施工进度计划的依据。施工进度应反映施工方案的内容和要求,施工平面图又以施工方案和施工进度计划为依据对施工现场进行布置。

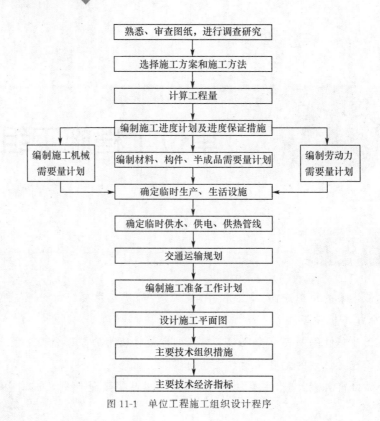

图 11-1 单位工程施工组织设计程序

## 11.2 施工方案

施工方案一般应包括**施工流向、施工的程序、施工顺序、施工段的划分、确定主要分部分项工程的施工方法、选择施工机械**等,是一个综合的、全面的分析和对比决策过程。它既要考虑施工的技术措施,又必须考虑相应的施工组织措施.确保技术措施的落实。

施工方案的确定,应在拟定的几个可行的施工方案中突出主要矛盾进行分析比较,选用最优方案。拟定施工方案时应着重解决以下问题。

### 11.2.1 施工流向

单位工程的施工流向是指施工活动在空间的展开与进程,对单层建筑要定出分段施工在平面上的流向;对多层建筑除了定出平面上的流向外,还要定出分层施工的流向。

例如,民用建筑中的旅馆建筑,在建筑空间组合设计功能分区的方案里,采取将功能要求不同的客房、餐厅、厨房分别布置在几个不同的单幢建筑物中。其中客房楼是本工程中工程量最大、结构最复杂的高层建筑物,工期也最长;餐厅、厨房层数虽少,但层高及跨度均较大。在餐厅、厨房与客房楼等单幢建筑物之间,有着不同的施工流向,方案见表 11-1。

表 11-1　　　　　　　　　　　　　旅馆建筑的施工流向

| 序号 | 施工流向 | 施工工期 | 特点 |
|---|---|---|---|
| ① | 客房楼、餐厅、厨房依次开工 | 施工工期最长 | 因为施工场地条件好,可利用餐厅、厨房工程所在的场地布置客房楼施工期所用的材料、构件及半成品等的堆场,对客房楼结构施工有利 |
| ② | 客房楼施工至某层后,餐厅、厨房开始与客房楼平行施工 | 争取了部分时间,施工工期较短 | 客房楼、餐厅、厨房可组织流水作业施工,在均衡施工方面有很大的改善 |
| ③ | 客房楼、餐厅、厨房同时开始施工 | 施工工期最短 | 工作班组数需要增加,劳动力以及物资资源消耗集中 |

　　总而言之:对于综合楼,设计上考虑各组成用房的使用性质和要求,时常分主楼与裙房或高低层两部分;对于层数、荷载相差较大的建筑,在主楼间一般设置有变形缝,则可把变形缝作为分界线,将整个建筑划分为建筑平面相连接而结构上无联系的几个单个建筑物;对于多跨,特别是大面积单层装配式工业厂房的施工,如何确定各单元(跨)施工的流向是相当重要的。

　　如果属于一般的、设备安装不太复杂的、生产工艺比较简单的单层工业厂房,在设备安装和交付使用的先后顺序上没有特殊要求,可以从施工的角度出发,**当有高低跨并列的厂房时,应当先高跨并从高低跨并列处开始施工**;当单层装配式工业厂房的施工有着严格的工艺要求时,应该**按照施工工艺顺序来确定厂房的施工流向**。

## 11.2.2　施工程序

　　单位工程的施工程序是指一个单位工程中形象部位之间或分部工程之间的先后客观次序,是工程施工客观规律的反映。确定单位工程的施工程序应注意以下三点:①按基建程序办事,必须做好施工准备工作,才能开工;②地基已经处理(如墓穴、坑等),并经检验合格,才能进行基础施工;③一般应遵守"先地下后地上""先土建后设备""先主体后围护""先结构后装修"的原则。但对特殊情况应视具体情况决定,如在冬季之前尽可能完成工程主体和围护结构,以利于施工中的防寒。对于桥梁工程,应根据汛期情况安排好河中桥墩的施工时间。

　　不同类型工程的分部工程施工程序是不同的,见表 11-2。

表 11-2　　　　　　　　　　不同类型工程的分部工程施工程序

| 工程类型 | 分部工程施工程序 |
|---|---|
| 房屋建筑工程 | 施工准备阶段→地基与基础工程施工阶段→主体结构工程施工阶段→围护工程施工阶段→建筑装饰装修工程施工阶段→建筑屋面工程施工阶段→安装工程施工阶段和室外附属工程施工阶段 |
| 桥梁工程 | 施工准备阶段→下部结构工程(包括墩台基础、桥台、桥墩)施工阶段→上部结构工程(包括支座、桥梁、跨越部分承载结构、行车道、人行道、栏杆等)施工阶段→桥面及附属工程施工阶段 |
| 公路工程 | 施工准备阶段→路基工程施工阶段→桥涵工程施工阶段→排水系统工程施工阶段→防护工程施工阶段→路面工程施工阶段→交通服务设施施工阶段,有些公路工程还有隧道工程施工以及特殊构筑物施工等 |

注:在房屋建筑工程中,水、电、空调等安装工程从基础工程施工阶段起,就配合土建施工进行埋设管线,到装修工程施工阶段进行水、暖、电、卫等工程最后组装,设备安装亦在土建装修工程施工阶段进行。

### 11.2.3 施工顺序

分部工程划分以后,每个分部工程都包括了若干个分项工程或工序(施工过程)。**施工顺序是指分项工程或工序之间的施工先后次序**,它的确定既是为了按照客观的施工规律组织施工,也是为了解决工种之间在时间上的搭接问题,在保证质量与安全施工的前提下,达到充分利用空间、争取时间、缩短工期的目的。

确定施工顺序应满足的要求如下:①必须遵守施工工艺的要求。如砖混结构住宅的施工(楼板为预制),应先把墙砌到一个楼层高度后,再安装预制楼板。②必须考虑施工组织的要求。例如,地下室的混凝土地坪,可以在地下室的上层楼板铺设以前施工,也可以在上层楼板铺设以后施工。但是从施工组织的角度来看,前一种施工顺序比较合理,因为它便于利用安装楼板的起重机向地下室运地坪浇筑所需的混凝土。③必须考虑施工方法和施工机械的要求。④必须考虑施工质量的要求。例如基坑的回填土,特别是从一侧进行的室内回填土,必须在砌体达到必要的强度或完成一结构层的施工后才能开始,否则砌体的质量会受到影响。又如工业厂房的卷材屋面,应在天窗嵌好玻璃以后铺设,否则卷材容易受到损坏。⑤必须考虑当地的气候条件。土方、砌墙、屋面等工程,应当尽量安排在雨季或冬季到来之前施工,而室内工程则可以适当推后。

#### 11.2.3.1 多层砖混结构房屋的施工顺序

多层砖混结构房屋的施工,一般可划分为三个施工阶段,即基础工程、主体工程、屋面及装饰工程。

1.基础工程

基础工程一般以房屋底层的室内地坪(即标高±0.00)为界,以上为主体工程,以下为基础工程。其施工顺序为**挖地槽→混凝土垫层→砖基础、地圈梁→回填等**。如有桩基础,在挖地槽前,进行桩基础工程施工。如有地下室,则应包括地下室结构、防水等施工过程。

基础工程施工时,在保证质量的前提下,强调加快施工速度,即"抢基础";冬季、雨季施工时,应预留 10~20 cm 的土不挖。防止雨水浸泡地基;混凝土浇筑应一次成形,不留施工缝,保证基础的整体性。

2.主体工程

多层砖混结构房屋主体工程的主导施工过程是砌墙(安门窗框)→安楼板→搭设脚手架→安门窗过梁、浇筑圈梁、现浇平板、楼梯等。主体工程施工时,应尽量组织流水施工,可将每栋房屋划分为 2~3 个施工段,使主导施工过程的施工能连续进行。

3.屋面及装饰工程

主体工程施工完成以后,首先进行屋面防水工程的施工,以保证室内装饰的顺利进行。装饰工程的施工顺序主要为室内装饰→室外装饰→安门窗扇→油漆及玻璃等。装饰工程施工工序繁多、工程量大、工期长,必须加强管理,妥善处理好施工顺序。本阶段的主导工程是抹灰工程,

**室内、外装饰的施工顺序一般为先室外、后室内。**这主要是因为室外装饰受天气影响较大,天气好,先进行室外装饰,天气不好,可转入室内施工,以保证施工工期;另外,在进行室外装饰的同时,拆除脚手架,及时堵好墙上的脚手孔,也可以保证室内装饰的质量,加

快单排脚手架的周转使用。当然,在某些情况下,也可能室内装饰先施工,例如,高层建筑施工时,室内粗装修,可以与主体工程间隔一到二层同时施工。所以,哪个先施工或同时施工,应根据具体的施工条件确定。

室内抹灰的施工顺序从整体上通常采用自上而下(一般常用,可同时拆除脚手架),自下而上、自中而下再自上而中三种施工方案,见表11-3。

**表 11-3**                                       **室内抹灰的施工顺序**

| 施工顺序 | 具体做法 | 特点 |
|---|---|---|
| 自上而下 | 通常在主体工程封顶后做好屋面防水层,由顶层开始逐层向下施工 | 建筑物有足够的沉降时间,屋面防水已做好,可防止雨水渗漏,保证室内抹灰的施工质量。交叉工序少,工序之间相互影响小。但装饰不能与主体工程搭接施工,因而工期较长 |
| 自下而上 | 通常与主体结构间隔一到二层,平行施工 | 可与主体结构搭接施工,所占工期较短,但交叉工序多,不利于组织施工和管理,也不利于安全施工。上面主体结构施工用水,容易渗漏到下面的抹灰上,不利于室内抹灰的质量。该施工顺序通常用于工期较紧的工程 |
| 自中而下再自上而中 | 在主体结构进行到一半时,主体结构继续向上施工,而室内抹灰则向下施工 | 抹灰工程距离主体结构施工的工作面越来越远,相互之间的影响也减小。该施工顺序常用于层数较多的工程 |

室内同一层的天棚、墙面、地面的抹灰施工顺序通常有两种,见表11-4。

**表 11-4**                                       **室内同一层抹灰施工顺序**

| 抹灰施工顺序 | 特点 |
|---|---|
| 地面→天棚→墙面 | 室内清理简便,有利于保证地面施工质量,且有利于收集天棚、墙面的落地灰,节省材料;但地面施工完成以后,需要一定的养护时间才能再施工天棚、墙面,因而工期较长;另外,还需要注意对地面的保护 |
| 天棚→墙面→地面 | 工期短,但施工时,如不注意清理落地灰,会影响地面抹灰与基层的黏结,造成地面起拱 |

楼梯和过道是施工时运输材料的主要通道,它们通常在室内抹灰完成以后,再自上而下施工。室内抹灰全部完成以后,进行门窗的安装,然后进行油漆工程,最后安装门窗玻璃。

#### 11.2.3.2 装配式单层工业厂房的施工顺序

单层工业厂房施工主要分基础工程、预制工程、结构安装工程、屋面工程、围护及装饰工程等五个阶段。

其中基础工程与预制工程之间没有相互制约的关系,但如果柱子和屋架是在现场预制,那么现场预制工程一般是在基础工程完成以后进行。

1.基础工程

单层工业厂房的**基础一般为现浇钢筋混凝土杯形基础**。施工顺序是挖基坑→做混凝土垫层→放线后扎钢筋→支基础模板→浇基础混凝土→回填土。若是重型厂房基础或地基土质较差,则需要打桩。柱下独立基础开挖时,一般为人工开挖;如果杯形基础较大,相邻的基坑较近,甚至相连时,可采用整条轴线开挖,此时,可使用机械开挖,这样施工速度快且经济。

单层工业厂房内一般都有设备基础,其施工顺序应考虑其埋深,一般有两种方案,见表 11-5。

**表 11-5** 　　　　　　　　　　　　　单层工业厂房施工顺序的两种方案

| 方案 | 适用 | 施工顺序 | 特点 |
|---|---|---|---|
| 封闭式 | 厂房柱基础的埋深大于设备基础的埋深 | 厂房施工→设备基础施工 | 有利于厂房主体工程的施工,且不受气候的影响;设备基础的土方工程的施工条件差,有时出现将柱基础回填土重新开挖,造成重复劳动 |
| 敞开式 | 设备基础的埋深大于厂房柱基础的埋深 | 厂房柱基础与设备基础同时施工 | 施工工作面大,施工方便,有利于机械开挖,并为设备提前安装创造条件;其缺点是对主体结构安装和构件的现场预制带来不便 |

2.预制工程

单层工业厂房构件的预制方式,主要分为现场预制和构件厂预制两种。因此,首先要确定哪些构件现场预制,哪些构件在构件厂预制。考虑到构件的运输问题,一般情况下,大型构件运输不便,在现场预制(如柱子、屋架);中小型构件在构件厂预制(如连系梁、支撑、大型屋面板等);吊车梁、托架梁等则可根据实际情况来确定。

预制工程的施工顺序为**构件的支模(先底模后侧模)→绑扎钢筋(包括预埋件)→浇筑混凝土→养护→预应力筋的张拉→锚固和灌浆**。

现场构件的预制需要近一个月的养护,工期较长,可以将柱子和屋架分批、分段组织流水施工,以缩短工期。预制顺序原则上先安装的构件先预制,但考虑到预应力屋架需要张拉、灌浆,有两次养护的技术间歇时间,其预制时间可以提前。构件现场预制还要有利于安装、有利于起重机开行。

3.结构安装工程

结构安装工程是单层工业厂房的主导施工过程。**其安装顺序为柱子→吊车梁→连系梁→屋盖(包括屋架、屋面板、天窗架、支撑等)**。

在安装构件之前,应做好各项准备工作:现场场地的平整,临时道路的修筑,基础杯口底抄平、杯口弹线,构件的准备,起重机械和索具的准备等。要求柱子和屋架的混凝土强度必须分别达到 75% 和 100% 设计强度后才能吊装,预应力屋架的混凝土强度达到 100% 设计强度后才能张拉预应力筋。现场起重机的选择,一般选用一台起重机,当厂房面积较大,且工期较紧时,才考虑两台及以上数量的起重机。

单层工业厂房的结构吊装方案有两种:一种是分件吊装,先吊完所有柱子,再吊装所有吊车梁,最后吊装屋盖;另一种是综合吊装,即起重机仅开行一次就分节间吊完各种构件。另外,厂房两端抗风柱的吊装顺序也有两种:一种是一端抗风柱与其他柱子一起吊装,待厂房主体结构全部吊装完后,再吊装另一端的抗风柱;另一种是待厂房主体结构全部吊装完后,最后吊装抗风柱,由于抗风柱的截面强度较小,在吊装时,为防止抗风柱开裂、损坏,应注意进行验算。

4.围护及装饰工程

厂房主体结构吊装完毕后,可以充分利用工作面,组织围护工程、屋面防水、地面、装饰工程进行平行施工。

围护工程可以在屋盖吊装完毕的开间提前施工,包括搭脚手架、墙体砌筑、安门窗框等;脚手架的搭设应配合墙体砌筑、屋面防水和室内外装饰工程进行,在室外装饰完成后,散水明沟施工前拆除;砌墙结束后,马上进行内外墙的粉刷;屋面防水工程在屋面板吊装固定后即可进行灌缝、找平、做防水层;地面在屋面板灌缝后开始;最后进行天棚、墙面刷白、门窗油漆、安玻璃。

### 11.2.4　主要分部分项工程施工方法的拟定

在拟定施工方法时,应突出重点。凡新技术、新工艺和对本工程质量起关键作用的项目,以及工人在操作上还不够熟悉的项目,以及量大面广、各方面要求较高的项目应详细而具体;凡按常规做法和工人熟练的项目,不必详细拟定,只提出这些项目在本工程上的一些特殊要求就行了。

分部分项工程施工方法一般包括主要施工工艺流程、主要材料、半成品、成品的制作方法与标准控制,工艺方法要点与标准控制、技术措施及主要施工机械的选择与使用等。主要分部工程、分项工程见表 11-6。

表 11-6　　　　　　　　　　　　主要分部工程、分项工程

| 分部工程 | 子分部工程 | 分项工程 |
| --- | --- | --- |
| 地基与基础 | 地基 | 素土、灰土地基,砂和砂石地基,土工合成材料地基,粉煤灰地基,强夯地基,注浆地基,预压地基,砂石桩复合地基,高压旋喷注浆地基,水泥土搅拌桩地基,土和灰土挤密桩复合地基,水泥粉煤灰碎石桩复合地基,夯实水泥土桩复合土基 |
| | 基础 | 无筋扩展基础,钢筋混凝土扩展基础,筏形与箱形基础,钢结构基础,钢管混凝土结构基础,型钢混凝土结构基础,钢筋混凝土预制桩基础,泥浆护壁成孔灌注桩基础,干作业成孔桩基础,长螺旋钻孔压灌桩基础,沉管灌注桩基础,钢桩基础,锚杆静压桩基础,岩石锚杆基础,沉井与沉箱基础 |
| | 基坑支护 | 灌注桩排桩围护墙,板桩围护墙,咬合桩围护墙,型钢水泥土搅拌墙,土钉墙,地下连续墙,水泥土重力式挡墙,内支撑,锚杆,与主体结构相结合的基坑支护 |
| | 地下水控制 | 降水与排水,回灌 |
| | 土方 | 土方开挖,土方回填,场地平整 |
| | 边坡 | 喷锚支护,挡土墙,边坡开挖 |
| | 地下防水 | 主体结构防水,细部构造防水,特殊施工法结构防水、排水、注浆 |
| 主体结构 | 混凝土结构 | 模板、钢筋、混凝土,预应力,现浇结构,装配式结构 |
| | 砌体结构 | 砖砌体、混凝土小型空心砌块砌体,石砌体,配筋砌体,填充墙砌体 |
| | 钢结构 | 钢结构焊接,紧固件连接,钢零部件加工,钢构件组装及预拼装,单层钢结构安装,多层及高层钢结构安装,钢管结构安装,预应力钢索和膜结构,压型金属板,防腐涂料涂装,防火涂料涂装 |
| | 钢管混凝土结构 | 构件现场拼装,构件安装,钢管焊接,构件连接,钢管内钢筋骨架,混凝土 |
| | 型钢混凝土结构 | 型钢焊接,紧固件连接,型钢与钢筋连接,型钢构件组装及拼装,型钢安装,模板,混凝土 |
| | 铝合金结构 | 铝合金焊接,紧固件连接,铝合金零部件加工,铝合金构件组装,铝合金构件预拼装,铝合金框架结构安装,铝合金空间网格结构安装,铝合金面板,铝合金幕墙结构安装,防腐处理 |
| | 木结构 | 方木与原木结构,胶合木结构,轻型木结构,木结构的防护 |

| 分部工程 | 子分部工程 | 分项工程 |
|---|---|---|
| 建筑装饰装修 | 建筑地面 | 基层铺设,整体面层铺设,板块面层铺设,木、竹面层铺设 |
| | 抹灰 | 一般抹灰,保温层薄抹灰,装饰抹灰,清水砌体勾缝 |
| | 外墙防水 | 外墙砂浆防水,涂膜防水,透气膜防水 |
| | 门窗 | 木门窗安装,金属门窗安装,塑料门窗安装,特种门安装,门窗玻璃安装 |
| | 吊顶 | 整体面层吊顶,板块面层吊顶,格栅吊顶 |
| 建筑装饰装修 | 轻质隔墙 | 板材隔墙,骨架隔墙,活动隔墙,玻璃隔墙 |
| | 饰面板 | 石板安装,陶瓷板安装,木板安装,金属板安装,塑料板安装 |
| | 饰面砖 | 外墙饰面砖粘贴,内墙饰面砖粘贴 |
| | 幕墙 | 玻璃幕墙安装,金属幕墙安装,石材幕墙安装,陶板幕墙安装 |
| | 涂饰 | 水性涂料涂饰,溶剂型涂料涂饰,美术涂饰 |
| | 裱糊与软包 | 裱糊,软包 |
| | 细部 | 橱柜制作与安装,窗帘盒和窗台板制作与安装,门窗套制作与安装,护栏和扶手制作与安装,花饰制作与安装 |
| 屋面 | 基层与保护 | 找坡层和找平层,隔汽层,隔离层,保护层 |
| | 保温与隔热 | 板状材料保温层,纤维材料保温层,喷涂硬泡聚氨酯保温层,现浇泡沫混凝土保温层,种植隔热层,架空隔热层,蓄水隔热层 |
| | 防水与密封 | 卷材防水层,涂膜防水层,复合防水层,接缝密封防水 |
| | 瓦面与板面 | 烧结瓦和混凝土瓦铺装,沥青瓦铺装,金属板铺装,玻璃采光顶铺装 |
| | 细部构件 | 檐口,檐沟和天沟,女儿墙和山墙,水落口,变形缝,伸出屋面管道,层面出入口,反梁过水孔,设施基座,屋脊,屋顶窗 |

在选择施工机械时,应首先选择主导工程的机械,然后根据工程特点,即工种、材料、构件种类,配备辅助机械,最后确定与施工机械配套的专用工具设备。垂直运输机械的选择是一项重要的内容,它直接影响工程的施工进度,一般根据标准层垂直运输量,例如砖、砂浆、模板、钢筋、混凝土、预制构件、门窗、水电材料、装饰材料、脚手架等来选择垂直运输方式和机械数量,最后布置垂直运输设施的位置及水平运输路线。

### 11.2.5 危险性较大的分部分项工程的专项施工方案

《建设工程安全生产管理条例》规定,对于危险性较大的分部分项工程,应当在施工前单独编制安全专项施工方案。

#### 11.2.5.1 危险性较大的分部分项工程

(1)基坑支护与降水工程:基坑支护工程是指开挖深度超过 5 m(含 5 m)的基坑(槽)并采用支护结构施工的工程;或基坑深度虽未超过 5 m,但地质条件和周围环境复杂、地下水位在坑底以上等工程。

(2)土方开挖工程:土方开挖工程是指开挖深度超过 5 m(含 5 m)的基坑、槽的土方开挖。

（3）模板工程：各类工具式模板工程，包括滑模、爬模、大模板等；水平混凝土构件模板支撑系统及特殊结构模板工程。

（4）起重吊装工程。

（5）脚手架工程：①高度超过 24 m 的落地式钢管脚手架；②附着式升降脚手架，包括整体提升与分片式提升；③悬挑式脚手架；④门型脚手架；⑤吊篮脚手架；⑥卸料平台。

（6）拆除、爆破工程：采用人工、机械拆除或爆破拆除的工程。

（7）其他危险性较大的工程：①建筑幕墙的安装施工；②预应力结构张拉施工；③隧道工程施工；④桥梁工程施工（含架桥）；⑤特种设备施工；⑥网架和索膜结构施工；⑦6 m 以上的边坡施工；⑧大江、大河的导流、截流施工；⑨港口工程、航道工程；⑩采用新技术、新工艺、新材料，可能影响建设工程质量安全，已经行政许可，尚无技术标准的施工。

**11.2.5.2　安全专项施工方案编制审核**

建筑施工企业专业工程技术人员编制的安全专项施工方案，由施工企业技术部门的专业技术人员及监理单位专业监理工程师进行审核，审核合格，由施工企业技术负责人、监理单位总监理工程师签字。

**11.2.5.3　施工企业应当组织专家组进行论证审查的工程**

对于深基坑工程，地下暗挖工程，高大模板工程，30 m 及以上高空作业的工程，大江、大河中深水作业的工程，城市房屋拆除爆破和其他土石大爆破工程应当组织专家组进行论证审查。

 **施工进度计划**

## 11.3.1　施工进度计划的表示

编制施工进度计划可用横道图和网络图来表示，横道图是利用流水施工原理编制的，网络图是利用网络计划技术原理编制的。两种形式都是表达施工进度计划的方法，它们的目的是一样的，只是表达的形式不同，起到的作用也不完全相同。

## 11.3.2　施工进度计划的编制

目前土木工程主要包括工业、民用建筑工程，道路工程和桥梁工程等。由于它们各具特色，在编制施工进度计划时所不同。例如，在单层工业厂房中，柱子和屋架一般都是预制构件，为制备类施工过程（制备类施工过程一般不组入流水），如果该预制是在施工场地内进行，预制占用了施工场地，则应该将其组入流水。道路工程和桥梁工程由于施工工作面小而分散，施工工种不多，施工受季节（道路工程和桥梁下部结构必须避开雨季）的影响等，要组织很理想和规范的流水施工是很困难的。道路工程可采取纵、横向同时施工来扩大工作面；桥梁工程则往往选择在墩与墩之间组织搭接施工。但无论怎样它们的进度计划编制原则和表达方式基本相同，施工进度计划的主要编制内容和编制步骤基本相同。

### 11.3.2.1 施工进度计划的主要编制步骤和内容

施工进度计划的主要编制步骤和内容是确定各分部分项工程的施工过程项目、计算各施工过程的工程量、套用施工定额、计算各施工过程的工作持续时间、编制进度计划图。

**1.确定各分部分项工程的施工过程项目**

施工过程分为三类：制备类、运输类和建造类。建造类是施工中起主导地位的施工过程，必须列入施工进度计划，制备类、运输类中与建造类平行的施工过程不组入流水，只有那些直接与建造类有关的，如需要占用工期或占用工作面而影响工期的运输类和制备类，才列入施工进度计划。

一般土建单位工程的施工过程项目有 20～30 个，工业建筑可能更多些，应按分部分项工程的施工程序和顺序逐一进行确定，以免有漏项，确定时还应注意：

(1)应根据进度计划要求的粗细确定施工过程项目。

(2)应与已拟定的施工方案、施工方法一致。

(3)为避免列项过多，在同一时间，可由同一施工队完成的某些小的施工工序适当合并为一个施工过程。

**2.计算各施工过程的工程量**

工程量的计算应根据施工图及有关技术资料、所选定的施工方法，按照工程量计算规则逐项进行。计算时应注意以下几点：

(1)按选定的施工方法和技术要求进行计算。

(2)计算单位应与现行施工定额手册中所规定的单位一致，以便直接套用定额。

(3)按施工组织要求，分区、分层和分段计算。

(4)设备、水、电、卫安装项目一般可不计算工程量，它们是从土方工程开始，穿插在其他项目内进行，装修完成后约一个月结束。

**3.套用施工定额，计算劳动量或机械台班量**

施工定额有时间定额和产量定额，它们互为倒数。

人工操作时，计算劳动量；机械操作时，计算机械台班量。

计算公式为

$$P=Q/S \quad 或 \quad P=Q\times H \tag{11-1}$$

式中　$P$——某施工过程项目所需劳动量（工日）或机械台班量（台班）；

　　　$Q$——施工过程工程量；

　　　$S$——产量定额，手工操作为主（$m^3$、$m^2$、m、t/工日）或机械操作为主（$m^3$、t、件/台班）；

　　　$H$——时间定额：手工操作为主（工日/$m^3$、$m^2$、m、t）或机械操作为主（工日/$m^3$、t、件）

具体计算时应注意以下几点：

(1)建筑工程施工定额暂时没有全国统一定额，公路桥梁工程采用现行《公路工程施工定额》。

(2)新技术、新材料、新工艺或特殊施工方法的项目，可参考类似项目定额确定。

（3）当施工过程项目需要由几个不同的施工工序合并时，因定额不同，不能直接把工程量相加，而是将它们的劳动量或机械台班量（工日或台班）相加。或者也可采用综合定额，计算公式为

$$S' = \frac{\sum Q_i}{\dfrac{Q_1}{S_1} + \dfrac{Q_2}{S_2} + \cdots + \dfrac{Q_n}{S_n}}$$　　　　　　（11-2）

式中　$S'$——综合产量定额；

　　　$Q_1, Q_2, \cdots, Q_n$——参加合并项目的各施工过程的工程量；

　　　$\sum Q_i$——参加合并项目的各施工过程工程量的总和；

　　　$S_1, S_2, \cdots, S_n$——参加合并项目的各施工过程的产量定额。

4.计算各分部分项工程的持续时间

一般先确定劳动量大的主要施工过程的持续时间，然后再确定次要施工过程的持续时间，并考虑与主要施工过程相协调。持续时间一般取整数天，实在有必要时可取 0.5 天。工作持续时间的计算方法有定额计算法和工期倒排计划法。

（1）定额计算法

计算公式为

$$T = \frac{P}{R \times N}$$　　　　　　（11-3）

式中　$T$——某手工操作或机械施工过程项目的持续时间（天）；

　　　$P$——劳动量（工日）或台班量（台班）；

　　　$R$——工作班组人数或机械台数；

　　　$N$——每天采用的工作班制（1～3 班）。

已知劳动量 $P$，确定工作班组人数或机械台数 $R$ 和工作班制 $N$，则可计算工作持续时间 $T$，其中要注意以下两点：

①施工班组人数：一要考虑最小劳动组合，二必须要满足工人最小工作面。同理，确定机械台数时也应考虑满足机械的最小工作面。

②工作班制的确定：为考虑施工安全和降低施工费用，一般情况尽量采用一班制施工，当工期较紧或工艺上要求（例如混凝土的连续浇筑）时，可采取二班甚至三班制施工。如果采用二班或三班制施工，则应该尽量把辅助工作和准备工作安排在第二班或第三班，以便主要施工过程在第二天一上班就能够顺利地进行。

（2）工期倒排计划法

计算公式为

$$R \times N = \frac{P}{T}$$　　　　　　（11-4）

已知劳动量 $P$，根据现行《建筑安装工程工期定额》的工期要求，确定各分部分项工程的持续时间 $T$，则可计算出 $R \times N$，再确定工作班制 $N$，计算工作班组人数或机械台数 $R$，但此时为保证安全施工，必须核对 $R$ 是否满足最小工作面。若不满足，则可通过改变

$N$ 来调整 $R$,直至满足为止。

5.编制进度计划图

(1)横道图

用流水施工图来表达进度计划又称横道图,其表达形式简单、明晰、形象、易懂,但不能反映各分项工程之间相互依赖与制约的关系,更不能反映施工过程中的关键分项工程和可以机动灵活使用的时间,看不到计划中的潜力。

用横道图(表 11-7)编制施工进度计划是依据流水施工的基本原理,其编制步骤如下:

**表 11-7** 　　　　　　　　　　　　**单位工程施工进度横道图**

| 分部工程名称 | 分项工程名称 | 工程量 | | 定额 | 劳动量 | | 机械 | | 每天工作班 | 每天工人数 | 工作天数 | 施工进度 | | | | | | | | | | | | | | | | |
|---|---|---|---|---|---|---|---|---|---|---|---|---|---|---|---|---|---|---|---|---|---|---|---|---|---|---|---|---|---|
| | | 单位 | 数量 | | 工种 | 工日 | 名称 | 台班 | | | | ×月 | | | | | ×月 | | | | | ×月 | | | | | | | | |
| | | | | | | | | | | | | 5 | 10 | 15 | 20 | 25 | 5 | 10 | 15 | 20 | 25 | 5 | 10 | 15 | 20 | 25 | | | |
| | | | | | | | | | | | | | | | | | | | | | | | | | | | | | |
| | | | | | | | | | | | | | | | | | | | | | | | | | | | | | |

①确定主要分部工程,再确定其中的主要分项工程或施工过程的施工段数及各分项工程或施工过程在各施工段上的持续时间,组织其连续、均衡地流水施工,其他次要的分项工程或施工过程能合并的尽量合并,并力求它们能与主导施工过程的施工段数及持续时间相吻合,然后组织它们与主要分项工程或施工过程穿插、搭接或设置平衡区。

②与主要分部工程的方法相类似,组织其他各分部工程内部的分项工程或施工过程进行流水施工。

③将各分部工程之间按照施工程序、组织要求和流水施工要求尽量搭接起来初步形成完整的单位工程进度计划图。

④初步的施工流水图出来后,再与工期进行比较,发现工期太长,超过了合同规定;或发现工期太短,增加了施工费,都可通过调整人数、机械台数或工作班制,重新计算各分部分项工程的持续时间。要知道这是一项复杂的工作,并非能一次完成,须综合考虑,经反复计算、调整,直至满意为止。

(2)网络图

用网络图表达施工进度计划明确地表现了施工中各施工过程之间的逻辑关系,并突出了关键施工过程,显示了其他施工过程的机动时间,便于管理人员抓住施工中的关键,并可预见到各施工过程对工期的影响程度,及时进行资源的调配。

编制网络进度计划图是依据网络计划技术的基本原理,如网络图的组成、绘制原则、排列方法、参数的计算、关键工作和关键线路的判断,以及工期的确定等(如前面所述),编制步骤如下:

①以分部工程为单位,将分部工程内各分项工程依网络图绘制规则,绘制成网络块。

②将各分部工程的网络块按分部工程之间的逻辑关系搭接,形成完整的网络图。

③进行网络图各时间参数的计算,形成一个完整的网络进度计划。

至此,在经过进度计划编制的五个步骤,即确定各分部分项工程的施工过程项目、计算各施工过程的工程量、套用施工定额、计算各施工过程的工作持续时间、编制进度计划图后,单位工程施工进度计划编制完毕。无论是编制横道图还是网络图,前四步都是一样的,也就是在计算完各分部分项工程的持续时间后,如要编制横道图,则按流水施工编制的原则,将各分部分项工程最大限度地搭接起来;如要编制网络计划图,则按网络计划绘制的规则,将各分部分项工程连接起来,并进行时间参数的计算,找到关键工序或关键线路。两种方式在编制进度计划时均可选择,如果时间允许,也可两者都编制,对它们进行比较,体会各自的用途和两者之间的关系。网络计划图除了以上的标时网络计划外,为了更形象地描述各施工过程之间的时间关系,还可编制时标网络计划。

## 11.4　各项资源需要量计划的编制

单位工程施工进度计划确定以后,根据施工图纸、工程量计算资料、施工方案、施工进度计划等有关技术资料,着手编制资源进度计划,资源是实施工程计划的物资基础。

资源进度计划包括**劳动力需要量计划,各种主要材料、构件和半成品需要量计划及各种施工机械的需要量计划**。它们不仅是为了明确各种技术工人和各种技术物资的需要量,还是做好劳动力与物资的供应、平衡、调度、落实的依据,是施工单位编制月、季生产作业计划的主要依据之一,是保证施工进度计划顺利执行的关键。

### 11.4.1　劳动力需要量计划

劳动力需要量计划,主要是按工种进行汇总而成的,是作为安排劳动力的平衡、调配和衡量劳动力耗用指标、安排生活福利设施的依据。其编制方法是将施工进度计划表内所列各施工过程每天(或旬、月)所需工人人数、各工种汇总而得。其表格形式见表11-8。

表 11-8　　　　　　　　　　　　　　劳动力需要量计划表

| 序号 | 工种名称 | 劳动量（工日） | ×月 | | | | | ×月 | | | | |
|------|----------|----------------|-----|-----|-----|-----|-----|-----|-----|-----|-----|-----|
| | | | 1 | 2 | 3 | 4 | … | 1 | 2 | 3 | 4 | … |
| | | | | | | | | | | | | |
| | | | | | | | | | | | | |
| | | | | | | | | | | | | |

### 11.4.2　主要材料及构件、半成品需要量计划

主要材料需要量是单位工程进度计划表中各个施工过程的工程量按使用材料的名称、规格、使用时间、消耗和储备分别进行汇总而成。其表格形式见表11-9。

当某分部分项工程由多种材料组成时,应按各种材料分类计算,如混凝土工程应换算成水泥、砂、石、外加剂和水的数量列入表格。

表 11-9 主要材料需要量计划

| 序号 | 材料名称 | 规格 | 需要量 | | 供应时间 | 备注 |
|---|---|---|---|---|---|---|
| | | | 单位 | 数量 | | |
| | | | | | | |
| | | | | | | |

构件、半成品也是根据施工图和进度计划进行编制的,主要是为了与构件加工单位签订供货合同,确定堆场和组织运输等。其表格形式见表 11-10。

表 11-10 构件和半成品需要量计划

| 序号 | 构件、半成品名称 | 规格 | 图号、型号 | 需要量 | | 使用部位 | 加工单位 | 供应日期 | 备注 |
|---|---|---|---|---|---|---|---|---|---|
| | | | | 单位 | 数量 | | | | |
| | | | | | | | | | |
| | | | | | | | | | |

### 11.4.3 施工机械需要量计划

施工机械需要量计划是根据施工方案和进度计划确定每一个施工过程每天所需的施工机具类型、数量、进场时间并将其汇总而成,以供设备部门调配和现场道路场地布置之用。其表格形式见表 11-11。

表 11-11 施工机械需要量计划

| 序号 | 机械名称 | 类型、型号 | 需要量 | | 货源 | 使用起止时间 | 备注 |
|---|---|---|---|---|---|---|---|
| | | | 单位 | 数量 | | | |
| | | | | | | | |
| | | | | | | | |

## 11.5 施工平面图的设计要点

为了提高劳动效率,除合理选择施工方法、编制进度计划外,机械设备的布置、材料搬运、附属设施的布置也是很重要的因素。施工平面图的设计就是对施工工地的人员、材料、机械设备和各种为施工服务的设施在施工过程中所需的空间做出最合理的分配和安排,并使它们相互之间能有效地组合和安全地运行。

单位工程施工平面图是用于指导单位工程施工的现场平面布置图,是施工方案在施工现场空间上的具体反映,是在施工现场布置施工机械、仓库、堆场、临时设施、道路等设施的依据,是实现文明施工的基本条件。在设计中我们应该注意以下几点:①在满足施工的条件下,节约施工用地;②最大限度地缩短工地内部的运输距离,减少二次搬运,以减少材料损耗和节约劳动力;③压缩材料、构件储备,尽可能利用现场已有建筑物、构筑物,各种道路、管线,以减少暂设工程的费用;④尽量布置循环道路;⑤要符合劳动保护、安全技术、卫生防御和防火的规定。

施工平面图设计的依据:施工总平面图、单位工程平面图和剖面图、主要分部分项工程施工方案、单位工程施工进度计划、资源需要量计划。

### 11.5.1 施工平面图的主要内容

一个单位工程由很多分部工程组成,每一个分部工程的施工内容不尽相同,当然所需人员、材料、机械也就不完全相同,严格地说,每一个施工阶段(也就是各分部)都应该设计一个施工平面图。但由于时间有限,一般只设计主体工程或主要结构部分的施工平面图。

施工平面图的主要内容:①施工范围内拟建、已建的建筑物轮廓线和能够利用的空地位置;②垂直起重机的位置;③场内临时施工道路;④混凝土和砂浆搅拌机的位置;⑤材料堆场和仓库位置、面积;⑥临时办公和生活设施的位置和面积;⑦临时水电管网。

除以上内容外,公路桥梁工程施工平面图的主要内容还有大中桥、隧道、交叉口、道班房、加油站、公路收费站、便道便桥,已有的公路、铁路、车站、码头等。

### 11.5.2 施工平面图的设计步骤

#### 11.5.2.1 确定垂直运输机械的位置

垂直运输机械的位置直接影响搅拌站、材料堆场、仓库的位置及场内运输道路和水电管网的布置,因此必须首先确定。

(1)固定式垂直运输机械(如井架、龙门架、固定式塔吊等)的布置,注意根据机械的运输能力和性能、建筑物的平面形状和大小、施工段的划分、材料的来向和已有运输道路的情况而定。其目的是充分发挥起重机械的能力,并使地面和楼面的运输距离最小。

通常,当建筑物各部位的高度相同时,布置在施工段的分界处;当建筑物各部位的高度不相同时,布置在高低分界处。这样布置可使楼面上各施工段水平运输互不干扰。井架、龙门架最好布置在有窗口的地方,以避免墙体留槎,减少井架拆除后的修补工作。固定式起重运输设备中的卷扬机不应距离起重机过近,以便司机的视线能够看到整个升降过程。

(2)筒体式高层建筑可选用附着式或自升式塔吊,布置在建筑物的中间或转角处。

(3)有轨式起重机械的轨道布置,主要取决于建筑物的平面形状、尺寸和周围场地的条件。应尽量使起重机的工作幅度能够将材料和构件直接运至建筑物的任何地点,尽量避免出现“死角”,如出现,可用井架或其他措施解决。起重机轨道通常在建筑物的一侧或两侧布置,必要时还需要增加转弯设备,在满足施工要求的前提下,争取轨道长度最短,如图 11-2 所示。

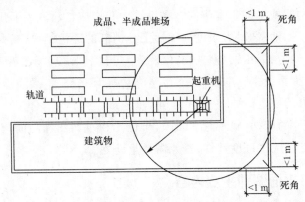

图 11-2 某工程有轨式起重机械的轨道布置平面图

**11.5.2.2 确定搅拌机(站)、临时加工场地及材料、构件、半成品的堆场与仓库的位置**

搅拌机(站)、临时加工场地及材料、构件、半成品的堆场与仓库的位置应尽量靠近使用地点,同时应布置在起重机的有效服务范围内,应考虑到方便运输与装卸。

1.搅拌机(站)位置的确定

(1)混凝土搅拌机和砂浆搅拌机应尽量靠近布置,以便用砂、用水、用电、排水等容易集中控制。

(2)搅拌机的位置应尽量靠近垂直运输机械;三材则靠近搅拌机;构件、半成品的堆场及仓库的位置应靠近垂直运输机械。

(3)布置搅拌机位置时,应选择附近具有能够布置砂石堆场的空地,以减少砂石材料的进料运距。

(4)搅拌机的位置以安排在场区下风方向交通方便的路边为好,这样可使排除污水和进料运输方便。

(5)当采用塔式起重机进行垂直运输时,搅拌站、构件、半成品的堆场及仓库的位置应布置在塔式起重机有效工作幅度范围内。

(6)大型桥梁施工,搅拌站、构件、半成品的堆场及仓库的位置可布置在桥的两岸;小型桥梁工程则尽量布置在桥的一岸,这样便于管理。

(7)公路工程中的搅拌站、构件、半成品的堆场及仓库的位置沿公路线布置。

2.临时加工场地位置的确定

单位工程施工平面图中的临时加工场地一般是指钢筋加工场地、木材加工场地、预制构件加工场地、沥青加工场地、淋灰池等。平面位置布置的原则是尽量靠近起重设备,并按各自的性能从使用功能来选择合适的地点。

钢筋加工场地、木材加工场地应选择在建筑物四周,且有一定的材料、成品堆放处,钢筋加工场地还应尽可能设在起重机服务范围之内,避免二次搬运,而木材加工场地应根据其加工特点,选在远离火源的地方。沥青加工场地应远离易燃品,且设在下风向地区。淋灰池应靠近搅拌机(站)布置。构件预制场地应选择在起重机服务范围内,且尽可能靠近安装地点。

3.材料堆场的布置

(1)建筑物基础和第一层施工所用的材料,应该布置在建筑物的周围,并根据基槽

(坑)的深度、宽度和坡度确定,与基槽(坑)边缘保持一定的安全距离,以免造成基槽(坑)土壁塌方事故。

(2)第二层以上施工材料,布置在起重机附近。

(3)砂、石等大宗材料,尽量布置在搅拌机的附近。

(4)多种材料同时布置时,对大宗的、重量大的和先期使用的材料,尽可能靠近使用地点或起重机附近布置;而对少量的、重量轻的和后期使用的材料,则可布置的远一些。

(5)按不同施工阶段、不同材料的特点,可计划在同一位置上先后布置不同材料。

4.仓库堆场面积的计算

(1)材料储备量 $P$ 的计算公式为

$$P = \frac{Q}{T}n \cdot K \tag{11-5}$$

式中　$Q$——计划期内需要的材料数量;

　　　$T$——需要该项材料的时间;

　　　$n$——储备天数;

　　　$K$——材料消耗量不均衡系数,$K = \dfrac{\text{日最大消耗量}}{\text{日平均消耗量}}$。

(2)仓库面积 $F$ 的计算公式为

$$F = \frac{P}{V} \tag{11-6}$$

式中　$V$——每 m² 面积上堆放材料数量。

5.运输道路的布置

布置单位工程场内临时运输道路时,应遵循以下原则和要求:

(1)在布置场内临时运输道路时,应尽可能利用永久性道路,或先建好永久性道路的路基,在土建工程结束之前再铺路面,以减少筑路费用。

(2)凡有条件者,应布置成环形路线,以利错车畅行;若无条件布置成环形者,应在适当地点布置回车场地,以便回车和错车。

(3)在满足上述原则的条件下,应使临时道路的长度越短越好,使筑路费用尽可能地降低。

(4)道路的出入口最好应分开布置,若不能分开设置者,出入口通道长度不得小于6 m,以便进出车辆错车。

(5)道路两边应设置排水沟,道路与排水沟的规格要求可参考有关要求。

6.行政、生活、临时设施的布置

单位工程现场临时设施很少,主要有办公用房(包括工地办公室、警卫室)和生活服务用房(包括工人宿舍、食堂、开水房、休息娱乐房和厕所等)。它们的布置应遵循以下原则和要求:

(1)办公用房一般应布置在工地出入口附近,以便能够兼顾内外联络的需要。

(2)如果条件许可,办公用房应尽量设置在场区的上风方向。

(3)职工宿舍区应布置在场区上风方向的安静卫生地区。

（4）职工宿舍的布置最好是南北朝向，每栋宿舍的大小以安排 12～32 人为宜。

（5）每栋宿舍之间应有 4～6 m 的防火间距。

（6）食堂、休息娱乐等其他临时设施应布置在办公和宿舍之间的适当地点。

（7）沥青池、淋灰池需布置在下风向。

（8）公路工程的生产设施和生活设施分设在公路两边，将生产区和生活区分开。

7.水电管网的布置

（1）临时给水管

建筑工地的临时给水管一般由建设单位的干管或自行布置的干管接到用水地点，最好采用生活用水。给水管应环绕建筑物布置，使施工现场不留死角，并力求管网总长度最短。管径的大小和龙头数目的设置需视工程规模大小通过计算而定，管道可埋于地下，也可铺设在地面上，以当时的气候条件和使用期限的长短而定。工地内要设置消防栓，消防栓距离建筑物不应小于 5 m，也不应大于 25 m，距离路边不应大于 2 m。

（2）临时供电

单位工程施工用电，应在整个工地施工总平面图中一并考虑。独立的单位工程施工时，一般计算出施工期间的用电总数，提供给建设单位决定是否另设变压器。变压器应布置在现场边缘高压线接入处，四周用铁丝网围住，不宜布置在交通要道路口。

## 11.6 单位工程施工组织设计的技术经济分析

### 11.6.1 技术经济分析的目的

技术经济分析的目的是论证施工组织设计在技术上是否可行、在经济上是否合算，通过科学的计算和分析比较，选择技术经济效果最佳的方案，为不断改进和提高施工组织设计水平提供依据，为提高经济效益提供信息。

### 11.6.2 单位工程施工组织设计技术经济分析的重点

单位工程施工组织设计中，技术经济指标应包括工期指标、劳动生产率指标、质量指标、安全指标、成本率、主要工程工种机械化程度、三大材料节约指标等。这些指标应该在单位工程施工组织设计基本完成后进行计算，并反映在施工组织设计文件中，作为考核的依据。技术经济分析应围绕质量、工期、成本三个主要方面。选用某一方案的原则是，在质量能达到优良的前提下，工期合理、成本节约。

#### 11.6.2.1 施工方案的技术经济评价

设计多种施工方案进行择优选择，**其依据是进行技术经济比较，它分定性比较和定量比较两种方式**。定性比较是结合施工实际经验，对若干个施工方案的优缺点进行比较，如技术上是否可行、施工复杂程度和安全可行性如何、劳动力和机械设备能否满足需要、是否能充分发挥现有机械的作用、保证质量的措施是否完善可靠等。定量比较一般是计算不同施工方案所消耗的人力、物力、财力和工期等指标进行数量比较。

**评价施工方案优劣的技术经济指标有施工持续时间(工期)、成本、劳动消耗量、投资额等。**

1.施工持续时间(工期)

在确保工程质量和施工安全的条件下,以国家有关规定及建设地区类似建筑物的平均工期为参考,以合同工期为目标来满足工期指标或尽量缩短工期。

施工过程的施工持续时间按下式计算:

$$T = Q/V \tag{11-7}$$

式中　$Q$——工程量;

　　　$V$——单位时间内计划完成的工程量(如果采用流水施工,$V$ 即流水强度)。

2.成本和单位建筑面积造价

降低成本指标可以综合反映采用不同施工方案时的经济效果,一般可采取降低成本率 $r_c$ 来表示,计算公式为

$$r_c = (C_0 - C)/C_0 \tag{11-8}$$

式中　$C_0$——预算成本;

　　　$C$——所采用施工方案的计划成本。

单位建筑面积造价计算公式为

$$单位建筑面积造价 = 施工实际费用/建筑总面积$$

3.劳动消耗量

劳动消耗量反映施工机械化程度与劳动生产率水平,劳动消耗量 $N$ 包括主要工种用工 $n_1$、辅助用工 $n_2$,以及准备工作用工 $n_3$,计算公式为

$$N = n_1 + n_2 + n_3 \tag{11-9}$$

劳动消耗量的单位为工日,有时也可以用单位产品劳动消耗量(工日/$m^3$、工日/t 等)来计算。

### 11.6.2.2　进度计划技术经济评价

评价单位工程施工进度计划的技术经济指标有工期、资源消耗的均衡性、主要施工机械的利用程度。

1.工期

工期反映国家一定时期和当地的生产力水平。应将某工程计划完成的工期与国家规定的工期或建设地区同类型建筑物的平均工期进行比较。

2.资源消耗的均衡性

对于单位工程或各个施工过程来说,每日资源(劳动力、材料、机具等)的消耗力求不发生过大的变化,即力求资源消耗均衡。

某资源消耗的均衡性指标,可以采用资源不均衡系数 $K$ 加以评价:

$$K = N_{max}/N \tag{11-10}$$

式中　$N_{max}$——某资源日最大消耗量;

　　　$N$——某资源日平均消耗量。

最理想的情况是资源不均衡系数 $K$ 接近于1,在组织流水施工(特别是许多建筑物

的流水施工)的情况下,不均衡系数可以大大降低并趋近于 1。

3.主要施工机械的利用程度

所谓主要施工机械通常是指混凝土搅拌机、砂浆机、起重机、挖土机等。机械设备的利用程度用机械利用率 $r_m$ 表示,由下式确定:

$$r_m = \frac{m_1}{m_2} \times 100\% \tag{11-11}$$

式中　$m_1$——机械设备的作业台日(或台时);

　　　$m_2$——机械设备的制度台日(或台时),由 $m_2 = nd$ 求得,其中 $n$ 为机械设备台数,$d$ 为制度时间,即日历天数减去节假日天数。

**11.6.2.3　施工平面图的技术经济评价**

评价单位工程施工平面图的技术经济指标有施工用地面积,场内运输的距离,临时设施数量,安全、防火的可靠性。

(1)施工用地面积:在满足施工的条件下,要紧凑布置,不占和少占场地。

(2)场内运输的距离:应最大限度地缩短工地内的运输距离,特别要尽可能避免场内的二次搬运。

(3)临时设施数量:包括临时生活、生产用房的面积,临时道路及各种管线的长度等。为了降低临时工程费用,应尽量利用已有或拟建的房屋、设施和管线为施工服务。

(4)安全、防火的可靠性。

## 本章小结

1.单位工程施工组织设计的核心内容是拟定施工方案、编制施工进度计划和设计施工平面图。

2.施工方案一般应包括施工流向、施工的程序、施工顺序、施工段的划分、确定主要分部分项工程的施工方法、选择施工机械等。

3.施工进度计划的主要编制步骤和内容是确定各分部分项工程的施工过程项目、计算各施工过程的工程量、套用施工定额、计算各施工过程的工作持续时间、编制进度计划图。

4.资源进度计划包括劳动力需要量计划,各种主要材料、构件和半成品需要量计划及各种施工机械的需要量计划。

5.施工平面图的主要内容:①施工范围内拟建、已建的建筑物轮廓线和能够利用的空地位置;②垂直起重机的位置;③场内临时施工道路;④混凝土和砂浆搅拌机的位置;⑤材料堆场、仓库的位置和面积;⑥临时办公、生活设施的位置和面积;⑦临时水电管网。

6.评价单位工程施工方案优劣的技术经济指标有施工持续时间(工期)、成本、劳动消耗量、投资额等。

7.评价单位工程施工进度计划的技术经济指标有工期、资源消耗的均衡性、主要施工机械的利用程度。

8.评价单位工程施工平面图的技术经济指标有施工用地面积,场内运输的距离,临时设施数量,安全、防火的可靠性。

## 思考题

1.单位工程施工组织设计的核心内容有哪些?

2.确定施工方案需要考虑哪几方面的内容?

3.试述室内同一层天棚、墙面、地面抹灰的两种施工顺序及特点。

4.试述单层工业厂房施工顺序的两种方案:"封闭式""敞开式"及其特点。

5.哪些是危险性较大的需要编制专项施工方案的分部分项工程?

6.施工过程分为哪三类?哪些分项工程可以列入施工进度计划?

7.试述单位工程施工进度计划的编制内容和编制步骤。

8.单位工程各分部分项工程的工作持续时间如何计算?

9.何为时间定额和产量定额,具体计算时应注意哪几点?

10.试述单位工程施工平面图的设计内容及步骤。

11.现场材料储备量与仓库面积的计算中,对于各种材料的储备天数有何要求?

12.试述施工方案优劣的技术经济评价指标。

# 主要参考文献

[1] 《建筑施工手册》第二版编写组.建筑施工手册.2 版.北京:中国建筑工业出版社,1992

[2] 赵志缙.高层建筑施工手册.上海:同济大学出版社,1991

[3] 杨嗣信.高层建筑施工手册.北京:中国建筑工业出版社,1992

[4] 谢尊渊,方先和.建筑施工.2 版.北京:中国建筑工业出版社,1988

[5] 赵志缙,应惠清.建筑施工.3 版.上海:同济大学出版社,1998

[6] 龚仕杰.混凝土工程施工新技术.北京:中国环境科学出版社,1996

[7] 迟培云,吕平,周宗辉,等.现代混凝土技术.上海:同济大学出版社,1999

[8] 河南省建设教育协会.建筑新技术.河南:黄河水利出版社,2003

[9] 毛鹤琴.土木工程施工.武汉:武汉理工大学出版社,2000

[10] 方承训,郭立民.建筑施工.武汉:武汉工业大学出版社,1989

[11] 童华炜.土木工程施工.北京:科学出版社,2006

[12] 孙震,穆静波.土木工程施工.北京:人民交通出版社,2004

[13] 冯克勤,陈耀东.混凝土工程.北京:中国建筑工业出版社,1981

[14] 贾晓弟,王文秋.建筑施工教程.北京:中国建材工业出版社,2004

[15] 应惠清.土木工程施工(上、下册).上海:同济大学出版社,2001

[16] 杨和礼.土木工程施工.武汉:武汉大学出版社,2004

[17] 刘津明,韩明.土木工程施工.天津:天津大学出版社,2001

[18] 铁道部华北铁路工程局.混凝土工程.北京:人民铁道出版社,1966

[19] 龚克宗,游浩.混凝土结构工程.北京:地震出版社,2005

[20] 钟晖,栗宜民,艾合买提·依不拉音.土木工程施工.重庆:重庆大学出版社,2001

[21] 同济大学,天津大学.建筑施工组织学.北京:中国建筑工业出版社,1987

[22] 工程建设进度控制.全国监理工程师培训教材.北京:中国建筑工业出版社,1997

[23] 汪锡龄.新型建筑机械及其应用.北京:中国环境科学出版社,1997

[24] 高衡,弘学友.建筑机械概论.北京:中国建筑工业出版社,1983

[25] 茅承钧,冯培恩.建筑机械的现代化.北京中国建筑工业出版社,1984

[26] 朱保达.工程机械.北京:人民交通出版社,2000

[27] 张兰芳,王建军.公路工程机械化施工.北京:人民交通出版社,2001

[28] 杨文渊.简明工程机械施工手册.北京:人民交通出版社,2001

[29] 孙桂林.起重机及其安全技术.北京:化学工业出版社,1980

[30] 李本林.常用建筑机械使用指南.北京:金盾出版社,1991

[31] 薛伟辰.现代预应力结构设计.北京:中国建筑工业出版社,2003

[32] 浙江省基本建设委员会.冷拔丝预应力构件设计与施工.北京:中国建筑工业出版

社,1980

[33] 孙廷选,武建民,等.水泥混凝土路面设计与施工技术.河南:黄河水利出版社,2005

[34] 资建民.路基路面工程.广州:华南理工大学出版社,2002

[35] 向中富.桥梁工程控制技术.北京:人民交通出版社,2001

[36] 尚立书,景兴日,王福祥.双钢筋在混凝土构件中的应用.水利科技与经济,1999,5(1)

[37] 沈浦生.一级注册结构工程师考试手册.北京:中国建筑工业出版社,2000

[38] 江正荣.建筑施工计算手册.2版.北京:中国建筑工业出版社,2007

[39] 建筑施工手册第四版编写组.建筑施工手册(1、2、3册).4版.北京:中国建筑工业出版社,2003

[40] 中国建筑第七工程局.建筑工程施工技术标准(1、2、4册).北京:中国建筑工业出版社,2007

[41] 王全峰.水泥混凝土路面轨模式摊铺机施工工艺.河北交通科技,2007(1)

[42] 王传素.悬臂拼装法在城市节段桥梁中的应用.桥梁建设,1999(2)

[43] 中华人民共和国建设部.建筑施工企业安全生产管理机构设置及专职安全生产管理人员配备办法和危险性较大工程安全专项施工方案编制及专家论证审查办法.2004

[44] 江正荣.简明施工手册.5版.北京:中国建筑工业出版社,2015

[45] 建筑地基基础工程施工规范(GB 51004—2015)

[46] 土方与爆破工程施工及验收规范(GB 50201—2012)

[47] 建筑施工土石方工程安全技术规范(JGJ 180—2009)

[48] 建筑地基基础工程施工质量验收标准(GB 50202—2018)

[49] 建筑地基基础检测技术规范(DBJ 50T—136—2012)

[50] 砌体结构工程施工规范(GB 50924—2014)

[51] 建筑施工门式钢管脚手架安全技术规范(JGJ 128—2010)

[52] 建筑施工扣件式钢管脚手架安全技术规范(JGJ 130—2011)

[53] 混凝土结构设计规范(GB 50010—2010)

[54] 碳素结构钢(GB/T 700—2006)

[55] 冷拔低碳钢丝应用技术规程(JGJ 19—2010)

[56] 冷轧带肋钢筋(GB/T 13788—2017)

[57] 冷轧扭钢筋混凝土构件技术规程(JGJ 115—2006)

[58] 钢筋焊接及验收规程(JGJ 18—2012)

[59] 钢筋机械连接技术规程(JGJ 107—2016)

[60] 混凝土结构工程施工规范(GB 50666—2011)

[61] 建筑抗震设计规范(GB 50011—2010)

[62] 预拌混凝土(GB/T 14902—2012)

[63] 混凝土泵送技术规程(JGT/T 10—2011)

[64] 混凝土技术规范(DBJ 15—109—2015)

[65] 普通混凝土配合比设计规程(JGJ 55—2011)

［66］ 混凝土结构工程施工质量验收规范(GB 50204—2015)

［67］ 混凝土质量控制标准(GB 50164—2011)

［68］ 大体积混凝土施工标准(GB 50496—2018)

［69］ 高强混凝土应用技术规程(JGJ/T 281—2012)

［70］ 高性能混凝土应用技术规程(DB 21/T 2225—2014)

［71］ 预应力筋用锚具、夹具和连接器(GB/T 14370—2015)

［72］ 建筑工程施工质量验收统一标准(GB 50300—2013)

［73］ 地下工程防水技术规范(GB 50108—2008)

［74］ 地下防水工程质量验收规范(GB 50208—2011)

［75］ 屋面工程技术规范(GB 50345—2012)

［76］ 细石混凝土刚性防水层屋面施工工艺标准(SGBZ—0406)

［77］ 公路桥涵施工技术规范(JTG/T F50—2011)

［78］ 公路路基施工技术规范(JTG F10—2006)

［79］ 公路路面基层施工技术细则(JTG/T F 20—2015)

［80］ 公路沥青路面施工技术规范(JTG F40—2004)

［81］ 公路水泥混凝土路面施工技术细则(JTG/T F30—2014)